第一本

入門 Maple 的必讀寶典
現在，數學可以這樣算！

杜嘉正 著

東華書局

CYBERNET 思渤科技
CYBERNET SYSTEMS TAIWAN

國家圖書館出版品預行編目資料

第一本入門 Maple 的必讀寶典：現在，數學可以這樣算！/
杜嘉正著. -- 1 版. -- 臺北市：臺灣東華, 2015.06

472 面；17x23 公分

ISBN 978-957-483-816-5（平裝）

1. Maple（電腦程式） 2. 數學 3. 電腦程式法

310.29　　　　　　　　　　　　　　　104008785

第一本入門 **Maple** 的必讀寶典：現在，數學可以這樣算！

著　　者	杜嘉正
發 行 人	陳錦煌
出 版 者	臺灣東華書局股份有限公司
地　　址	臺北市重慶南路一段一四七號三樓
電　　話	(02) 2311-4027
傳　　眞	(02) 2311-6615
劃撥帳號	00064813
網　　址	www.tunghua.com.tw
讀者服務	service@tunghua.com.tw
門　　市	臺北市重慶南路一段一四七號一樓
電　　話	(02) 2371-9320

2027 26 25 24 23　HJ　9 8 7 6 5 4 3 2

ISBN　　978-957-483-816-5

版權所有 · 翻印必究

Maple 序

　　不論面臨到的問題大小、複雜度如何，數學是所有技術團隊解決問題的核心。這些技術團隊涵蓋的範圍廣泛，如工程公司、科學研究單位、太空及國防系統開發者、電子設備製造商，以及需要使用數學來解決重要問題的財經機構等等。

　　這些技術團隊使用的數學遵循著相同模式，並可被區分成三個類別：進階分析、應用研發以及設計計算。基於這個原則，數學工具開發公司 Maplesoft 將資源投入於上述每一個項目的發展之中，以確保能滿足不同類型使用者的多樣化需求。

　　Maplesoft 開發求解科學問題的數學軟體 25 年，擁有許多寶貴的經驗。在這之間，我們看到了這種工具如何大幅的改變工程團隊推展他們的數學知識的方式，並將這些知識轉變成商業市場上可營利的創新產品，能滿足要求更好、更快的解決方案的消費者。

　　Maple 經過多年的研究和創新，發展成今日符號運算技術的世界領導者。現今，許多被視為理所當然的產品與技術在 25 年前的人們難以想像得到，若沒有像 Maple 這樣的工具，這些產品與技術不會有問世的一天。而如今，Maple 正持續幫助車輛工程、航太、綠色技術、能源產業以及運動控制等各行各業的客戶，在這個陌生、節奏快速的環境中茁壯成長。

　　本書的作者於 Maple 使用上擁有豐富的經驗，並長期致力於協助其他使用者解決問題，我非常讚賞他能為台灣的工程師、研究員、科學家與學生們出版此書。數學是每一個工程模型的心臟，而 Maple 能提供完整、迅速的解決方案。本書為一本極具價值的參考書目，能夠給予 Maple 使用者應對複雜問題時詳細的指示。

　　我期許未來能看見本書讀者的偉大成就，並祝願您在工程事業上的成功。

C. James Cooper
President and CEO, Maplesoft

June 6 1980 — 緣起於一個有趣的想法…

加拿大滑鐵盧大學的 Keith Geddes 與 Gaston Gonnet 教授發現彼此對於代數系統擁有共同的研究興趣，故決定合作開發電腦代數系統，並以加拿大著名的楓葉 (Maple) 命名這個系統。

April 20 1988 — 成立了 Waterloo Maple Inc.

隨著越來越多教育單位對 Maple 的興趣增加，Maple 的開發者們決定創立一間公司 Waterloo Maple Software 並在之後更名為 Waterloo Maple Inc.

Waterloo Maple
ADVANCING MATHEMATICS

January 6 1998 — 點擊式數學的發明

Maple V 五版提供第一個點擊式數學工具，包括數學運算智慧型選單、表達式樣板以及拖拉表達式至圖表等功能。

January 1 1981 — 正式成為課程的一部分

滑鐵盧大學的大四學生是第一批在課堂中使用 Maple 的學生。

University of Waterloo
MAPLE

November 17 1992 — Maple 工作頁介面誕生

Maple V 二版提供第一個工作頁介面，協助使用者同時將文字、數學與圖於同一文件中。指令亦可比照教科書的標準數學式輸出。

February 14 2000 — HYBRID 計算引擎（符號運算 + 數值運算）

Maple 6 引進 Numeric Agorithms Group (NAG) 公司的數值運算求解器，搭配符號運算的優勢讓計算結果更準確。

NAG

1980

更名 Maplesoft 公司
正式從 Waterloo Maple Inc. 更名為 Maplesoft。

Maplesoft
command the brilliance

June 21 2008
MapleSim
Math-based 系統層級模擬 MapleSim 的釋出，直覺式的 GUI 讓使用者輕鬆建立跨及電力、電子、電磁、機械、熱傳、液壓等多領域整合物理模型。

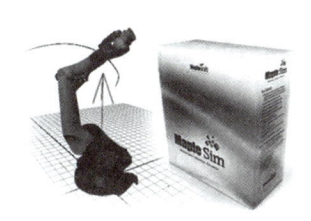

April 20 2013
Happy Birthday!
Celebrating 25 Years!

Maplesoft 25周年!

2015

November 8 2007
豐田汽車的合作夥伴
Maplesoft 與豐田汽車簽下多年的合約，協助豐田汽車進階到基於模型設計之開發流程中。

TOYOTA

September 1 2009
360° 服務延伸
Maplesoft 成為日本夥伴 Cybernet Systems 公司旗下的一員，延伸服務觸角深入亞洲。

Maplesoft
Mathematics • Modeling • Simulation

A CYBERNET Group Company | **CYBERNET**
Energy for your Innovation

Maple 目錄

序		III
Maple 時間軸		IV
目錄		VI

Chapter 1　認識 Maple　　1
- 1.1　Maple 的操作環境　　2
- 1.2　建立 Maple 文件　　7
- 1.3　變數的設置　　11
- 1.4　元件庫及智慧求解工具　　16
- 1.5　常用指令與套件　　23

Chapter 2　Maple 的工作環境　　27
- 2.1　Maple 的數學式輸入模式　　28
- 2.2　各種 Maple 編程介面　　29
  - 2.2.1　標準工作頁　　29
  - 2.2.2　傳統工作頁　　32
  - 2.2.3　命令列模式　　33
- 2.3　編輯與排版　　34
- 2.4　公差與單位　　42

Chapter 3　Maple 的基本運算　　45
- 3.1　Maple 的符號運算　　46
- 3.2　Maple 的輸入規則　　47
  - 3.2.1　標點符號的種類　　47
  - 3.2.2　運算結果的萃取　　54
  - 3.2.3　運算時間的計算　　55
- 3.3　符號運算與數值運算的變換　　55
  - 3.3.1　精準值與近似值　　55
  - 3.3.2　近似值的精度　　57
- 3.4　多項式的求解　　58
  - 3.4.1　線性多項式的求解　　58
  - 3.4.2　非線性多項式的求解　　61
  - 3.4.3　聯立方程組的求解　　63
- 3.5　多項式的化簡與轉換　　66
  - 3.5.1　常見的多項式運算函數　　67
  - 3.5.2　多項式的替換　　67
  - 3.5.3　方程式的化簡　　68
  - 3.5.4　方程式的轉換　　69
  - 3.5.5　多項式的展開與因式分解　　71
  - 3.5.6　多項式的重組與排列　　72
  - 3.5.7　分式多項式的分母與分子擷取　　73

Chapter 4　二維圖形繪製　　75
- 4.1　基本的二維繪圖指令　　76
- 4.2　圖形的色彩　　81
- 4.3　繪圖選項　　84
- 4.4　特殊二維繪圖　　92
  - 4.4.1　二維極座標繪圖　　92
  - 4.4.2　二維對數圖形繪製　　93
  - 4.4.3　二維其他特殊圖形繪製　　95

Chapter 5　三維圖形繪製與進階繪圖應用　　99
- 5.1　基本的三維繪圖指令　　100
- 5.2　三維圖形的色彩工具與繪圖選項　　107
- 5.3　二、三維進階圖形繪製　　119
- 5.4　動畫的繪製　　145

5.5	圖形的呈現	151
5.6	圖形物件的應用	157
5.7	更改預設的繪圖環境	162

Chapter 6　圖形化介面的設計　171

6.1	Maplet 的背景架構	172
6.2	建立 Maplets	173
6.3	嵌入式元件的使用方式	183

Chapter 7　字串、串列與陣列　191

7.1	認識字串、串列與陣列	192
	7.1.1　建立字串與呈現	192
	7.1.2　字串的存取	193
	7.1.3　建立串列與陣列	195
	7.1.4　串列與陣列的存取	200
7.2	異質陣列與高維陣列	203
	7.2.1　陣列的資料結構	203
	7.2.2　陣列與串列傳遞引數的機制	207
	7.2.3　異質串列與異質陣列	210
	7.2.4　多維陣列	212
7.3	字串與陣列的操控	216
	7.3.1　探索字串中的字元	216
	7.3.2　字串的擷取	220
	7.3.3　字串的排列組合	223
	7.3.4　探索陣列中的單元	226
	7.3.5　陣列的萃取	229
	7.3.6　陣列的排列組合	234

Chapter 8　Maple 在微積分上的應用　235

8.1	極限與連續	236
	8.1.1　函數的極限	236
	8.1.2　函數的連續性	239
8.2	函數的微分	241
	8.2.1　基本的微分指令	243
	8.2.2　多變數函數的微分	245

	8.2.3　隱函數的微分	248
8.3	函數的積分	250
	8.3.1　基本的積分指令	250
	8.3.2　數值積分	257
	8.3.3　特殊函數的積分	258
	8.3.4　近似積分	267
8.4	微積分過程的分析	271
	8.4.1　基本法則的驗證	271

Chapter 9　微分方程式　283

9.1	微分方程的建立	284
	9.1.1　建立微分方程式	284
9.2	微分方程的求解	285
9.3	微分方程的級數解	291
	9.3.1　弗羅貝尼烏斯法	294
	9.3.2　Legendre 函數與 Bessel 函數	298
9.4	微分方程的積分變換	303
	9.4.1　*inttrans* 函式庫	303
	9.4.2　拉氏轉換	307
	9.4.3　*dsolve* 的 method 選項	312
9.5	求解微分方程組	314
9.6	微分方程的數值解	318
9.7	繪製微分方程圖形	323
	9.7.1　透過 *plot* 指令繪製微分方程式	323
	9.7.2　*plots* 函式庫中的 *odeplot*	327
9.8	**DEtools** 函式庫	333
9.9	偏微分方程	342
	9.9.1　*pdsolve* 指令：求解偏微分方程式	343
	9.9.2　求解常見偏微分方程式	349
	9.9.3　偏微分方程的數值解	352
9.10	積分方程式	357

VII

Chapter 10　線性代數的應用　　361

- 10.1　建立向量與矩陣　　362
- 10.2　向量與矩陣的基本運算　　369
- 10.3　矩陣元素的操作　　376
- 10.4　線性系統與矩陣代數的運算　　381
- 10.5　線性系統的特性分析　　388
- 10.6　特徵值與特徵向量　　393

Chapter 11　複變數運算　　405

- 11.1　複數代數的運算　　406
  - 11.1.1　基本的複數指令　　406
  - 11.1.2　複數平面與保角映射　　407
- 11.2　複數的表示式　　411
  - 11.2.1　極座標　　411
  - 11.2.2　複數尤拉式　　414
- 11.3　複數函數的極限與微分　　416
- 11.4　複數函數的積分　　418
  - 11.4.1　路徑積分　　418
  - 11.4.2　柯西積分定理　　419
- 11.5　級數解與留數定理　　421
  - 11.5.1　數列與級數　　421
  - 11.5.2　數列級數與泰勒展開式　　422
  - 11.5.3　勞倫級數與留數定理　　426

Chapter 12　程式設計　　431

- 12.1　選擇性結構　　432
  - 12.1.1　布林表示式　　432
  - 12.1.2　if 條件敘述　　435
- 12.2　迴圈結構　　438
- 12.3　程式設計　　442
  - 12.3.1　proc 指令　　442
  - 12.3.2　程式中的變數與引數　　444
  - 12.3.3　程序的控制　　451
- 12.4　程式的設計與技巧　　455

索引　　459

Chapter 1

認識 Maple

　　Maple 如同一個有生命的數學軟體,它功能強大且操作簡單,使用者可以直覺的方式,輕鬆建立數學模型。由於 Maple 獨特的符號運算引擎,可實現各種複雜方程式的數學運算,諸如微分方程式求解、最佳化問題、求解線性代數與複變數運算等,目前已廣受全球工程師的喜愛。本章將帶您初探 Maple 的世界,並撰寫您的第一個 Maple 文件。

本章學習目標

- 認識 Maple 的操作環境
- 撰寫第一個 Maple 文件
- 介紹常見的指令與元件庫

1.1 Maple 的操作環境

Maple 是一套針對沒有程式開發經驗的使用者所設計的數學軟體，它擁有智慧化的操作介面，幫助使用者快速分析數學問題，而不是花費時間研究軟體的指令及語法。

此處以 Maple 18 為例，在 Maple 安裝完成後，Maple 18 的圖示 即出現在您的桌面，您可以以滑鼠雙擊圖示開啟 Maple 的操作頁面，或者從『開始』的主選單下，選取『程式集』=>『Maple 18』=>『Maple 18』啟動 Maple 18。如同瀏覽網頁一般，Maple 18 可將常用的 Maple 檔案或網頁連結等設定成書籤，並允許使用者依喜好定義書籤的樣式，設計一個屬於自己的起始頁面：

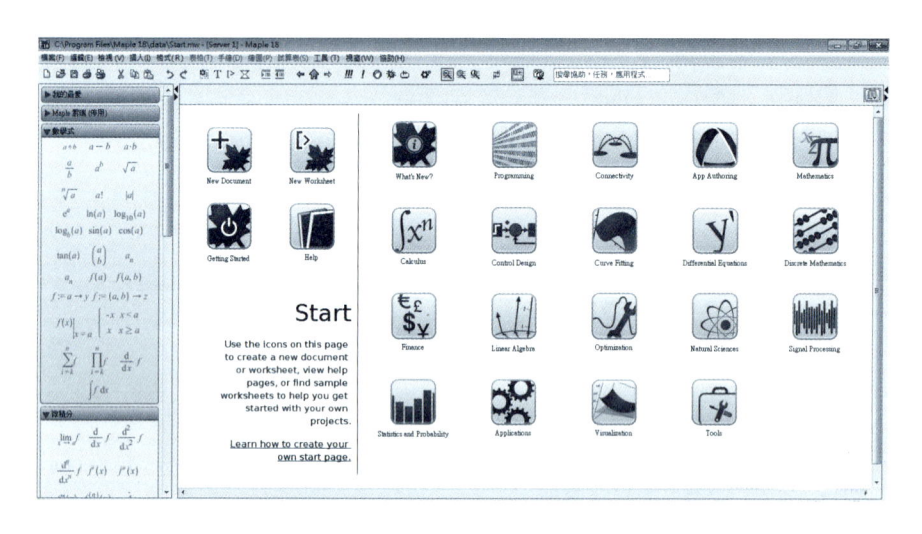

圖 1.1　Maple 18 預設的起始頁面

如圖 1.1，Maple 18 預設的起始頁面，依應用領域將「微積分」(Calculus)、「金融」(Finance) 與「控制設計」(Control Design) 等常用的功能分成十數個類別，使用者可以直接點選書籤瀏覽相關的內容。除此之外，透過起始頁面左側的『新增文件』(New Document)、『新增工作頁』(New Worksheet)、『入門指南』(Getting Started) 與『Maple 協助系統』(Help)，使用者可以創建一個新的空白工作視窗，並進入 Maple 的使用指南與協助系統開始一個新的專案。

Chapter 1　認識 Maple

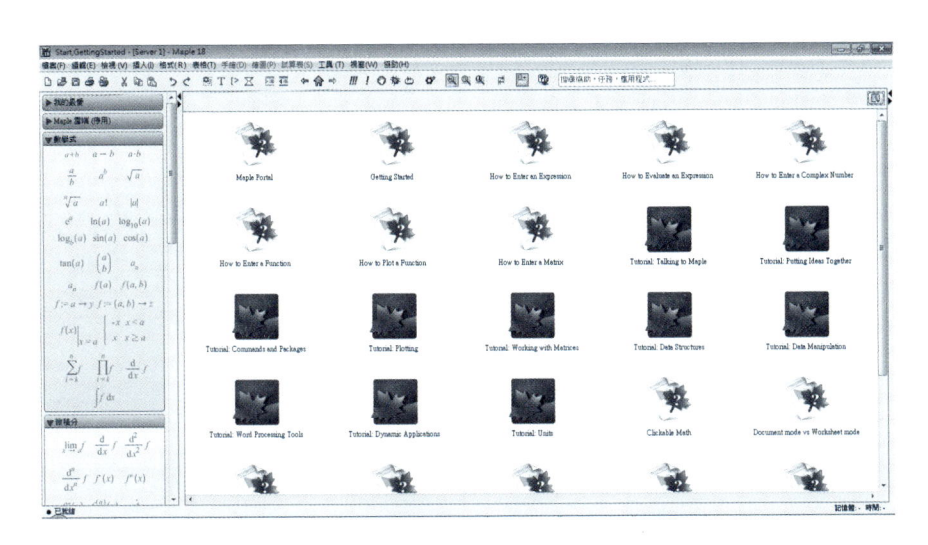

圖 1.2 為直接以滑鼠左鍵點選『入門指南』書籤 ( ) 的結果。

● 圖 1.2　『入門指南』(Getting Started) 中的內容

『入門指南』的書籤中包含了數個介紹 Maple 基礎操作的說明文件，如果您是 Maple 的初學者，建議您可以花點時間閱讀一下，對於 Maple 的學習將會有顯著的幫助。若您想回到起始頁面，則可點選工具列中的 ⇐ 返回上一頁，或 ⌂ 重新開啟 Maple 18 的起始頁面。

接著我們從起始頁面中點選「新增文件」書籤 ( )，並新增一個空白的文件了解 Maple 18 的工作環境：

3

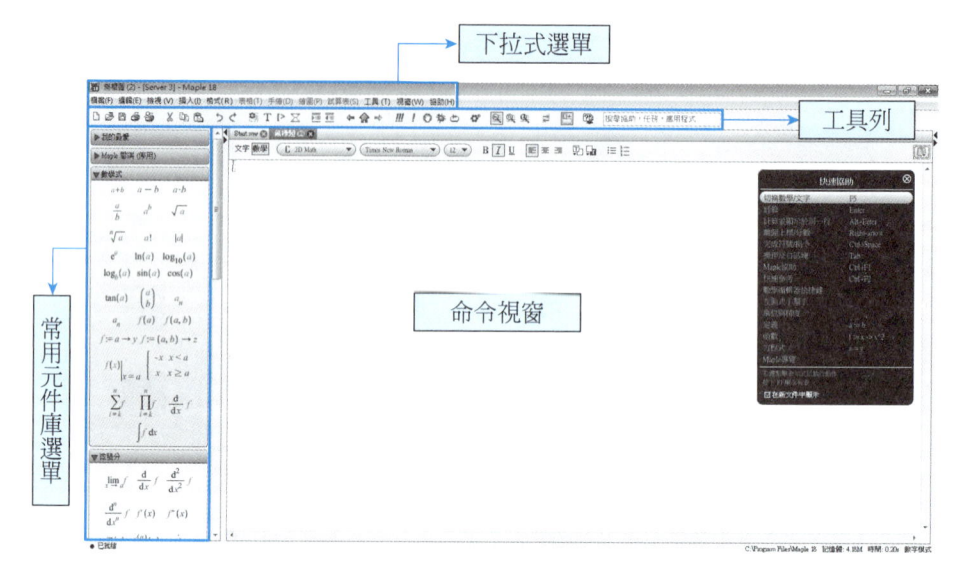

圖 1.3　Maple 預設開啟新的文件視窗

如圖 1.3，Maple 的操作介面上方列是標準的下拉式選單與工具列，左側是常用元件庫選單及中間的命令視窗，您可以透過下拉式選單的『檢視』，依照個人的喜好設定 Maple 的操作介面，例如縮放命令視窗的顯示比例、以投影片的方式檢視文件或隱藏不常使用的元件庫等。

此外，在第一次建立新文件時，Maple 18 操作頁面的右側會顯示一個名為『快速協助』的列表，如圖 1.4 所示：

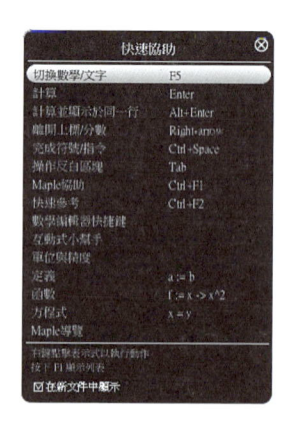

圖 1.4　『快速協助』列表

『快速協助』列出常見的指令與快捷鍵來幫助您快速建立數學文件，當您開始建立數學文件之後，『快速協助』列表將會自動消失。您可以在任何時候鍵入 (F1) 來開啟或關閉『快速協助』列表。您也可以將『快速協助』列表中的『□在新文件中顯示』反勾選來關閉此功能。此處我們點選『切換數學/文字』，Maple 18 將會自動開啟一個新的說明文件視窗，如圖 1.5 所示。

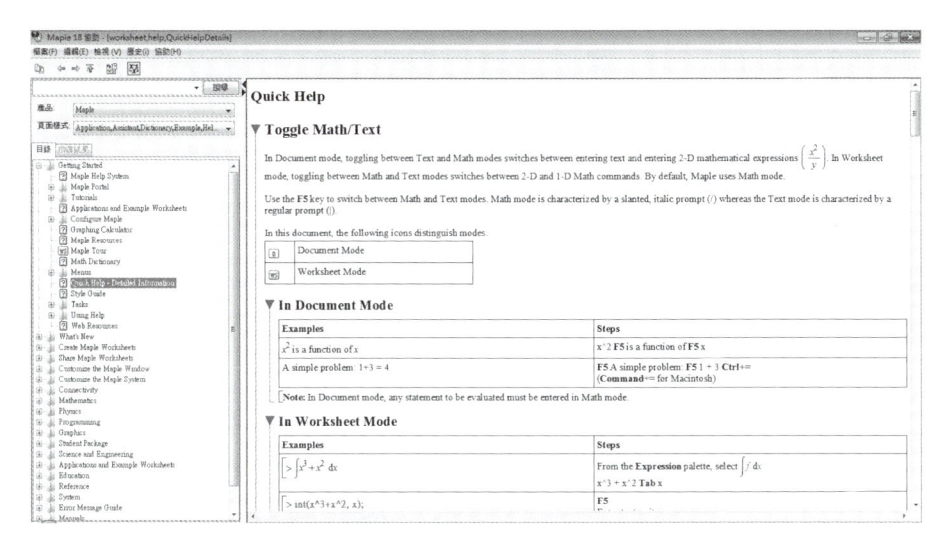

圖 1.5　『快速協助』列表指令與快捷鍵使用說明與範例

此處詳述了『快速協助』列表上指令與快捷鍵的使用方法與範例，在 Maple 中，每一個指令都在協助系統中有詳細的說明。您亦可以透過下拉式選單下的『協助』=>『Maple 協助』開啟 Maple 的協助系統，或透過工具列下的搜尋欄位，輸入關鍵字查閱相關的文件，如圖 1.6 所示：

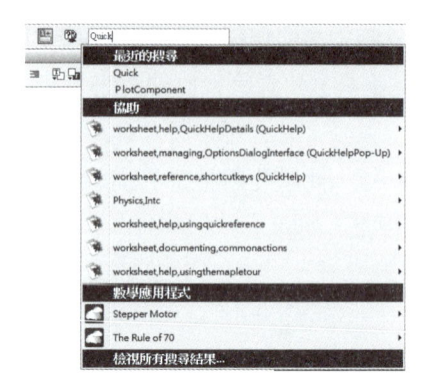

● 圖 1.6　在工具列下的搜尋欄位中，搜尋「Quick」結果

除了上述的方法外，Maple 的問號運算子 (?) 提供快速查詢關鍵字的功能，使用者也可以在文件視窗中輸入「?Quick」，Maple 會在新開啓的協助系統視窗中顯示搜尋關鍵字『Quick』的結果，如圖 1.7 所示。

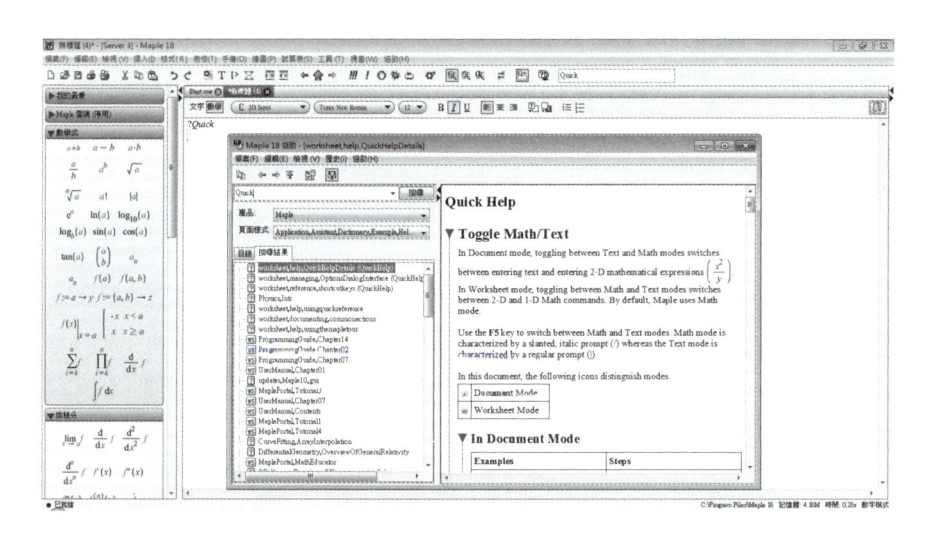

● 圖 1.7　以問號運算子(?) 在 Maple 協助系統中查詢關鍵字

除了開啓 Maple 的協助系統，工具列還包含許多小工具，常用工具列的介紹，如表 1-1 所示。

表 1-1　常用工具列介紹

圖示	所代表的意義	在下拉式選單中的位置
	建立新文件	選擇『檔案\新增\文件模式』
T	插入文字	選擇『插入\文字』
[>	插入 1-D Math (傳統 Maple 命令列)	選擇『插入\執行群組\游標後方』
	增加縮排	選擇『格式\增加縮排』
	減少縮排	選擇『格式\減少縮排』
⇐	返回上一頁	選擇『檢視\返回』
	開啓起始頁面	選擇『檢視\Home』
⇒	回到下一頁	選擇『檢視\往前』
!!!	執行工作頁或文件中所有命令	選擇『編輯\執行\工作頁』
!	執行某一選取區域之命令	選擇『編輯\執行\選取內容』
	調整顯示大小 注意：圖形、表格、圖案、圖表等大小不變。	選擇『檢視\縮放比例』
x+	開啓智慧型彈出視窗功能	選擇『檢視\可點擊式數學』
	開啓 Help	選擇『協助\Maple 協助』
	清除 Maple 中暫存記憶	輸入 restart

1.2　建立 Maple 文件

　　在分析大型的工程問題時，複雜的計算會降低數學文件的可讀性，造成方程式推導上的困難，在往後維護上也十分不便。Maple 可辨識各種不同資料型態的輸入，使用者可以在同一份文件下同時輸入文字與數字，甚至插入圖片或表格以建立一份圖文並茂的數學文件。接下來我們以文件模式為例，建立您的第一個 Maple 文件。

在開啓一個新的空白文件時，Maple 預設為『數學』輸入。首先我們於命令視窗下輸入運算式 (1+2)*3，並按下 <Enter> 鍵，如圖 1.8 所示。

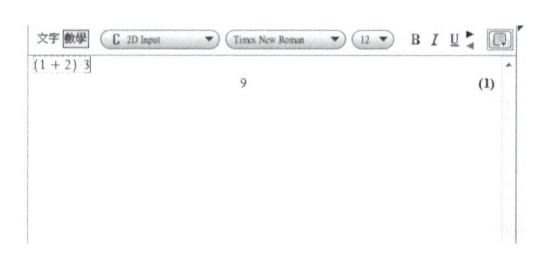

圖 1.8　數學輸入與運算

此處 Maple 認識大部分的數學運算符號，在輸入時會將之轉換成您熟悉的樣貌，您可以發現，您輸入的運算式變成了 (1+2)*3。在按下 <Enter> 之後，您可以得到答案 9 與方程式編號 **(1)**，Maple 會自動將您的結果，存到編號 **(1)** 方程式的標籤代碼中，您可以透過快捷組合鍵 <Ctrl>+<L> 呼叫您的編號 **(1)** 方程式，如圖 1.9 所示。

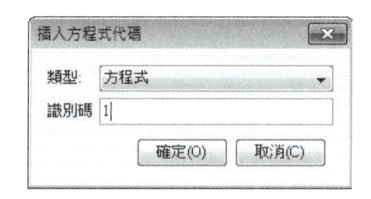

圖 1.9　插入指定編號方程式視窗

輸入方程式的標籤值為 **1**，並按下『確定』按鈕，此時便會將編號 **(1)** 的方程式插入到文件中，您可以將編號 **(1)** 的方程式作各種運算，例如圖 1.10 將 **(1)** 的方程式加上 10 加以運算。

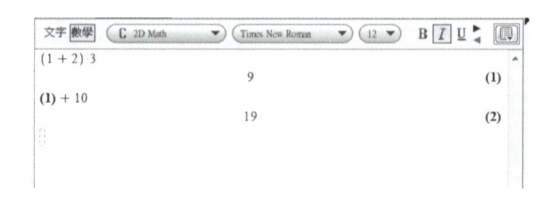

圖 1.10　插入方程式編號並進行運算

Chapter 1　認識 Maple

Maple 呼叫了編號 **(1)** 方程式的結果 9，並且在加上 10 按下 <Enter> 鍵後，Maple 將編號 **(1)** 方程式的結果進行運算，並存到了編號 **(2)** 的方程式。

接下來我們以快捷鍵 <F5> 切換成『文字』模式，並輸入同樣的運算式 (1+2)*3 ，按下 <Enter> 鍵，如圖 1.11 所示。

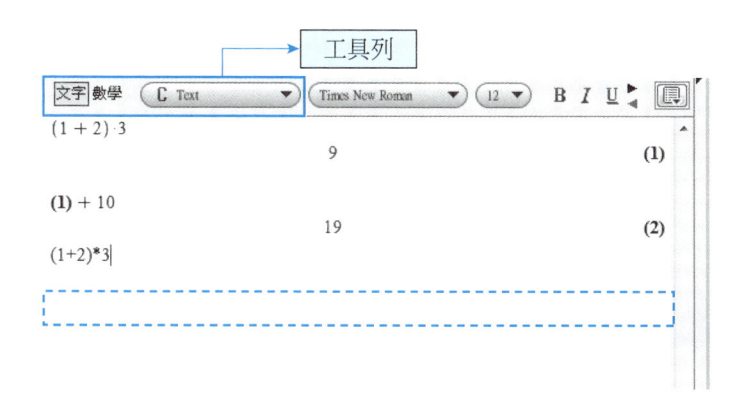

◎ 圖 **1.11**　文字模式中輸入數學式

在 Maple 中，當您以文字模式輸入時，系統並不會做執行的動作。您可以發現此時上方的模式切換成了文字模式 (文字)，並且您輸入的運算式依然是 (1+2)*3，在按下 <Enter> 鍵後，游標僅換了一行，Maple 並不會計算運算式的結果。

若想在同一行中輸入多個方程式，可以在算式的最後加上分號 (;)，如圖 1.12。

◎ 圖 **1.12**　同一行中輸入多個方程式

9

在上例中，Maple 同時執行了兩個方程式 2^2+1 與 3!，並依序顯示其計算結果在螢幕中，注意雖然有兩個計算結果，但只會將最後一個方程式的結果儲存至新產生的方程式編號 **(3)** 中。

若不想讓 Maple 每次運算都顯示結果，可以在算式的最後加上冒號(:)，如圖 1.13。

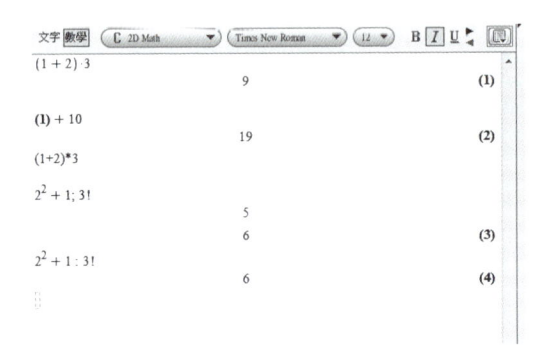

圖 1.13　算式後方加上冒號(:)，其結果將不輸出

如圖 1.13，此處將第一個算式後的分號改成了冒號，您可以發現，此時第一個算式 2^2+1 的結果並沒有顯示出來，反而僅顯示最後一個算式 3! 的結果。

透過文字模式與數字模式的交互運用，您可以任意在運算式間插入文字註解，也可以在文字說明中插入數學方程式美化您的數學文件，增加 Maple 程式的可讀性。

Key

在 Maple 中，為了區別文字輸入與數學輸入，中文輸入法與英文輸入法下的數字與符號並不相同，建議您在進行數學輸入時，要採用英文輸入法輸入數學式。

Maple 中常見的運算符號整理如表 1-2。

表 1-2　Maple 中常見的運算符號

一般運算子	鍵盤指令	關係運算子	鍵盤指令
加號	+	等號	=
減號	-	不等號	<>
乘號	*或 [space]	大於	>
除號	/	小於	<
指數	^	大於等於	>=
階層	!	小於等於	<=
微分	'	定義	:=
餘數	mod	映射	->

Key

各種運算子的定義及使用範例請至 Maple 協助系統搜尋『Operator』。

1.3　變數的設置

　　在上節中，我們介紹了 Maple 的輸入法與方程式標籤，但在繁複的方程式運算中，若想在一個方程式內，引用另一個方程式計算的結果，僅透過方程式標籤來進行，不但使用上十分不便，大量的標籤也容易造成引用上的混亂。這時您可以使用變數取代方程式標籤，不但具有真實的意義，也相對容易讀懂與維護。

　　變數的設置在各種程式語言中均扮演最基本的角色，透過將資料儲存在變數中，我們可以隨時隨地引用變數來呼叫相應的資料。圖 1.14 為一個變數設置的簡單範例。

第一本入門 Maple 的必讀寶典 —
現在，數學可以這樣算！

○ 圖 1.14　定義變數 *t*，並呼叫 *t* 的內容進行運算

在上例中，我們透過定義運算子 (:=)，將 *t* 定義成數字 2。當我們在任何時候輸入 *t* 時，Maple 會自動引用變數 *t* 中的內容進行運算。

然而，若計算的系統較龐大時，方程式的推導過程中不可豁免的將會設置非常多的變數。為了避免重複設置相同名稱的變數造成計算上的錯誤，Maple 開發了專司變數管理的元件庫，使用者可以從工作視窗左方的『*Variables*』元件庫中，查看所有的變數與其內容，如圖 1.15。

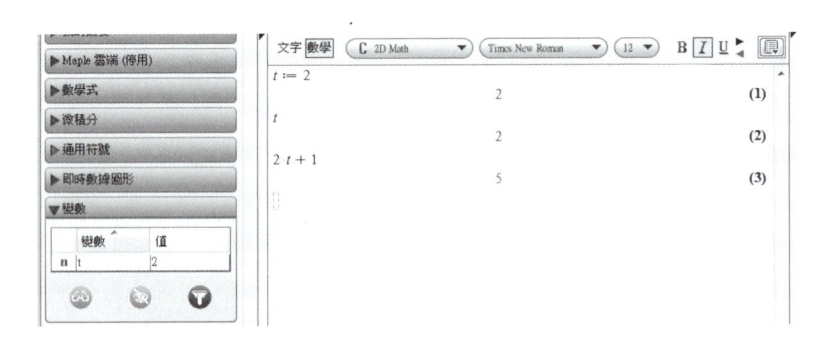

○ 圖 1.15　透過『*Variables*』元件庫查看變數與其內容

然而，若每次進行方程式運算時，都必須先將運算結果擷取出來，再透過定義運算子，將資料儲存在一變數中，難免造成運算上的繁複。Maple 可支援各種不同資料型態的變數設置，透過 Maple 獨特的符號運算引擎，可直接將方程式化簡，並儲存在變數當中，如圖 1.16。

12

Chapter 1　認識 Maple

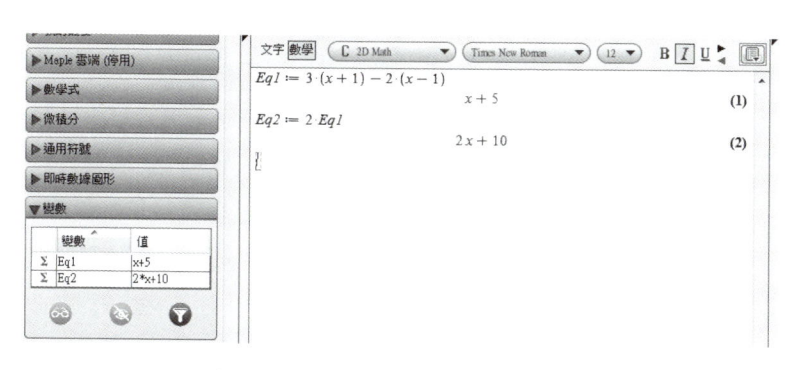

圖 1.16　不同資料型態的變數設置

如圖 1.16，我們定義了變數 *Eq1* 與變數 *Eq2*，其中 *Eq1* 為一方程式，而變數 *Eq2* 為一個包含變數 *Eq1* 的方程式。透過左方的『***Variables***』元件庫，您可以看到 Maple 自動將方程式進行化簡，並分別將簡化後的結果儲存在變數 *Eq1* 與變數 *Eq2* 當中。

若使用者希望定義一段數列進行運算，Maple 也有許多功能可進行靈活的變數設置。在 Maple 中，有兩種不同的下標輸入方式，使用者可透過 <Ctrl> + <Shift> + <_> 或 <_> + <_>，兩個底線為一個變數設置下標，如圖 1.17。

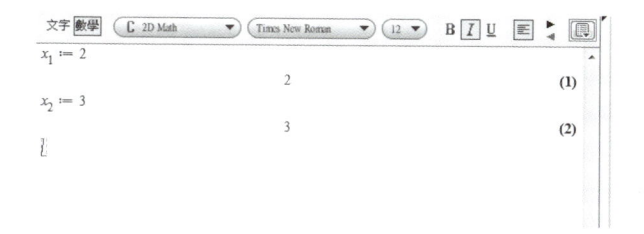

圖 1.17　定義變數的下標

此處我們透過兩種方式，分別設置 x_1 與 x_2 兩個變數。第一式輸入 <x> + <Ctrl> + <Shift> + <_> + <1> + <→> + <:> + <=> + <2>，第二式則是輸入 <x> + <_> + <_> + <2> + <→> + <:> + <=> + <3>。在 Maple 中，此兩種方式具有不同的意義，前者代表索引為 1 的變數 *x*，後者代表變數名稱為「x_2」的變數，我們可以透過數列 *seq* 指令，來了解這兩種變數設置的區別，如圖 1.18。

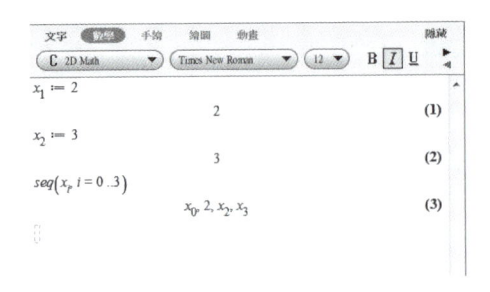

◎ 圖 1.18　不同下標定義方式的差異

　　seq 指令是 Maple 中一個非常有用的指令，可供使用者建立一串有關聯性的數列。此處我們透過 seq 指令，建立一個 x_i 數列，您可以發現，Maple 自動將 x_1 的值換成了數字 2，但 x_2 保持不變，這表示 x_2 數列 **(2)** 並未定義，故保持原樣不變。另外，您也可以從 x_1 是黑色、x_2 是紫色判斷出 x_2 為一完整變數，而 x_1 是索引值為 1 的 x 陣列值。

　　在前面的敘述中，我們了解了如何在 Maple 中進行變數的設置。透過將變數重新定義成字元，也可以清除變數的資料：

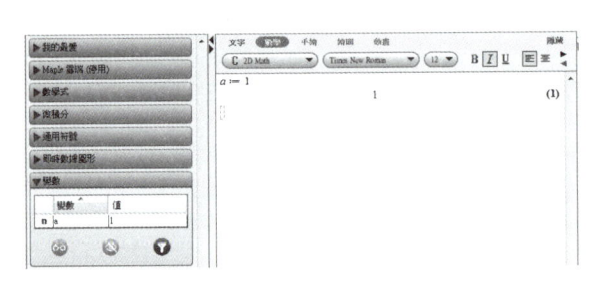

◎ 圖 1.19　將變數 a 定義為數字 1

　　參考圖 1.19，我們將變數 a 定義為數字 1，讀者可以從左側的元件庫中看到變數設置的結果，如圖 1.20。若我們將此變數重新定義成字元‘a’，則 Maple 將會清除變數中資料而回復未定義的狀態。

Chapter 1　認識 Maple

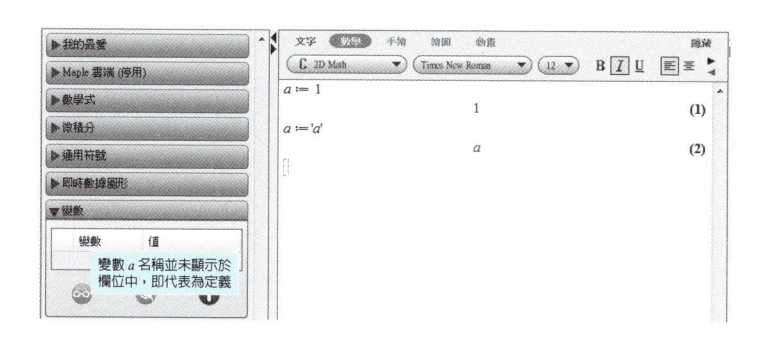

○ 圖 1.20　將變數 *a* 重新定義為字元 '*a*'

　　Maple 強大的變數設置功能，讓數學變得更為簡單，您可以依照個人的喜好來決定變數的名稱，但這些名稱不能使用 Maple 中已定義的關鍵字、中文以及全形符號。關鍵字是 Maple 系統預先定義好的識別字，圖 1.21 為一個錯誤的變數定義範例。

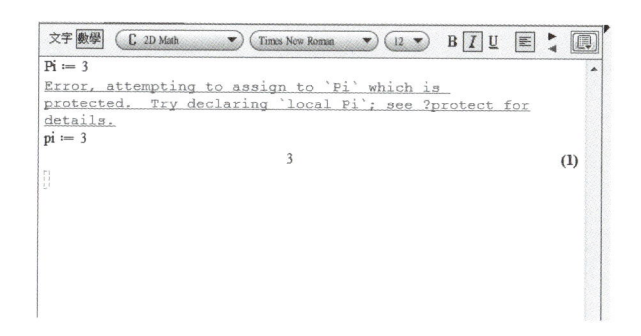

○ 圖 1.21　錯誤的變數定義範例

　　在 Maple 的環境中，大小寫是不同的符號。Pi 在 Maple 中被系統定義為圓周率之值，當我們使用 Pi 作為變數並定義數值時，會出現錯誤訊息。但小寫的 pi，並沒有被 Maple 所使用，故此處我們可以將 pi 定義為常數值 5。

　　表 1-3 整理了數種變數定義時常犯的錯誤，以及正確的變數名稱定義範例：

表 1-3　變數名稱定義範例

變數名稱	說明
Pi	錯誤，Pi 為 Maple 的關鍵字，代表圓周率之常數。
pi	正確，大小寫代表不同的符號，pi 並非 Maple 的關鍵字。
^_<	錯誤，^ 為 Maple 的關鍵字，代表算數運算子「指數」。
Maple is good	錯誤，變數名稱不能有空格。
Maple_is_good	正確，變數名稱可以包含底線。
Ｆｕｌｌ	錯誤，變數名稱不可使用全形文字。
543	錯誤，變數名稱不可僅使用數字。
Maple_543	正確，變數名稱可包含數字。

Key

雖然 Maple 擁有非常優異的變數設置能力，並可接受超長名稱的變數設置 (在 32 位元系統可支援 268,435,439 個字元；64 位元系統可支援 34,359,738,335 個字元)，但由於部分程式對於變數設置的限制非常嚴格，為避免後續應用上與第三方軟體連結時造成的混淆或錯誤，使用上建議盡量避免過於複雜的變數名稱。有關變數名稱的設置，詳細內容請至 Maple 協助系統搜尋『Names』。

1.4　元件庫及智慧求解工具

　　為了避免使用者耗費時間在了解程式的指令及語法，而非分析數學問題，Maple 設計了非常豐富的元件庫及智慧求解工具，使用者可以輕鬆求解數學問題而不必透過任何指令。

　　圖 1.22 為一個透過『矩陣』元件庫求解特徵向量之範例。我們可以在『矩陣』元件庫中輸入所需的行數、列數與資料類型等，並按下『插入矩陣』，在命令視窗中新增一個空白矩陣。

Chapter 1　認識 Maple

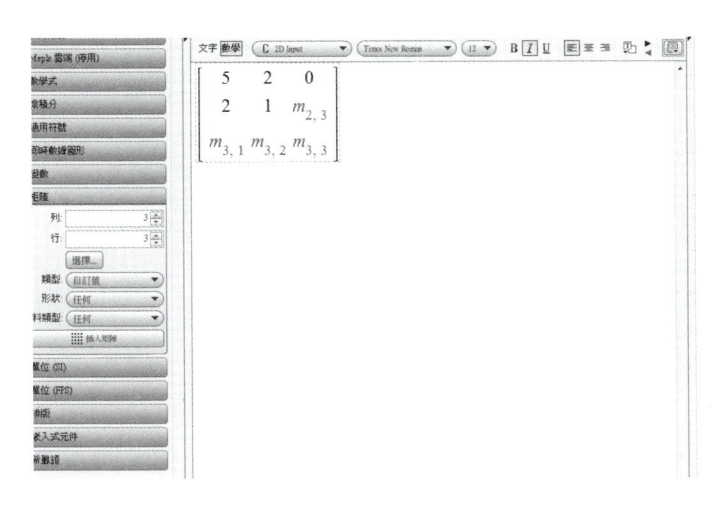

🌀 圖 1.22　使用『矩陣』元件庫輸入矩陣

矩陣元件中的每一個單元都是可以修改的。使用者可以直接以游標點選每一個矩陣元素，或以 <Tab> 鍵切換矩陣元素定義此矩陣中每一個單元的值。參考圖 1.23，在定義完矩陣之後，接著我們對此矩陣按下滑鼠右鍵即會產生下拉式選單。

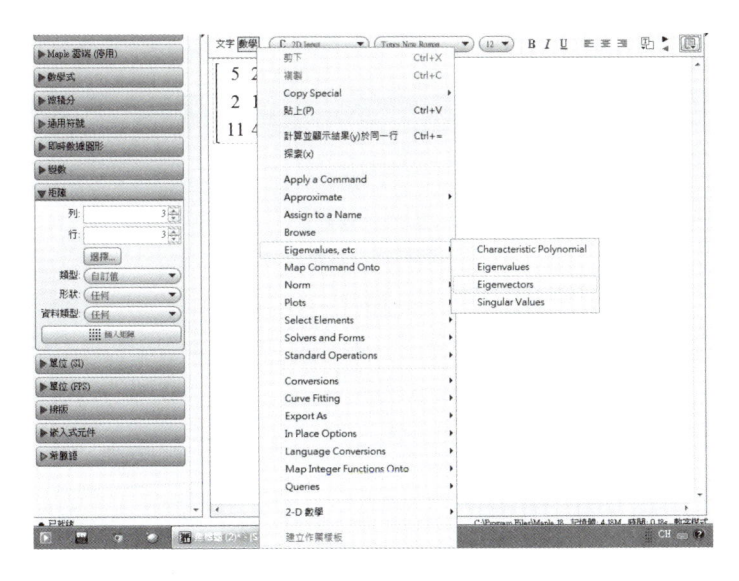

🌀 圖 1.23　矩陣之右鍵智慧選單功能

Maple 的智慧選單功能會自動判斷方程式的類型，並依照方程式的類型列出可能的求解方案，由於此處的方程式為矩陣，故會產生線性代數相關的求解選項。此處我們選擇『Eigenvalues, etc』=>『Eigenvectors』。

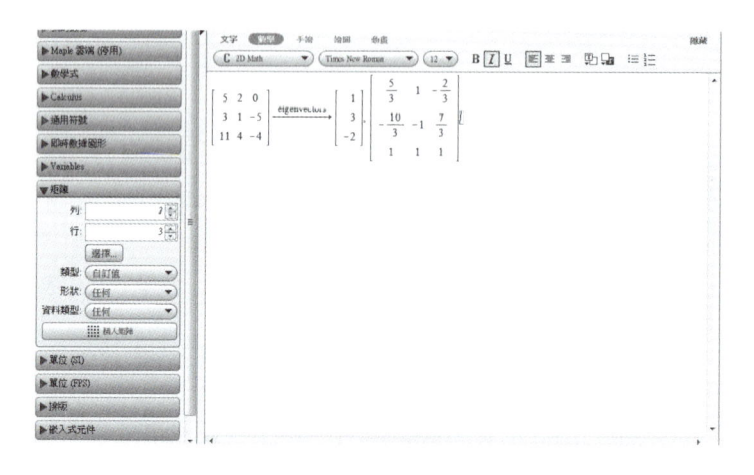

◉ 圖 1.24　滑鼠右鍵選項『Eigenvector』的計算結果

如圖 1.24 所示，Maple 會自動將此方程式的特徵向量與特徵值計算出來予以顯示。

🔍 Key

透過選擇下拉式選單中的『檢視』=>『元件庫』–>『整理元件庫』，您可以查閱 Maple 中全部的元件庫，並依個人喜好建立屬於您專屬的元件庫列表。

Maple 的智慧求解功能遠不僅於此。Maple 從 17 版之後新增了可點擊式數學 (Clickable Math) 與數學嚮導 (Assistant & Tutor) 功能，幫助求解者分析數學模型。您可透過工具列的 選項，來開啟/關閉『可點擊式數學』功能。

圖 1.25 為一個包含三角函數的移項範例。在真實的數學運算當中，時常會需要進行方程式的移項與化簡等動作，使用者可透過滑鼠反白方程式中的單元，並拖曳到等號的另一邊，來進行方程式單元的移項化簡：

Chapter 1　認識 Maple

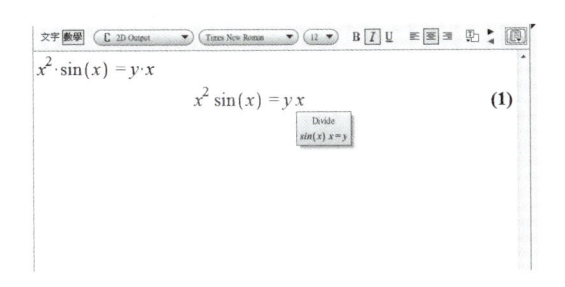

◎ 圖 1.25　透過智慧求解工具進行方程式的移項

在上例中，我們將等號右邊的 x 拖曳至等號左邊進行移項，由於這步驟相當於在等號兩邊同除以變數 x，Maple 會辨識使用者欲進行的化簡工作，並以選單的方式預覽化簡後的結果。點選選項『Divide』即可進行 x 的移項：

◎ 圖 1.26　三角函數移項後的結果

當然，有時使用者並不清楚方程式的推導該如何進行，透過滑鼠進行反白，Maple 的智慧求解工具，也可進一步列出各種推導的選項，供使用者選擇合適的求解方案：

圖 1.27 中，我們將式中的 $\sin(x)\,x$ 用滑鼠反白，但不進行拖曳。Maple 將會偵測方程式的類型，並列出幾種可能的求解方案，包含除法化簡、減法化簡，甚至繪製函數等的圖形結果。

以可點擊式數學求解方程式時，Maple 會記錄使用者選擇的求解方案，並將結果顯示出來。透過這種方式，使用者可以以更直覺的方式推導方程式，而不用記錄與使用任何指令。然而，並非每一個求解數學問題的人，都具有剖析問題的能力。Maple 的數學嚮導功能，提供了對數學較不熟悉的使用者，一個探索數學問題的工具。使用者可透過選擇下拉式選單『工具』下的『小幫手』(Assistant) 與『小老師』(Tutor)，來使用此一功能。

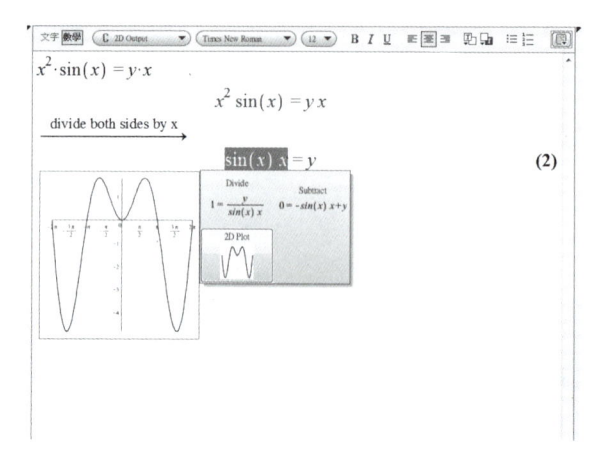

◎ 圖 1.27　以智慧求解功能瀏覽方程式可能的求解方案

圖 1.28 為『小幫手』中『圖形產生器』(Plot Builder) 的使用範例，『圖形產生器』可協助使用者一步一步地將方程式繪製成圖形。首先，我們先透過按鈕『Add』加入一組方程式 y=x*sin(x)。

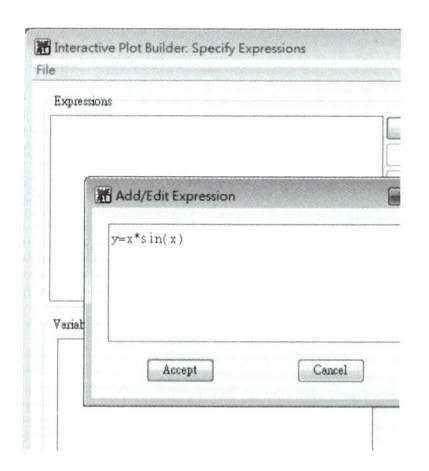

◎ 圖 1.28　在『圖形產生器』中輸入欲繪製的圖形函數

您可以發現，如圖 1.29 所示，當按下按鈕『Accept』後，『圖形產生器』會自動分析方程式，並將變數列在下方的變數欄『*Variables*』當中：

Chapter 1　認識 Maple

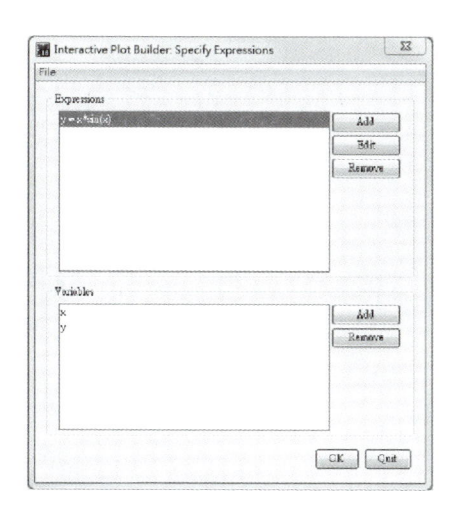

▶ 圖 1.29　自動分析方程式中變數

在輸入完方程式之後，使用者可以使用按鈕『Add』、『Edit』或『Remove』調整方程式與變數，此處我們選擇按鈕『OK』，進入下一個步驟。

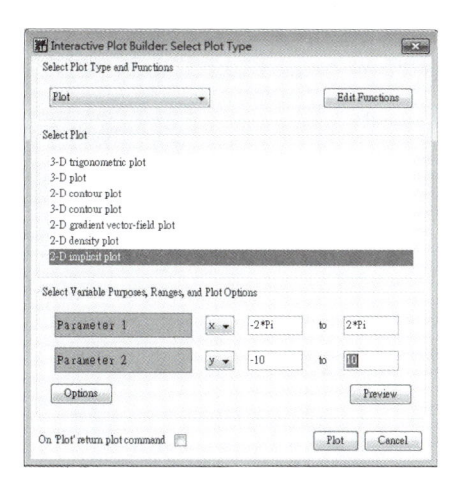

▶ 圖 1.30　選擇繪圖型態

根據上述輸入的方程式，『圖形產生器』會產生相應的設置介面，供使用者設定圖形的類型與各項參數。此處我們將 x 與 y 之範圍分別設定成 $-2*\pi$ 到 $2*\pi$ 以及 -10 到 10，並按下按鈕『Plot』便會得到圖 1.31 的繪製結果。

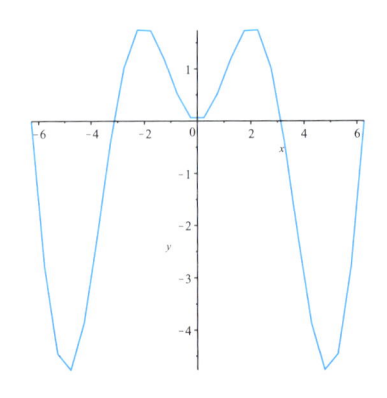

圖 1.31 『圖形產生器』繪製的函數圖形

若將『圖形產生器』繪製出來的圖形與『可點擊式數學』的結果進行比較，您可以發現兩個圖形之間具有一些微小的差異。這是由於『圖形產生器』中預設的解析度較低的緣故，您可以在點選『Plot』按鈕前，先點選『Options』，於新帶出的選項視窗中 (如圖 1.32) 將繪圖選項中「Grid Size」值調整為 100,100，即可得到圖 1.33 的繪圖結果，而該結果會與圖 1.27 一致。

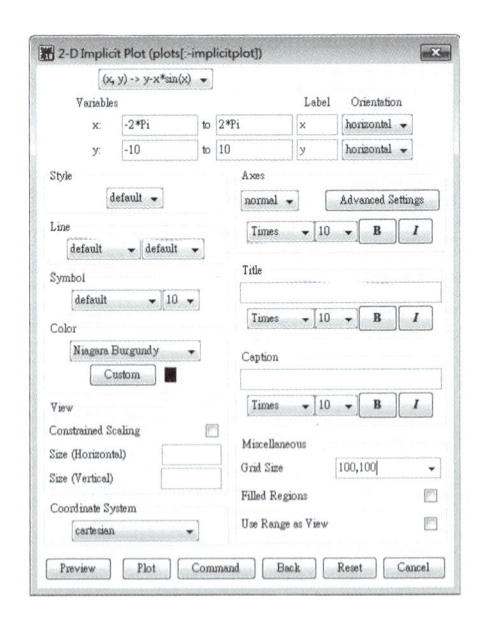

圖 1.32 調高『圖形產生器』中的解析度

Chapter 1 認識 Maple

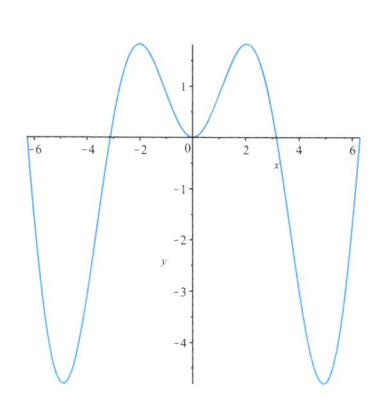

🌐 圖 1.33　調整「Grid Size」後的高解析度圖形

🔍 Key

對於慣用指令分析數學模型的使用者，可透過『檢視』=>『可點擊式數學』反勾選『可點擊式數學』隱藏此功能。

1.5　常用指令與套件

雖然元件庫與智慧求解工具可幫助使用者快速分析數學模型，但若要在 Maple 中進行較特殊的應用，有時仍須透過指令的方式，來告訴 Maple 要進行怎樣的運算。圖 1.34 為一個簡單的指令使用範例。

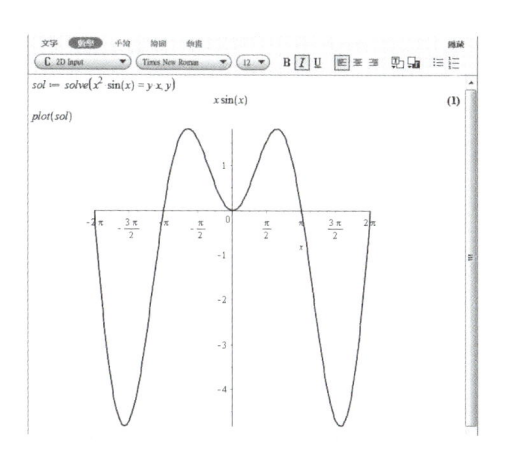

🌐 圖 1.34　求解與繪圖指令

23

在此例中，我們先透過求解指令 *solve* 指令求解方程式 $x^2 \cdot \sin(x) = y \cdot x$，並將求解後的答案儲存在變數 *sol* 中，最後透過繪圖指令 *plot*，將變數 *sol* 儲存的方程式資料繪製成圖。

由於 Maple 特殊的符號運算核心，方程式的答案不再是近似的數值結果，解析解實現了用電腦推導方程式的可能性，大大拓展了電腦輔助計算的應用範疇。

Maple 融合符號運算與數值運算，開發了各種跨時代的運算指令，用以滿足各式各樣在過去無法處理的數學問題。為了節省軟體的運算資源，這些進階的指令平時被收納在 Maple 的函式庫 (Package) 中，使用者可透過呼叫 *with* 指令，呼叫相關的指令進行數學模型的分析。

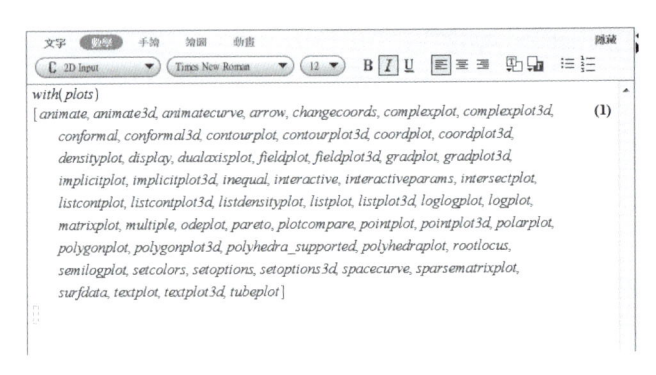

圖 1.35　用 *with* 指令呼叫 *plots* 函式庫

如圖 1.35，透過 ***plots*** 為一包含各種圖形繪製指令的函式庫。在 Maple 中，有非常豐富的求解資源可供使用者進行圖形的繪製或分析。在呼叫 ***plots*** 函式庫後，使用者即可使用此函式庫中的各項指令進行繪圖，圖 1.36 為一個透過呼叫 *implicitplot* 指令繪製隱函數圖形的使用範例。

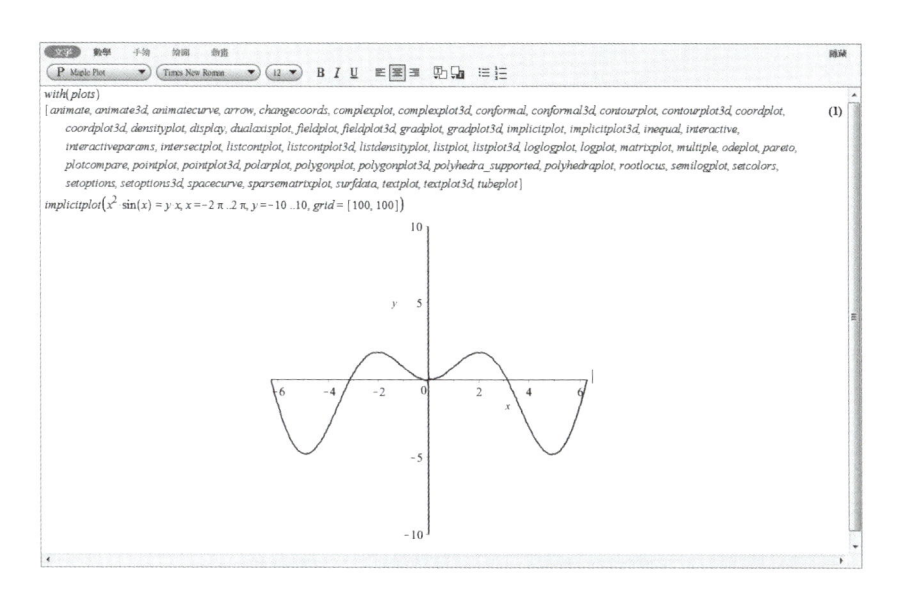

▲ 圖 1.36　使用 *plots* 函式庫中的 *implicitplot* 指令進行繪圖

　　implicitplot 指令可供使用者進行隱函數的圖形繪製。此處我們參照前述範例圖形的結果，將方程式 x 與 y 之範圍分別設定在 -2π 與 2π 以及 -10 與 10 之間，透過 *implicitplot* 指令重新繪製出 $x^2 \cdot \sin(x) = y \cdot x$ 的結果。

　　表 1-4 列出了 Maple 中常用幾種函式庫。

表 1-4　常用函式庫名稱與說明

函式庫名稱	說明
plots	包含用以進行圖形與動畫繪製的相關指令
Statistics	包含用以進行統計工作的相關指令
Optimization	包含用以進行最佳化處理的相關指令
ExcelTools	包含用以與 Excel 互動的相關指令
Matlab	包含用以與 Matlab 互動的相關指令
CodeGeneration	包含用以將 Maple 方程式轉換成其他語言程式碼的相關指令
DEtools	包含用以處理微分方程問題的相關指令

Chapter 2

Maple 的工作環境

在撰寫一篇專業的技術文章時,五花八門的符號、數學式的表示法以及單位的換算等等,時常讓編輯者傷透腦筋。Maple 具有十分完善的編程環境,本章將向您介紹如何運用 Maple 的各種文書處理功能,提高方程式的可讀性,培養良好的撰寫習慣,來建立一份完整的數學文件。

本章學習目標

- ◆ 介紹 Maple 的各種輸入模式
- ◆ 學習以 Maple 的文書處理工具編排文件
- ◆ 學習以 Maple 整理方程式的單位與公差

2.1　Maple 的數學式輸入模式

為了增加數學文件的可讀性，Maple 建立了龐大的元件庫，將常用的運算符號轉換成使用者熟悉的樣貌。但在有些時候，若使用者想透過程式語言的方式，將 Maple 的數學式設計排成一個較複雜的演算流程，甚至與 C 或 JAVA 等語言結合進行編程，則以元件符號來撰寫方程式將會有些不便。

Maple 可以選擇兩種不同的數學式輸入模式，分別為『二維數學』(2-D Math) 模式與『一維數學』(1-D Math) 模式。在預設的情形下，Maple 會以『二維數學』的模式撰寫數學式，並將其轉換成圖形化的符號樣貌。相反的，在『一維數學』的模式下，Maple 不會進行圖形化符號的轉換，而是如同程式碼一般直接呈現使用者輸入的指令。而這兩種模式的轉換是可以透過滑鼠反白數學式指令並點選滑鼠右鍵，在帶出來的右鍵選單中點選『2-D 數學』=>『轉換成』來切換。如圖 2.1 所示，我們可以將原先為『二維數學』的數學式透過右鍵選單中的『2-D 數學』=>『轉換成』『1-D 數學輸入』來切換成『一維數學』的數學式，其轉換後的結果如圖 2.2 所示。

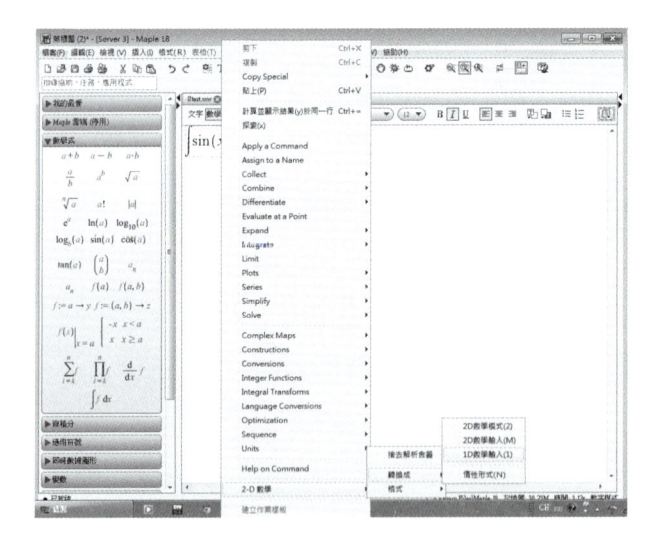

圖 2.1　將『二維數學』的數學式轉換為『一維數學』的過程

Chapter 2 Maple 的工作環境

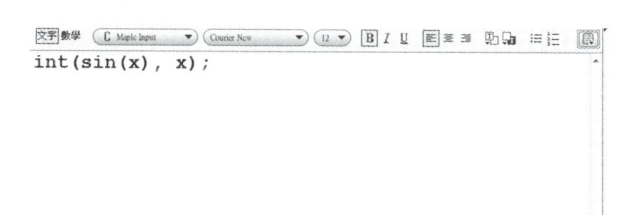

```
int(sin(x), x);
```

◉ 圖 2.2 切換到『一維數學』下數學式的結果

透過這種方式，使用者可以任意的進行方程式的數學模式轉換，以各自熟悉的樣貌推導方程式，再轉換成適合進行程式設計的形式。

Key

若要直接以『一維數學』撰寫 Maple 的數學式，可透過下拉式選單中的『插入』=>『Maple 輸入』，或以快捷鍵 <Ctrl>+<M> 進行轉換。

2.2 各種 Maple 編程介面

為了滿足不同需求的數學應用，Maple 開發了數種不同的輸入模式與編程環境，使用者可依各人喜好，選擇相應的介面建立數學方程式。

2.2.1 標準工作頁

標準工作頁 (Standard Worksheet) 為系統預設的編程模式，擁有完整的功能與親和的圖形化操作介面。在標準介面包含兩種不同的輸入類型，分別為文件模式 (Document Mode) 與工作頁模式 (Worksheet Mode)，使用者可透過下拉式選單的『檔案』=>『新增』建立一個空白的文件或工作頁。新增文件模式的結果如圖 2.3 所示，而新增工作業模式的結果如圖 2.4 所示。

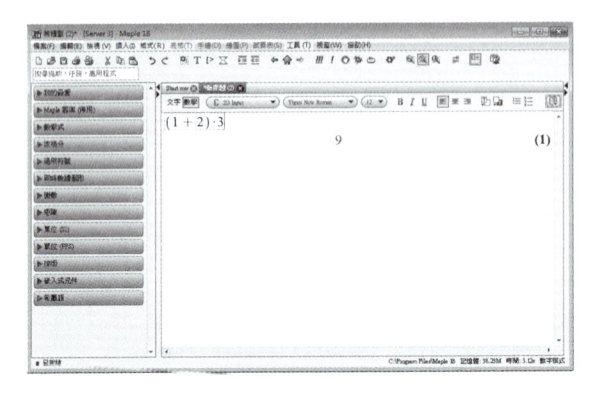

◎ 圖 2.3　標準工作頁下的文件模式

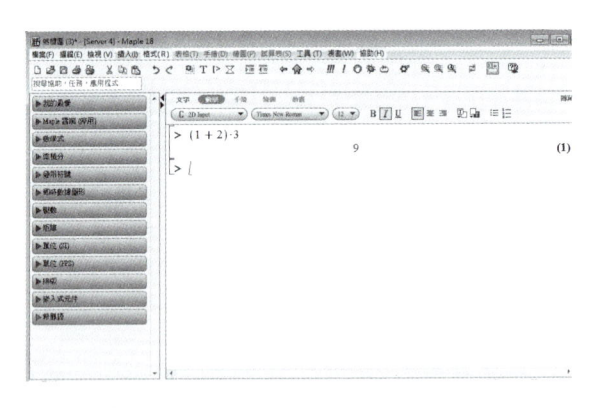

◎ 圖 2.4　標準工作頁下的工作頁模式

　　如同第一章所述，當您執行 Maple 的標準工作頁時，系統會自動進入文件模式，並建立一個文件區塊 (Document Block)，供使用者進行數學輸入。使用者可以任意編排文字與數字，建立一個美觀的技術文章。

　　但在許多時候，文件模式強大的文書編輯能力，可能會使開發人員無法分辨文章中的文字與方程式，造成判讀上的不便。為了編程與維護上的方便，工作頁模式提供了一個較條理分明的工作環境。

　　在工作頁模式中，Maple 會以 [< 區隔一個數學式運算執行群組 (Execution Group)，供使用者進行編程。在此執行群組下並不允許切換文字模式，使用者在該執行群組中所輸入的任何符號，都會被視為是數學輸入符號，並且以數學運算的方式執行命令：

Chapter 2 Maple 的工作環境

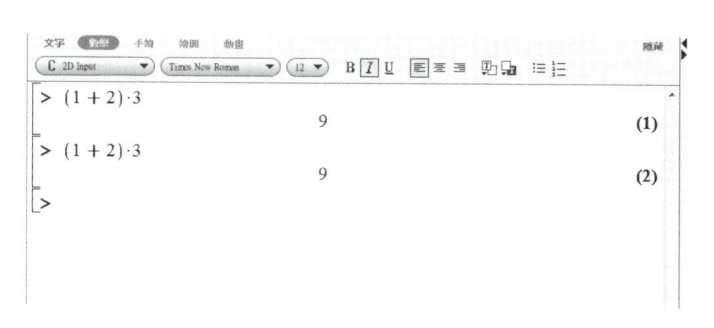

▲ 圖 2.5 　在執行群組中無法切換成文字輸入模式

　　如圖 2.5 所示，數學式運算執行群組符號 ([>) 後的任何輸入均會被視為是數學符號。若使用者在該執行群組中以快捷鍵 <F5> 切換輸入模式時，Maple 不會將數學模式切換成文字模式，而會將『二維數學』模式切換成『一維數學』模式，按下 <Enter> 後，系統依然會進行執行的動作。

　　當然，有時候使用者仍須輸入文字來進行敘述。透過工具列的『插入文字』(T)，使用者可以插入一個文字群組到工作頁中進行文字輸入。如圖 2.6 所示，文字群組只會以 [區隔，特別注意的是，儘管可以在文字群組中輸入數學符號，但是系統並不會執行文字群組中的數學式。

▲ 圖 2.6 　Maple 不會運算文字群組中的數學式

　　無論是在文件模式還是工作頁模式，為了讓使用者更靈活的編排技術文件，Maple 可在任何時候於命令視窗中，建立文件區塊或執行群組。參考圖 2.7 您可以透過『格式』=>『建立文件區塊』，來新增一個文件區塊進行撰寫，或透過『格式』=>『移除文件區塊』將文件區塊移除。您也可以選擇『插入』=>『執行群組』，建立一個僅接受數學模式的運算區域：

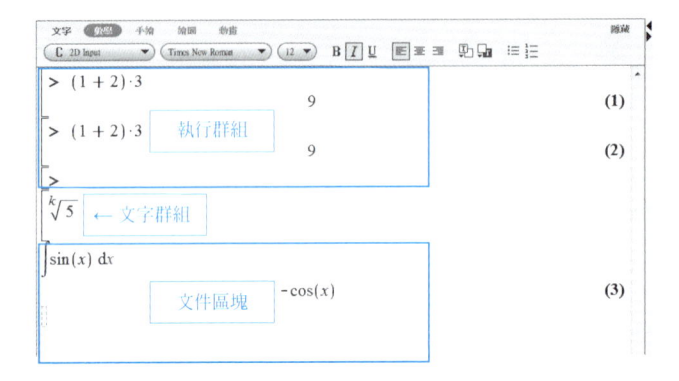

圖 2.7　在同一種模式下交互使用文字群組、執行群組與文件區塊

2.2.2　傳統工作頁

若使用者安裝的是 32 位元的 Maple，將保留有**傳統工作頁** (Classic Worksheet) 的功能，若使用者安裝 64 位元版本，將無傳統工作頁的功能，請直接跳到命令列模式。傳統工作頁為 Maple 傳統的開發環境，提供一個精簡的操作介面供使用者建立數學文件。此處以 Maple 18 為例，您可以從『開始』=>『程式集』=>『Maple 18』=>『Classic Worksheet Maple 18』來開啟傳統工作頁模式。圖 2.8 為傳統工作頁的起始畫面：

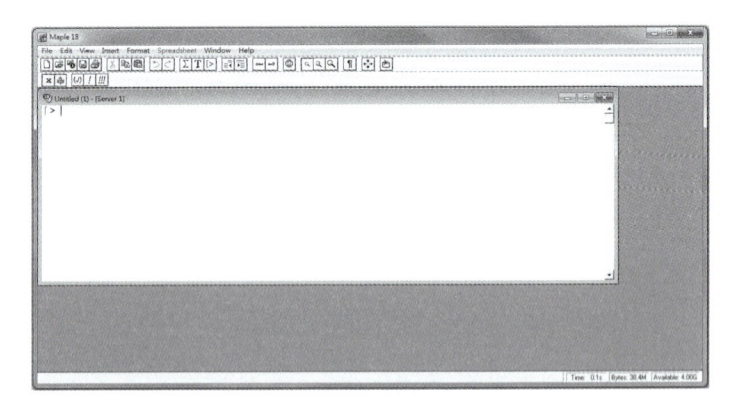

圖 2.8　傳統工作頁起始畫面

傳統工作頁模式並沒有元件庫與智慧求解工具供使用者求解方程式，所有的數學式均需以指令的方式輸入。然而，傳統工作頁仍然可以擁有完整的指令與函式庫，使用者可以在傳統工作頁下進行跟標準工作頁中相同的工作：

Chapter 2 Maple 的工作環境

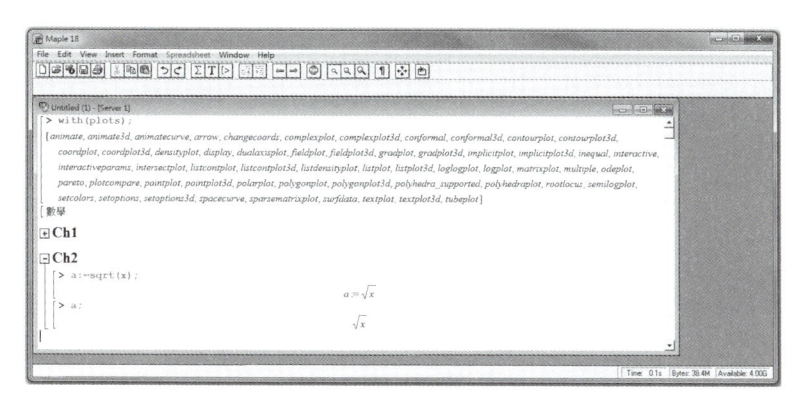

▲ 圖 2.9　傳統工作頁可進行與標準工作頁下相同的工作

2.2.3　命令列模式

　　許多時候，在進行非常大型的方程式運算，或者進行大型的批次處理 (Batch Processing) 任務時，為節省運作圖形化視窗介面的系統資源，Maple 提供了一個較精簡的編程模式。命令列模式 (Command-line) 為一種純文字的編程介面，不需要處理複雜的視窗訊息事件，大幅降低了記憶體的耗費。以 Maple 18 為例，您可以從『開始』=>『程式集』=>『Maple 18』=>『Command-line Maple 18』來開啟命令列模式。圖 2.10 為命令列模式的起始畫面。

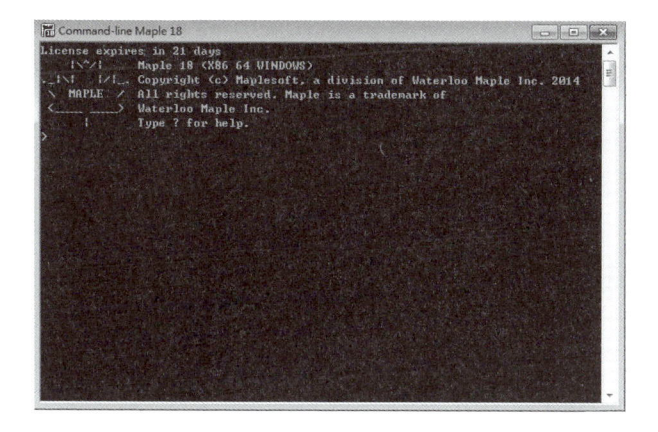

▲ 圖 2.10　命令列模式的起始畫面

在命令列模式中，Maple 不提供文字模式，因此僅能接受數學符號相關輸入。大部分的運算均可在命令列模式中進行，使用者甚至可以利用特殊符號來進行圖形的繪製，進一步了解方程式的幾何意義，如圖 2.11 所示。

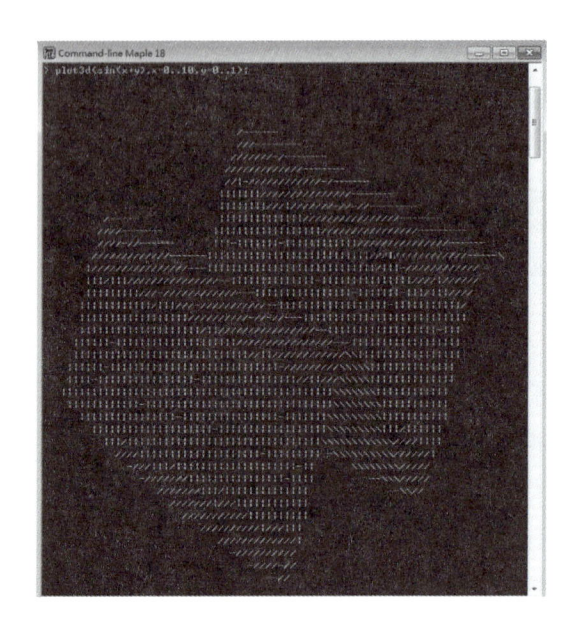

● 圖 2.11　在命令列模式下繪製圖形

此處我們以一個三維圖形的繪製指令 *plot3d*，在命令列模式中繪製 $sin(x+y)$ 的立體圖形。您可以看到 Maple 透過拼裝符號描繪了圖形輪廓。然而，若要進行動畫繪製等複雜的圖形工作時，仍須透過標準工作頁模式或傳統工作頁模式來進行，有關圖形繪製功能將在「第四章　二維圖形繪製」與「第五章　三維圖形繪製與進階繪圖應用」中詳細說明。

2.3　編輯與排版

Maple 不但擁有強大的運算核心，更結合了文字編輯、表格製作、圖形處理、版面設計等文書處理功能，提供使用者調整文件的段落樣式，建立一個完整的數學文件。

首先，我們在命令視窗中輸入指令 $sin'(x)$，並按下 <Enter>，如圖 2.12 所示。

Chapter 2 Maple 的工作環境

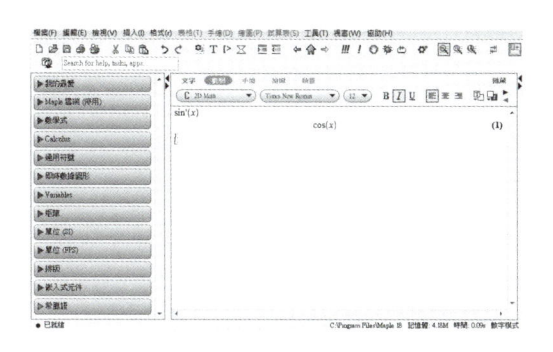

◎ 圖 2.12　輸入數學符號並計算結果

　　在上例中，您可以發現在按下 <Enter> 後，Maple 會將計算顯示在下一行中，造成排版上不整齊。若使用者想在同一行中顯示運算的結果，可在方程式反白後，再點選滑鼠右鍵的『計算並顯示結果於同一行』，或輸入完數學運算符號後，以 <Ctrl>+<=> 取代原本的 <Enter> 鍵，其結果如圖 2.13 所示。

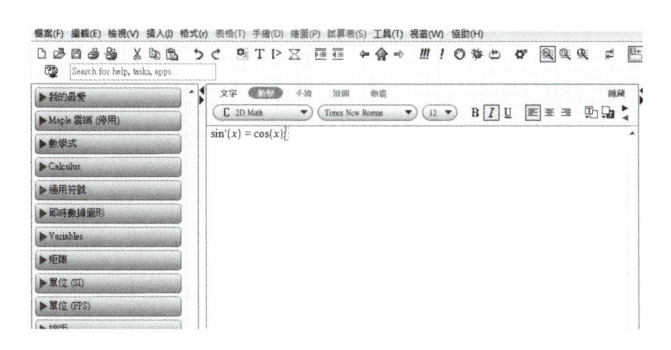

◎ 圖 2.13　計算結果與數學符號輸入顯示在同一行

　　您可透過將等號 (=) 更改成其他文字來讓文章更美觀，如圖 2.14 所示，我們將等號置換成"的答案是"，儘管方程式有所更動，只要按下工具列的執行選項 (*!!!* 或 *!*)，Maple 會在同樣的位置中執行相應的結果，而不會破壞您的排版：

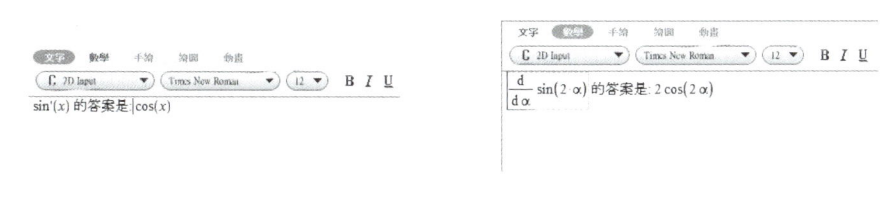

◎ 圖 2.14　將等號置換成文字　　　　◎ 圖 2.15　更改數學式後按下執行的結果

35

接著，我們透過 Maple 的文書編排工具建立文件的標題，首先我們先在文字模式下輸入一段文字「sin(β) 的微分」，如圖 2.16 所示：

圖 2.16 輸入文字「sin(β) 的微分」

表 2-1 為希臘字母在鍵盤上對應的位置，使用者可以快捷鍵 <Ctrl>+<Shift>+<G> 來切換希臘文輸入法。

如同大多數的文書軟體，我們可以將文字反白，透過工具列改變文字顏色，或將文字縮放、對齊及改變字型等等，Maple 中預先定義了許多不同文體與格式的字體供使用者選擇，如圖 2.17 所示，我們將「sin(β) 的微分」文字反白並選擇上方工具列的文字字體格式為『Annotation Title』，而更改字體的格式後的結果如圖 2.18 所示。

圖 2.17 將文字的字體格式改成『Annotation Title』

圖 2.18 改變字體格式後的結果

因為『Annotation Title』是 Maple 中預設的標題格式，您可以看到此處選取的文字被放大並置中。

透過工具列的縮排選項（ 與 ），使用者可以定義一個可收合的章節來分類文件中的內容。將 sin′(2·β) 的答案是 2cos(2β) 方程式反白並選擇工具列上的『增加縮排』（ ），並在摺疊符號（▼）右邊加入文字「計算過程」，其結果如圖 2.19 所示。Maple 建立了一段章節，並自動將我們選擇的方程式與文字納入該章節中。

Chapter 2 Maple 的工作環境

表 2-1　希臘字母在鍵盤上的對應位置

英文字母	希臘字母	大寫英文字母	大寫希臘字母
a	α	A	A
b	β	B	B
c	χ	C	X
d	δ	D	Δ
e	ε	E	E
f	ϕ	F	Φ
g	γ	G	Γ
h	η	H	H
i	ι	I	I
j	φ	J	ϑ
k	κ	K	K
l	λ	L	Λ
m	μ	M	M
n	ν	N	N
o	o	O	O
p	π	P	Π
q	θ	Q	Θ
r	ρ	R	P
s	σ	S	Σ
t	τ	T	T
u	υ	U	Y
v	ϖ	V	ς
w	ω	W	Ω
x	ξ	X	Ξ
y	ψ	Y	Ψ
z	ζ	Z	Z

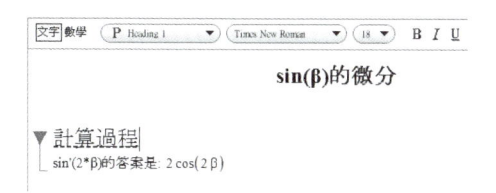

圖 2.19　以縮排選項加入章節並輸入章節名稱

透過章節前的摺疊符號(▼)，使用者可將章節內容縮合。圖 2.20 即為將章節縮合後的結果。

圖 2.20　將章節縮合後的結果

由於 Maple 支援各種不同的超連結類型，可呼叫文件檔中的書籤，或是連結網址來開啟網頁。此處我們將透過書籤的方式製作一個章節目錄，連結到前例中我們建立的章節「計算過程」上。

首先，我們先在章節「計算過程」這一行製作一個書籤。透過下拉式選單中的『格式』=>『書籤』，選擇『新增』建立一個名稱為『計算過程』的書籤，最後按下『建立』，如圖 2.21 所示。

圖 2.21　在章節位置處插入名為「計算過程」的書籤

接著參考圖 2.22，我們在章節前面以文字模式建立目錄，並以滑鼠反白「計算過程」文字，按右鍵選單『轉換成』=>『超連結』加入超連結，Maple 會開啟如圖 2.23 的超連結屬性視窗，供使用者定義超連結的屬性。

Chapter 2 Maple 的工作環境

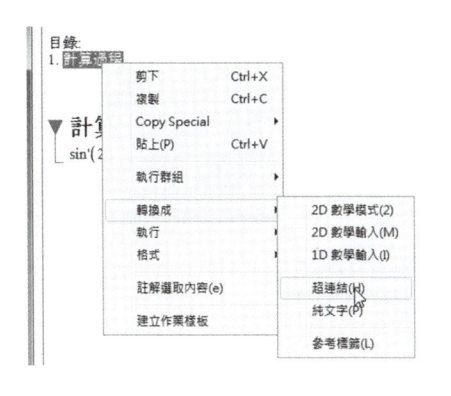

◎ 圖 2.22　在文字上加入超連結　　　　◎ 圖 2.23　設定超連結到指定書籤

　　此處將超連結的類型改成『工作頁』，在『書籤』的下拉式選單中，選擇前處中建立的書籤『計算過程』，並按下『確定』。如圖 2.24 所示，加入了超連結後的文字『計算過程』變成了綠色並加上了底線，現在您可以按一下此段文字，來超連結到您設定的書籤上。

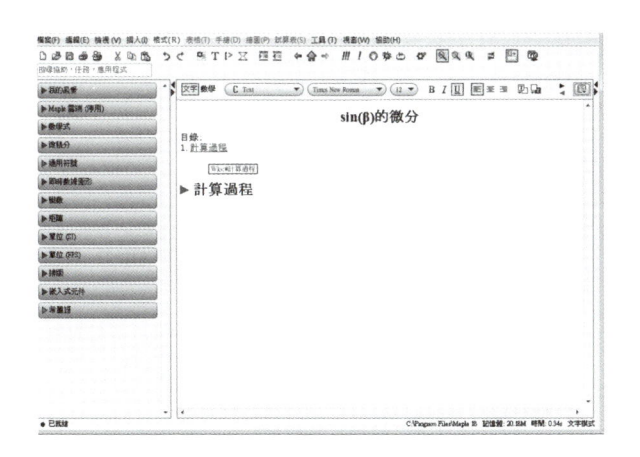

◎ 圖 2.24　完成目錄超連結設定的結果

　　若要觀看 Maple 中的書籤位置，使用者可透過勾選下拉式選單的『檢視』=>『記號』，來查看隱藏在文件中的書籤，如圖 2.25 所示，其中，黃色方塊標記(　)即代表書籤所在位置。

39

◎ 圖 2.25　選擇下拉式選單的『檢視』=>『記號』，查看 Maple 中書籤的位置

在記號功能中，Maple 也詳細記錄了每個指令的步驟，使用者可以點選某個文件區塊 (⊠)，透過滑鼠右鍵，選擇『文件區塊』=>『展開文件區塊』，了解 Maple 每一個指令的細節，圖 2.26 中我們顯示了原先「sin(2β) 的答案是 cos(2β)」此行所隱藏的 Maple 文件區塊內容。

◎ 圖 2.26　展開文件區塊中的內容

最後，我們介紹如何在文件中插入表格。透過下拉式選單的『插入』=>『表格』，使用者可以新增一個表格到文字游標處，如圖 2.27 所示，我們將列數與行數分別設為 3 與 2，並將標題定為「三角函數」，按下『確定』便可產生一個如圖 2.28 所示的一個 3 列 2 行的表格。

Chapter 2 Maple 的工作環境

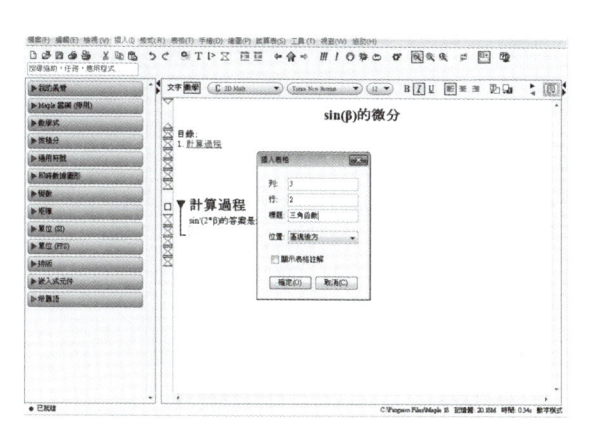

🌐 圖 2.27　透過下拉式選單插入表格

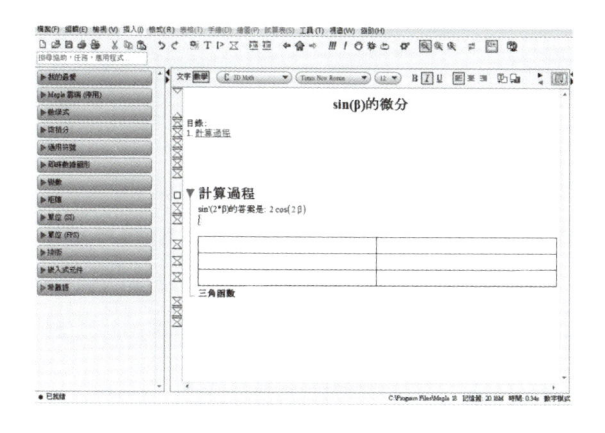

🌐 圖 2.28　插入一個 3 列 2 行標題為「三角函數」的表格

　　在 Maple 中，使用者可以將方程式直接剪下或複製，貼到我們想要放置的地方，繼續我們的數學推導與文字編排工作，如圖 2.29，我們可以將文字與方程式輸入到表格內。

41

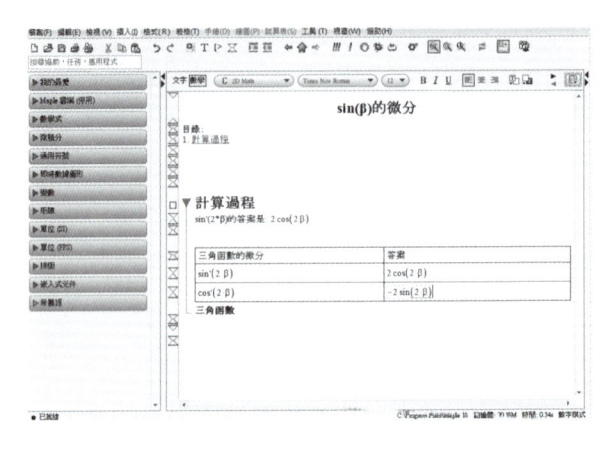

圖 2.29　在表格中撰寫方程式

2.4　公差與單位

　　Maple 中定義了完整的單位系統，並內建函式庫 *Units*，供使用者管理方程式的物理量。在呼叫函式庫 *Units* 後，我們可以透過指令 *GetSystems* 查看 Maple 中支援哪些單位標準，如圖 2.30 Maple 中支援了 CGS, MKS, SI 等單位標準。

　　在 Maple 中，使用者可以透過 *Units* 函式庫中的 *Unit* 指令，或是以單位『*SI*』或『*FPS*』元件庫賦予一個變數單位，當含有單位的變數進行運算時，系統會自動偵測變數的單位，並且同時進行單位的換算後計算結果，圖 2.31 為一個簡單的範例，我們從元件庫中將代表「公斤」(kg)、「公分」(cm) 與「秒」(s) 的物理量，直接加在數字後方並指定為變數，您可以發現在 Maple 中單位以數字進行相同的運算並化簡成最簡單的形式。

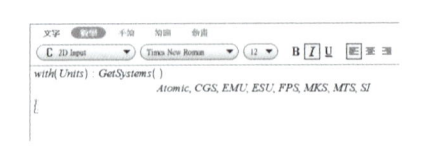

圖 2.30　呼叫函式庫 *Units*，並以 *GetSystems* 指令查看 Maple 中支援的單位制度

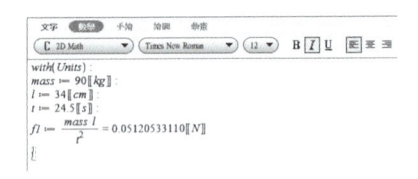

圖 2.31　單位進行了跟數字相同的運算，並化簡成最簡單的形式

　　當運算量較龐大時，此種指定變數單位的作法將需要設置大量的變數。根據

Chapter 2　Maple 的工作環境

使用者的喜好，***Units*** 函式庫另外提供了幾種不同的子函式庫，分別為 ***Standard***、***Natural*** 與 ***Default***，可較便捷地設置單位並進行物理量的計算。圖 2.32 為 ***Natural*** 子函式庫的一個簡單範例，使用者可直接在方程式中，定義每個數字的單位來進行運算。

在圖 2.32 中，由於我們呼叫了 ***Units*** 函式庫下的子函式庫 ***Natural***，英文字母中的 *m* 與 *cm*，將被定義為 SI 單位制度中的公尺與公分，使用者可以直接將數字與單位相乘賦予數字單位。特別注意的是，當呼叫子函式庫 ***Natural*** 後，Maple 會重新定義系統中的關鍵字，有些符號將定義成單位而被鎖住，該符號無法用於運算當中使用。

圖 2.33 中，由於字母 *s* 在子函式庫 ***Natural*** 中被定義為單位中的『秒』，故當我們試圖對 *s* 進行微分時，Maple 將會顯示錯誤。

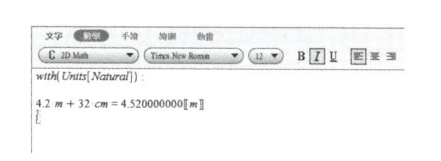

🌐 圖 2.32　***Natural*** 的工作環境中，使用者可直接在方程式中輸入單位

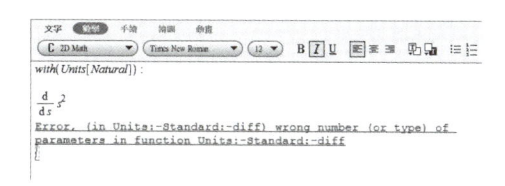

🌐 圖 2.33　***Natural*** 子函式庫會重新定義 Maple 的關鍵字

在上述範例中，使用者可透過單位管理工具，在計算方程式的同時進行單位的運算。***Tolerances*** 為 Maple 中專司公差計算的函式庫，透過與 ***Units*** 函式庫類似的方式，使用者也可以為一個數字指定公差，並在方程式運算的同時進行公差的運算，如圖 2.34 所示，我們定義了兩個擁有不同公差的變數 *a* 與 *b*，並將兩變數進行各種運算，Maple 會將公差累計的結果顯示在方程式運算的結果後面。

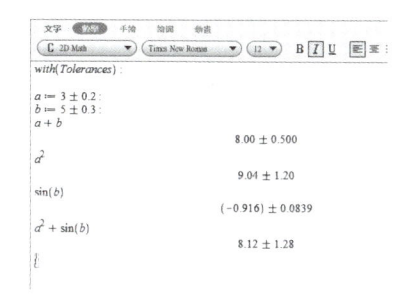

🌐 圖 2.34　透過 ***Tolerances*** 函式庫進行公差運算

🔍 Key

公差符號 (±) 可在元件庫『運算符號』中找到，或輸入指令 &+- 。

若使用者想將一變數內的數字與公差單獨擷取出來，進一步計算公差的影響，可透過 *NominalValue* 與 *ToleranceValue* 指令分別擷取出數字與公差內容，如圖 2.35 所示。

值得一提的是，若使用者將一個包含公差的數字賦予單位，當單位轉換的時候，公差亦會隨之轉換得到相對應的結果，如圖 2.36 所示，*a+b* 的結果會合併公差與單位進行運算。

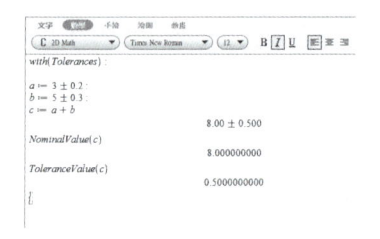

🌐 圖 2.35　從變數中單獨擷取數字與公差

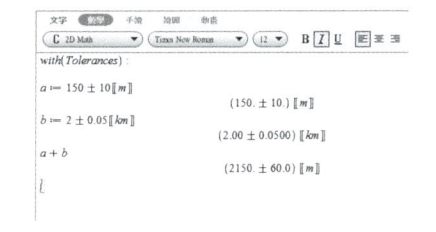

🌐 圖 2.36　公差搭配單位的運算範例

🔍 Key

詳細內容請至 Maple 協助系統搜尋「*Units*」與「*Tolerances*」畫面。

Chapter 3

Maple 的基本運算

　　Maple 是數學運算軟體的先驅，擁有其他數學軟體無法媲美的符號運算能力。本章將對 Maple 的操作環境做更詳細的介紹，並示範 Maple 常用的指令與數學函數，在學習完此章節後，您將會對如何與 Maple 進行互動有更深一層的認識。

本章學習目標

- 符號運算與數值運算
- 與 Maple 的互動
- 認識常用的指令與函數
- 多項式的運算與轉換

以下章節將介紹 Maple 的符號運算、輸入規則以及常用的函數指令,並示範如何利用 Maple 的符號運算能力,進行基本的多項式運算。

3.1　Maple 的符號運算

符號運算 (Symbolic Manipulation),或稱代數運算 (Algebraic Manipulation),是一種將無法解析的數學式與未知數當作運算元,在函式中進行展開、因式分解、化簡、排列與組合等運算,並計算函數的解析解 (Analytic Solution) 的方法。相反的,數值運算是一種藉由電腦進行大量疊代運算,以求得近似解 (Numerical solution) 的方式。

圖 3.1 以一個一元二次方程式的求解為例,介紹符號運算與數值運算在求解過程中扮演的角色:

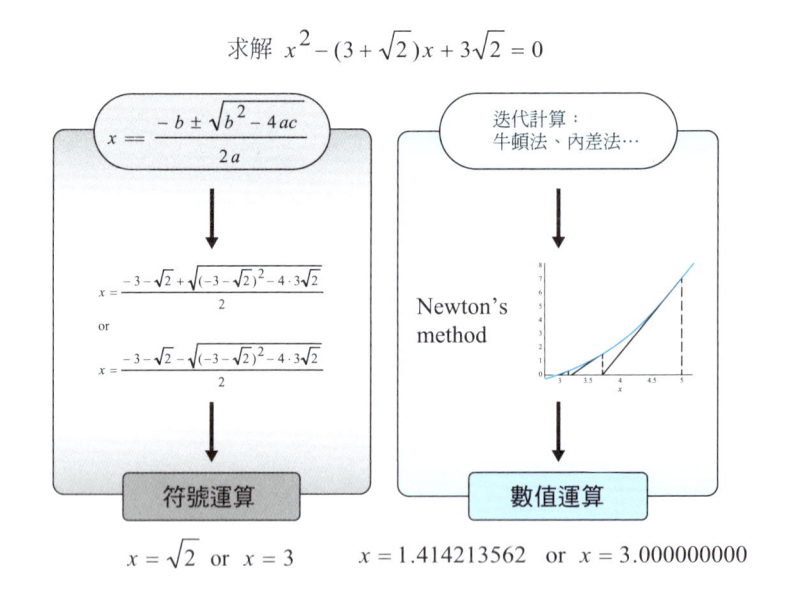

求解 $x^2 - (3+\sqrt{2})x + 3\sqrt{2} = 0$

$$x = \frac{-b \pm \sqrt{b^2 - 4ac}}{2a}$$

迭代計算:
牛頓法、內差法…

$$x = \frac{-3-\sqrt{2}+\sqrt{(-3-\sqrt{2})^2 - 4 \cdot 3\sqrt{2}}}{2}$$
or
$$x = \frac{-3-\sqrt{2}-\sqrt{(-3-\sqrt{2})^2 - 4 \cdot 3\sqrt{2}}}{2}$$

Newton's method

符號運算　　　　　數值運算

$x = \sqrt{2}$ or $x = 3$　　$x = 1.414213562$ or $x = 3.000000000$

● 圖 3.1　符號運算與數值運算的差異比較

Maple 與其他計算機軟體最大的不同之處在於它不僅可以進行數值運算,也可以進行符號運算。下面是一個無理數的簡單運算範例:

$\sqrt{2} + \sqrt{8} = 4.242640686$

$\sqrt{2}$ 與 $\sqrt{8}$ 為無理數，答案包含了無限不循環小數，若以數值方法先行計算出 $\sqrt{2}$ 與 $\sqrt{8}$ 的解，再將其進行相加，則必然存在誤差。Maple 的符號運算可將 $\sqrt{2}$ 視為一個運算元，並將 $\sqrt{8}$ 化為 $\sqrt{2}$ 的函數 (也就是 $2\sqrt{2}$)，進行運算：

$$\sqrt{2} + \sqrt{8} = 3\sqrt{2}$$

由於符號運算並非以近似值的方式進行函數的計算，故不會因為近似而造成答案的誤差，且運算過程並沒有龐大的數字，大幅的提升了計算的速度。以下章節將針對 Maple 的輸入規則、常用的函數指令進行簡單的敘述，並示範如何利用 Maple 的符號運算能力，進行基本的多項式運算。

3.2　Maple 的輸入規則

Maple 的應用包羅萬象，無法一語道盡，隨著應用的領域不同，Maple 的輸入規則也可能擁有不同的定義。此章節以常見的輸入規則為例，供讀者一覽 Maple 的樣貌。

3.2.1　標點符號的種類

在此章節中，我們將介紹 Maple 有關於標點符號的用法，這些標點符號包含上引號 (如單引號或雙引號等)、括號 (如小括號、中括號或大括號等)，以及其他符號 (如分號、冒號、逗點、小數點等)。

上引號

在第一章中，我們介紹了 Maple 輸入法包含有數學輸入模式與文字輸入模式。事實上，Maple 變數設置也包含了數值與字串兩種不同的資料形態，使用者可透過上引號區別數值資料與文字資料。

表 3-1

符號	名稱	說明
"	雙引號	在兩個雙引號中間的內容被視為是一個文字資料 (也就是字串)
`	左單引號	在鍵盤中左單引號為與 Tilt(~) 相同之按鍵，在兩個左單引號間的內容 (即使該內容為含有空白的文字字串) 將被視為是一個符號變數
'	右單引號	被單引號框起來的變數將會延後計算結果而暫時呈現符號型態

下例為一個雙引號的範例，此處我們將變數 x 與 y 設為 a 與 b 的函數，並將 2a 加上雙引號，您可以發現，由於 "2a" 被視為是字串而非數學符號變數，當我們進行 x 與 y 的加法運算時，"2a" 並不會參與運算：

$x := a+b+1:$

$y := "2a"+b+1:$

$x+y = a+2b+2+"2a"$

圖 3.2 為一個左單引號的範例，此處我們將 *this is a name* 夾在兩個左單引號中間，可以看到左邊的變數欄位有一個變數為 *this is a name*，且這個變數值因為我們指定為數字 10，所以該變數與 100 相加後，便可得到 110 的結果。但是如果我們不用左單引號將 *this is a name* 包起來時，Maple 會把 *this is a name* 視為是一個物件，如果你想要指定物件為 10，Maple 顯示錯誤的訊息。

左單引號的用法:
`` `this is a name` := 10 ``

10

`` `this is a name` + 100 ``

110

this is a name

this is a name

this is a name := 10
Error, illegal use of an object as a name
`this is a name := 10`

◎ 圖 3.2　左單引號在 Maple 中的用法

圖 3.3 為一個右單引號用法的範例，在此處我們指定 *u* 的值為 3，*v* 的值為 5，*f* 的值為 'u+v'，所以在指定完 *f* 之後，Maple 所顯示的結果為 *u+v*，在左邊的變數資訊表中也呈現 *f* 變數的數值為 *u+v*，如果我們將式子 (1.1.1.3) 計算出來，該值便是 8，因此當我們將變數運算使用單引號框起來時，Maple 會延後這個運算的結果，等到下一次執行時才會顯示出來。

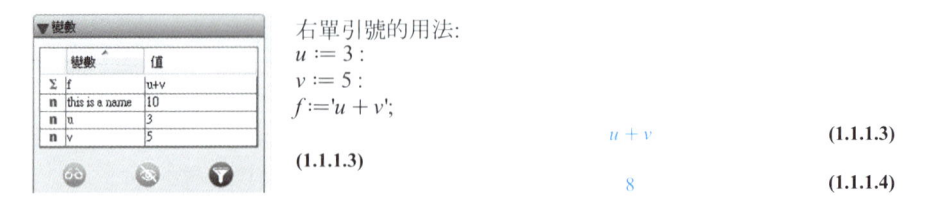

右單引號的用法:

$u := 3:$

$v := 5:$

$f := 'u+v';$

$u+v$　　　　(1.1.1.3)

(1.1.1.3)

8　　　　(1.1.1.4)

◎ 圖 3.3　右單引號在 Maple 中的用法

Chapter 3　Maple 的基本運算

在 Maple 的許多指令語法中，雖然是同一個名稱，但有沒有被引號包起來，就可能會有很大的不同，如圖 3.4 所示，沒被雙引號包起來的 *Blue* 是一個變數，故可以指定變數值為 10。但是被雙引號包起來後便不會被視為是一個變數處理，此處便被視為是一個字串。

Blue 如果沒有用雙引號框起來，代表的便是一個變數 *Blue*:

Blue := 10

但如果用雙引號將 Blue 框起來，則 "Blue" 便被視為是一個字串：

plot(sin(*x*), color = "Blue")

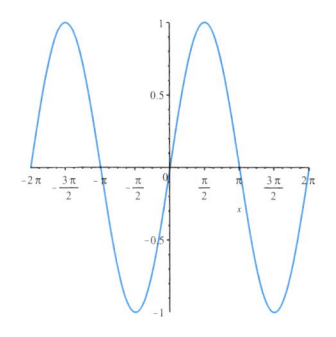

▲ 圖 3.4　同一名稱但卻有不同的使用時機與用法

右單引號在 Maple 中也有獨特的功用，若想進行某符號的運算，偏偏此符號又已經被指定成變數，在不清除變數內容的情形下，可使用一對右單引號 (' ') 囊括變數，代表我們不想直接用變數的值來執行運算，而是想要用變數符號來呈現中間運算過程中的結果，如下所示：

　　x := 2：*y* := 3：
　　x + *y* = 5
　　'*x*' + *y* = *x* + 3

在上例中，我們將變數 *x* 與 *y* 分別指定成 2 與 3，在一般的情形下，若直接進行變數的運算，將會得到答案 5。透過單引號，使用者便可以呈現變數運算中間的過程。

Key

有關右單引號的使用規則，請至 Maple 協助系統搜尋「uneval」。

括號

在 Maple 中，不同的括號在不同的場合，也分別代表不同的意義，請參考表 3-2。基本上所使用的指令不同時，會一併被要求要使用不同的括號。所以在使用上對該指令的括號有問題時，請參考 Maple 協助系統。

表 3-2　不同括號在 Maple 中所代表的意義

符號	名稱	說明
()	小括號	(1) 如果存在有不同形態的括號，會優先計算小括號中的運算式 (2) 用於製作一個函數指令，如 $seq(x_i, i=1..3)$
[]	中括號	(1) 用於製作一個陣列，如 [1,2,3] (2) 用於放置函數數列的引數
{}	大括號	用於製作一個集合，如 {"bus", "bike", "car"}

值得一提的是，中括號除了可用於製作一個陣列，尚可指定陣列的索引值，該用法與第一章所述的 <Ctrl> + <Shift> + <_> 產生的下標索引值，具有相同的意義，如下所示，A_3 (輸入方法為 <A> + <Ctrl> + <Shift> + <_> + <3>) 與 $A[3]$ 均為取出 A 陣列內的第 3 個單元值。

$A_3 := 3 = 3$

$A[3] = 3$

如果要取出多維陣列的索引值時，可以參考表 3-3 的指令說明。

表 3-3　多維陣列的中括號使用語法

指令	說明
A[i][j]	A 陣列中第 [i] 行第 [j] 列的單元
A[i..j][k..l] / A[i..j,k..l]	A 陣列中 i 到 j 行與 k 到 l 列的單元

Chapter 3　Maple 的基本運算

我們可透過中括號來描述含有索引的數列變數，如下所示：

Index := 2, 4, 6

2, 4, 6

Index

2, 4, 6

此處我們將變數 *Index* 指定為一個包含三個單元資料的數列，若我們以中括號及 <Ctrl> + <Shift> + <_> 的方式輸入 *Index*[1] 與 *Index*$_2$，會個別取出該數列中的第一個值與第二個值，其結果如下所示：

Index[1]; *Index*$_2$;

2

4

索引也可用於呼叫某數列變數中索引值的單元資料，且該單元資料並不限於數字或是字母。另外，以同樣的方式我們也可以呼叫函式庫中的指令進行運算，如圖 3.5 所示，此處我們呼叫了 **plots** 函式庫 (將函式庫視為是一個函數數列變數)，並且指定將其索引值為 *implicitplot* 的單元內容取出來，作為是要呼叫的函數，再代入該函數所需要的引數與繪圖選項，這樣便可以繪製出該隱函數的正確圖形。

$plots[implicitplot](x^2 \cdot \sin(x) = y \cdot x, x = -2 \cdot \pi ..2 \cdot \pi, y = -10..10, grid = [100, 100]);$

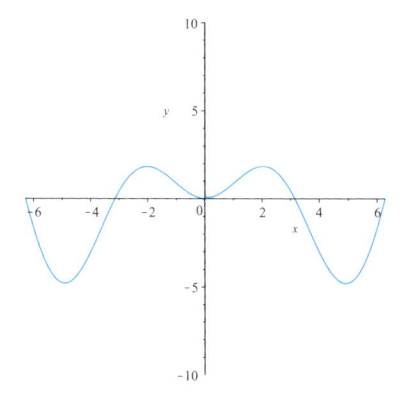

🌐 圖 3.5　將 *plots* 函式庫用索引方式呼叫出該索引對應的繪圖函數來繪製圖形

若變數為矩陣或陣列時，使用者可以指定多維度索引值，來呼叫矩陣或陣列中的單元，以圖 3.6 為例，*M* 為一個 4×3 維度的矩陣，我們要取出該矩陣的第二列第四

51

行資料,我們只要輸入 M[2][4],便可以正確取出該資料。

$$M := \begin{bmatrix} -50 & 25 & -2 & -16 \\ -80 & 94 & 50 & -9 \\ 43 & 12 & 10 & -50 \end{bmatrix}$$

$M[2][4] = -9$

◎ 圖 3.6　矩陣變數的索引值指定方式

　　矩陣的索引取用方法除了指定單一索引值外,亦可以指定索引範圍,當指定索引範圍時便相當是取出子陣列一般,如圖 3.7 所示,我們可以用 M[2, 1..4] 取出第二列 1~4 行的矩陣值,用 M[1..2, 2..3] 取出 1~2 列中的 2~3 行資料的子矩陣。

$$M := \begin{bmatrix} -50 & 25 & -2 & -16 \\ -80 & 94 & 50 & -9 \\ 43 & 12 & 10 & -50 \end{bmatrix}$$

$M[2][4] = -9$

$M[2, 1..4] = \begin{bmatrix} -80 & 94 & 50 & -9 \end{bmatrix}$

$M[1..2, 2..3] = \begin{bmatrix} 25 & -2 \\ 94 & 50 \end{bmatrix}$

$M[3][1..4] = \begin{bmatrix} 43 & 12 & 10 & -50 \end{bmatrix}$

◎ 圖 3.7　使用索引範圍取出子矩陣

Key

其他指定陣列的單元內容語法請至 Maple 協助系統搜尋「Array Indexing」;更多多維陣列的索引介紹,請參考「第七章　字串、串列與陣列」章節說明。

其他符號

　　除了剛剛介紹的上引號與括號外,在先前的章節中,我們還使用了許多不同的標點符號,譬如分號 (;)、冒號 (:)、逗號 (,)、小數點 (.) 與管線 (|) 等。然而,在 Maple 中隨著不同的應用,它們也有著不同的意義。舉例來說,在線性代數中,我們

可透過交互使用這些標點符號，來定義不同類型的矩陣，如圖 3.8 所示，我們可以利用 < a, b, c > 代表一個行向量或一個一行三列的矩陣；< a|b|c > 代表一個列向量或一個三行一列的矩陣。

$$\langle a, b, c \rangle = \begin{bmatrix} a \\ b \\ c \end{bmatrix} \quad \langle a|b|c \rangle = [a \ b \ c]$$

🌐 圖 3.8　使用逗點 (,) 與管線 (|) 定義列矩陣與行矩陣

在線性代數中，矩陣的描述方式可以參考表 3-4 所示：

表 3-4　指定矩陣的指令語法

指令	說明
<a, b, c>	代表一個行向量或一個一行三列的矩陣
<a|b|c>	代表一個列向量或一個三行一列的矩陣
<a,b;c,d>	分號可用於將列向量組成矩陣
<a,b|c,d>	管線則可用於將行向量組成矩陣

左單引號結合運算子後，也可用來描述集合中各數值透過運算子運算的關係，如下所示，此處我們以 `+` 符號來告訴 Maple，我們希望將集合中的每個單元數值透過運算子 `+` 來進行相加，故可得到運算結果為 1 + 2 + 3 = 6。

`+`(1, 2, 3) = 6

在 Maple 中有一個專司物理應用的函式庫 —— *Physics* 函式庫，包含各種完整的指令以處理張量 (Tensor)、李氏代數 (Lie Algebra) 等複雜運算，提供物理分析人員更直覺的運算環境，此處我們以 *with* 指令呼叫 *Physics* 函式庫中的 *Vectors* 指令庫進行向量的運算。

with(*Physics*[*Vectors*]);
[&x, `+`, `.`, *ChangeBasis, Component, Curl, DirectionalDiff, Divergence, Gradient,*
　　Identify, Laplacian,∇*, Norm, Setup, diff*]

在 *Vectors* 指令庫中，Maple 重新定義了 `+` 與 `.` 的功能，在已經呼叫 *Vectors* 指令庫的情形下，`+` 與 `.` 分別代表向量相加與向量內積，如下所示：

$$A := \_i + (2\_j) + (3\_k) = A := \hat{i} + 2\hat{j} + 3\hat{k}$$
$$B := 4\_i + (5\_j) + (6\_k) = B := 4\hat{i} + 5\hat{j} + 6\hat{k}$$
$$C := -3\_i + 2\_j - \_k = C := -3\hat{i} + 2\hat{j} - \hat{k}$$
$$`+`(A, B, C) = 2\hat{i} + 9\hat{j} + 8\hat{k}$$
$$`\cdot`(A, B, C) = -96\hat{i} + 64\hat{j} - 32\hat{k}$$

Q Key

欲了解 *Physics* 函式庫的使用規則,請至 Maple 協助系統搜尋「Physics」。

3.2.2 運算結果的萃取

在許多程式語言中,都設有**重複運算子** (Ditto Operator),供使用者從暫存記憶體中快速呼叫先前計算的結果進行程式設計。在 Maple 早期版本中,會以兩個單引號 (') 作為重複運算子,現在這個功能已經在新版本的 Maple 已經由百分比符號取代 (%),如下所示,此處我們透過百分比符號 % 呼叫上一個運算 (1+2) 的結果 (3),進行 % 的 % 次方的運算,由於上一個運算的結果為 3,故 Maple 將會計算 3^3 的結果為 27。

$$1 + 2 = 3$$
$$\%^{\%} = 27$$

若要取出上一個運算的運算結果,或更久以前的運算結果,我們可以連續使用數個百分比符號來達成這個目的,如下所示,我們將前例加上一個包含 % 與 %% 運算子的三角函數,並在最後列出 %、%% 與 %%% 的結果進行觀察。在第二行中,由於前一個運算式的結果為 3,故 $\%^{\%}$ 將如前例中得到 27 的結果,但在第三行中,由於前一個運算式的結果改為 27,故此時 % 的運算結果將得到 27,而我們可以透過 %% 得到前一個運算式的結果 3。依此類推,最後的數列 [%, %%, %%%],將會依序得到 $[27\cos\left(x + \frac{\pi}{6}\right), 27, 3]$ 的結果。

$1 + 2 = 3$
$\%\% = 27$
$\% \cdot \sin\left(x + \dfrac{2\pi}{\%\%}\right) = 27\cos\left(x + \dfrac{1}{6}\pi\right)$
$[\%, \%\%, \%\%\%] = \left[27\cos\left(x + \dfrac{1}{6}\pi\right), 27, 3\right]$

3.2.3　運算時間的計算

　　程式執行的效率，決定了一個程式的好壞，是每個程式撰寫者必須考量的重要問題。*time* 指令可知道目前程式執行到該指令時的起始參考時間，或執行該運算 (不包含 Maple 進行簡化運算的時間) 所花費的時間，因此，如果我們下的命令如下所示，因為 $3^{1000000}$ 在 Maple 中可以直接進行簡化，所以簡化後所進行的運算時間相當少。

　　$time(3^{1000000}) = 0$

　　但是如果您想要知道包含簡化運算所花費的時間，我們可以透過以下多個指令查看函式計算所需的時間。如下所示，我們可以先使用 *time*( ) 將目前的參考時間指定給變數 *st* ，接著呼叫 $3^{1000000}$ 進行運算，然後再呼叫一次 *time*( ) 將目前的參考時間計算出來後，減掉 *st* 變數所儲存的時間，便可以看到包含簡化運算以及實際計算 $3^{1000000}$ 所花費的總計算時間為 0.031 秒了。

　　$st := time(\ ) : 3^{1000000} : time(\ ) - st = 0.031$

3.3　符號運算與數值運算的變換

3.3.1　精準值與近似值

　　在一般的數值計算軟體中，分數會先被近似成小數，而不能直接以分數的樣貌進行運算。但因為 Maple 採用的是符號運算，使得直接使用分數進行運算是可能的。因此，數字的乘除不再是一大串冷冰冰的小數點，我們對兩個分數進行直接的相加運算，並且將結果簡化後，仍然使用分數予以呈現，如下所示：

$$\frac{1}{4}+\frac{5}{28}=\frac{3}{7}$$

Maple 的計算其實可以數值運算與符號運算兩種方式呈現，我們可透過浮點數計算指令 *evalf* 將 $\frac{1}{4}+\frac{5}{28}$ 分數運算，改用小數的近似數值呈現，如下所示：

$$evalf\left(\frac{1}{4}+\frac{5}{28}\right)=0.4285714286$$

透過 *convert* 指令，則可將近似數值轉換成有理數，如下式所示，我們透過 *convert* 指令將 0.8285714286 轉換成 $\frac{29}{35}$ 的有理數。

$$convert(0.8285714286, rational)=\frac{29}{35}$$

有理數的近似值若為一循環小數，Maple 可以很輕易的辨別並將該近似值轉換成有理數。但若要將不循環小數的無理數近似值轉換成精確值，那就要使用 Maple 的 *identify* 指令，我們將 3.146264370 透過 *identify* 指令還原精確值，如下所示：

$$identify(3.146264370)=\sqrt{2}+\sqrt{3}$$

除了根號的辨別外，*identify* 指令也可以判別其他無理數或有理數的近似值，並進行轉換，例如下式我們可以透過 *identify* 指令辨別 *f* 函數中多項式前的係數近似值分別為分數、自然指數與圓周率。

$$f:=0.1428571429x^2+20.08553692x+9.869604404:$$
$$identify(f)=\frac{1}{7}x^2+e^3x+\pi^2$$

基於符號運算的原理，除了近似值與精準值的變換，Maple 還提供了各式各樣的數值轉換與符號轉換，如下所示，第一式中我們透過 *convert* 指令進行角度與弧度間的轉換，第二式中我們則將雙曲線函數轉換成自然對數，因為這些轉換間均存在一固定關係，我們可使用 *convert* 指令進行兩者的互換。

$$convert(60\ degrees, radians)=\frac{1}{3}\pi$$
$$convert(\mathrm{arccosh}(x), \ln)=\ln(x+\sqrt{x-1}\sqrt{x+1})$$

Chapter 3 Maple 的基本運算

🔍 Key

更多 *convert* 指令與 *identify* 指令的介紹，請參考 Maple 協助系統。

3.3.2 近似值的精度

在 Maple 中，使用者可以自由地設定計算時的小數點精度，藉由提高精度以減少計算上造成的數值誤差。*Digits* 指令可供使用者定義 Maple 運算環境的運算精度，如下所示：

Digits := 20
evalf (π) = 3.1415926535897932385
Digits := 5
evalf (π) = 3.1416

在上例中，我們將 Maple 運算環境的精度定義為 20 與 5，您可以發現，當我們以 *evalf* 指令，計算 π 的近似值時，連同整數部分與小數數字部分，我們可以分別得到 3.1415926535897932385 與 3.1416 的計算結果，該計算結果若扣除掉小數點的純數字數量則分別為 20 與 5。

若不想改變整個運算環境的精度，使用者也可直接以 *evalf* 指令單獨設定某個運算的精度，如下二個式子所示，在 *evalf* 指令後方加入中括號，並在中括號中指定所想要的精度即可。

evalf [20](π) = 3.1415926535897932385
evalf [5](π) = 3.1416

🔍 Key

有關數值運算的技巧，請至 Maple 協助系統搜尋「numerics」。

3.4 多項式的求解

3.4.1 線性多項式的求解

多項式是代數學中的基礎概念，無論是在自然科學亦或工程學中，多項式的求解都是極其重要的。*solve* 指令與 *fsolve* 指令是 Maple 中最廣被使用的求解指令，可提供使用者以精確解及數值解求解各式不同類型的多項式。

圖 3.9 是一個求解線性多項式並繪製函數圖形的範例：

$$p := x^5 - x - \sqrt{2}x^4 + \sqrt{2}:$$

$$solve(p = 0) = 1, -1, I, -I, \sqrt{2}$$

$$plot(p,\ x = -4\ ..4,\ view = [default,\ -30\ ..30])$$

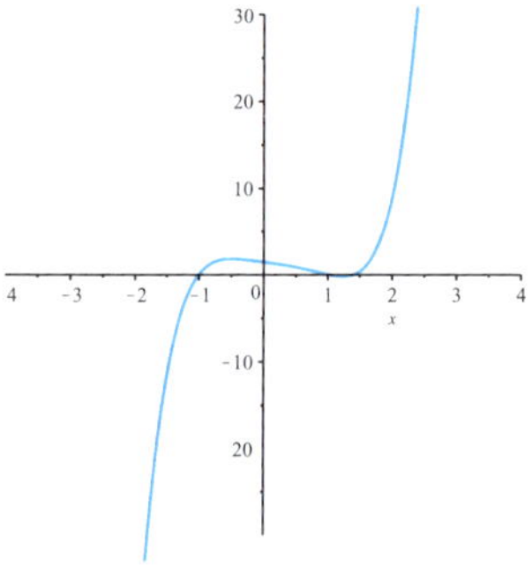

圖 3.9　線性多項式的求解並繪製函數圖形

此處，$p=0$ 爲一個最高五次方的單變數多項式方程式，將 $p=0$ 方程式代入 *solve* 指令中，便可自動求解出此多項式的所有涵蓋實數與複數的精確解。當然 *solve* 指令並非只能用在單變數多項式方程式求解，*solve* 指令亦可在多項式係數爲參數的狀況下，透過符號解方式呈現其根，最爲人所知的是一元二次方程式通式的求解，如下式所示：

$$solve(a \cdot x^2 + b \cdot x + c = 0, x)$$

$$\frac{1}{2}\frac{-b+\sqrt{-4ac+b^2}}{a},\ -\frac{1}{2}\frac{b+\sqrt{-4ac+b^2}}{a}$$

除此之外，*solve* 指令也適用於求解包含多個變數的多項式方程式。如下第一式，p 的雙變數多項式如果透過因式分解將可以得到第二式的四個因式相乘的結果：

因此如果要求解 $p=0$，我們可以透過 $solve$ 指令，得到如下式的結果：

$solve(p=0)$

$\{x=I, y=y\}, \{x=-I, y=y\}, \{x=\sqrt{2}, y=y\}, \{x=x, y=1\}, \{x=x, y=-1\}$

其中 $\{x=I, y=y\}$ 所代表的意思便是 $x=I$ 時，y 可以是任意值均為 $p=0$ 之解，所以會有無限多個解。

與 $solve$ 指令類似，$fsolve$ 指令提供使用者求解多項式的近似解，如下式我們透過 $fsolve$ 指令可以求出 3 個近似解，值得注意的是，由於 $fsolve$ 指令是以數值方法求解多項式未知數的解，與 $solve$ 指令不同，如果沒有指定 $complex$ 選項時，並不能直接求解出多項式的實數解與複數解，而僅能求得實數解。

$p := x^5 - x - \sqrt{2}x^4 + \sqrt{2}$:
$fsolve(p=0) = -1., 1., 1.414213562$

下式是透過額外加上求解選項 $complex$ 的求解結果，能夠將所有的五個解包含實數與複數均以近似解呈現。

$p := x^5 - x - \sqrt{2}x^4 + \sqrt{2}$:
$fsolve(p=0, complex) = -1., -1.000000000I, 1.000000000I, 1.0000000000000,$
1.41421356200000

Maple 也提供求解多項式問題的工具給對數學較不熟悉的使用者，透過下拉式選單『工具』下的『小老師』(Tutor)，並選擇『微積分 – 單變數』的『牛頓法』，使用者可以數值分析中的牛頓法來求解多項式方程式的單一根，如圖 3.10 所示，我們可以在 "Function: f(x)=" 處指定多項式，在 "Initial point: x=" 處指定牛頓法的初始猜值，並在 "Iterations: n=" 處指定最小收斂次數，再按下『Display』按鈕來重新搜尋多項式方程式的根。如圖所示，在 5 個疊代運算後，透過牛頓法找出其中的一個解在 x = 0 處。您也可以按下『Animate』按鈕來觀看左方繪圖區域內的動畫顯示，獲知牛頓法每次疊代後逼近解的過程。

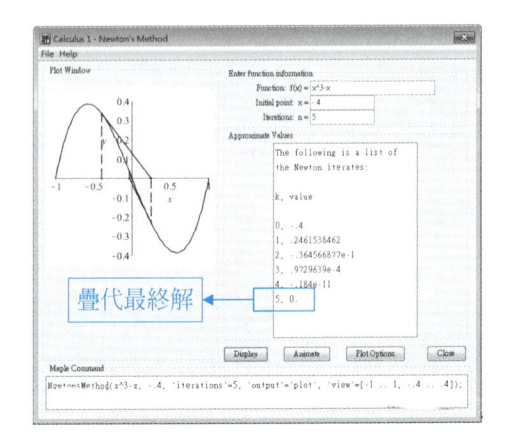

圖 3.10 小老師中的微積分-單變數下的牛頓法求解多項式方程式的根

無論是數學導覽的『小幫手』或『小老師』，Maple 均可透過指令的方式，呼叫『小幫手』與『小老師』中的智慧求解工具進行求解。 Maple『小幫手』及『小老師』的指令均被存放在 **Student** 函式庫中，而牛頓法求解指令是被放在 **Student** 函式庫中的 **Calculus1** 子函式庫，因此如圖 3.11 所示，我們透過 with 指令代入 **Student[Calculus1]** 函式庫，再使用牛頓法 *NewtonsMethod* 指令放入函數 x^3-x，指定初始猜值 x = −0.432，使用 view 選項指定繪製圖形範圍，並用 output=plot 指定在呼叫指令完成後的命令式執行 plot 指令繪製逼近解流程的圖形。

$with(Student[Calculus1])$:
$NewtonsMethod(x^3-x, x=-0.432, view=[-1..1, DEFAULT], output=plot)$

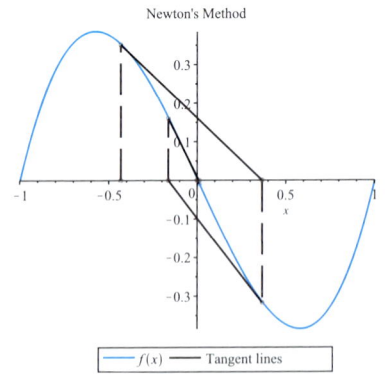

From the initial point $x = -0.432$, at most 5 iteration(s) of Newton's method for $f(x) = x^3 - x$

圖 3.11 使用指令呼叫牛頓法來繪製多項式方程式根的逼近求解圖形

Chapter 3 Maple 的基本運算

> **Q Key**
>
> 詳細指令請至 Maple 協助系統搜尋「NewtonsMethod」。

3.4.2 非線性多項式的求解

除了線性多項式函數外，*solve* 指令與 *fsolve* 指令亦適用非線性多項式函數的求解。由於非線性多項式時常擁有無限多組解，如圖 3.12 所示，我們將函式圖形繪製範圍限定在 4~6.5 之間，觀察圖形中與 x 軸的焦點，我們可以看到該函數在此範圍內具有 3 個解。

$$f := \sin\left(\frac{1}{3}x^2\right) - \exp\left(1 - \frac{1}{23}x^2\right):$$
$$plot(f, x = 4..6.5)$$

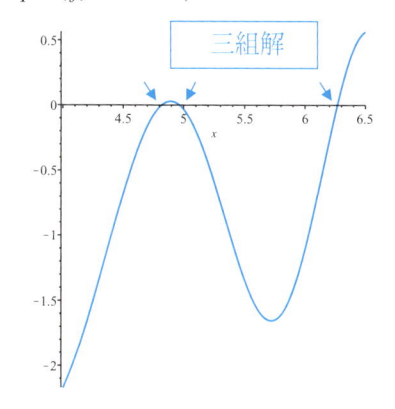

圖 3.12 單變數非線性方程式在特定區域內的圖形

在上例中，函數 f 在 4.8、5、6.2 附近均有解，故使用者如果要求出最接近的解，必須要在 *fsolve* 指令中給定一初始值告訴 Maple 欲求之解的大概位置，Maple 會依照使用者給予的初始值，求解出此值附近之解。如下第一式，我們指定 *fsolve* 指令找出在 $x = 5$ 附近的近似解為 4.970093903，而在第二式中，我們指定 *fsolve* 指令找出在 $x = 6$ 附近的近似解為 6.264755205。

$$fsolve(f, x = 5) = 4.970093903$$
$$fsolve(f, x = 6) = 6.264755205$$

然而當未知數之解非常接近時，使用者很難給予 Maple 一個非常精準的初始值進行多項式的求解。*fsolve* 指令提供了另外一個非常便利的求解選項，可供使用者避開已知的未知數解，求解未知數的其他結果。如下式中，我們將 x 的範圍指定為 4 至 7 之間，並且透過 *avoid* 指令剔除掉已經知道解的 x=4.970093903 與 6.264755205 的結果，您可以發現 Maple 將會得到在這個區域間的第三個近似解 4.814924265。

$$fsolve(f, x = 4..7, avoid = \{x = 4.970093903, x = 6.264755205\}) = 4.814924265$$

若您對多項式函數有較深程度的了解，不難發現此多項式並非只有實數解，尚應該包含有複數解。對於包含複數解的函數，可透過 *Analytic* 指令來求解，如圖 3.13 所示：

with(*RootFinding*):
sols := *Analytic*(*f*, *re* = 0..10, *im* = -10..10)

4.97009390298233, 4.81492426457862, 2.46302038219599
 − 0.857288951578850 I, 7.56517005612355, 6.78184081408980,
 8.09312683684740, 9.19874686609765, 8.70069644257695,
 9.71506503555795, 6.26475520461825, 0.904173803175080
 − 3.74862162526294 I, 0.809473016088600 − 5.69514895515685 I,
 0.815239290244815 − 7.14011993305440 I, 0.842886560172080
 − 8.34039199905095 I, 0.877482349633290 − 9.38914590329963 I,
 0.904173803175085 + 3.74862162526295 I, 0.809473016088600
 + 5.69514895515685 I, 0.815239290244815 + 7.14011993305440 I,
 0.842886560172080 + 8.34039199905095 I, 0.877482349633290
 + 9.38914590329963 I, 2.46302038219607 + 0.857288951578897 I

◎ 圖 3.13 使用 *Analytic* 指令求解非線性多項式方程式在特定實複數區間的實數與虛數解

Analytic 指令是在 **RootFinding** 函式庫中，該函式庫蒐集了各種用以求解多項式根的指令，欲求解非線性多項式 *f* 在實數區間 [0，10] 與虛數區間 [−10，10] 範圍內的實數解與虛數解，使用者可以透過呼叫 *Analytic* 指令帶入欲求解的非線性多項式函數，並使用 *re* 與 *im* 選項指定實數區間與虛數區間的範圍，便可以輕易的將該指定範圍中的所有實虛數解均求解出來。

如果我們又想要進一步將所獲得的所有解中的實數解提取出，我們可以使用 *select* 指令。*select* 指令可從數列中挑選符合需求的數值資料，在下式中，我們透過 *select* 指令指定要抽取的數值為 *float* 型態，並且指定要從 *sols* 中的所有解中提出指定型態的數列資料。

Chapter 3　Maple 的基本運算

$select(v \rightarrow type(v, float), [sols])$

$[4.97009390298233, 4.81492426457862, 7.56517005612355, 6.78184081408980,$
　　$8.093126836684740, 9.19874686609765, 8.70069644257695,$
　　$9.71506503555795, 6.26475520461825]$

🔍 Key

select 指令的詳細使用方法請參考 Maple 協助系統。

　　若使用者以 *solve* 指令求解非線性多項式的精確解，依照函數的特性會出現不同的情形，如下式所示：

$solve(f) = RootOf [\_Z^2 - 3RootOf(3Z - 23 + 23\ln(\sin(\_Z)))]$

其中 *RootOf* 指令是 Maple 中用以求解多項式根的一個指令，由於此例中包含無限多組解，Maple 將以 *RootOf* 顯示 *solve* 求解的結果。

3.4.3　聯立方程組的求解

　　上述介紹了如何以 Maple 進行線性與非線性的多項式求解，然而大部分的工程問題，通常包含多個方程式，因此使用者必須處理多個方程式的聯立求解問題。

　　經過多年的完善與改進，Maple 的 *solve* 與 *fsolve* 指令提供了使用者完整的求解方案，無論是線性、非線性還是聯立方程組，都可直接使用 *solve* 與 *fsolve* 指令求解，下式為求解三元一次聯立方程組 *eqs* 的簡單範例，首先我們用中括號將三組三元一次方程式指定給 *eqs* 成為聯立方程組，接著我們再分別使用 *fsolve* 與 *solve* 指令求解。

$eqs := [2x + 3y - z = 3, 3x + 5y + 4z = -2, -x + 4y + 32z = 1]:$
$fsolve(eqs) = \{x = -22.37931033, y = 15.06896551, z = -2.551724137\}$
$solve(eqs) = \left\{ x = -\dfrac{649}{29}, y = \dfrac{637}{29}, z = -\dfrac{74}{29} \right\}$

　　透過 *solve* 所求解的結果帶回到 *eqs* 後，可以分別得到 3=3，−2=−2，1=1 的結果，代表精確解。但是透過 *fslove* 所求解的結果帶回 *eqs* 式中，則所得到的結果會是 3.000000007 = 3，- 1.99999999 = - 2，0.99999999 = 1。

63

代表透過 *fslove* 所求到的解是一個具有誤差值的近似解。

同樣的，*solve* 與 *fsolve* 也可以求解多元多次的聯立方程組。由於方程組包含多個變數，故在使用 *fsolve* 求解時須指定每個變數的初始值，如下第一式我們指定三個三元二次聯立方程組 *eqs*，接著我們呼叫 *fsolve* 指令，並且代入 *eqs* 以及指定 *x*、*y*、*z* 的初始猜值，初始猜值若不同則會有不同的解產生。如果我們呼叫 *solve* 求解 *eqs*，則會求解出共有四組解，其中有兩組為實數解，另外兩組為虛數解。

$eqs := [1.1\,x^2 + 1.3\,y^2 + 2.4\,z^2 = 8,\ 3.2\,x - 0.3\,y + 2.1\,z = 2,\ 0.3\,x^2 - 1.1\,y + 0.4\,z = 0.6]:$
$fsolve(eqs,\ \{x = 1.5, y = -0.4, z = -1.4\}) =$
$\{x = 1.545173576, y = -0.4263280857, z = -1.463073271\}$
$fsolve(eqs,\ \{x = -0.5, y = 0.2, z = 1.8\}) =$
$\{x = -0.5296774928, y = 0.1802460667, z = 1.785257999\}$
$solve(eqs) =$
$\{x = 1.545173576, y = -0.4263280857, z = -1.463073271\}, \{x = 2.870298689 + 7.506335422\,I,$
$y = -15.72650693 + 8.008733244\,I, z = -5.668051372 - 10.29412065\,I\}, \{x =$
$-0.5296774928, y = 0.1802460667, z = 1.785257999\}, \{x = 2.870298689 - 7.506335422\,I, y$
$= -15.72650693 - 8.008733244\,I, z = -5.668051372 + 10.29412065\,I\}$

RootFinding 函式庫也提供了其他指令供使用者求解聯立方程式組的根。其中有一個指令為 *Homotopy*，該指令即為使用數值方法發現多項式聯立方程組的根的特殊指令，如下式所示，我們也可以輕鬆地透過 *RootFinding[Homotopy]* 指令找出多項式聯立方程組的根。

$eqs2 := [1.1\,x^2 + 1.3\,y^2 + 2.4\,z^2 - 8,\ 3.2\,x - 0.3\,y + 2.1\,z - 2,\ 0.3\,x^2 - 1.1\,y + 0.4\,z - 0.6]:$
$RootFinding[Homotopy](eqs2)$
$[[x = 2.870298689 - 7.506335422\,I, y = -15.72650693 - 8.008733244\,I, z =$
$-5.668051372 + 10.29412065\,I], [x = -0.5296774928 + 0.\,I, y = 0.1802460667$
$-0.\,I, z = 1.785257999 - 0.\,I], [x = 2.870298689 + 7.506335422\,I, y =$
$-15.72650693 + 8.008733244\,I, z = -5.668051372 - 10.29412065\,I], [x$
$= 1.545173576 + 0.\,I, y = -0.4263280856 + 0.\,I, z = -1.463073271 - 0.\,I]]$

🔍 Key

RootFinding 函式庫與 *RootOf* 指令的詳細使用方法請參考 Maple 協助系統。

事實上，由於 Maple 的運算核心包含符號運算引擎與數值運算引擎，使用者甚至可求解一個純粹由符號組成的多項式，如下式所示，我們可以輕鬆地透過 *solve* 指令求出一個三元一次聯立方程式組的參數解。此處我們求解了一個以 *a*、*b*、*c* 參數描述的多項式,並指定 x、y、z 為變數進行求解,Maple 將答案以 a、b、c 等參數來予以呈現。

$eqs := [\,a_1 x + b_1 y + c_1 z = d_1, a_2 x + b_2 y + c_2 z = d_2, a_3 x + b_3 y + c_3 z = d_3\,]:$
$solve(eqs, [x, y, z])$

$$\left[\left[x = \frac{b_1 c_2 d_3 - b_1 c_3 d_2 - b_2 c_1 d_3 + b_2 c_3 d_1 + b_3 c_1 d_2 - b_3 c_2 d_1}{a_1 b_2 c_3 - a_1 b_3 c_2 - a_2 b_1 c_3 + a_2 b_3 c_1 + a_3 b_1 c_2 - a_3 b_2 c_1},\right.\right.$$
$$y = -\frac{a_1 c_2 d_3 - a_1 c_3 d_2 - a_2 c_1 d_3 + a_2 c_3 d_1 + a_3 c_1 d_2 - a_3 c_2 d_1}{a_1 b_2 c_3 - a_1 b_3 c_2 - a_2 b_1 c_3 + a_2 b_3 c_1 + a_3 b_1 c_2 - a_3 b_2 c_1},$$
$$\left.\left. z = \frac{a_1 b_2 d_3 - a_1 b_3 d_2 - a_2 b_1 d_3 + a_2 b_3 d_1 + a_3 b_1 d_2 - a_3 b_2 d_1}{a_1 b_2 c_3 - a_1 b_3 c_2 - a_2 b_1 c_3 + a_2 b_3 c_1 + a_3 b_1 c_2 - a_3 b_2 c_1}\right]\right]$$

若要以線性代數的方式求解聯立多項式,必須先將聯立方程式轉換成矩陣的形式,以符合線性代數相關指令的語法格式:

$with(LinearAlgebra):$
$eqs := [\,2.3 x + 3 y - 1.5 z = 3.2, 3 x + 5.2 y + 4 z = -2.6, -1.5 x + 4 y + 32.3 z = 1.9\,]:$

$$A, b := GenerateMatrix(eqs, [x, y, z]) = \begin{bmatrix} 2.3 & 3 & -1.5 \\ 3 & 5.2 & 4 \\ -1.5 & 4 & 32.3 \end{bmatrix}, \begin{bmatrix} 3.2 \\ -2.6 \\ 1.9 \end{bmatrix}$$

GenerateMatrix 為 **LinearAlgebra** 函式庫中的一個指令,可供使用者將聯立方程組之係數提取出來,轉換成矩陣,在此例中我們將變數設為 [x, y, z],故 Maple 會將 x、y、z 當作變數,其他數值作為常數,產生一個矩陣。

下表列出了線性代數中各種求解聯立方程組的指令:

指令	說明
GaussianElimination(<A|b>)	高斯消去法
ReducedRowEchelonForm(<A|b>)	簡約列梯形陣
LinearSolve(A, b, method = `LU`)	LU 分解
LinearSolve(A, b, method = `Cholesky`)	Cholesky 分解
LinearSolve(A, b, method = `QR`)	QR 法
LinearSolve(A, b, method = `SparseIterative`)	共軛梯度法

下例是透過高斯消去法求解聯立方程組的範例,由於高斯消去法主要是協助使

用者化簡矩陣，若要觀察聯立方程組等號右邊的結果，須使用 *LinearSolve* 指令，查閱其結果：

$$GaussianElimination(\langle A|b\rangle) = \begin{bmatrix} 3. & 5.20000000000000 & 4. & -2.60000000000000 \\ 0. & 6.60000000000000 & 34.3000000000000 & 0.600000000000000 \\ 0. & 0. & 0.561010101010099 & 5.28303030303030 \end{bmatrix}$$

$$LinearSolve(\%, method = `subs`) = \begin{bmatrix} 71.2488296723084 \\ -48.8489377025568 \\ 9.41699675909257 \end{bmatrix}$$

同樣的矩陣，下例透過簡約列梯形陣方法，求解聯立方程組：

$$ReducedRowEchelonForm(\langle A|b\rangle) = \begin{bmatrix} 1. & 0. & 0. & 71.2488296723084 \\ 0. & 1. & 0. & -48.8489377025568 \\ 0. & 0. & 1. & 9.41699675909257 \end{bmatrix}$$

在 Maple 中，若欲使用 LU 分解、Cholesky 分解、QR 法及共軛梯度法求解矩陣問題，均可透過 LinearSolve 的指令，如下所示：

$$LinearSolve(A, b, method = `LU`) = \begin{bmatrix} 71.2488296723084 \\ -48.8489377025568 \\ 9.41699675909257 \end{bmatrix}$$

$$LinearSolve(A, b, method = `Cholesky`) = \begin{bmatrix} 71.2488296723086 \\ -48.8489377025570 \\ 9.41699675909260 \end{bmatrix}$$

$$LinearSolve(A, b, method = `QR`) = \begin{bmatrix} 71.2488296723086 \\ -48.8489377025570 \\ 9.41699675909259 \end{bmatrix}$$

$$LinearSolve(A, b, method = `SparseIterative`) = \begin{bmatrix} 71.2488296723084 \\ -48.8489377025568 \\ 9.41699675909256 \end{bmatrix}$$

3.5 多項式的化簡與轉換

結合符號運算與數值運算，Maple 不但擁有完整的多項式求解能力，並允許使用者對多項式進行各種不同的化簡轉換，以利分析。

3.5.1 常見的多項式運算函數

在 Maple 中，有許多專門的指令用來進行多項式的運算，gcd 指令與 lcm 指令可分別用來計算多項式的最大公因式與最小公倍式，如下兩式所示：在第一式中將兩個多項式透過逗點分隔放入 gcd 指令中，便可以算出兩個多項式的最大公因式；同理，將兩個多項式放入 lcm 指令中，便可以算出兩個多項式的最小公倍式。

$$gcd(x^2 - y^2, x^3 - y^3) = -y + x$$
$$lcm(x^2 - y^2, x^3 - y^3) = (x+y)(x^3 - y^3)$$

若要計算兩個多項式的商式可以透過 quo 指令，若要計算兩個多項式的餘式，則可透過 rem 指令。如下兩式所示，代入這兩個指令的第一個多項式為被除式，第二個多項式為除式，特別要注意的是，在計算多項式的商式與餘式時，必須先行指定變數，例如下兩式中必須要給定的第三個引數為變數 y，代表該多項式為以 y 為變數的多項式來進行除法運算。

$$quo(y^3 + y + 1, y^2 + y + 1, y) = y - 1$$
$$rem(y^3 + y + 1, y^2 + y + 1, y) = 2 + y$$

3.5.2 多項式的替換

多項式的變數代值替換，是多項式計算中極其重要的功能。透過將變數以較簡單的形式替換，使用者可將多項式進行化簡，代入消去法更是國中數學中耳熟能詳的多項式運算技巧之一。subs 是 Maple 專司變數替換的指令，以下是一個 subs 指令的使用範例，subs 指令所要代入的第一個引數是變數指定式，例如 $x = 1$，而第二個引數為多項式或多項式變數。例如在下面第一式中，我們將 EQ1 設定為 x^2+1，在接下來的三個式子中，我們分別將 x 設定為 0.5、2 與 x^2 設定為 y，並且分別代入 EQ1 計算其結果。

$$EQ1 := x^2 + 1 :$$
$$subs(x = 0.5, EQ1) = 1.5$$
$$subs(x = 2, EQ1) = 3$$
$$subs(x^2 = y, EQ1) = 1 + y$$

在下面的式子中，您也可以用各種形式的替換形式來進行，在本式中我們便將 sin(x) 透過 y 來將後面的具有 sin(x) 的三角函式進行替換，您可以發現，subs 指令可將函數中的變數進行替換，使用者可將其替換成數字或其他函數，並重新計算函數的結果。

$$subs\left(\sin(x) = y, \frac{\sin(x)}{\sqrt{1-\sin(x)}}\right) = \frac{y}{\sqrt{1-y}}$$

subs 指令也可以連續替換同一函數中的數個變數，如下二式所示，第一式中，我們定義要進行替換的 *EQ2* 函式設定。在第二式中，我們則先對 *EQ2* 執行 x = a + b 的替換，再對產生的 *EQ2* 結果中的 a 值換成 cos(α)，接著再對產生的 *EQ2* 結果中的 b 值置換成 sin(α)，所得到的最後運算結果。所以在最後的 *EQ2* 計算結果是被先前的三個替換式子依序替換掉的。

$$EQ2 := \sqrt{x^2 + y^2}:$$
$$subs(x = a+b, a = \cos(\alpha), b = \sin(\alpha), EQ2) = \sqrt{(\cos(\alpha) + \sin(\alpha))^2 + y^2}$$

若想要同時替換數個變數，則可透過大括號指定欲同時替換的變數，參考下式，此處我們以大括號指定欲替換的變數，重新計算 *EQ2* 式子的結果，您可以發現由於原函式中不存在變數 a 與變數 b，故 *subs* 指令的同時置換結果僅會將 x 轉換成 $(a+b)^2$，而不會再將 a、b 替換成 cos(α) 與 sin(α)。

$$subs(\{x = a+b, a = \cos(\alpha), b = \sin(\alpha)\}, EQ2) = \sqrt{(a+b)^2 + y^2}$$

subs 指令僅可將單變數進行替換，若想要將多項式進行替換，則需透過 *algsubs* 指令：

$$algsubs(a+b = y, (a+b+c)^2) = (y+c)^2$$

3.5.3 方程式的化簡

在算式的推導過程中，Maple 提供了豐富的指令，協助使用者將函式化簡或轉換成其他的形式後進行計算，以減少推導過程中產生的錯誤。

在 Maple 中，針對一般的四則運算，Maple 會將相同的變數整理，呈現整理後的結果，如下式所示，Maple 會自動的將相同的項次係數集項後呈現最後的計算結果。

$eq := 2\,x + x - 3\,(2\,x + 1) - 1 = -3\,x - 4$

若函式中包含三角函數、對數等元素時,要將其簡化,則需透過 *simplify* 指令。如下式中 *eq* 為一個包含自然指數、對數與多個三角函數乘積的複雜函式,透過 *simplify* 指令,便可以輕鬆的將最後的結果簡化成只剩下自然指數與 cos(x)² 與 sin(x) 的函式了!

$eq := a\,\mathrm{e}^{b + \ln(d\,\mathrm{e}^e)} + \sin(x)^3 - 2\sin(x)^2\cos(x)^2 + \sin(x)^2 + \sin(x)\cos(x)^2 - 2\cos(x)^4 + \cos(x)^2$
$a\,\mathrm{e}^{b + \ln(d\,\mathrm{e}^e)} + \sin(x)^3 - 2\sin(x)^2\cos(x)^2 + \sin(x)^2 + \sin(x)\cos(x)^2 - 2\cos(x)^4 + \cos(x)^2$
$simplify(\mathrm{eq}) = a\,d\,\mathrm{e}^{e+b} - 2\cos(x)^2 + \sin(x) + 1$

除此之外,*simplify* 指令也提供了與 *subs* 相似的替換功能,可對欲處理的函式進行變數的替換,如下式所示,此處我們令 $x = y^2$,重新替換原函式,得到 $y^6 + y^4 + y^2 + 1$ 的結果。

$simplify(x^3 + x^2 + x + 1, \{x = y^2\}) = y^6 + y^4 + y^2 + 1$

3.5.4 方程式的轉換

在多項式的推導過程中,難免需要將多項式轉換成其他的形式再進行分析,Maple 中的 *convert* 指令則可用來進行函數的轉換。*horner* 是 *convert* 指令中的一個轉換選項,可以將多項式透過另一種 *horner* 的形式呈現,如下式所示。

$p := x^5\,c_5 + x^4\,c_4 + x^3\,c_3 + x^2\,c_2 + x\,c_1 + c_0 = x^5\,c_5 + x^4\,c_4 + x^3\,c_3 + x^2\,c_2 + x\,c_1 + c_0$
$convert(p, horner, x) = c_0 + \left(c_1 + \left(c_2 + \left(c_3 + \left(x\,c_5 + c_4\right)x\right)x\right)x\right)x$

convert 指令擁有上百種的轉換選項,可供使用者進行各式各樣的轉換。例如我們在下式中,將餘切函數 (cot) 用正弦與餘弦函數 (sincos) 選項,來進行轉換後的結果。

$convert\left(\cot\left(\dfrac{x}{y}\right), sincos\right) = \dfrac{\cos\left(\dfrac{x}{y}\right)}{\sin\left(\dfrac{x}{y}\right)}$

在下式中,我們將雙曲正弦函數 (sinh) 用自然對數函數選項 (exp),來進行轉換後的結果。

$$convert\left(\sinh\left(\frac{1}{x}\right), \exp\right) = \frac{1}{2}e^{\frac{1}{x}} - \frac{1}{2}e^{-\frac{1}{x}}$$

在下式中，我們將反雙曲正切函數 (arctanh) 用自然對數函數選項 (ln)，來進行轉換後的結果。

$$convert(\operatorname{arctanh}(s), \ln) = \frac{1}{2}\ln(s+1) - \frac{1}{2}\ln(1-s)$$

當然有一些較特殊的數學方程式，例如 Bessel 函數、Hankel 函數等，也可透過 convert 指令進行交互轉換，下式便是將 Bessel 函數透過 Hankel 選項轉換成 Hankel 函數的結果。

$$convert(\operatorname{BesselJ}(a, z), Hankel) = \frac{1}{2}\operatorname{HankelH1}(a, z) + \frac{1}{2}\operatorname{HankelH2}(a, z)$$

針對一些工程科學中的應用，convert 指令也提供了一些額外的選項，供使用者更輕易的將多項式化簡成各領域中的表示型式，例如我們知道三角函數可以將其表示成相位振幅型式，我們便可以透過 convert 指令中的 phaseamp 選項將三角函式轉換成相位振幅型式，如下式所示。

$$eq := a \cdot \sin(\omega t) + b \cdot \cos(\omega t) = a\sin(\omega t) + b\cos(\omega t)$$
$$convert(eq, phaseamp, t) = \sqrt{a^2 + b^2}\cos(\omega t - \arctan(a, b))$$

當然 convert 指令的轉換並不限於多項式，舉凡二進位與十進位間的轉換、角度與弧度 (也有人稱之為弳度 radian) 間的轉換、小數與分數間的轉換、單位轉換等等，均可透過 convert 指令進行。

下式為透過 convert 指令中的 binary 選項將數字 9 轉換成二進位形式呈現。

$$convert(9, binary) = 1001$$

下式為透過 convert 指令中的 degrees 選項將圓周率 π 轉換成角度形式呈現。

$$convert(\pi, degrees) = 180\ degrees$$

下式為透過 convert 指令中的 rational 選項將具有小數的實數轉換成可以透過整數分母與分子組成的有理數分數呈現。

$$convert(1.23456, rational) = \frac{3858}{3125}$$

下式為透過 convert 指令中的 units 選項，同時指定英寸 (inches) 與公尺 (m) 的次選項後，將 22 英寸轉換成以公尺為單位的結果。

$$convert(22, units, inches, m) = \frac{1397}{2500}$$

convert 指令也提供一些可改變數列形式的簡易轉換功能，如下式所示，此處我們透過轉換選項 `+`，將數列 p 的每個單元相加形成多項式。

$$p := seq(c[i] x^i, i = 0..5) = c_0, x\,c_1, x^2 c_2, x^3 c_3, x^4 c_4, x^5 c_5$$
$$convert([p], \text{`+`}) = x^5 c_5 + x^4 c_4 + x^3 c_3 + x^2 c_2 + x\,c_1 + c_0$$

Key

更多 convert 指令之轉換與使用規則，請參考 Maple 協助系統。

3.5.5 多項式的展開與因式分解

多項式的展開與因式分解，是多項式運算中最基本的操作之一，從國中時期學習多項式數學開始，十字交乘等方法就被用於多項式的分解。因式分解的概念可藉由 Maple 的符號運算來實現，expand 指令與 factor 指令分別可進行多項式之展開與因式分解，一般線性多項式的展開與因式分解均可透過這兩個指令進行。如下式所示，用法上如果要將因式展開，只需要將該因式放入 expand 指令中即可實現。如果要將多項式進行因式分解，亦只需要將該多項式代入 factor 指令中即可實現。因此在下面第一式中，我們將 $(x+1)(y+z)$ 透過 expand 展開獲得其結果為 $xy+xz+y+z$；接著我們再透過 % 取出剛剛 expand 的計算結果，代入到 factor 中將結果進行因式分解還原回 $(x+1)(y+z)$：

$$expand((x+1)(y+z)) = x\,y + x\,z + y + z$$
$$factor(\%) = (x+1)\,(y+z)$$
$$expand\left(\frac{x+1}{x+2}\right) = \frac{x}{x+2} + \frac{1}{x+2}$$
$$factor(\%) = \frac{x+1}{x+2}$$

若有包含三角函數與指數或對數等的非線性多項式要進行和差公式的集項，則須更進一步透過 combine 指令來達成，例如下式我們先用 expand 指令展開一個具有

倍角的三角函式 $\sin(3x)$ 與 $\cos(2x)$，成為僅有 $\sin(x)$ 與 $\cos(x)$ 的三角函數多項式，接著再透過 *factor* 指令將已展開的三角函數多項式，透過因式分解求得為一個三角函式的平方，最後我們再透過 *combine* 指令還原回具有倍角的三角函式。

$expand\left((\sin(3x) - 3\cos(2x))^2\right) =$
$16\sin(x)^2\cos(x)^4 - 8\sin(x)^2\cos(x)^2 - 48\sin(x)\cos(x)^4 + 36\sin(x)\cos(x)^2 + \sin(x)^2 - 6\sin(x) + 36\cos(x)^4 - 36\cos(x)^2 + 9$

$q := factor(\%) = \left(4\sin(x)\cos(x)^2 - \sin(x) - 6\cos(x)^2 + 3\right)^2$

$combine\left(4\sin(x)\cos(x)^2 - \sin(x) - 6\cos(x)^2 + 3\right) = \sin(3x) - 3\cos(2x)$

在上例中，*factor* 指令僅可將展開的三角多項式的次方部分進行因式分解，若要進行進一步的分解，進行三角函數的轉換，則需透過 *combine* 指令。*expand* 指令的展開則沒有這種限制，甚至可進行各種特殊函數的展開，下式則針對<u>雷建德函數</u> (Legendre Function) 展開後成為自然對數的多項式組合。

$expand(LegendreQ(2,t)) = -\dfrac{1}{4}\ln(t+1) + \dfrac{1}{4}\ln(t-1) + \dfrac{3}{4}t^2\ln(t+1) - \dfrac{3}{4}t^2\ln(t-1) - \dfrac{3}{2}t$

expand 指令也可依照使用者的需求，局部展開多項式中需要展開的部分，例如下式中我們保留 $(x+1)$ 的型式不展開，其餘的式子展開後所得到的結果。

$expand((x+1)(y+1)(z+1), x+1)$
$(x+1)yz + (x+1)y + (x+1)z + x + 1$

而下式中，我們更進一步保留 $(x+1)$ 與 $(w+1)$ 不展開，其餘式子進行展開後所得到的結果。

$expand\left((w+1)(x+1)^2(y+1)(z+1), w+1, x+1\right)$
$(w+1)(x+1)^2yz + (w+1)(x+1)^2y + (w+1)(x+1)^2z + (w+1)(x+1)^2$

3.5.6 多項式的重組與排列

若使用者想要將多項式進行重組與排列，可透過 Maple 中的 *sort* 跟 *collect* 指令。*sort* 指令擁有識別多項式及函數中數據資料的能力，能將其排列成較整齊的型式，如下式所示，若 *sort* 指令內的資料為數列資料，則 *sort* 指令呼叫後的結果將會按照小到大的順序重新排列。如果 *sort* 指令內的資料為多項式時，則透過 *sort* 指令呼叫後的結果，將會形成一個自高項次排到低項次的降冪多項式。

$sort([2, 1, 3]) = [1, 2, 3]$
$sort(1 + x + x^2) = x^2 + x + 1$

除了是數字組成的數列亦或符號組成的多項式，*sort* 指令均可自動將其排列成較規則的型式，另外，使用者也可依照個人喜好，指定 *sort* 排列的型式。例如下式中，我們使用 '>' 符號由大到小依序排列 [2,1,3] 的數列：

$sort([2, 1, 3], `>`) = [3, 2, 1]$

如果需要對字串數列做順序排列，可以使用 *lexorder* 選項，如下式所示，便可以根據字元順序來排列字串數列！

$sort([c, a, d], lexorder) = [a, c, d]$

除此之外，我們也可以根據字串長度來進行字串數列的排序，如下式，透過 *length* 選項的指定，字串數列便會依照字串長度進行排序。

$sort([a, ba, aaa, aa], length) = [a, ba, aa, aaa]$

值得一提的是，*sort* 指令甚至可以以一個數列的排列方式作為參考，排列另一個數列，例如在下式中，我們分別定義了 *z1* 與 *z2* 兩個數列，分別為 $[9x, 4x, 5x]$ 及 $[9, 4, 5]$，將數列 $[9, 4, 5]$ 排列之後，我們提取出此數列中每個單元的次序，並建立另一個數列 *permutation*，最後再透過數列 *permutation* 的順序，排列數列 $[9x, 4x, 5x]$，所以會得到 $[4x, 5x, 9x]$ 的數列結果。

$z1 := [9x, 4x, 5x] = [9x, 4x, 5x]$
$z2 := [9, 4, 5] = [9, 4, 5]$
$permutation := sort(z2, \text{'output}=permutation\text{'}) = [2, 3, 1]$
$z1_{permutation} = [4x, 5x, 9x]$

3.5.7 分式多項式的分母與分子擷取

numer 及 *denom* 可供使用者萃取分數多項式中的分子多項式與分母多項式。以下為一個簡單的範例，我們先定義 a 的分式多項式，透過將 *a* 代入到 *numer* 指令得到分子多項式；將 *a* 代入到 *denom* 指令得到分母多項式。

$a := \dfrac{(2 + 3x)(-x^2 - 1)}{(x + 5)(x - 2)}$:
$numer(a) = (2 + 3x)(x^2 + 1)$
$denom(a) = (x + 5)(x - 2)$

交互運用這些多項式指令可以大幅提升各種方程式推導的能力，例如下式中我們便可以設計搭配 *expand* 與 *numer* 指令，來保留分母多項式不展開，而僅針對分子多項式來展開。

$expand(a, numer(a))$

$$\frac{3x^3}{(x+5)(x-2)} - \frac{2x^2}{(x+5)(x-2)} - \frac{3x}{(x+5)(x-2)} - \frac{2}{(x+5)(x-2)}$$

若想提取多項式中變數前的係數，則可透過 *coeffs* 指令來達到這個目的。例如下式中，我們定義 *p* 的多項式，並且將 *p* 代入到 *coeffs* 指令中，便可以依序獲得 *p* 多項式前方的係數分別為 3、1、-2、-1。如果我們進一步再在 *coeffs* 指令中指定取得某一特定變數前的係數 (可能包含有非特定變數)，例如，我們透過 *coeffs(p,x)* 便可以將 *p* 多項式視為是 *x* 的多項式，其前方的係數將依序為 1、$3y^3$、$-2y$、與 –1。

$p := x^3 + 3x^2y^3 - 2xy - 1:$
$coeffs(p) = 3, 1, -2, -1$
$coeffs(p, x) = 1, 3y^3, -2y, -1$

degree 指令則是可計算多項式中最大的次方數，如下式中我們定義了 *p* 的多項式，透過代入 *p* 到 *degree* 指令中，我們可以獲得 *p* 多項式的最高次方數為 5。

$p := x^3 + 3x^2y^3 - 2xy - 1:$
$degree(p) = 5$

若想獲得多項式中的最低的次方數，則可透過 *ldegree* 指令來達成，下式中我們定一個 *p* 的多項式，透過代入 *p* 到 *ldegree* 指令中，我們便可以獲得 *p* 多項式的最低次方數為 0。

$p := x^3 + 3x^2y^3 - 2xy - 1:$
$ldegree(p) = 0$

Chapter

4

二維圖形繪製

　　繪圖是求解數學問題非常重要的關鍵。透過以圖形方式呈現問題的本質,可讓人更輕易的理解方程式。為了協助使用者更輕易探索方程式的意義,Maple 擁有非常完善的繪圖功能,這些繪圖功能包含二維圖形繪製、三維圖形繪製、各式特殊圖形的繪製等。本章節將先介紹大多數常見的二維圖形繪製,在下一章節中將會介紹更複雜的三維圖形與動畫之繪製。

本章學習目標

- 二維函數繪圖
- 以數列資料 / 參數式繪圖
- 管理圖形的色彩
- 繪圖選項的操作
- 二維特殊圖形繪製

Maple 提供各式不同繪圖指令供使用者進行圖形繪製，使用者亦可透過各種不同方式進行繪圖，包含透過函數、串列資料及參數表示式等。部分基本指令如 *plot* 指令已經內建在 Maple 的核心中可以直接使用，但更多的繪圖功能指令則存在於 **plots** 函式庫中，使用前必須先行匯入。

4.1 基本的二維繪圖指令

在第一章中我們示範了幾種常見的繪圖方法，相信您對如何繪製圖形並不陌生。*plot* 指令是 Maple 繪製圖形最常用的繪圖指令，其語法如表 4-1 所示：

表 4-1 *plot* 指令繪製函數語法

指令	說明
plot (*f*(*x*), *x* = *a*..*b*, opts)	從 $x = a$ 至 $x = b$ 繪製 $y = f(x)$ 的函數圖

一個完整的 *plot* 指令包含函數、變數範圍以及繪圖選項，圖 4.1 為一個 *plot* 指令的簡單例子：

$$plot(\cos(x), x = -2\pi..2\pi, color = \text{"Black"})$$

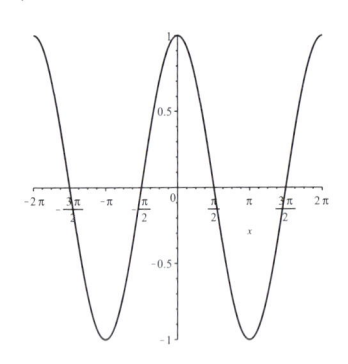

🔵 圖 4.1　在 -2π 與 2π 之間繪製 $\cos(x)$ 的圖形

此處我們將 x 的範圍設定在 -2π 與 2π 之間，並在繪圖選項處設定線條顏色為黑色 (Black)。您可以看到 Maple 將函數 $\cos(x)$ 依照我們指定的條件繪製出來。

為了使用上的方便，Maple 也允許使用者直接以運算式進行繪圖，其語法如表 4-2：

表 4-2　繪製運算式圖形的 *plot* 指令語法

指令	說明
plot (*f*( ), *a..b*, opts)	從 *f(a)* 至 *f(b)* 繪製 *f* 的圖形

此功能可協助使用者快速了解一個運算式將會對變數造成怎麼樣的影響，如圖 4.2 所示：

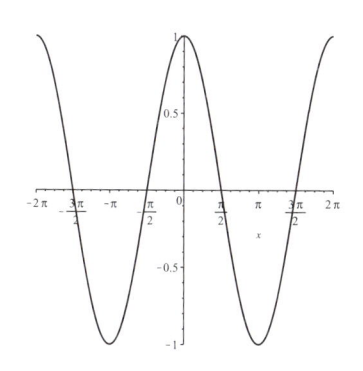

$$plot(\cos, -2\pi..2\pi, color = \text{"Gray"})$$

◎ 圖 4.2　運算式的繪圖指令用法

在上例中，我們將函數 cos(x) 改成運算式 cos，並將繪圖選項的線條顏色改為灰色 (Gray)。比較此例與前例，您可發現除了圖形的顏色改變以外，其餘結果完全相同。

plot 指令也允許使用者同時繪製多個圖形，其語法如表 4-3 所示：

表 4-3　繪製多個圖形的 *plot* 指令語法

指令	說明
plot ([expr1,expr2,expr3, ...], *x* = *a..b*, opts)	同時繪製多個函數圖形
plot ([f_1, f_2, f_3, ...], *a..b*, opts)	同時繪製多個運算式圖形

如圖 4.3 所示，我們可以將多個函數利用逗點分隔，再用中括號 [ ] 框起來，便可以簡單的將多個函數的圖形繪製在同一張圖形中，Maple 會自動的將不同的函數使用不同的顏色繪製出來。

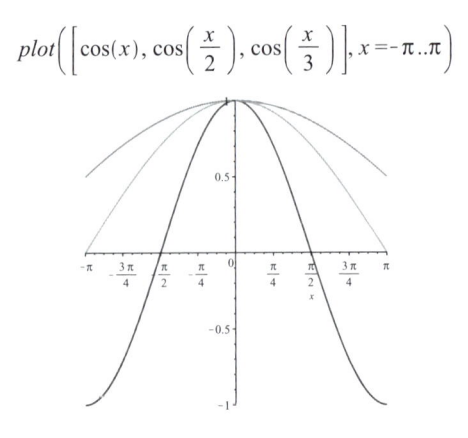

$$plot\left(\left[\cos(x), \cos\left(\frac{x}{2}\right), \cos\left(\frac{x}{3}\right)\right], x = -\pi..\pi\right)$$

◎ 圖 4.3　多個函數圖形的繪製

　　Maple 的運算是無所不在的，使用者不必刻意的先將方程式化簡，再放入 *plot* 指令中繪製圖形。如圖 4.4 所示：

$$seq\left(\cos\left(\frac{x}{i}\right), i = 1..3\right) = \cos(x), \cos\left(\frac{1}{2}x\right), \cos\left(\frac{1}{3}x\right)$$

$$plot\left(\left[seq\left(\cos\left(\frac{x}{i}\right), i = 1..3\right)\right], x = -\pi..\pi\right)$$

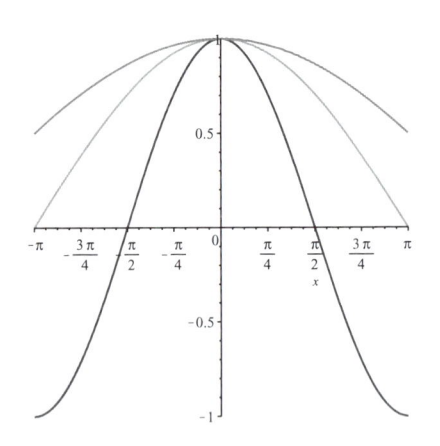

◎ 圖 4.4　繪製未運算處理過的函數圖形

　　在上例中，透過 *seq* 指令建立一個與前例相同的方程式數列，您可以從圖中了解此指令運算後的結果。此處我們不對此方程式數列的運算進行化簡，而直接以此 *seq* 指令放在 *plot* 指令中直接進行繪圖，您可以發現，Maple 自動將該 *seq* 指令先行運算並將運算後的結果繪製出來。

Key

在以 *plot* 指令繪製函數圖形時，Maple 會將函數進行計算再將結果繪製出來。對於進行影像處理或相關圖形工作的使用者，可透過 Maple 協助系統的『plot, computation』頁面了解 *plot* 指令的計算原則。

plot 指令也可繪製數據資料的圖形，我們可將指令中的函數換成數據資料。其指令語法如表 4-4 所示：

表 4-4　繪製數據資料圖形的 *plot* 指令語法

指令	說明
plot ([$x_1,x_2,x_3,\cdots$],[$y_1, y_2, y_3, ...$], opts) *plot* ([x_1,y_1],[x_2,y_2],[x_3,y_3], ..., opts)	繪製 (x_1, y_1),(x_2, y_2),(x_3, y_3)…的數據圖

此處我們以 *plot* 繪製兩數列 [1,3,4,6]、[8,6,2,5]，並以繪圖選項將圖形指定成金色 (Gold)，Maple 會自動以線段將數據資料點相連呈現，如圖 4.5 所示：

$plot([1, 3, 4, 6], [8, 6, 2, 5], color = \text{"Gold"})$

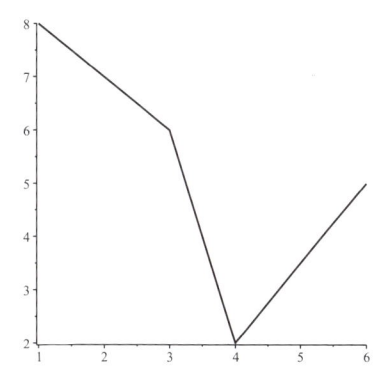

圖 4.5　繪製通過特定點座標之圖形繪製方法

在有些計算中，函數可能無法直接化成 $y = f(x)$ 的形式，無法以上述方法繪圖，*plot* 指令亦可進行參數式的圖形繪製，其語法如表 4-5 所示：

表 4-5　繪製參數式圖形的 plot 指令語法

指令	說明
plot ([x(t), y(t), t=a..b], $h_1..h_2$, $v_1..v_2$, opts)	繪製範圍在 t=a 至 t=b 間的參數式圖形，水平軸與垂直軸範圍分別為 h_1 至 h_2 與 v_1 至 v_2。
plot ([[x(t_1),y(t_1), $t_1 = a_1..b_1$], [x(t_2), y(t_2), $t_2 = a_2..b_2$],···] , $h_1..h_2$, $v_1..v_2$, opts)	同時繪製多個參數式圖形。

例如，我們要畫一個圓心在原點，圓形方程式為 $x^2 + y^2 = 1$，若要繪製這樣的圖形，我們可以將圓形的方程式變更成以下的參數式：

$x(t) = \cos(t)$
$y(t) = \sin(t)$
$t = 0..2\pi$

根據參數式繪圖的指令，我們可以得到圖 4.6 的結果：

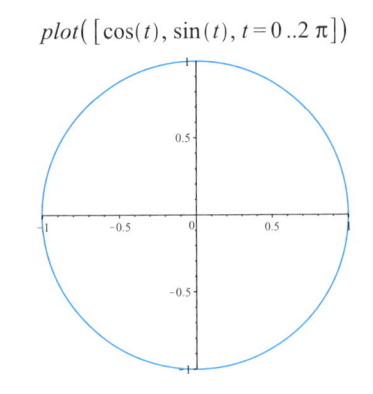

$plot([\cos(t), \sin(t), t = 0..2\pi])$

● 圖 4.6　使用參數式繪圖指令繪製圓形

相同地，有些極座標的圖形也可以依照幾何關係，用橫座標與縱座標的參數表示式代表，其半徑值的變化量若為 $f(\theta)$，則該圖形之參數式便是

$x = f(\theta) \cos(\theta)$
$y = f(\theta) \sin(\theta)$

如果 $f(\theta) = \sin(\cos(2\theta))$，則其極座標之圖形便可表示如圖 4.7 所示。

$plot\left(\left[\sin(\cos(2\,t))\cos(t),\sin(\cos(2\,t))\sin(t),t=0..2\,\pi\right]\right)$;

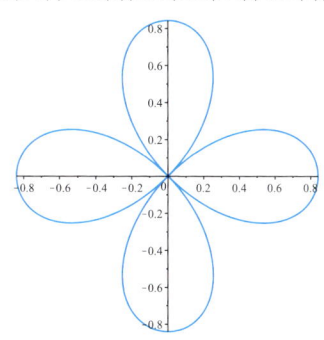

圖 4.7　將極座標圖形以參數式方法繪圖

4.2　圖形的色彩

　　無論是使用函數、運算式、數據資料或參數式的哪一種方式來進行繪圖，使用者均可再透過繪圖選項來改變圖形的樣式。在上一節中，我們曾經簡單的介紹了如何透過 plot 指令來指定圖形的線條顏色，這一節中我們將進一步介紹 Maple 所擁有非常完善的上色系統，可支援不同色彩的圖形繪製。若我們想在圖形上面將不同函數以不同顏色區分開來顯示，其所使用的指令如表 4-6 所示：

表 4-6　*plot* 的 *color* 選項指令語法

指令	說明
plot (*f*(*x*), color = "colorname")	以 colorname 等顏色將 *f*(*x*) 上色。
plot ([*f*$_1$(*x*), *f*$_2$(*x*), *f*$_3$(*x*),...], color=["colorname1","colorname2","colorname3", ...])	分別以 colorname1、colorname2、colorname3 分別為 *f*$_1$(*x*), *f*$_2$(*x*), *f*$_3$(*x*),... 上色。

　　如圖 4.8 所示，我們以中括號 ([ ]) 與逗號分隔 sin(*x*) 與 sin^2(*x*) 兩個不同的函數，並選定用繪圖選項 *color* 指定顏色選項值，在等號 (=) 右邊分別在中括號中指定不同顏色名稱，來對應到個別圖形的顏色。

$plot([\sin(x), \sin^2(x)], x = 0..2\pi, color = ["Blue", "Red"])$

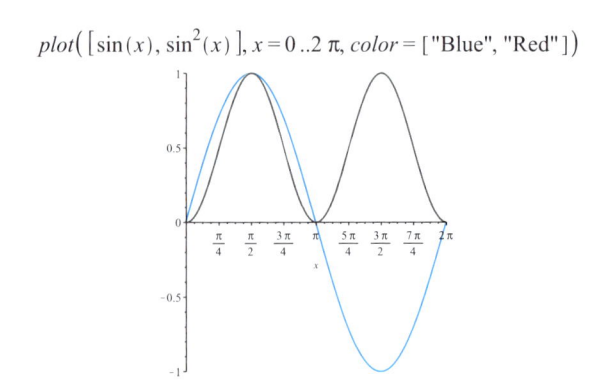

◎ 圖 4.8　繪製兩個函數圖形且分別指定不同顏色

除了可以用顏色名稱來指定圖形的顏色外，Maple 也允許使用者透過指定 RGB 三原色值來指定圖形的顏色。這個指令為 *Color* 指令，*Color* 指令為 Maple 色彩函式庫 **ColorTools** 中的一個顏色取用指令，使用者可以不同比例 (0..255) 的紅、綠、藍三色，組成相應的顏色來將函數上色，如圖 4.9 所示，我們用 *Color*([0,0,255]) 的顏色來呈現 sin(*x*) 的圖形。

$with(ColorTools):$
$Color([0, 0, 255])$

⟨RGB : 0 0 1⟩

$plot(\sin(x), color = Color([0, 0, 255]))$

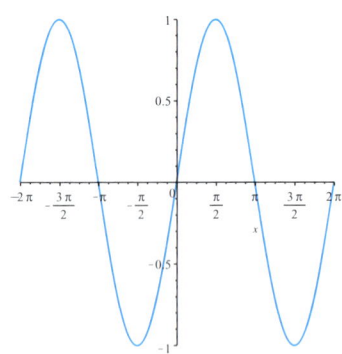

◎ 圖 4.9　使用指定 RGB 值來指定繪製圖形顏色

Color 指令可以分別以 0 至 255 的數值指定紅、綠、藍三色各顏色的濃度比例，在上例中 *Color* 值 [0,0,255] 將圖形的色彩指定成藍色 (RGB=[0 0 1])。我們也將常用的顏色名稱與其對應的 RGB 權重整理如表 4-7 所示：

Chapter 4　二維圖形繪製

表 4-7　Maple 中常用顏色與 RGB 權重對照表

顏色名稱	RGB 權重 (0-255)	顏色名稱	RGB 權重 (0-255)
"Aquamarine"	[127, 255, 212]	"Orange"	[255, 165, 0]
"Aqua","Cyan"	[0, 255, 255]	"Pink"	[255, 192, 203]
"Black"	[0, 0, 0]	"Plum"	[221, 160, 221]
"Blue"	[0, 0, 255]	"Red"	[255, 0, 0]
"Brown"	[165, 42, 42]	"Sienna"	[160, 82, 45]
"Coral"	[255, 127, 80]	"Silver"	[192, 192, 192]
"Fuchsia","Magenta"	[255, 0, 255]	"Tan"	[210, 180, 140]
"Gold"	[255, 215, 0]	"Turquoise"	[64, 224, 208]
"Khaki"	[240, 230, 140]	"Violet"	[238, 130, 238]
"Lime","Green"	[0, 255, 0]	"Wheat"	[245, 222, 179]
"Maroon"	[128, 0, 0]	"White"	[255, 255, 255]
"Navy","NavyBlue"	[0, 0, 128]	"Yellow"	[255, 255, 0]

值得注意的是，Maple 在 16 版之後更新了常用的顏色名稱與其對應之 RGB 權重，但考量過去使用者的使用習慣，Maple 仍保留著舊版之定義，並以顏色名稱開頭字母的大小寫區分新舊版本的顏色稱呼，故不同大小寫的名稱可能會有不同的色彩結果，如圖 4.10 所示：

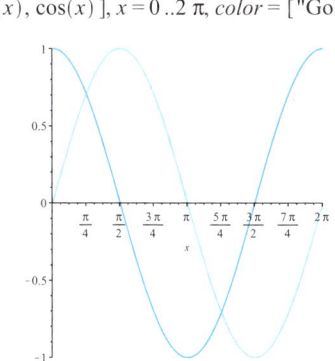

$plot(\,[\sin(x),\cos(x)\,],\,x=0..2\,\pi,\,color=[\text{"Gold"},\text{"gold"}]\,)$

圖 4.10　$plot$ 指令中使用 $color$ 選項繪製不同顏色圖形

Key

ColorTools 函式庫與 *Color* 指令的詳細使用方法請參考 Maple 協助系統。

4.3 繪圖選項

在沒有指定繪圖條件的情形下，Maple 會自動選擇適當的形式將圖形繪出，但若想依照不同的需求定義繪圖方式，則必須依靠繪圖選項告訴 Maple 您期望的繪圖形式。

在 Maple 中，無論是透過何種方式繪圖，使用者均可透過 Maple 的智慧選單功能設置所需的繪圖選項。如圖 4.11 所示：

$$plot(\sin(x), x = 0..2\pi)$$

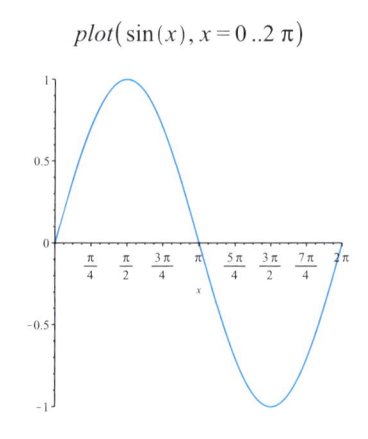

圖 4.11　使用 *plot* 指令繪製 sin(*x*) 圖形

在此例中，我們以 *plot* 指令繪製了一個函數 sin(*x*) 的圖形，並指定變數 *x* 的範圍在 0 與 2π 之間。當我們將滑鼠移到圖上並按下右鍵時，Maple 智慧選單功能會自動產生常用的繪圖選項供使用者定義，如圖 4.12 所示：

Chapter 4　二維圖形繪製

$plot(\sin(x), x = 0..2\pi)$

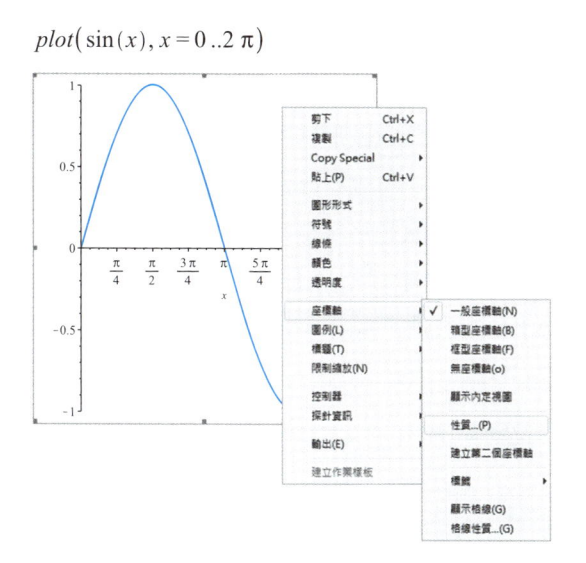

● 圖 4.12　右鍵繪圖智慧型選單

　　此處我們選擇『座標軸』=>『性質』，在帶出的座標軸性質視窗中，我們指定『座標軸性質』=>『水平』中的『最小範圍』由 0 改成 –6.283 (如圖 4.13 所示)，繪製的結果如圖 4.14 所示。

$plot(\sin(x), x = 0..2\pi)$

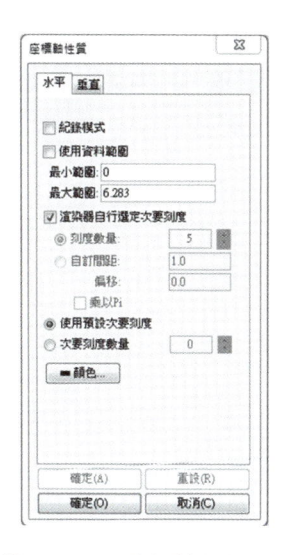

● 圖 4.13　座標軸性質視窗

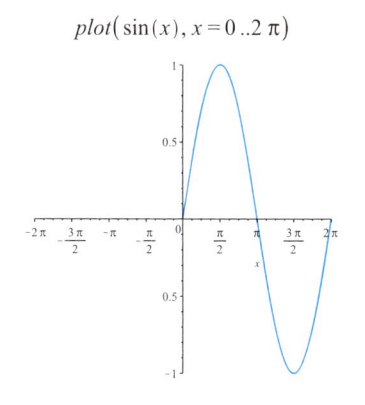

● 圖 4.14　更改水平座標軸的範圍後的 $\sin(x)$ 圖形

85

您可以發現，雖然此圖形在 $x<0$ 處沒有定義，但透過更改座標軸性質中的水平軸顯示範圍，我們還是可以強制將 $x<0$ 的區域顯示出來。

雖然智慧選單可以快速的調整圖形的樣式，但並非全部的繪圖選項都可在智慧選單中設定，且選單中的設定並不會更改使用者的指令，當您再次執行指令時，依然會得到原始的結果。所以若您想每次更改文件中的函數時，可以呈現出您希望該函數圖形的樣式，則仍須透過繪圖指令進行。圖 4.15 便是使用 *plot* 指令搭配使用 *view* 選項來達到指定水平座標軸範圍由 -6.28 到 6.28，垂直座標軸範圍由 -1 到 1 的 $\sin(x)$ 圖形。

$$plot(\sin(x), x=0..2\pi, view=[-6.28..6.28, -1..1])$$

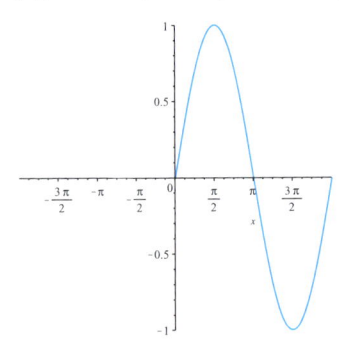

● 圖 4.15　透過 *plot* 指令的 *view* 選項指定水平與垂直座標軸

部分的繪圖選項，本身也包含許多不同的選擇細項，可供使用者進行更細部的設定，例如 *axis* 選項可指定圖形座標軸的樣式，如圖 4.16 所示：

$$plot(\sin(x), x=0..2\pi, axis=[gridlines=[10, color="Blue"]])$$

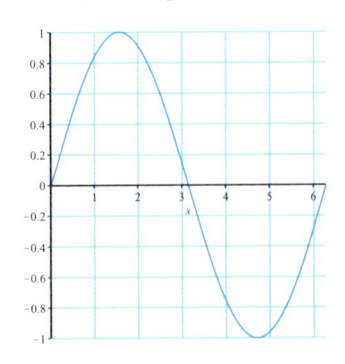

● 圖 4.16　用 *plot* 指令的 *axis* 選項來指定格線形式

Chapter 4 二維圖形繪製

　　此處我們將座標軸選項 *axis* 中格線選項細項 *gridlines* 的值設為 10，亦即將函數的值以格線畫分成 10 等分，並將格線的顏色指定成藍色。

　　若想調整座標軸的刻度，可使用 *tickmarks* 繪圖選項，其語法如表 4-8 所示。

　　在圖 4.17 中，我們將繪圖選項 *tickmarks* 設成 *decimalticks*，代表這是十進位制的刻度，您可發現 x 軸座標刻度不再是使用系統預設的圓周率相關刻度，同時 y 軸座標刻度則依照我們的設定的範圍劃分成 –0.75、–0.25、0.25、0.75 了。

表 4-8 *plot* 的 *tickmarks* 選項指令語法

選項指令	說明
tickmarks=[[$x_1,x_2,x_3,…$],[$y_1,y_2,y_3,…$]]	以 (x_1,x_2,x_3…) 與 ($y_1,y_2,y_3,…$) 作為 X,Y 座標軸的刻度
tickmarks=[x_1="name1",x_2="name2",…]	以 name1、name2、… 取代 x_1, x_2 的值，作為座標軸的刻度
tickmarks=[decimalticks/piticks]	使用系統定義的座標刻度模式: piticks 為圓周率刻度、decimalticks 為數值刻度

$plot(\sin(x), x = 0..2\pi, tickmarks = [\text{decimalticks}, [-0.75, -0.25, 0.25, 0.75]])$

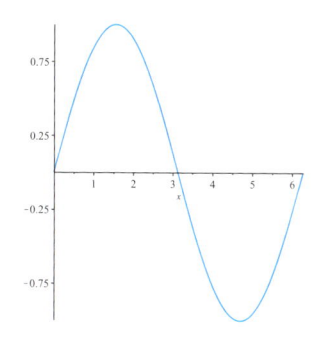

圖 4.17　用 *plot* 指令的 *tickmarks* 選項來指定座標軸刻度

$plot(\sin(x), x=0..2\pi, tickmarks=[[seq(i=x[i], i=1..10)],$
$[-0.75="A", -0.25="B", 0.25="C", 0.75="D"]]);$

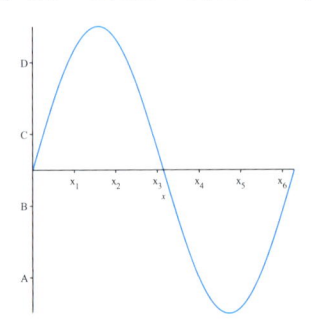

● 圖 4.18　用 *tickmarks* 指定顯示特定刻度標籤

Maple 的繪圖選項也可以在圖形中加入文字敘述，例如圖 4.19 所示：

$plot([\sin(x), \cos(x)], x=0..2\pi, title="三角函數", legend=["Sine", "Cosine"])$

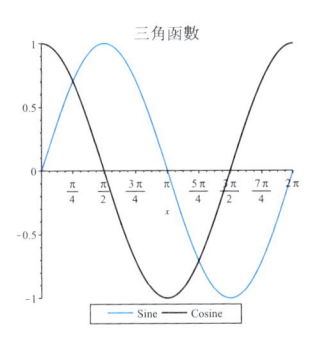

● 圖 4.19　使用 *title* 指定標題與 *legend* 指定圖例

此處我們透過繪圖選項 *title* 與 *legend*，在圖形中分別加入標題與說明。

除了上述介紹的座標軸選項外，部分的繪圖選項也可能會改變函數圖形的結果。例如，繪圖選項 *discont* 指令可控制圖形的繪製行為是連續的還是不連續的。*round* 指令可將函數進行四捨五入，在圖 4.20 中，我們透過 *round* 指令將 $\sin(x)$ 的值四捨五入並繪製成圖形。

由於 Maple 會自動以線段將不連續的數據資料點相連，在圖 4.21 中，我們加入繪圖選項 *discont*，將圖 4.20 的圖形進一步指定為不連續。

$plot(\text{round}(\sin(x)))$

$plot(\text{round}(\sin(x)), discont = true)$

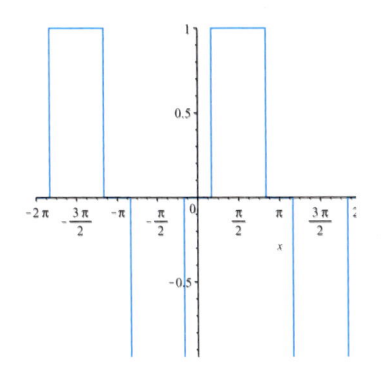

● 圖 4.20　使用 *round* 指令將數值四捨五入後透過 *plot* 繪製圖形

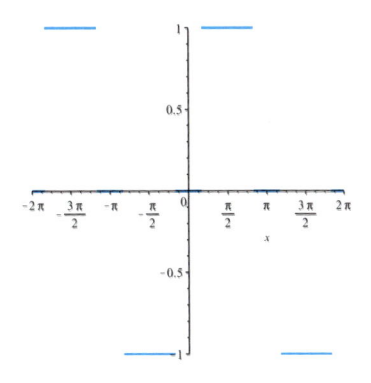

● 圖 4.21　使用 *discont* 選項以不連續方式呈現圖形

透過 *discont* 選項，使用者也可以辨識函數圖形中的不連續點，如圖 4.22 所示。

$$plot\left(\frac{x^2-1}{x-1}, x=-2..2, discont=[showremoveable]\right)$$

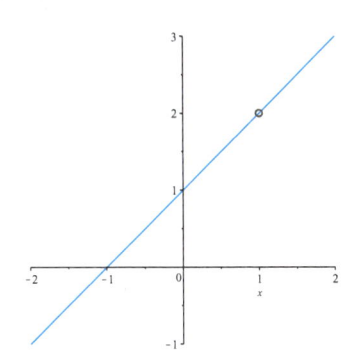

● 圖 4.22　使用 *discont* 選項並指定 *showremovable* 來呈現不連續點

Maple 也可將相同的函數以不同的座標軸顯示，協助使用者分析函數的特性。繪圖選項 *coords* 允許使用者改變函數顯示的座標軸，如圖 4.23 所示。

在此例中，我們將 *coords* 設為 *polar*，您可以發現，函數 sin(2*x*) 便以極座標的形式顯示。我們也列出了 Maple 可支援的二維座標軸模式在表 4-9 中以供參考。

$plot([\sin(2x)], x=0..2\pi, coords=\text{polar})$

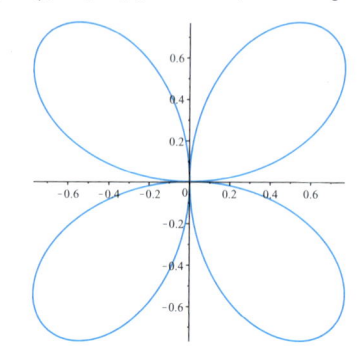

▲ 圖 4.23　繪製極座標的圖形指令

表 4-9　Maple 支援之二維圖形座標軸模式，本書以斜體表示 Maple 指令

名稱	指令
雙極座標模式	*bipolar*
心型模式	*cardioid*
卡西尼模式	*cassinian*
卡氏座標模式	*cartesian*
橢圓模式	*Elliptic*
雙曲線模式	*hyperbolic*
反卡西尼模式	*invcassinian*
反橢圓模式	*invelliptic*
對數座標模式	*logarithmic*
對數雙曲線模式	*logcosh*
馬克斯威爾模式	*Maxwell*
拋物線模式	*parabolic*
極座標模式	*polar*
玫瑰型模式	*rose*
切線座標	*tangent*

🔍 Key

若使用者在同一個指令中，定義同一個繪圖選項兩次以上，Maple 將會以最後一次的定義為準，表 4-10 列出了 Maple 常用的繪圖選項與常見的定義。

表 4-10　常用的繪圖選項

繪圖選項	選項內容	說明
axes	axes=*boxed/frame/none/normal*	座標軸框架
axesfont	axesfont	座標軸框架名稱
axis	color=colornames, gridlines=value, mode=*linear/log*, thickness=value, tickmarks	調整座標軸的顏色、格線、模式、粗細、刻度
color	color=colornames	變更函數圖形的顏色
coords	coords=coordsnames	以不同座標軸形式顯示
discont	discount=true/false/[showremovable]	控制圖形的連續性
filled	filled=true/false/[color="colorname"]	將圖形圍繞之區域上色
font	font=["style","size"]	更改文字的字體與大小
gridlines	gridlines=true/false	加入格線
labels	labels=["xname","yname"]	加入座標軸的名稱
legend	legend=["f1","f2",...]	加入函數說明
linestyle	linestyle=solid/dot/dash/dashdot/longdash/spacedash/spacedot	更改函數曲線的樣式
numpoints	numpoints=value	更改圖形的樣點數，樣點數越多則圖形越平滑
style	style=line/point	以不同樣式繪製函數圖形
symbol	symbol= asterisk/box/circle/cross/diagonalcross/diamond/point/solidbox/solidcircle/solid diamond	更改點圖的數據點符號樣式
symbolsize	symbolsize=value	更改點圖的數據點符號尺寸
thickness	thickness=value	更改座標軸、曲線或格線等線條的粗細
tickmarks	tickmarks=[decimalticks/piticks]	更改刻度的符號
title	title="titlename"	加入標題
titlefont	titlefont=["style","size"]	更改標題的字體與尺寸
transparency	transparency=value	更改圖形的透明度，value 介於 0 與 1 之間
view	view=[xmin..xmax, ymin..ymax]	更改顯示的範圍

不同的編程介面中,能使用的繪圖功能也會有所不同。以上所述為 Maple『標準工作頁』模式下的繪圖功能,若使用者想在『傳統工作頁』或『命令列模式』下進行圖形繪製,可以參考 Maple 協助系統的「Plotting Interfaces」了解不同編程介面下的繪圖功能。

4.4 特殊二維繪圖

除了透過 *plot* 指令繪圖以外,Maple 尚提供其他指令供使用者進行不同類型的圖形繪製。為了節省記憶體的使用量,這些繪圖指令被收藏在 Maplc 的 ***plots*** 函式庫中,使用者在使用 ***plots*** 函式庫內的指令前,需先以 *with* 指令呼叫 ***plots*** 函式庫。

4.4.1 二維極座標繪圖

plots 函式庫的 *polarplot* 指令可供使用者直接以極座標的形式繪製函數圖形,如圖 4.24 所示:

$with(plots):$
$polarplot([\sin(2x)], x = 0..2\pi)$

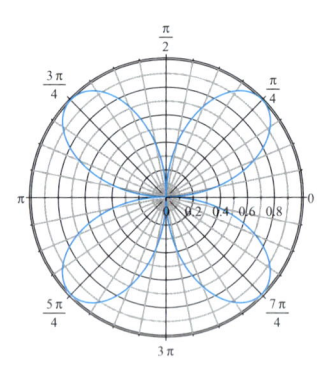

● 圖 4.24 使用 *polarplot* 指令繪製 sin(2x) 圖形

透過 *polarplot* 指令,使用者可輕鬆繪製極座標函數,而不必耗費心神將函數轉換成極座標的形式再繪圖。值得注意的是,若以 *plots[polarplot]* 指令進行繪圖時,將無法調整圖形的座標軸的顯示範圍。

4.4.2 二維對數圖形繪製

若想將函數繪於對數座標軸上，*plots* 提供指令供使用者進行各式的對數函數繪製，請參考表 4-11。

表 4-11　對數刻度圖形繪製指令語法

指令	說明
logplot (*f,x=a..b*)	線性-對數繪圖，Y 為對數座標軸
semilogplot (*f,x=a..b*, opts)	對數-線性繪圖，X 為對數座標軸
loglogplot (*f,x=a..b*)	對數-對數繪圖，X、Y 軸均為對數座標軸

圖 4.25 為透過 *logplot* 指令繪製 10^x 的結果，您可發現 X 軸為線性刻度，Y 軸為對數刻度。

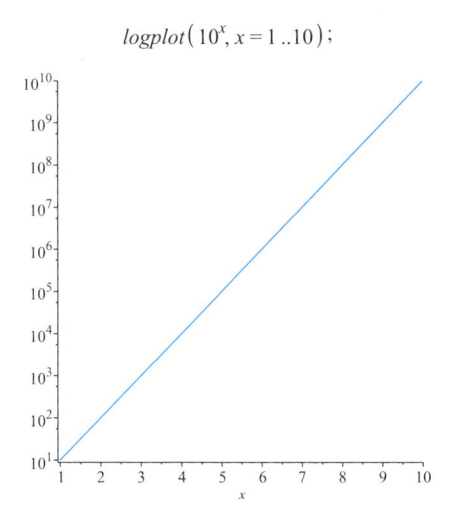

$$logplot(10^x, x=1..10);$$

● 圖 4.25　*logplot* 指令繪製 X 軸為線性，Y軸為對數刻度之圖形

透過 *semilogplot* 指令，亦可繪製僅有 X 軸為對數刻度的函數圖形，如圖 4.26 所示。為了能夠更加清楚對數刻度位置，我們加入繪製格線的繪圖選項在 *semilogplot* 指令中。

$semilogplot(10^x, x=1..10, gridlines)$

◉ 圖 4.26 *semilogplot* 指令繪製 X 軸為對數刻度之 10^x 圖形

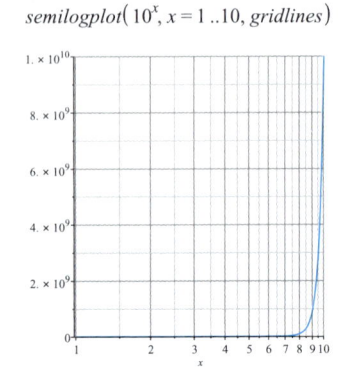

另外，*loglogplot* 指令可繪製兩軸均為對數座標軸的圖形，如圖 4.27 所示，此時我們將繪圖選項 *axis* 的第二項之值 (也就是第二軸) 設定為 [*gridlines*]，來單獨顯示 y 軸格線。

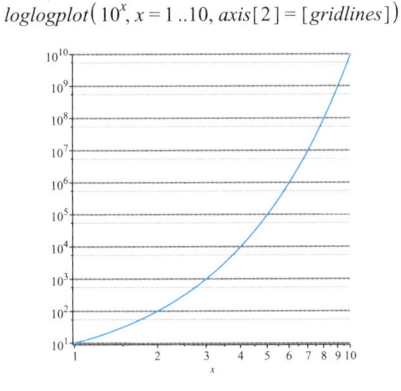

$loglogplot(10^x, x=1..10, axis[2]=[gridlines])$

◉ 圖 4.27 *loglogplot* 指令繪製 X 軸與 Y 軸刻度均為對數之圖形

除了以函數繪製對數圖形外，Maple 的對數繪圖指令亦可支援數列資料的繪製。在圖 4.28 中我們便繪製四個點所連成的對數圖形。

$logplot([[1,2],[3,4],[5,6],[7,8]], gridlines)$;

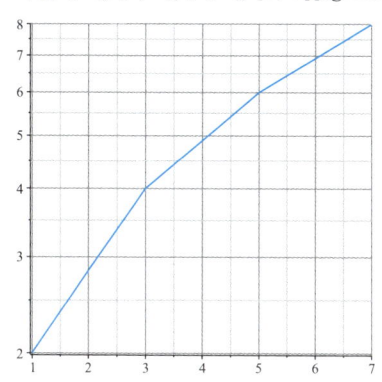

圖 4.28　使用 *logplot* 繪製數列 Y 軸為對數刻度之圖形

4.4.3　二維其他特殊圖形繪製

除了極座標與對數圖以外，Maple 尚提供了許多指令供各種不同需求的使用者進行圖形繪製。

雖然繪圖選項的 *filled* 可將圖形圍繞之區域上色，但使用上仍顯不便。*inequal* 指令則可繪製不等式函數的區域，其指令語法如表 4-12 所示：

表 4-12　*inequal* 不等式圖形繪製指令語法

指令	說明
*Inequal(f,x=a..b,y=c..d,*opts)	繪製函數 *f(x)* 的不等式圖形
*Inequal({f₁,f₂,...},x=a..b,y=c..d,*opts)	繪製函數 $f_1(x)$、$f_2(x)$、… 等的不等式圖形

我們可以透過 *inequal* 指令將 $a+b>3$，$2b-a<6$ 與 $-b+a \leq 8$ 所圍成的區域繪製成圖形，如圖 4.29 所示。

$inequal(\{a+b>3, 2b-a<6, -b+a\leq 8\}, a=-10..30, b=-10..15)$

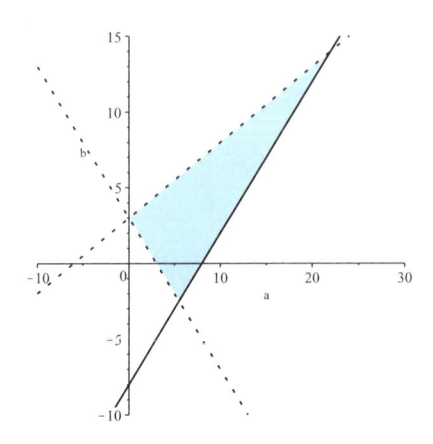

● 圖 4.29　*inequal* 指令繪製滿足多組不等式解之圖形

對一些常見統計圖表的繪製，***plots*** 也提供了許多指令供使用者繪製統計圖形，例如，*pareto* 指令便可繪製柏拉圖圖表，其指令如表 4-13 所示：

表 4-13　*pareto* 指令繪製柏拉圖圖表指令語法

指令	說明
pareto(*list*,opts)	將非負數列繪製成柏拉圖圖表

$nums := [1, 3, 4, 5, 7, 7, 8, 9, 12, 15]:$
$classes := ['car','bike','metro','scooter','plane','train','motorcycle','bus','taxi','ship']:$
$pareto(nums, tags = classes)$

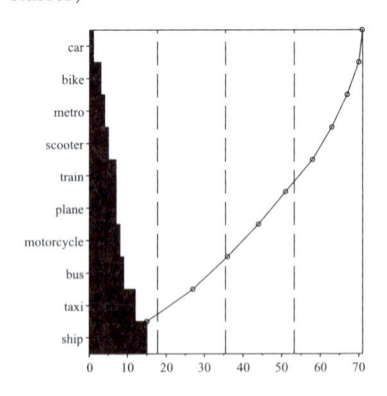

● 圖 4.30　用 *pareto* 指令繪製統計圖表

Chapter 4　二維圖形繪製

除了統計圖表以外，工程上也有許多圖表很難在其他軟體繪製，例如根軌跡圖的繪製，在 Maple 中則可以輕鬆地使用 ***plots*** 的 *rootlocus* 指令直接進行根軌跡圖的繪製，其指令如表 4-14 所示。從圖 4.31 我們可以輕易地使用 *rootlocus* 指令繪製 $\dfrac{s^3-1}{s}$ 的根軌跡圖。

表 4-14　*rootlocus* 繪製根軌跡圖指令語法

指令	說明
rootlocus(*f*(*s*), *s*, *a..b*, opts)	繪製有理函數 *f*(*s*) 在 *a* 與 *b* 之間之根軌跡

$$rootlocus\left(\dfrac{s^3-1}{s}, s, -5..5\right)$$

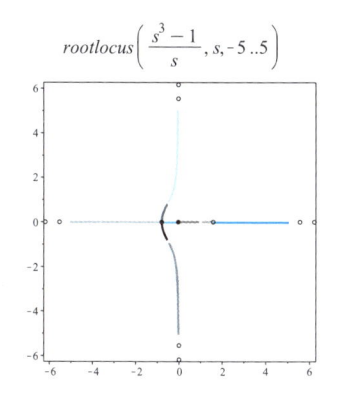

◎ 圖 4.31　用 *rootlocus* 繪製根軌跡圖

Chapter 5

三維圖形繪製與進階繪圖應用

　　優異的圖形繪製能力是 Maple 的特色之一。在許多時候,二維平面圖形並無法完整描述函數的特性,而會需要以三維圖形或動畫呈現。本章將介紹 Maple 的三維繪圖指令及動畫繪製功能,並探討進階的圖形繪製技巧。

本章學習目標

- 三維圖形繪製
- 特殊圖形繪製
- 動畫繪製
- 圖形的呈現
- 繪圖器與圖形的輸出

無論是支援函數的型式還是繪製圖形指令的語法，比起二維圖形，三維圖形的繪製更為靈活多變。但由於 Maple 的繪圖指令均有著類似的語法架構，若您已在先前章節中對 Maple 二維圖形的繪製有初步的認識，繪製三維圖形將是水到渠成的事。

5.1 基本的三維繪圖指令

plot3d 為 Maple 繪製基本三維圖形所用的指令，其指令語法定義如表 5-1。*plot3d* 指令與繪製二維圖形的 *plot* 指令有異曲同工之妙，但由於三維圖形多了一個維度，故必須同時指定 x 與 y 方向的繪圖範圍。

表 5-1　*plot3d* 繪製三維圖形指令語法

指令	說明
plot3d(f(x,y), x=a..b,y=c..d, opts)	繪製 x 介於 (a,b)、y 介於 (c,d) 之間的 $z=f(x,y)$ 函數圖形

圖 5.1 是透過 *plot3d* 指令繪製三角函數 $\sin(x+y)$ 圖形的例子。

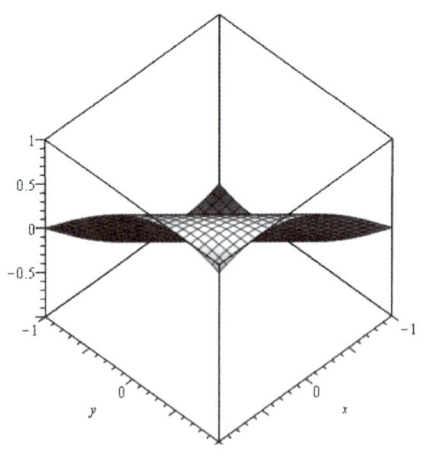

$$plot3d(\sin(x+y), x=-1..1, y=-1..1)$$

● 圖 **5.1**　*plot3d* 繪製 $\sin(x+y)$ 的三維圖形

在此範例中，我們將函數的 x 與 y 變化範圍設定在 -1 與 1 之間，您可以看到 Maple 將函數 $\sin(x+y)$ 依照我們指定的範圍條件繪製成三維圖形。

Chapter 5 三維圖形繪製與進階繪圖應用

除了指令語法與 *plot* 指令十分相似，*plot3d* 指令亦可如同 *plot* 指令一般以參數式或運算式方式繪圖，其相對應指令語法如表 5-2 所示：

表 **5-2** *plot3d* 繪製運算式與參數式三維圖形指令語法

指令	說明
*plot3d(f,a..b,c..d,*opts)	繪製兩自變數介於 (a,b) 與 (c,d) 之間的運算式 *f* 之三維圖形
*plot3d([par1,par2,par3],s=a..b,t=c..d,*opts)	繪製參數式 *x*=par1(*s,t*)、*y*=par2(*s,t*)、*z*=par3(*s,t*) 且 *s* 的範圍為 *a* 到 *b*，*t* 的範圍為 *c* 到 *d* 的三維函數圖形

圖 5.2 為透過 *plot3d* 繪製運算式三維圖形的例子。

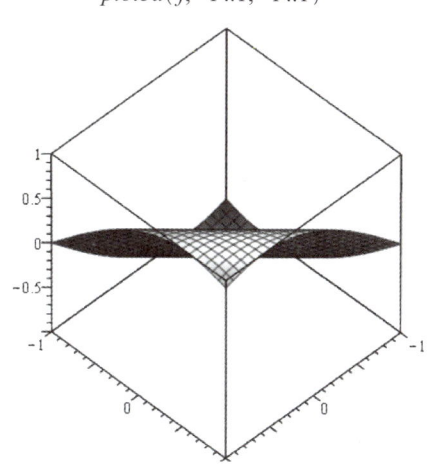

$$f := (x, y) \rightarrow \sin(x + y):$$
$$plot3d(f, -1..1, -1..1)$$

● 圖 **5.2** *plot3d* 繪製運算式之三維圖形

在上例中，我們將運算式 *f* 定義為函數 sin(*x*+*y*)，並以 *plot3d* 指令繪製出來，其結果與直接繪製函數 sin(*x*+*y*) 完全相同。

由於三維圖形的參數式包含三個表達式 *x*,*y*,*z* 與兩個參數 *s*,*t*，若要以 *plot3d* 指令繪製參數式圖形，需比 *plot* 指令多指定一個表達式與一個參數，如圖 5.3 所示，我們指定第一個參數式 *x* 為 cos(*s*)，指定第二個參數式 *y* 為 sin(*s*)，指定第三個參數式

z 為 t，這三個參數式以逗點分隔，並且用中括號 [ ] 框起，接著指定兩個參數的範圍 s 介於 0 到 2π，t 介於 0 到 π，便可以繪製出一個三維的圓柱體圖形。

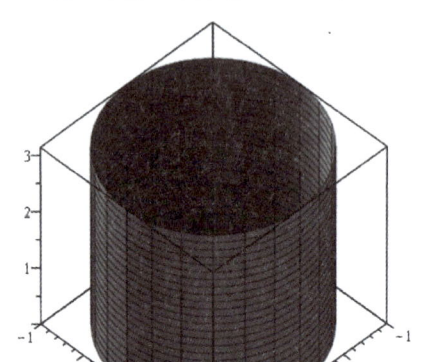

$$plot3d([\cos(s), \sin(s), t], s = 0..2\cdot\pi, t = 0..\pi)$$

圖 5.3　*plot3d* 繪製參數式三維圖形

值得注意的是，以 *plot3d* 指令繪製參數式圖形較 *plot* 指令繁複許多，為了增進程式的可讀性，*plot3d* 指令將參數的範圍移到中括號 ([ ]) 外側定義。

無論是函數、運算式或參數式的圖形繪製，*plot3d* 指令也可在同一張圖上同時繪製多個圖形。其指令如表 5-3 所示。

表 5-3　*plot3d* 指令繪製多個圖形的語法

指令	說明
plot3d([f(x,y),g(x,y),h(x,y),…],x=a..b,x=c..d,opts)	同時繪製多個函數圖形
plot3d([f,g,h,…],a..b,c..d,opts)	同時繪製多個自定義函數運算式圖形
plot3d([[par1,par2,par3], [par4,par5,par6], [par7,par8,par9],…],s=a..b,t=c..d,opts)	同時繪製多個參數式函數圖形

參考圖 5.4，我們用上述之 *plot3d* 指令來同時繪製兩個函數 x, $\sin(x)$, $y\cos(x)$ 的三維圖形在同一張圖上。

Chapter 5　三維圖形繪製與進階繪圖應用

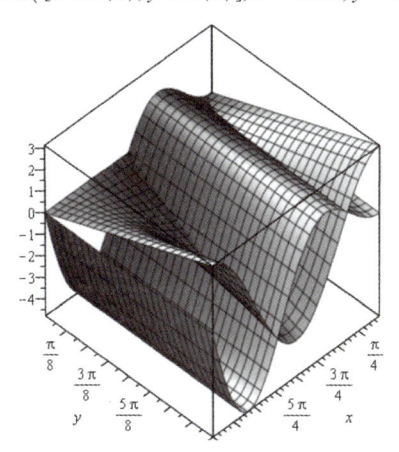

$$plot3d\bigl([x \cdot \sin(x), y \cdot \cos(x)], x = 0..2\pi, y = 0..\pi\bigr)$$

🌐 圖 5.4　用 *plot3d* 繪製兩個函數在同一個三維圖形

參考圖 5.5，我們可將函數 *x*sin(*x*) 與 *y*cos(*x*) 定義成變數 *f* 與 *g*，*plot3d* 指令可透過運算式繪製出相同的圖形。

$$f := (x, y) \to x \cdot \sin(x) : g := (x, y) \to y \cdot \cos(x) :$$
$$plot3d\bigl([f, g], 0..2\pi, 0..\pi\bigr)$$

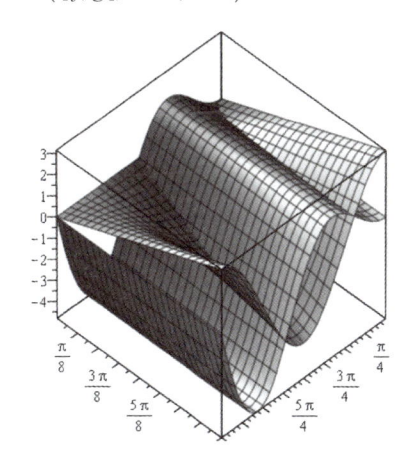

🌐 圖 5.5　用 *plot3d* 繪製多個運算式的三維圖形

plot3d 也可在同一張圖形上同時繪製多個參數式圖形，如圖 5.6 所示，第一組參數式為 [cos(*s*), sin(*s*), *t*] 的 *z* 方向圓柱，第二組參數式為 [sin(*s*), *t*, cos(*s*)] 的 *y* 方向圓柱，這兩組參數式用逗點分隔再用中括號 [] 框起，接著再指定參數 *s* 與 *t* 的範圍分

別為 0 到 2π 與 0 到 π，最後使用 view 選項呈現圖形的範圍。

$$plot3d([[\cos(s), \sin(s), t], [\sin(s), t, \cos(s)]], s = 0..2\pi, t = 0..\pi,$$
$$view = [-\pi..\pi, -\pi..\pi, -\pi..\pi])$$

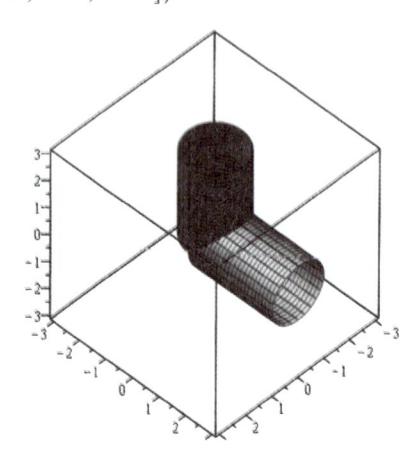

● 圖 5.6　用 *plot3d* 指令繪製多個參數式的三維圖形

值得注意的是，使用 *plot3d* 指令繪製參數式圖形的語法與繪製三個函數圖形的語法可能會使用相同的指令。此時，繪圖選項 *plotlist* 可用以區別函數數列與參數式。當我們將 *plotlist* 指定成 *true* 時，便是指繪製一個由三個函數組成的數列圖形，若未指定或是指定為 *false* 時，則是繪製參數式圖形，如圖 5.7 所示，

$$plot3d([\cos(s), \sin(s), t], s = 0..2 \cdot \pi, t = 0..\pi, plotlist = true)$$

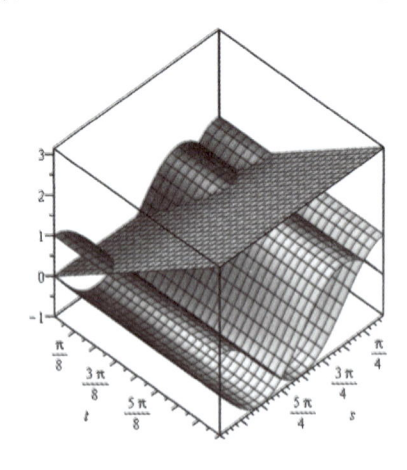

● 圖 5.7　用 *plotlist* 選項繪製具有三個函數的三維圖形

104

Chapter 5　三維圖形繪製與進階繪圖應用

由於三維空間的圖形繪製較二維空間來得複雜，為了避免語法上的混亂，*plot3d* 指定並不能直接以數列數據繪製圖形。若想以數列數據繪製曲面，需透過 *surfdata* 指令完成，其範例參考圖 5.8。

$$cosdata := \left[seq\left(\left[seq\left(\left[i, j, \cos\left(\frac{i+j}{5}\right) \right], i = -10..10 \right) \right], j = -10..10 \right) \right]:$$

$surfdata(cosdata)$

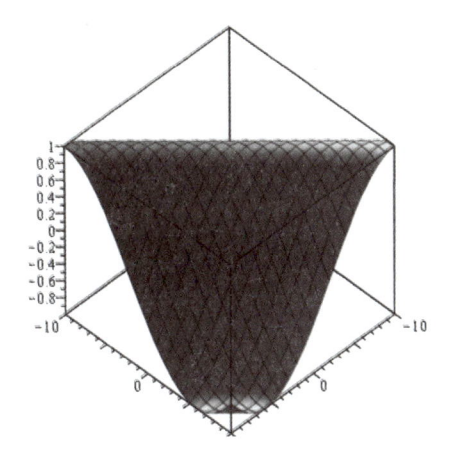

● 圖 5.8　用 *surfdata* 指令繪製數列數據的三維圖形

在上例中，我們透過 *seq* 指令建立一組數列數據，每一個數列數據資料均為一個三維的行向量 (也就是空間中之座標點)，再透過 *surfdata* 繪製出此組座標點數據的圖形。

$x = i, y = i, \cos\dfrac{i+j}{5}$，其中 i 由 -10 變化到 10，j 也由 -10 變化到 10。

在空間中繪製曲線則可以使用 *spacecurve* 指令。*spacecurve* 指令可繪製三維向量函數的曲線圖形，如圖 5.9 所示。

此處我們將向量函數 [x,y,z] 設為 [$\cos(t),\sin(t),t$]，並以 *spacecurve* 繪製此向量函數的三維曲線的圖形。

$$spacecurve([\cos(t), \sin(t), t], t = 0..4\cdot\pi)$$

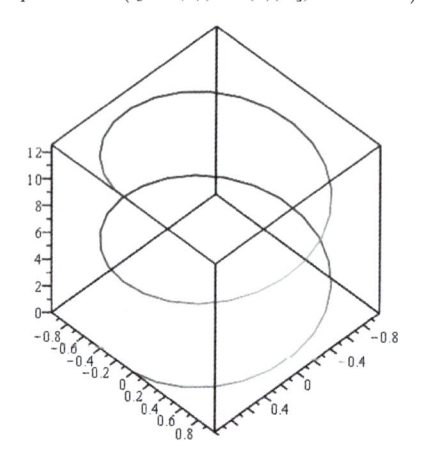

● 圖 5.9　*spacecurve* 繪製三維向量函數的曲線圖形

🔍 Key

surfdata 與 *spacecurve* 詳細用法請參考 Maple 協助系統的『surfdata』與『spacecurve』頁面。

在此為了方便讀者比較，我們將 *plot3d* 指令統整在表 5-4。

表 5-4　*plot3d* 指令一覽表

指令	說明
plot3d(f(x,y), x=a..b,y=c..d, opts)	繪製 x 介於 (a,b)、y介於 (c,d) 之間的 f(x,y) 函數圖
plot3d(f,a..b,c..d,opts)	繪製兩自變數介於 (a,b) 與 (c,d) 之間的自定義函數 f 之圖
plot3d([par1,par2,par3],s=a..b,t=c..d,opts)	繪製參數式 par1(s,t)、par2(s,t)、par3(s,t) 的函數圖
plot3d([f,g,h],x=a..b,x=c..d,opts)	同時繪製多個函數
plot3d([f(x,y),g(x,y),h(x,y),…],x=a..b,x=c..d,opts)	同時繪製多個函數圖形
plot3d([f,g,h,…],a..b,c..d,opts)	同時繪製多個自定義函數圖形
plot3d([[par1,par2,par3], [par4,par5,par6], [par7,par8,par9],…],s=a..b,t=c..d,opts)	同時繪製多個參數式函數圖形

5.2 三維圖形的色彩工具與繪圖選項

plot3d 指令適用大部分 *plot* 指令的色彩工具與繪圖選項,參考圖 5.10,本例為一透過 *color* 選項指定 *plot3d* 指令中 sin(x+y) 函數呈現的色彩為紅色。

若您將 *plot3d* 指令的語法與上章節的 *plot* 進行比較,您可發現此處 *color* 的用法與 *plot* 完全一致。

不過除了 4.2 節的使用方法,*plot3d* 可允許使用者進行更靈活的曲面色彩定義。在 *plot3d* 指令中 *color* 可以採用程序 (Proc) 來呈現曲面顏色的變化,這樣的三維曲面看起來會更有立體感,其結果參考圖 5.11 所示。

$plot3d(\sin(x+y), x = -1..1, y = -1..1, color = \text{"Red"})$

$f := (x, y) \to 4 \cdot \left(\sin\left(\frac{x}{2}\right) + \sin\left(\frac{y}{4}\right) \right) + 3 \cdot \sin\left(\frac{x}{2}\right) :$
$plot3d(f, 0..20, 0..70, style = patch,$
$color = \textbf{proc}(x, y)\ x\ \textbf{end proc});$

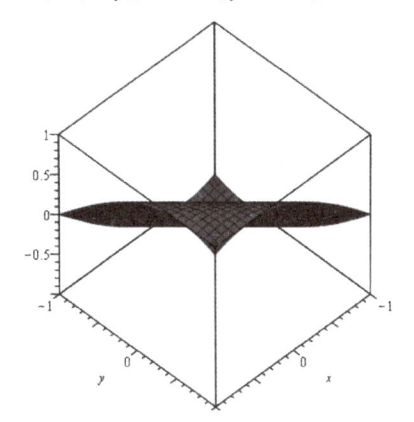

🌐 圖 5.10 *plot3d* 指令指定 *color* 選項來呈現三維圖形的色彩

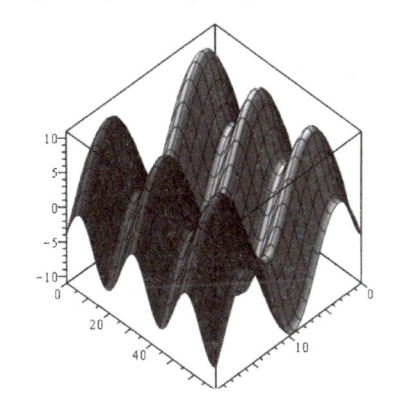

🌐 圖 5.11 指定 *color* 選項為函數所繪製的三維曲面圖形

在此例中,我們先定義一函數運算式 f(x,y) 函數,接著以 *plot3d* 指令繪製函數 f(x,y) 的圖形,並透過 proc 程序將色彩定義成隨 x 值變化的函數。您可以發現,函數圖形的色彩將隨著 X 軸的位置不同而產生變化。

在 *plot3d* 指令中,我們亦可用函數指定 RGB 個別的顏色,如圖 5.12 所示。

$$plot3d(\sin(x) + \sin(y), x = 1..10, y = 1..10, color = [\sin(x), y, 3z])$$

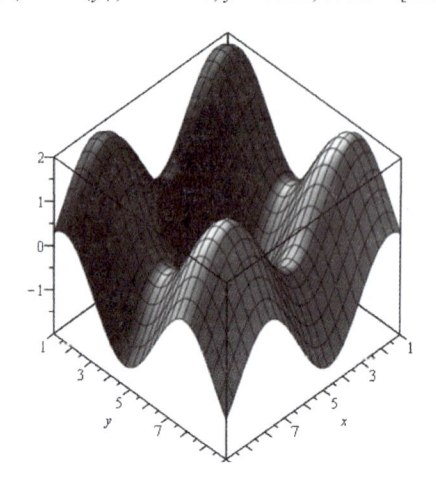

● 圖 5.12　將 *color* 的 RGB 選項值用函數取代繪製不同變化量的曲面圖形

在上例中，我們分別將三軸 *x,y,z* 方向的顏色，指定成不同的函數 [sin(*x*),*y*,3*z*]，您可以發現顏色在三軸上的變化將會隨著函數的趨勢而改變。

在其他繪圖選項的指定，由於 *plot3d* 指令較 *plot* 指令多了一個座標軸，部分涉及座標軸及維度的繪圖選項，使用上必須比 *plot* 指令多指定一個維度的變化。圖 5.13 為更改繪圖選項 *view* 來變更座標軸顯示範圍的範例。

$$plot3d(\sin(x+y), x=-1..1, y=-1..1, view=[-1..1,-1..1,-2..2])$$

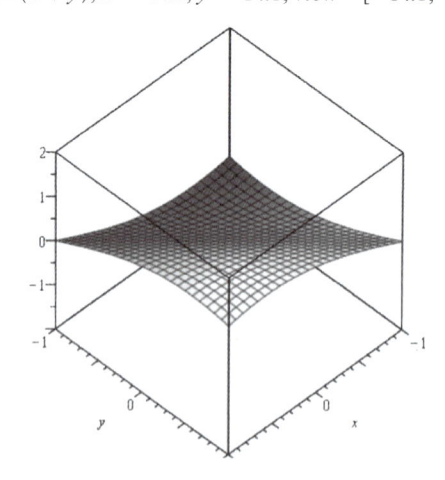

● 圖 5.13　用 *view* 選項來變更座標軸顯示範圍的三維曲面

Chapter 5　三維圖形繪製與進階繪圖應用

此處我們重新繪製了函數 sin(x+y)，並透過繪圖選項 view 將座標軸的顯示範圍指定在 x 為 [−1,1]、y 為 [−1,1]、z 為 [−2,2] 之間。

當然您也可透過 Maple 的智慧選單功能設置繪圖選項，參考圖 5.14。此處我們透過滑鼠右鍵的智慧型選單設定圖形的『座標軸』=>『性質』。

在圖 5.15 新開啟的座標軸性質的視窗中，您可以注意到，此時『座標軸性質』比二維圖形的視窗多了 Z 軸的選項。

$$plot3d(\sin(x+y), x=-1..1, y=-1..1)$$

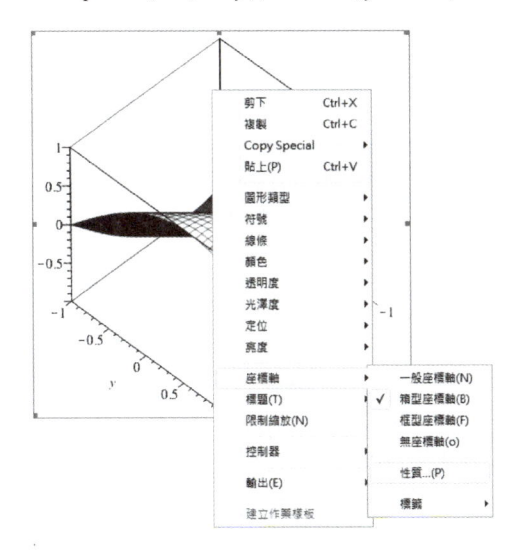

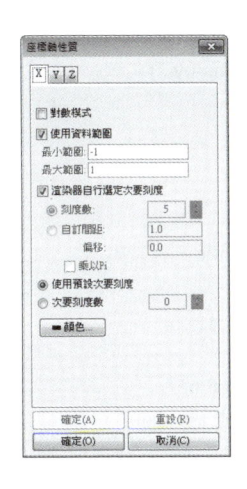

圖 5.14　用 Maple 智慧型選單改變三維圖形之座標軸性質

圖 5.15　三維圖形座標軸性質設定視窗

二維座標系統與卡式座標系統間的轉換是可以用下式代表

$(u, v) \to (x, y)$

個別的轉換定義如表 5-5：

表 5-5　各個座標系統與卡式座標間的轉換

二維座標與卡式座標間的轉換 $(u, v) \rightarrow (x, y)$	
bipolar (Spiegel)	$x = \dfrac{\sinh(v)}{\cosh(v) - \cos(u)}$　　$y = \dfrac{\sin(u)}{\cosh(v) - \cos(u)}$
cardioid	$x = \dfrac{1}{2} \dfrac{u^2 - v^2}{(u^2 + v^2)^2}$　　$y = \dfrac{u\,v}{(u^2 + v^2)^2}$
cartesian	$x = u$　　$y = v$
cassinian (Cassinian-oval)	$x = \dfrac{1}{2} a\sqrt{2} \sqrt{\sqrt{e^{2u} + 2e^u \cos(v) + 1} + e^u \cos(v) + 1}$ $y = \dfrac{1}{2} a\sqrt{2} \sqrt{\sqrt{e^{2u} + 2e^u \cos(v) + 1} - e^u \cos(v) - 1}$
elliptic	$x = \cosh(u)\cos(v)$　　$y = \sinh(u)\sin(v)$
hyperbolic	$x = \sqrt{\sqrt{u^2 + v^2} + u}$　　$y = \sqrt{\sqrt{u^2 + v^2} - u}$
invcassinian (inverse Cassinian-oval)	$x = \dfrac{1}{2} \dfrac{a\sqrt{2} \sqrt{\sqrt{e^{2u} + 2e^u \cos(v) + 1} + e^u \cos(v) + 1}}{\sqrt{e^{2u} + 2e^u \cos(v) + 1}}$ $y = \dfrac{1}{2} \dfrac{a\sqrt{2} \sqrt{\sqrt{e^{2u} + 2e^u \cos(v) + 1} - e^u \cos(v) - 1}}{\sqrt{e^{2u} + 2e^u \cos(v) + 1}}$
invelliptic (inverse elliptic)	$x = \dfrac{a \cosh(u)\cos(v)}{\cosh(u)^2 - \sin(v)^2}$　　$y = \dfrac{a \sinh(u)\sin(v)}{\cosh(u)^2 - \sin(v)^2}$
logarithmic	$x = \dfrac{a \ln(u^2 + v^2)}{\pi}$　　$y = \dfrac{2a \arctan\left(\dfrac{v}{u}\right)}{\pi}$
logcosh (ln cosh)	$x = \dfrac{a \ln(\cosh(u)^2 - \sin(v)^2)}{\pi}$ $y = \dfrac{2a \arctan(\tanh(u)\tan(v))}{\pi}$

二維座標與卡式座標間的轉換
$(u, v) \rightarrow (x, y)$

maxwell
$$x = \frac{a\left(u + 1 + e^u \cos(v)\right)}{\pi} \qquad y = \frac{a\left(v + e^u \sin(v)\right)}{\pi}$$

parabolic
$$x = \frac{1}{2}u^2 - \frac{1}{2}v^2 \qquad y = uv$$

polar
$$x = u\cos(v) \qquad y = u\sin(v)$$

rose
$$x = \frac{\sqrt{\sqrt{u^2+v^2}+u}}{\sqrt{u^2+v^2}} \qquad y = \frac{\sqrt{\sqrt{u^2+v^2}-u}}{\sqrt{u^2+v^2}}$$

tangent
$$x = \frac{u}{u^2+v^2} \qquad y = \frac{v}{u^2+v^2}$$

三維座標與卡式座標間的轉換
$(u, v, w) \rightarrow (x, y, z)$

bipolarcylindrical (Spiegel)
$$x = \frac{a\sinh(v)}{\cosh(v) - \cos(u)}$$
$$y = \frac{a\sin(u)}{\cosh(v) - \cos(u)}$$
$$z = w$$

bispherical
$$x = \frac{\sin(u)\cos(w)}{d}$$
$$y = \frac{\sin(u)\sin(w)}{d}$$
$$z = \frac{\sinh(v)}{d} \quad \text{where} \quad d = \cosh(v) - \cos(u)$$

cardioidal
$$x = \frac{uv\cos(w)}{\left(u^2+v^2\right)^2}$$
$$y = \frac{uv\sin(w)}{\left(u^2+v^2\right)^2}$$
$$z = \frac{1}{2}\frac{u^2-v^2}{\left(u^2+v^2\right)^2}$$

三維座標與卡式座標間的轉換
$(u, v, w) \to (x, y, z)$

cardioidcylindrical	$x = \dfrac{1}{2} \dfrac{u^2 - v^2}{(u^2 + v^2)^2}$ $y = \dfrac{u\,v}{(u^2 + v^2)^2}$ $z = w$
Casscylindrical (Cassinian-oval Cylinder)	$x = \dfrac{1}{2} a \sqrt{2} \sqrt{\sqrt{e^{2u} + 2e^u \cos(v) + 1} + e^u \cos(v) + 1}$ $y = \dfrac{1}{2} a \sqrt{2} \sqrt{\sqrt{e^{2u} + 2e^u \cos(v) + 1} - e^u \cos(v) - 1}$ $z = w$
confocalellip (Confocal Elliptic)	$x = \sqrt{\dfrac{(a^2 - u)(a^2 - v)(a^2 - w)}{(a^2 - b^2)(a^2 - c^2)}}$ $y = \sqrt{\dfrac{(b^2 - u)(b^2 - v)(b^2 - w)}{(-a^2 + b^2)(b^2 - c^2)}}$ $z = \sqrt{\dfrac{(c^2 - u)(c^2 - v)(c^2 - w)}{(-a^2 + c^2)(-b^2 + c^2)}}$
confocalparab (Confocal Parabolic)	$x = \sqrt{\dfrac{(a^2 - u)(a^2 - v)(a^2 - w)}{-a^2 + b^2}}$ $y = \sqrt{\dfrac{(b^2 - u)(b^2 - v)(b^2 - w)}{-a^2 + b^2}}$ $z = \dfrac{1}{2} a^2 + \dfrac{1}{2} b^2 - \dfrac{1}{2} u - \dfrac{1}{2} v - \dfrac{1}{2} w$
conical	$x = \dfrac{u\,v\,w}{a\,b}$ $y = \dfrac{u \sqrt{\dfrac{(-b^2 + v^2)(b^2 - w^2)}{a^2 - b^2}}}{b}$ $z = \dfrac{u \sqrt{\dfrac{(a^2 - v^2)(a^2 - w^2)}{a^2 - b^2}}}{a}$

112

Chapter 5　三維圖形繪製與進階繪圖應用

	三維座標與卡式座標間的轉換 $(u, v, w) \rightarrow (x, y, z)$
cylindrical	$x = u \cos(v)$ $y = u \sin(v)$ $z = w$
ellcylindrical (Elliptic Cylindrical)	$x = a \cosh(u) \cos(v)$ $y = a \sinh(u) \sin(v)$ $z = w$
ellipsoidal	$x = \dfrac{u\,v\,w}{a\,b}$ $y = \dfrac{\sqrt{\dfrac{(-b^2 + u^2)(-b^2 + v^2)(b^2 - w^2)}{a^2 - b^2}}}{b}$ $z = \dfrac{\sqrt{\dfrac{(-a^2 + u^2)(a^2 - v^2)(a^2 - w^2)}{a^2 - b^2}}}{a}$
hypercylindrical (Hyperbolic Cylinder)	$x = \sqrt{\sqrt{u^2 + v^2} + u}$ $y = \sqrt{\sqrt{u^2 + v^2} - u}$ $z = w$
invcasscylindrical (Inverse Cassinian-oval Cylinder)	$x = \dfrac{1}{2}\dfrac{a\sqrt{2}\sqrt{\sqrt{e^{2u} + 2e^{u}\cos(v) + 1} + e^{u}\cos(v) + 1}}{\sqrt{e^{2u} + 2e^{u}\cos(v) + 1}}$ $y = \dfrac{1}{2}\dfrac{a\sqrt{2}\sqrt{\sqrt{e^{2u} + 2e^{u}\cos(v) + 1} - e^{u}\cos(v) - 1}}{\sqrt{e^{2u} + 2e^{u}\cos(v) + 1}}$ $z = w$

	三維座標與卡式座標間的轉換 $(u, v, w) \to (x, y, z)$
invellcylindrical (Inverse Elliptic Cylinder)	$x = \dfrac{a\cosh(u)\cos(v)}{\cosh(u)^2 - \sin(v)^2}$ $y = \dfrac{a\sinh(u)\sin(v)}{\cosh(u)^2 - \sin(v)^2}$ $z = w$
invoblspheroidal (Inverse Oblate Spheroidal)	$x = \dfrac{a\cosh(u)\sin(v)\cos(w)}{\cosh(u)^2 - \cos(v)^2}$ $y = \dfrac{a\cosh(u)\sin(v)\sin(w)}{\cosh(u)^2 - \cos(v)^2}$ $z = \dfrac{a\sinh(u)\cos(v)}{\cosh(u)^2 - \cos(v)^2}$
invprospheroidal (Inverse Prolate Spheroidal)	$x = \dfrac{a\sinh(u)\sin(v)\cos(w)}{\cosh(u)^2 - \sin(v)^2}$ $y = \dfrac{a\sinh(u)\sin(v)\sin(w)}{\cosh(u)^2 - \sin(v)^2}$ $z = \dfrac{a\cosh(u)\cos(v)}{\cosh(u)^2 - \sin(v)^2}$
logcylindrical (Logarithmic Cylinder)	$x = \dfrac{a\ln(u^2 + v^2)}{\pi}$ $y = \dfrac{2a\arctan\left(\dfrac{v}{u}\right)}{\pi}$ $z = w$
logcoshcylindrical (ln cosh Cylinder)	$x = \dfrac{a\ln(\cosh(u)^2 - \sin(v)^2)}{\pi}$ $y = \dfrac{2a\arctan(\tanh(u)\tan(v))}{\pi}$ $z = w$

Chapter 5 三維圖形繪製與進階繪圖應用

	三維座標與卡式座標間的轉換 $(u, v, w) \to (x, y, z)$
maxwellcylindrical	$x = \dfrac{a\left(u + 1 + e^u \cos(v)\right)}{\pi}$ $y = \dfrac{a\left(v + e^u \sin(v)\right)}{\pi}$ $z = w$
oblatespheroidal	$x = a \cosh(u) \sin(v) \cos(w)$ $y = a \cosh(u) \sin(v) \sin(w)$ $z = a \sinh(u) \cos(v)$
paraboloidal (Spiegel)	$x = u\, v \cos(w)$ $y = u\, v \sin(w)$ $z = \dfrac{1}{2} u^2 - \dfrac{1}{2} v^2$
paraboloidal2 (Moon)	$x = 2\sqrt{\dfrac{(u-a)(a-v)(a-w)}{a-b}}$ $y = 2\sqrt{\dfrac{(u-b)(b-v)(b-w)}{a-b}}$ $z = u + v + w - a - b$
paracylindrical	$x = \dfrac{1}{2} u^2 - \dfrac{1}{2} v^2$ $y = u\, v$ $z = w$
prolatespheroidal	$x = a \sinh(u) \sin(v) \cos(w)$ $y = a \sinh(u) \sin(v) \sin(w)$ $z = a \cosh(u) \cos(v)$
rectangular	$x = u$ $y = v$ $z = w$

三維座標與卡式座標間的轉換
$(u, v, w) \rightarrow (x, y, z)$

rosecylindrical	$x = \dfrac{\sqrt{\sqrt{u^2+v^2}+u}}{\sqrt{u^2+v^2}}$ $y = \dfrac{\sqrt{\sqrt{u^2+v^2}-u}}{\sqrt{u^2+v^2}}$ $z = w$
sixsphere (6-sphere)	$x = \dfrac{u}{u^2+v^2+w^2}$ $y = \dfrac{v}{u^2+v^2+w^2}$ $z = \dfrac{w}{u^2+v^2+w^2}$
spherical	$x = u \cos(v) \sin(w)$ $y = u \sin(v) \sin(w)$ $z = u \cos(w)$
tangentcylindrical	$x = \dfrac{u}{u^2+v^2}$ $y = \dfrac{v}{u^2+v^2}$ $z = w$
tangentsphere	$x = \dfrac{u \cos(w)}{u^2+v^2}$ $y = \dfrac{u \sin(w)}{u^2+v^2}$ $z = \dfrac{v}{u^2+v^2}$
toroidal	$x = \dfrac{a \sinh(v) \cos(w)}{d}$ $y = \dfrac{a \sinh(v) \sin(w)}{d}$ $z = \dfrac{a \sin(u)}{d}$ where $d = \cosh(v) - \cos(u)$

Chapter 5 三維圖形繪製與進階繪圖應用

參考圖 5.16，此處我們透過 *plot3d* 指令繪製函數 $z = \theta$，並將座標軸選項設為圓柱 (Cylindrical) 座標軸。

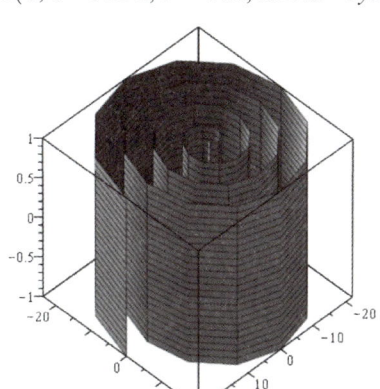

$$plot3d(\theta, \theta = 0..8\pi, z = -1..1, coords = cylindrical)$$

圖 5.16　plot3d 繪製函數 $z = \theta$ 在 cylindrical 座標系下的圖形

雖然以 *plot* 指令繪製二維圖形時，使用者也可透過 *coords* 指定座標軸的形式，但若您在繪製二維圖形時將 *coords* 指定成圓柱模式，將會產生錯誤。因為 cylindrical 座標僅存在於三維圖形中，而不適合用在二維圖形中。因此當要使用不同座標系來繪製圖形時，請您先參考表 5.5 確認該座標系統是在二維圖形使用或是在三維圖形使用。

$plot(\theta, \theta = 0..8\pi, coords = cylindrical)$
Error, (in plot) unknown or invalid coordinate system: cylindrical

表 5-6 整理了常用的三維圖形繪圖選項，供讀者參考。

表 5-6　常用的三維圖形繪圖選項

繪圖選項	選項內容	說明
ambientlight	ambientlight=[r, g, b]	背景光顏色
axes	axes=*boxed/frame/none/normal*	座標軸框架
axesfont	axesfont	座標軸框架名稱
axis	color=colornames, gridlines=value, mode=*linear/log*, thickness=value, tickmarks	調整座標軸的顏色、格線、模式、粗細、刻度
color	color=colornames	變更函數圖形的顏色
contours	contours = n	輪廓線數
coords	coords=coordsnames	以不同座標軸形式顯示
filled	filled=true/false/[color="colorname"]	將圖形圍繞之區域上色
filledregions	filledregions=truefalse	僅在 contourplot3d, listcontplot3d, 及 plot3d 有效
font	font=["style","size"]	更改文字的字體與大小
glossiness	glossiness=g	光澤度
grid	grid=[m,n]	格線數
gridstyle	gridstyle=x	*rectangular or triangular* 不會影響 polyhedraplot 繪製出來的圖形
labels	labels=["xname","yname"]	加入座標軸的名稱
light	light=[phi, theta, r, g, b]	光線入射角度與顏色
lightmodel	lightmodel=x	光線模型
linestyle	linestyle=solid/dot/dash/dashdot/ longdash/spacedash/spacedot	更改函數曲線的樣式
numpoints	numpoints=value	更改圖形的樣點數，樣點數越多則圖形越平滑
orientation	orientation=[theta, phi, psi]	座標方向
projection	projection=r	投影方向
scaling	scaling=s	
shading	shading=s	

繪圖選項	選項內容	說明
style	style=line/point	以不同樣式繪製函數圖形
symbol	symbol= asterisk/box/circle/cross/ diagonalcross/diamond/point/solidbox/ solidcircle/soliddiamond	更改點圖的數據點符號樣式
symbolsize	symbolsize=value	更改點圖的數據點符號尺寸
thickness	thickness=value	更改座標軸、曲線或格線等線條的粗細
tickmarks	tickmarks=[decimalticks/piticks]	更改刻度的符號
title	title="titlename"	加入標題
titlefont	titlefont=["style", "size"]	更改標題的字體與尺寸
transparency	transparency=value	更改圖形的透明度，value 介於 0 與 1 之間
useunits	useunits=t	
view	view=[xmin..xmax, ymin..ymax]	更改顯示的範圍
viewpoint	viewpoint=v	視角

5.3　二、三維進階圖形繪製

　　為了方便使用者的聯想與記憶，Maple 將常用的繪圖指令整理成與 *plot/plot3d* 指令相同的形式，不但使用上語法與 *plot/plot3d* 指令十分雷同，使用者更可以直接在二維繪圖指令的後面加上 "3d" 進行三維圖形的繪製。為了節省記憶體的空間，這些指令平時存放在 ***plots*** 函式庫中，使用前必須透過 *with(plots)* 先行呼叫後再使用。

　　表 5-7 列出了常見的二、三維圖形繪製指令，若想進一步了解 Maple 的繪圖指令請參考協助系統的『*plots*』頁面，或輸入指令名稱進行查詢。

表 5-7　常見的二、三維圖形繪製指令

常見繪圖指令	說明
listplot/listplot3d	繪製數列圖
pointplot/pointplot3d	繪製數列點圖
implicitplot/implicitplot3d	繪製隱函數圖
complexplot/complexplot3d	繪製複數函數圖
conformal/conformal3d	繪製複數函數映射圖
listcontplot/listcontplot3d	以數據資料繪製複數函數映射圖
contourplot/contourplot3d	繪製等高線圖
coordplot/coordplot3d	繪製座標圖
gradplot/gradplot3d	繪製梯度圖
fieldplot/fieldplot3d	繪製向量場圖

數列圖形指令 *listplot/listplot3d*

　　由於三維空間的數列繪圖較二維空間複雜許多，除了以 *surfdata* 繪製函數曲面以外，*listplot3d* 也提供了使用者在三維空間中呈現數列資料曲面的特性，其語法參考表 5-8。

表 5-8　*listplot3d* 指令語法

指令	說明
listplot(2DL, opts)	繪製二維數列 2DL 的圖形
listplot3d(3DL, opts)	繪製三維數列 3DL 的圖形

　　listplot 指令提供了使用者在二維平面中繪製二維數列資料的圖形，如圖 5.17 所示：

Chapter 5　三維圖形繪製與進階繪圖應用

$$listplot\left(\left[seq\left(\left[T, \cos\left(\frac{\pi \cdot T}{40}\right)\right], T=0..100\right)\right]\right)$$

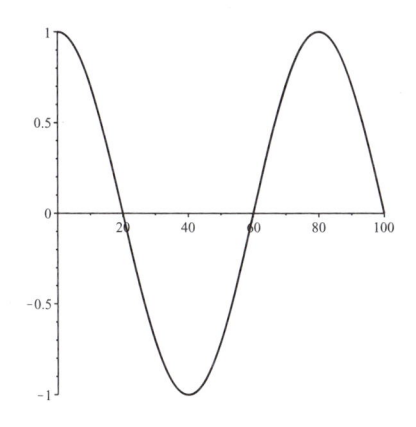

圖 5.17　*listplot* 繪製二維數列資料圖形

此處我們以 *seq* 指令建立一組二維的數列資料 ($\left[[0, \cos(0)], \left[1, \cos\left(\frac{\pi}{40}\right)\right]...\right]$)，您可以看到 *listplot* 繪製了此數列的圖形。

listplot3d 可在三維空間中繪製數列資料的圖形，如圖 5.18 所示：

$$listplot3d([seq([T, 2\,T, 3\,T], T=0..100)], labels=[x,y,z])$$

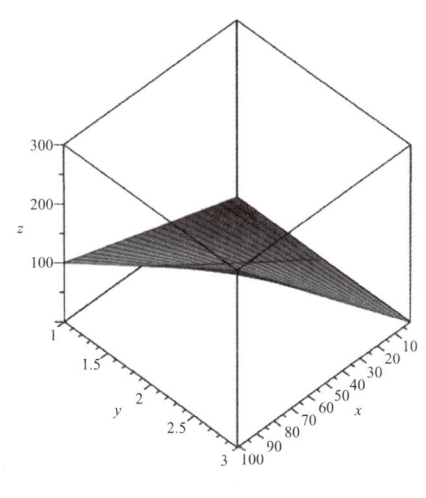

圖 5.18　*listplot3d* 繪製三維數列資料圖形

值得一提的是，*listplot3d* 並不是將數列中的 [T,2T,3T] 值分別指定為空間中的

121

[x, y, z] 座標點，而是以陣列的概念，分別將陣列之"行"、"列"代表座標 X、Y 軸之值，並將陣列中之單元值表示為 Z 軸之值，如圖 5.19 所示：

$$\begin{array}{c} & Y_1 & Y_2 & Y_3 \\ X_1 \\ X_2 \\ X_3 \\ \vdots \\ X_{98} \\ X_{99} \\ X_{100} \end{array} \begin{bmatrix} 0 & 0 & 0 \\ 1 & 2 & 3 \\ 2 & 4 & 6 \\ \cdots & \cdots & \cdots \\ 98 & 196 & 294 \\ 99 & 198 & 297 \\ 100 & 200 & 300 \end{bmatrix}$$

圖 5.19　*listplot3d* 中的三維陣列

Key

有關陣列的詳細介紹，請參考「第七章　字串、串列與陣列」。

由於 *listplot3d* 是以陣列的形式在空間中繪製三維陣列的圖形，故使用者可輕鬆繪製包含子數列的陣列資料 (單維多重陣列資料)，如圖 5.20 所示：

$$listplot3d\left(\left[seq\left(\left[seq\left(seq\left(\sin\left(\frac{(i-15)\cdot(j-10)\cdot(k+5)}{\pi\cdot 20}\right), k=0..5\right), i=1..5\right)\right], j=1..5\right)\right], labels=[x,y,z]\right)$$

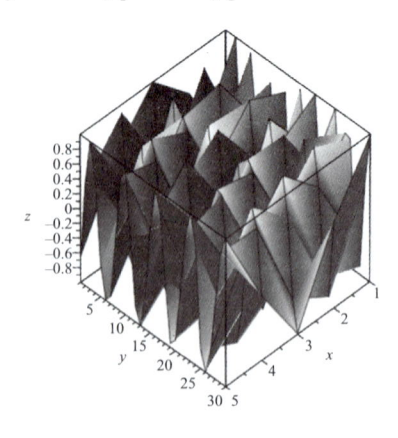

圖 5.20　*listplot3d* 繪製包含子數列的陣列資料圖形

Chapter 5　三維圖形繪製與進階繪圖應用

若使用者想了解數據資料分布的趨勢，*listplot* 也提供了一個特別的繪圖選項 *connect*，供使用者繪製數據資料的分布情形，如圖 5.21 所示：

$$listplot\left(\left[seq\left(\left[T, \cos\left(\frac{\pi \cdot T}{40}\right)\right], T = 0..100\right)\right], connect = false\right)$$

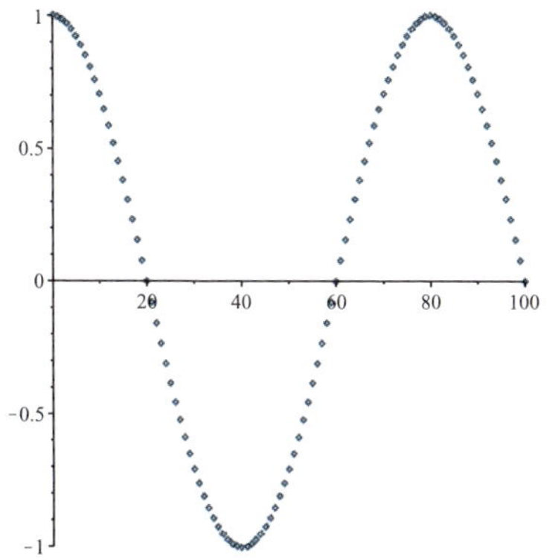

◎ 圖 5.21　*listplot* 的 *connect* 選項為 *false* 時的執行結果

此處我們將前例的指令加入繪圖選項 *connect*，並指定其為 *false*，您可以看到 Maple 繪製了不連續的數列資料點。

特別注意的是，*connect* 繪圖選項並不適用於 *listplot3d*。

🔍 Key

listplot 繪製的二維圖形也是陣列的概念，但由於列數恆為 1，遂將單元之值指定為 Y 軸之值，故與將數列指定成座標軸 x, y 之值相同。

數列點圖形指令 *pointplot／pointplot3d*

listplot3d 是以陣列的行值與列值作為座標點的 X、Y 軸之值，而 *surfdata* 雖然可供使用者繪製數列資料的曲面，但若想以此指令分析數列資料的分布情形，仍然顯得有些力不從心。若想要分析數列資料的分布狀況，無疑地，可以使用 *pointplot* 與 *pointplot3d* 繪製平面與空間的二、三維數列資料點圖形，其指令如表 5-9 所示：

表 5-9　*pointplot* 與 *pointplot3d* 指令語法

指令	說明
pointplot(2DL, opts)	繪製二維數據資料 2DL 的點狀分布圖
pointplot(2DM, opts)	繪製二階矩陣 2DM 的點狀分布圖
pointplot(V1,V2,opts)	繪製兩相同長度向量 V1, V2 的點狀分布圖
pointplot3d(3DL, opts)	繪製三維數據資料 3DL 的點狀分布圖
pointplot3d(3DM, opts)	繪製三階矩陣 3DM 的點狀分布圖
pointplot3d(V1,V2,V3,opts)	繪製三相同長度向量 V1, V2, V3 的點狀分布圖

pointplot 指令可用於繪製平面中數據資料點的點狀分布圖，如圖 5.22 所示：

$$points\_2d := \left\{ seq\left(\left[\cos\left(\frac{i \cdot \pi}{10}\right), \sin\left(\frac{i \cdot \pi}{10}\right) \right], i = 0..40 \right) \right\}:$$

$$pointplot(points\_2d, symbolsize = 25)$$

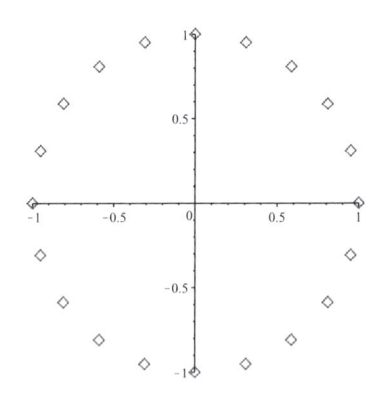

圖 5.22　*pointplot* 繪製數據資料的點狀分布圖

此處我們以 *seq* 指令建立一組二維的數列資料 $[\cos(\theta), \sin(\theta)], \left[\cos\left(\frac{\pi}{10}\right), \sin\left(\frac{\pi}{10}\right)\right], \ldots$，您可以看到 *pointplot* 繪製了此數據的點狀分布圖。其中，繪圖選項 *symbolsize* 可用於調整數據點的大小，用法上與 *plot* 指令內使用的語法完全相同。

Chapter 5　三維圖形繪製與進階繪圖應用

我們可以些微修改圖 5.22 中的 *seq* 指令建立一組三維的數列資料，並以 *pointplot3d* 繪製圖形，如圖 5.23 所示：

$$points := \left\{ seq\left(\left[\cos\left(i \cdot \frac{\pi}{10} \right), \sin\left(i \cdot \frac{\pi}{10} \right), \frac{i}{10} \right], i = 0..40 \right) \right\}:$$

$$pointplot3d(\, points, symbolsize = 25\,)$$

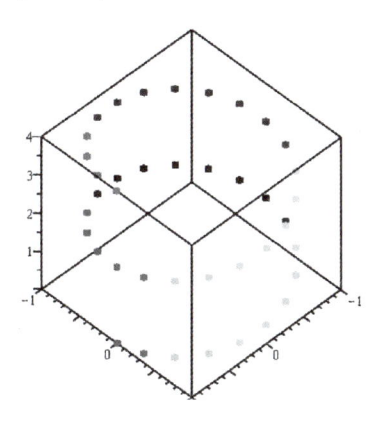

● 圖 5.23　*pointplot3d* 繪製三維數據資料空間點分布圖形

與 *listplot3d* 不同的是，*pointplot3d* 直接將數列之值指定成座標軸 X、Y、Z 之值，故若您以 *pointplot3d* 繪製 *listplot3d* 中的單維多重數列將會出現如圖 5.24 的錯誤：

$$pointplot3d\left(\left[seq\left(\left[seq\left(seq\left(\sin\left(\frac{(i-15)(j-10)(k+5)}{\pi \cdot 20} \right), \right.\right.\right.\right.\right.\right.$$
$$\left.\left.\left.\left.\left.\left. k=0..5 \right), i=1..5 \right] \right), j=1..5 \right) \right], labels = [x, y, z] \right)$$

```
Error, (in plots:-pointplot3d) incorrect number of
coordinates inpoints data
```

● 圖 5.24　使用 *pointplot3d* 但指令單維多重數列所出現的錯誤

繪圖選項 *connect* 亦適用於 *pointplot/pointplot3d* 指令，如圖 5.25 所示：

$$points := \left[seq\left(\left[\frac{T}{40}, \sin\left(\frac{\pi \cdot T}{40}\right) \right], T=0..40 \right) \right]:$$

$pointplot(points, connect = true);$

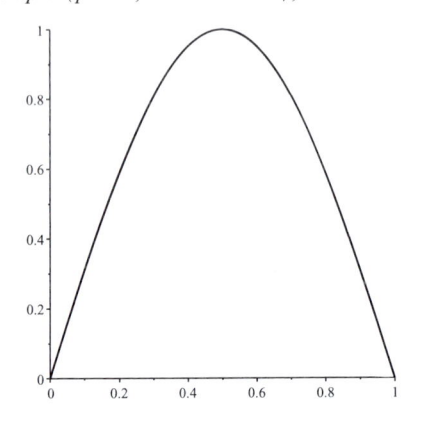

● 圖 **5.25** *pointplot* 中 *connect* 選項為 *true* 時的圖形結果

上例中，我們以 *seq* 指令建立一個三角函數數列 $\left[\frac{\theta}{40}, \sin\left(\frac{\theta}{40}\right)\right]\left[\frac{1}{40}, \sin\left(\frac{\pi}{40}\right)\right]...$，並將 *connect* 選項設定為 *true*，圖形上的各點便會依照點的順序相互連結成一連續圖形。另外，*connect* 選項亦適用三維圖形的繪製，如圖 5.26 所示：

$$points\_3d := \left[seq\left(\left[\frac{T}{40}, \sin\left(\frac{\pi \cdot T}{40}\right), \cos\left(\frac{\pi \cdot T}{40}\right) \right], T=0..40 \right) \right]:$$

$pointplot3d(points\_3d, connect = true);$

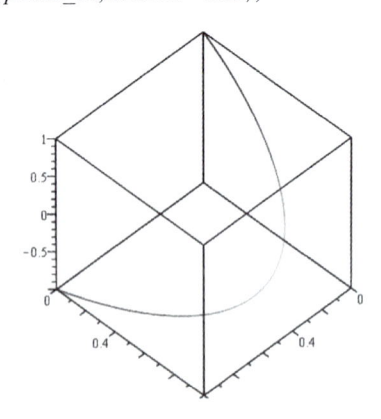

● 圖 **5.26** *pointplot3d* 中 *connect* 選項為 *true* 時的圖形結果

Chapter 5　三維圖形繪製與進階繪圖應用

此處我們修改 seq 指令建立一個三維三角函數數列 $\left[\dfrac{\theta}{40}, \sin\left(\dfrac{\theta}{40}\right), \cos\left(\dfrac{\theta}{40}\right)\right]$、$\left[\dfrac{1}{40}, \sin\left(\dfrac{\pi}{40}\right), \cos\left(\dfrac{\pi}{40}\right)\right]$…，並以 pointplot3d 進行繪圖，您可看到圖形上的各點連結後形成一空間中美麗的曲線圖形。

隱函數圖形指令 implicitplot/implicitplot3d

在許多時候，方程式可能無法化成顯函數或參數式，只能表示為隱函數，例如：$f(x, y) = x^2y + xy^2 - 100$。該隱函數將無法以 plot/plot3d 指令來繪製函數圖形。但在 Maple 中提供了 implicitplot/implicitplot3d 指令，可直接繪製各種隱函數圖形。其指令的語法請參考表 5-10。

表 **5-10**　*implicitplot/implicitplot3d* 指令語法

指令	說明
implicitplot(f(x,y), x=a..b,y=c..d,opts)	繪製二維隱函數 *f(x,y)* 的圖形
implicitplot(ineq, x=a..b, y=c..d, opts)	繪製二維隱函數不等式 ineq 的圖形
implicitplot(f, a..b, c..d, opts)	繪製二維自定義函數運算式 *f* 的圖形
implicitplot3d(f(x,y,z), x=a..b,y=c..d, z=p..q,opts)	繪製三維隱函數 *f(x,y,z)* 的圖形
implicitplot3d(f, a..b, c..d, p..q, opts)	繪製三維自定義函數運算式 *f* 的圖形

圖 5.27 為透過 *implicitplot* 指令，在平面上繪製隱函數 ($x^2+y^2=1$，也就是一個單位圓) 的例子。

$$implicitplot\left(x^2 + y^2 = 1, x = -1..1, y = -1..1\right)$$

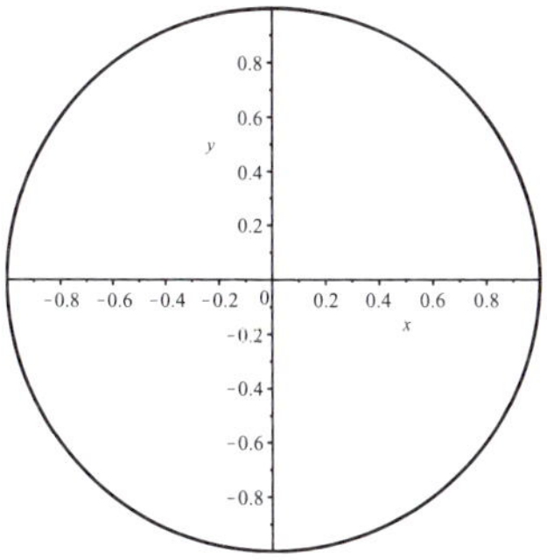

圖 **5.27**　*implicitplot* 繪製圓形隱函數圖形

implicitplot 指令的用法與 *plot* 指令非常相似，僅有函數的引數形式不同。但是 Maple 更強的是可以透過 *implicitplot* 指令來繪製不等式形式的隱函數，參考圖 5.28，我們透過 *implicitplot* 指令繪製一個圓內不等式圖形。

$$implicitplot\left(x^2+y^2<1, x=-1..1, y=-1..1\right)$$

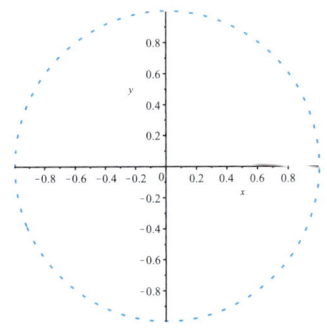

圖 5.28 *implicitplot* 繪製不等式隱函數圖形

在上例中，您可發現 *implicitplot* 指令以虛線繪製了圓形的邊界代表邊界上的點並非為函數的範圍。為了能夠更明確的表示出不等式的圖形，我們可以導入 *filledregions* 的選項，並將該選項值設為 *true*，將不等式區域的圖形填色繪製出來，如圖 5.29 所示。

$$implicitplot\left(x^2+y^2<1, x=-1..1, y=-1..1, filledregions=true\right)$$

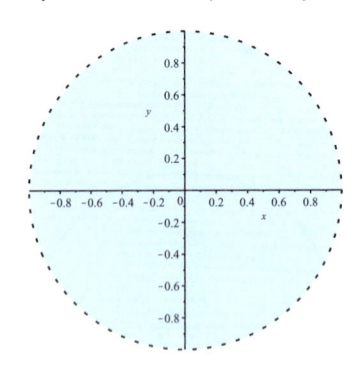

圖 5.29 *implicitplot* 指令的 *filledregions* 選項設定為 *true* 的不等式圖形結果

implicitplot3d 指令的用法也與 *plot3d* 指令類似，此處我們以 *implicitplot3d* 指令繪製程序 *p* 的球體圖形，如圖 5.30 所示：

$p := \mathbf{proc}(r, \theta, z)\ r^2 + z^2 - 9\ \mathbf{end\ proc}$:
$implicitplot3d(p, 0..3, -\pi..\pi, -3..3, coords = cylindrical)$

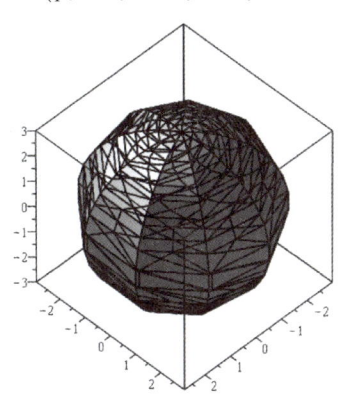

圖 5.30　*implicitplot3d* 繪製隱函數形式的程序圖形

在上例中，我們將座標軸的形式透過繪圖選項 *coords* 設為圓柱座標，同時以圓柱座標的形式定義隱函數運算式程序 *p*。

我們也可以使用 *implicitplot/implicitplot3d* 指令在同一張圖面上繪製多個函數，其指令語法與 *plot/plot3d* 指令並無二致。如圖 5.31 所示，我們使用 *implicitplot* 指令分別繪製一個雙曲線 $(x^2 - y^2 = 1)$ 的圖形以及一個自然指數曲線 $(y = e^x)$ 在同一張二維圖面上。

$implicitplot([x^2 - y^2 = 1, y = e^x], x = -3..3, y = -3..3)$

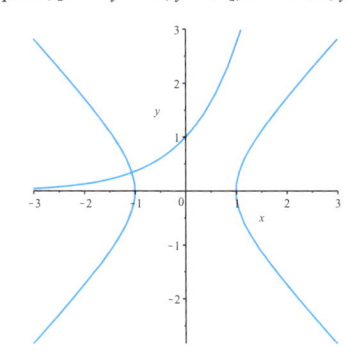

圖 5.31　繪製多個隱函數圖形在同一張圖面上

同樣的在圖 5.32 中，我們使用 *implicitplot3d* 指令繪製兩個不同圓心位置的單位球在同一張三維圖面中。

$$implicitplot3d\bigl(\bigl[(x+2)^2+(y-2)^2+(z+2)^2=1,$$
$$(x-2)^2+(y+2)^2+(z-2)^2=1\bigr], x=-4..4, y$$
$$=-4..4, z=-4..4, numpoints=10^4, style=surface\bigr)$$

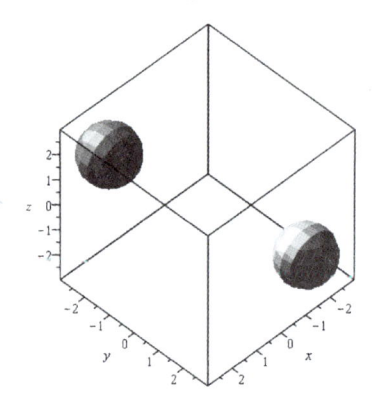

◎ 圖 5.32　*implicitplot3d* 繪製多個隱函數圖形在同一張三維圖面中

除了透過 *implicitplot/implicitplot3d* 指令繪製隱函數圖形外，使用者亦可在 *plot* 指令內，指定運算式為透過 *solve* 指令求解出隱函數結果後，再繪製出已計算結果的隱函數圖形，如圖 5.33 所示。

$$plot\bigl(\bigl[solve(x^2-y^2=1, y), solve(y=e^x, y)\bigr], x=-3..3, y=-3..3\bigr)$$

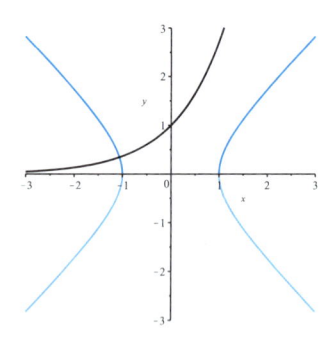

◎ 圖 5.33　透過 *plot* 指令與 *solve* 指令結合後繪製出多個隱函數的結果

事實上，由於 Maple 包羅萬象的指令，大部分的數學問題在 Maple 中通常不只一種求解方式，如何以最簡單、最節省電腦資源的方式求解數學問題，將會是每個 Maple 使用者最有挑戰度的課題。

Chapter 5　三維圖形繪製與進階繪圖應用

複數函數繪圖 *complexplot/complexplot3d*

複數平面是工程領域中常見的座標軸形式，訊號處理的奈氏圖 (Nyquist)、流體力學的勢流分析 (Potential Flow)，甚至量子力學的希爾伯特空間 (Hilbert Space) 都可以看到它的蹤跡。

complexplot/complexplot3d 指令允許使用者以複數平面繪製複數函數的圖形，其相關指令語法請參考表 5-10。有關複變數的運算詳見「第十一章　複變數運算」。

表 **5-10**　*complexplot/complexplot3d* 相關指令語法

指令	說明
complexplot(f(Z), x=a..b, opts)	繪製二維複數函數 f(Z) 的圖形
complexplot(f, a..b, opts)	繪製二維自定義複數函數 f 的圖形
complexplot(list, a..b, opts)	繪製二維複數數據資料 list 的圖形
complexplot3d(f(Z), x=a..b, y=c..d, opts)	繪製三維複數函數 f(Z) 的圖形
complexplot3d(f, a..b, c..d, opts)	繪製三維自定義複數函數 f 的圖形
complexplot3d(list, a..b, c..d, opts)	繪製三維複數數據資料 list 的圖形

圖 5.34 為一個利用 *complexplot* 繪製 sin(*x* + *I*) 的複變函數圖形，圖 5.35 則為一個利用 *complexplot3d* 繪製三角複變數 sec(*z*) 的 *f*(*z*) 複變函數圖形。

$complexplot(\sin(x+I), x=-\pi..\pi)$

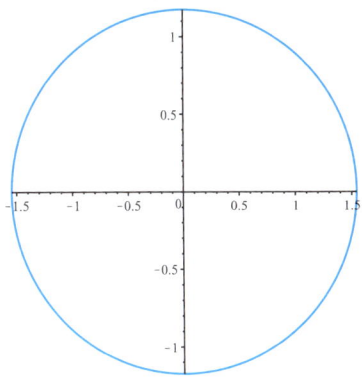

$f := z \rightarrow \sec(z):$
$complexplot3d(f, -2-2I..2+2I)$

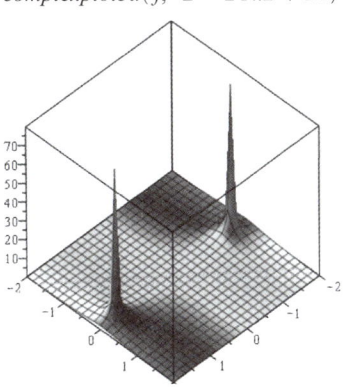

● 圖 **5.34**　*complexplot* 繪製 sin(*x* + *I*) 的複變函數圖形

● 圖 **5.35**　*complexplot3d* 繪製 *f*(*z*) 複變函數圖形

二維等高線圖與三維等值曲面圖 contourplot/contourplot3d

等高線圖係指一種以同一線條代表同一函數值，所組合成的輪廓圖形，常用於描述各種場的分布，譬如熱傳學的溫度場分布、電磁學的磁場分布等。而等值曲面則是三維空間中，等高線的集合，可用於觀察一個系統在任何時間點的狀態，譬如流體在空間中的壓力演變、引擎油耗相對於轉速與扭力負載變化等。

contourplot/contourplot3d 可用繪製二維等高線圖及三維等值曲面圖，其語法如表 5-12 所示。

表 **5-12**　*contourplot/contourplot3d* 指令語法

指令	說明
contourplot(f(x,y,z), x=a..b,y=c..d,opts)	繪製函數 f(x,y,z) 的二維等高線圖形
contourplot (f, a..b,c..d,opts)	繪製自定義函數運算式 f 的二維等高線圖形
contourplot([f(s,t),g(s,t),h(s,t)], s=a..b,t=c..d,opts)	繪製參數式 [f(s,t),g(s,t),h(s,t)] 函數的二維等高線圖形
listcontplot(list(x,y,z),opts)	繪製數據資料 list(x,y,z) 的二維等高線圖形
contourplot3d(f(x,y,z), x=a..b,y=c..d,opts)	繪製函數 f(x,y) 的三維等高線圖形
contourplot3d(f, a..b,c..d,opts)	繪製自定義函數 f 的三維等高線圖形
contourplot3d([f(s,t),g(s,t),h(s,t)], s=a..b,t=c..d,opts)	繪製參數式 [f(s,t),g(s,t),h(s,t)] 函數的三維等高線圖形
listcontplot3d(list(x,y,z),opts)	繪製數據資料 list(x,y) 的三維等高線圖形

由於二維等高線的圖形是以二維平面描述三維函數在空間中的分布，故繪圖上與其他指令不同，須指定 X、Y 兩方向的繪圖範圍，此處我們分別以 *plot3d* 與 *contourplot* 分別繪製同一函數 $\frac{-5x}{x^2+y^2+1}$ 進行比較，*plot3d* 指令繪製的圖形如圖 5.36 所示，*contourplot* 指令繪製的圖形如圖 5.37 所示：

Chapter 5　三維圖形繪製與進階繪圖應用

$$plot3d\left(\frac{-5x}{(x^2+y^2+1)}, x=-3..3, y=-3..3\right)$$

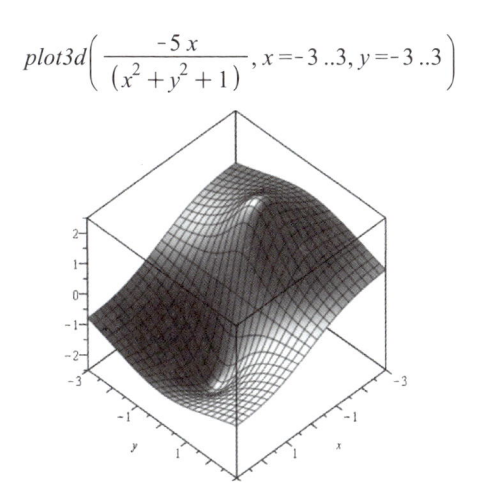

● 圖 5.36　使用 *plot3d* 繪製函數三維圖形

$$contourplot\left(\frac{-5x}{(x^2+y^2+1)}, x=-3..3, y=-3..3, filledregions=true\right);$$

● 圖 5.37　使用 *contourplot* 繪製函數二維等高線圖形

　　此處我們可以觀察到如果我們將三維圖形以相同 Z 值間格的 Z 平面切割時，再將切割後的圖形投影到 Z = 0 平面上時所出現的圖形便是 *contourplot* 的圖形。為了要能夠呈現不同等高線值的顏色變化，我們以繪圖選項 *filledregions* 設定為 *true*，來將等高線圖的各個區域上色，增加圖形的鑑別度。您可發現，等高線圖以二維的方式呈現了 *plot3d* 繪製出來的三維函數的函數值在空間中的分布情形。

　　我們亦可以 *contourplot3d* 繪製相同的函數，並了解繪製的結果，如圖 5.38 所示：

$$contourplot3d\left(\frac{-5x}{(x^2+y^2+1)}, x=-3..3, y=-3..3, filledregions=true\right)$$

◎ 圖 5.38　*contourplot3d* 繪製函數的等值曲面圖形

比較此處的結果與前例中 *plot3d* 指令繪製出來的圖形，您可發現 *contourplot3d* 指令以等高線網格取代了 *plot3d* 指令中的以 x-y 方向繪製的網格，勾勒出曲面上等值的區域。

如同 **plots** 函式庫的其他指令，*contourplot* 指令與 *contourplot3d* 指令也可以用參數式方式進行繪圖，或在同一張圖形上繪製多個函數，如圖 5.39 使用 *contourplot* 指令來繪製參數式函數的圖形，另圖 5.40 則使用 *contourplot3d* 繪製多個函數的等值曲面圖形。

$$contourplot\left(\left[r, t, \frac{r-1}{r}\cdot\sin(t)-\ln(r)\right], r=1..4, t=0..2\cdot\pi, coords=cylindrical, filledregions=true\right)$$

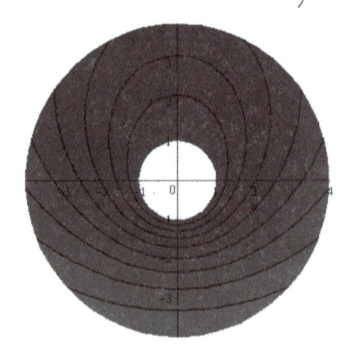

◎ 圖 5.39　*contourplot* 繪製參數式函數的等高線圖形

134

$$contourplot3d\bigl(\{\sin(x\cdot y), x+2\cdot y\}, x=-\pi..\pi,$$
$$y=-\pi..\pi, filledregions=true\bigr)$$

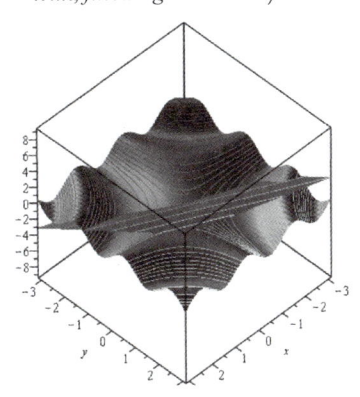

● 圖 5.40　使用 *contourplot3d* 繪製兩個函數的等值曲面圖形

若您要將量測得到的三維數據資料繪製成輪廓線圖形,您可以使用 *listcontplot* 指令來繪製等高線圖形,或是使用 *listcontplot3d* 來繪製等值曲面圖形。圖 5.41 為使用 *listcontplot* 繪製數據資料的二維等高線圖形結果,圖 5.42 為使用 *listcontplot3d* 繪製數據資料的三維等值曲面圖形結果。

$$listcontplot\left(\left[seq\left(\left[seq\left(\sin\left(\frac{x\cdot y}{5\cdot 5}\right), x=-15..15\right)\right], y=-15..15\right)\right], filledregions=true\right)$$

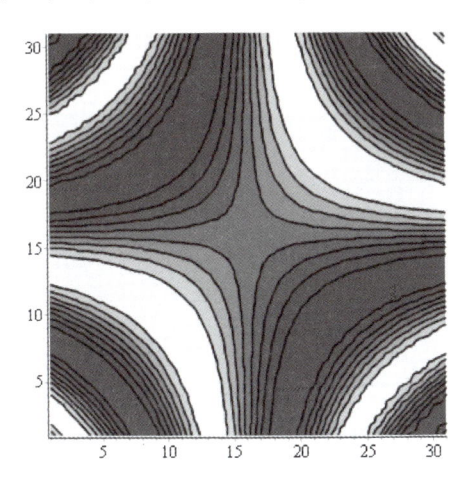

● 圖 5.41　*listcontplot* 繪製數據資料的二維等高線圖形

$$listcontplot3d\left(\left[seq\left(\left[seq\left(\sin\left(\frac{x \cdot y}{5 \cdot 5}\right), x = -15..15\right)\right], y = -15..15\right)\right], filledregions = true\right)$$

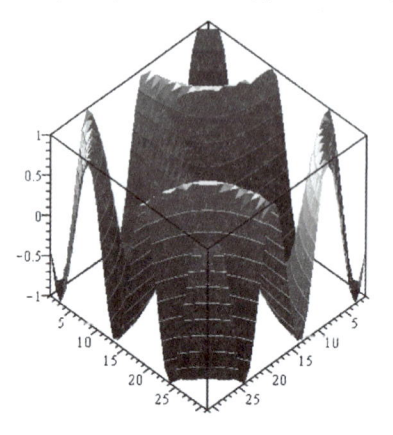

▶ 圖 5.42　*listcontplot3d* 繪製數據資料的三維等值曲面圖形

　　由於在等高線圖與等值曲面圖中，Maple 會以等高線呈現圖形的樣貌，故繪圖選項 *gridline* 與 *gridstyle* 在 *contourplot/contourplot3d* 指令是沒有定義的，儘管您在繪圖選項中加入 *gridline* 或 *gridstyle* 並不會產生錯誤，但此二選項並不會改變您圖形的樣貌。

　　取而代之，在 *contourplot/contourplot3d* 指令中，使用者可透過繪圖選項 *contours* 改變等高線的精度，以更多的線條描述您的圖形，如圖 5.43 與圖 5.44 所示：

$$contourplot\left(\frac{-5x}{(x^2 + y^2 + 1)}, x = -3..3, y = -3..3, filledregions = true, contours = 30\right);$$

▶ 圖 5.43　*contourplot* 指令更改 *contours* 選項值後的圖形

Chapter 5　三維圖形繪製與進階繪圖應用

$$contourplot3d\left(\frac{-5x}{(x^2+y^2+1)}, x=-3..3, y=-3..3, filledregions=true, contours=30\right)$$

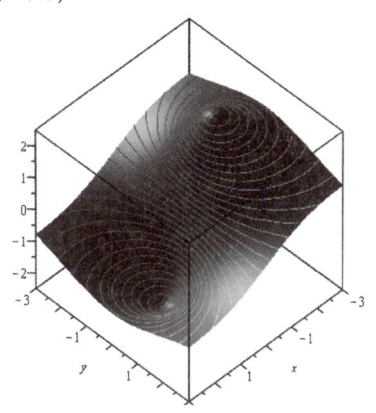

圖 5.44　*contourplot3d* 指令更改 *contours* 選項值後的圖形

在 Maple 的環境中，*contours* 的預設值為 8，在此二圖中我們將 *contours* 選項改為 30 後並重繪圖形，所重繪的圖形分別跟圖 5.37 與圖 5.38 比較，可以明顯看出等高線與等值曲面的數量增加了許多。

事實上，使用者也可透過將 *plot3d* 指令中的繪圖選項 *style* 指定為 *contour*，繪製出函數的等值曲面，如圖 5.45 所示：

$$plot3d\left(\frac{-5x}{(x^2+y^2+1)}, x=-3..3, y=-3..3, filledregions=true, style=contour, color=green, coloring=[black, white]\right)$$

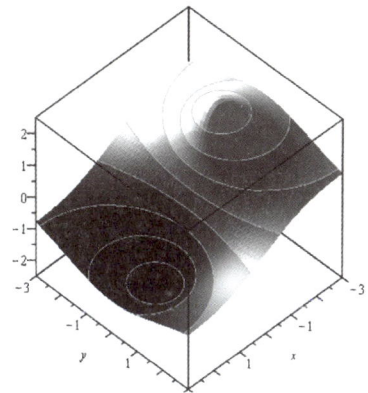

圖 5.45　*plot3d* 指令中指定 *style* 為 *contour* 所繪製出來的等值曲面圖形

此處，我們以 *plot3d* 指令繪製等值曲面，並分別以繪圖選項 *color* 將等高線的顏色設為綠色 (green)，以繪圖選項 *coloring* 將等值曲面的低點與高點分別設為黑色 (black) 與白色 (white)。

先前我們亦介紹過 *implicitplot3d* 指令隱函數三維繪圖指令，其實也可透過將其繪圖選項 *style* 指定為 *contour* 的方式，繪製隱函數的等值曲面圖形，如圖 5.46 所示。但是要注意的是，以 *implicitplot3d* 指令繪製隱函數等值曲面圖形時，將無法使用繪圖選項 *filledregions* 將圖形曲面塗上顏色。

$$implicitplot3d\left(\frac{-5x}{(x^2+y^2+1)} - z = 0, x=-3..3, y=-3..3, z=-3..3, style=contour, numpoints=10^5\right)$$

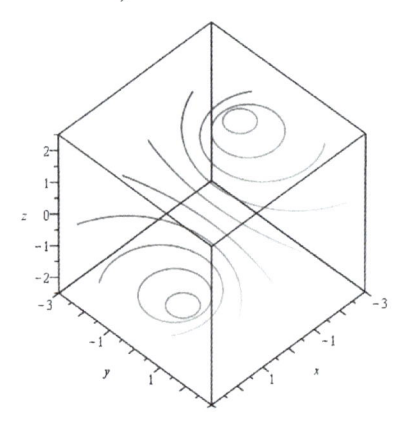

● 圖 5.46　*implicitplot3d* 指令指定繪圖選項 *style* 為 *contour* 所繪製的等值曲面圖形

附帶一提，若僅想透過顏色的深淺來呈現數值的分布變化，**plots** 函式庫的 *densityplot* 指令將可供使用者繪製函數的密度變化分布圖，其指令參考表 5-13，其執行結果如圖 5.47 所示。

表 5-13　*densityplot* 指令語法

指令	說明
densityplot(f(x,y,z), x=a..b,y=c..d)	繪製二維函數 f(x,y,z) 的密度變化圖形

Chapter 5　三維圖形繪製與進階繪圖應用

$$densityplot\left(\frac{-5x}{(x^2+y^2+1)}, x=-3..3, y=-3..3\right)$$

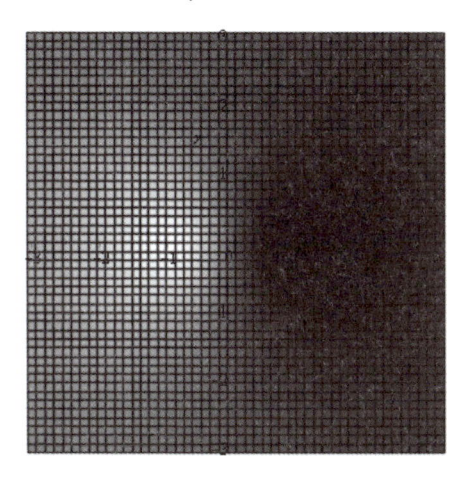

圖 5.47　*densityplot* 繪製函數之密度變化分布圖形

二、三維向量場圖

　　向量場圖是理工領域中非常重要的圖形之一，在該圖形中可以同時描述向量的量值與方向，在 Maple 繪圖環境中，*fieldplot/fieldplot3d* 指令可供使用者繪製向量場圖形，其指令語法如表 5-14 所示：

表 5-14　*fieldplot/fieldplot3d* 繪製向量場圖的指令語法

指令	說明
fieldplot([u(x,y),v(x,y)], x=a..b, y=c..d, opts)	繪製二維向量函數 [u(x,y),v(x,y)] 的向量場
fieldplot([u,v], a..b, c..d, opts)	繪製二維自定義函數運算式 [u,v] 的向量場
fieldplot3d([u(x,y,z),v(x,y,z),w(x,y,z)], x=a..b, y=c..d, z=e..f, opts)	繪製三維向量函數 [u(x,y,z),v(x,y,z),w(x,y,z)] 的向量場
fieldplot3d([u,v,w], a..b, c..d, e..f, opts)	繪製三維自定義函數運算式 [u,v] 的向量場

在向量場圖中，圖形會以箭頭描述向量的方向，以箭頭長度描述向量的大小，圖 5.48 為一個簡單的範例。

$$fieldplot([x, y], x=-2..2, y=-2..2)$$

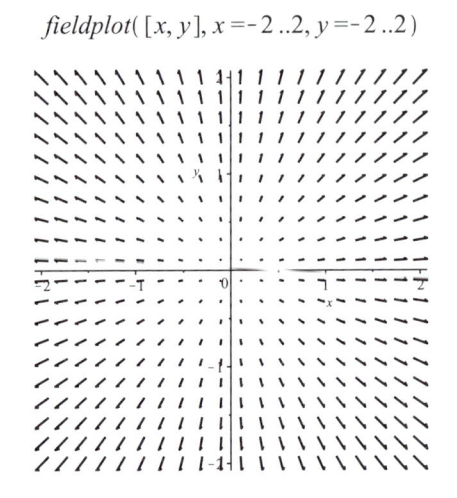

🌐 **圖 5.48** 使用 *fieldplot* 繪製向量場 [*x,y*] 的圖形

上例是向量 [*x, y*] 的向量場圖，您可以注意到，Maple 預設會將格點數量控制在 20×20 的等間隔點，格點上箭頭預設會調整箭頭的中心點在格點上，其箭頭大小則預設控制在最大值為在單位方形範圍內，您可以觀察到在接近原點附近，向量 [*x, y*] 的大小接近 0，故箭頭的長度非常小。隨著向量場愈遠離原點，因為向量 *x* 或 *y* 的值均增加，因此導致箭頭長度逐漸增加。而在 (2, 2) 點處的箭頭最大，其長度為 $\sqrt{\left(\frac{4}{20}\right)^2 + \left(\frac{4}{20}\right)^2} = \frac{1}{5}\sqrt{2}$。

您亦可以透過繪圖選項 *coords*，來繪製不同座標軸模式的向量場圖，如圖 5.49 所示。

上例中，我們以繪圖選項 *coords*，繪製極座標向量 [*r*, θ] 為 [*r*, 0] 的圖形。因為 θ 為 0，並且 *r* 值為 *r*，Maple 會在 *r* 方向與 θ 方向上分別產生 20 個等分格點，因此您可看到箭頭將從原點往外呈現輻射性的排列，在相同角度上的箭頭大小隨半徑的增加而變大，並且在相同半徑的相鄰格點上箭頭大小均相同。

在上例中，由於箭頭排列較為緊密，使得圖形的顯示並不十分清楚。除了 *plot*/*plot3d* 適用的繪圖選項外，*fieldplot/fieldplot3d* 擁有特別的繪圖選項，可供使用者調整箭頭的特性，如表 5-15 所示：

Chapter 5　三維圖形繪製與進階繪圖應用

$$fieldplot\left([r, 0], r = 0..1, t = 0..\frac{\pi}{2}, coords = \text{polar}\right)$$

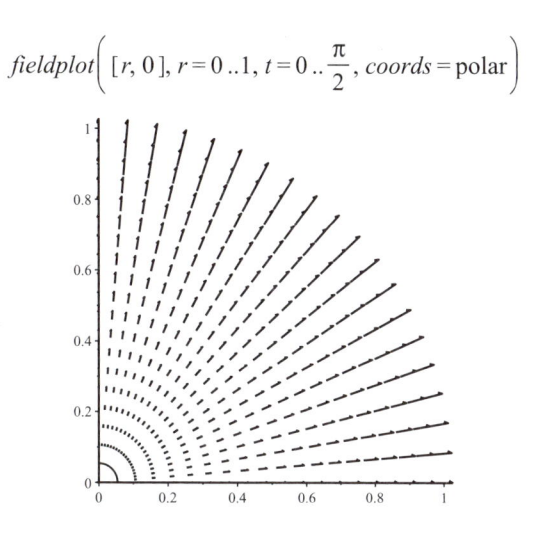

圖 5.49　*fieldplot* 指令中指定 *coords* 選項為 *polar* (極座標) 的繪圖結果

表 5-15　*fieldplot/fieldplot3d* 指令特有之繪圖選項

繪圖選項	選項內容	說明
arrows	arrows= LINE, THIN, SLIM, THICK or \`3-D\`	可更改箭頭的形狀，預設為 THIN，另 \`3-D\` 選項僅適用 *fieldplot3d*
grid	grid=[value1, value2]	變更格點數量。預設為 [20, 20]
fieldstrength	fieldstrength=maximal(v), average(v), fixed(v), log[v], scaleto(v)	可調整 "箭頭長度與向量值的關係" 及 "比例 (v)"，其間關係包含最大值模式 (maximal)、平均值模式 (average)、固定模式 (fixed)、對數模式 (log)、比例模式 (scaleto)
clipping	Clipping=false or true	是否依比例繪製超大向量的量值
anchor	anchor=midpoint, head or tail	定義在格點上箭頭的位置。例如，midpoint 代表箭頭的中心點在格點上

透過 *fieldplot/fieldplot3d* 的繪圖選項，我們調整箭頭的樣式 *arrows* 由原先預設的 *THIN* 改為 *SLIM*，並且調整格點的密度 *grid* 由預設的 [20,20] 調整為 [10,10]，重繪上例中的極座標向量函數，其繪圖結果如圖 5.50 所示。

$$fieldplot\left([r, 0], r = 0..1, t = 0..\frac{\pi}{2}, coords = \text{polar}, grid = [10, 10], arrows = SLIM\right)$$

◉ 圖 5.50　透過 fieldplot 指令中的 coords 與 arrows 選項調整向量場的箭頭數量與樣貌

在預設的情形下，箭頭長度會隨著向量的大小而變化，然而若向量大小變化非常極端，將造成向量場圖的混亂。fieldstrength 選項可調整箭頭與向量值的關係與比例，原先 fieldstrength 選項的預設值為 maximal(1)，代表箭頭大小與向量值的最大值的比例值有關，且其比例關係為 1:1 代表成正比關係。若將 fieldstrength 選項調整為 fixed(0.5)，代表箭頭大小與向量值的關係是固定的，且其比例關係為 0.5 代表成箭頭大小是最大值的 50%，透過此種設定後其繪圖結果如圖 5.51 所示。

$$fieldplot([x, y], x = -2..2, y = -2..2, fieldstrength = fixed(0.5))$$

◉ 圖 5.51　變更 fieldplot 指令中 fieldstrength 後的 [x, y] 向量場圖形

Chapter 5　三維圖形繪製與進階繪圖應用

在許多時候，若無法將向量場結果化成向量函數，*plots* 函式庫也提供使用者直接以特殊函數來繪製向量圖的指令，例如 *gradplot/gradplot3d* 指令可直接繪製一個函數的梯度圖，由於函數 $\frac{x^2+y^2}{2}$ 的 X 方向梯度與 Y 方向梯度分別為 x 與 y，故此處我們可透過指令 *gradplot* 繪出 $\frac{x^2+y^2}{2}$ 的梯度圖，其繪圖結果如圖 5.52，且該繪圖結果與使用 *fieldplot* 指令繪製 [*x, y*] 函數向量場的圖形相同。

$$gradplot\left(\frac{(x^2+y^2)}{2}, x=-2..2, y=-2..2, arrows=SLIM\right)$$

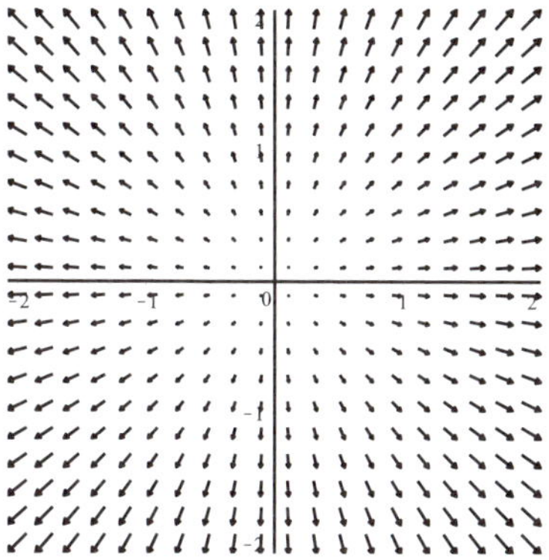

◎ 圖 5.52　透過指令 *gradplot* 繪製出 $\frac{x^2+y^2}{2}$ 的梯度圖

其中，*gradplot* 與 *fieldplot* 均適用相同的繪圖選項，因此我們可以透過 *arrows* 繪圖選項來更改箭頭的樣式為 SLIM 。

另外，二維向量場與三維向量場的指令差別通常只有多出一個座標軸的設定，透過活用 *gradplot/gradplot3d* 指令以及 *fieldplot/fieldplot3d* 指令，您可輕鬆繪製非常複雜的向量場圖。例如我們如果要繪製一個 [*x, y, z*] 函數的三維向量場圖，我們可以透過如圖 5.53 中的 *fieldplot3d* 指令輕鬆繪製。

$$fieldplot3d([x, y, z], x = 0..1, y = 0..1, z = 0..1, arrows = \text{`3-D`}, grid = [4, 4, 4])$$

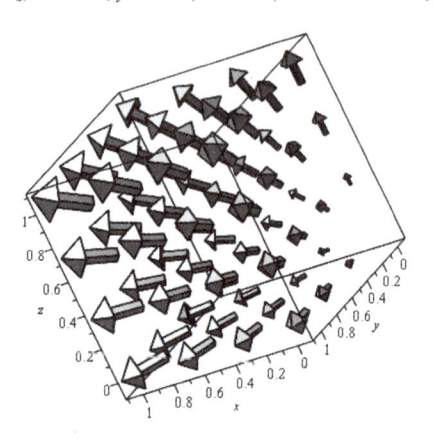

● 圖 5.53　*fieldplot3d* 指令繪製 [*x*, *y*, *z*] 函數的三維向量場圖

同樣的，$\dfrac{x^2+y^2+z^2}{2}$ 函數在 X、Y、Z 三個維度方向的梯度維 [*x*, *y*, *z*]，因此透過 *gradplot3d* 繪製出 $\dfrac{x^2+y^2+z^2}{2}$ 的函數圖形結果如圖 5.54 所示，該結果與圖 5.53 使用 *fieldplot3d* 所繪製的結果也將如出一轍。

$$gradplot3d\left(\dfrac{x^2+y^2+z^2}{2}, x = 0..1, y = 0..1, z = 0..1, arrows = \text{`3-D`}, grid = [4, 4, 4]\right)$$

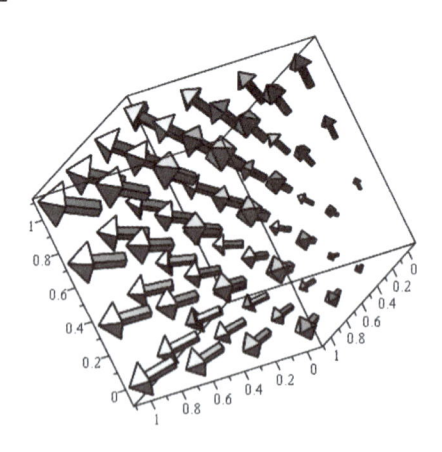

● 圖 5.54　*gradplot3d* 繪製出 $\dfrac{x^2+y^2+z^2}{2}$ 的函數圖形

Chapter 5　三維圖形繪製與進階繪圖應用

🔍 Key

此章節僅列出常見的繪圖指令，***plots*** 函式庫還包含許多特別的繪圖指令以及繪圖選項，您可透過 Maple 協助系統的『plots』頁面了解其他指令的使用方法。

5.4　動畫的繪製

前述我們介紹了各式各樣的繪圖指令，研究人員可以直接將計算結果的圖形在 Maple 的環境中繪製出來。然而若要分析一個隨時間變化的系統，且每個時間點均有不同的函數特性，要透過繪製出每個時間點的圖形來了解系統的樣貌，將會相對複雜。

在 Maple 中的 ***plots*** 函式庫內有 *animate* 指令可以進行函數圖形的動畫繪製，其相關指令與語法如表 5-16 所示。

表 5-16　動畫相關指令與語法

指令	說明
animate(pc,pa,t=a..b,opts)	在 t=a 及 t=b 的範圍內，以 pc 指令繪製 pa 的二、三維的動畫圖形
animate(pc,pa,t=list,opts)	以 pc 指令繪製在 list 時間點上，pa 的二、三維的動畫圖形
animatecurve(f(x),x=a..b,opts)	製作二維圖形 f(x) 且 x=a 變動到 x=b 時的動畫繪製
animatecurve(f,a..b,opts)	製作自定義二維圖形函數 f 的動畫繪製
animatecurve([f(t),g(t),t=a..b],opts)	製作二維圖形參數式 x=f(t), y=g(t)，且 t 從 a 變動到 b 的動畫繪製
animatecurve({f1(x),f2(x),⋯},x=a..b,opts)	同時製作多個二維圖形 f1(x),f2(x) 等，其 x 自 a 變動到 b 的動畫繪製

例如，如果我們要繪製一個 $A \cdot x^2$ 的圖形，其中 A 的值由 –3 變動到 3 的動畫，我們所需要下的指令與結果，如圖 5.55 所示。

$animate(plot, [A \cdot x^2, x=-4..4], A=-3..3);$

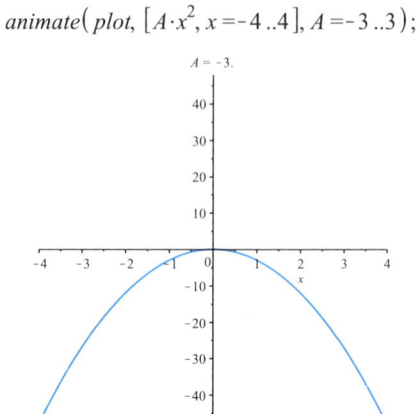

● 圖 5.55　用 animate 指令繪製 $A \cdot x^2$，其中 A 隨時間變動的動畫指令與初始結果

當我們選定一個繪圖指令後 (例如是 *plot* 繪圖指令)，使用者可透過 *animate* 繪製其動畫，值得注意的是，此處我們在函數當新增了額外的自變數 *A*，並指定了 *A* 的範圍來控制圖形的變化。

參考圖 5.56，當我們以滑鼠左鍵點選圖形時，工具列上方的動畫欄位 (動畫) 將會反白亮起，使用者可透過『開始 / 繼續播放動畫』(▶) 或『停止 / 暫停播放動畫』(■) 等工具，或拖曳影格的滑塊，操控動畫圖形的播放。

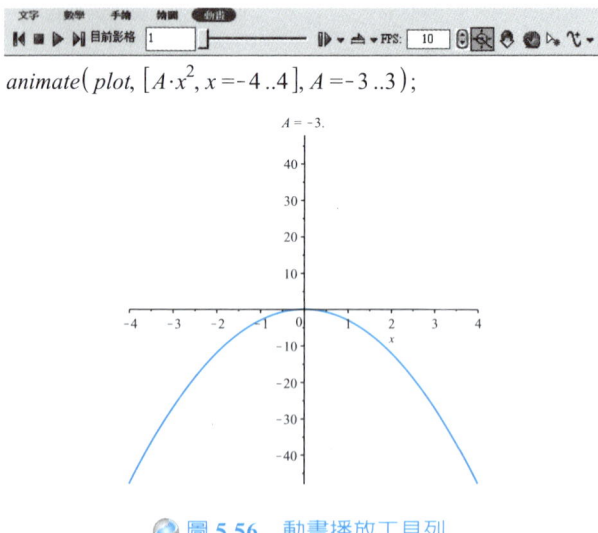

$animate(plot, [A \cdot x^2, x=-4..4], A=-3..3);$

● 圖 5.56　動畫播放工具列

Chapter 5　三維圖形繪製與進階繪圖應用

　　如果我們使用拖拉滑軌到其播放影格為 19 時，其 A 值變化到 1.5，且呈現的動畫圖形如圖 5.57 所示。

$$with(plots):$$
$$animate(plot, [A \cdot x^2, x=-4..4], A=-3..3);$$

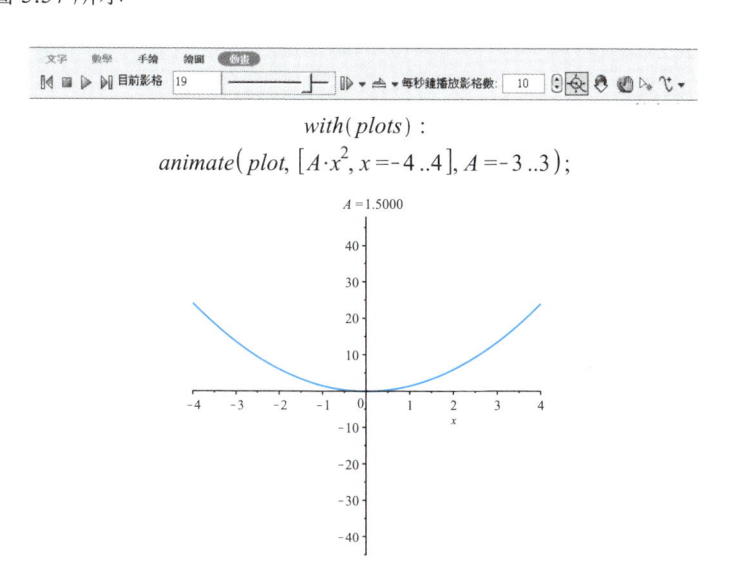

▲ 圖 5.57　觀看特定影格的動畫結果

　　無論是二維繪圖指令還是三維繪圖指令，均可透過 *animate* 指令繪製該圖形的動畫，圖 5.58 中的範例便是使用 *animate* 指令與 *plot3d* 指令結合產生一個三維圖形動畫。

$$with(plots):$$
$$animate(plot3d, [t \cdot (x^2+y^2), x=-3..3, y=-3..3], t=-2..2, style=patchcontour);$$

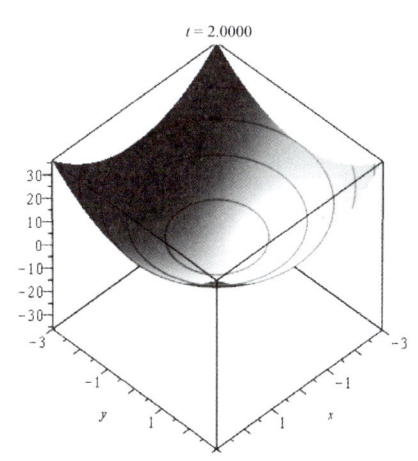

▲ 圖 5.58　*animate* 指令與 *plot3d* 指令結合來產生一個三維圖形動畫

147

animate 指令可辨識大部分的 *plot/plots* 繪圖選項，在圖 5.58 中，我們在 *animate* 指令中以 *style* 繪圖選項將該動畫內圖形指定為等值**曲面圖形模式** (Patchcontour)。除了 *plot* 與 *plot3d* 的繪圖選項外，表 5-17 列出了 *animate* 指令中可供使用者調整動畫特性的其他動畫選項。

表 5-17　*animate* 指令的相關動畫選項

繪圖選項	選項內容	說明
frames	frame=n	調整動畫的影格數
paraminfo	paraminfo=false or true	隱藏/顯示現在的影格數
digits	digits=n	影格的小數點精度
background	Background=p(f)	以指令 p 繪製函數 f，作為動畫的背景，p 指令可以是 *plot/plot3d* 等。
trace	trace=n	以 n 張圖作為動畫的軌跡 (鬼影功能)

　　根據表 5-15，我們可以透過指定動畫的 *trace* 選項數值 (n) 來保留指定影格數量 (n+1) 的繪圖內容在動畫中，如圖 5.59 所示，我們指定 *trace* 選項數值為 3，因此在動畫播放完畢後，我們可以產生 3+1=4 個影格的圖形。

$animate(\, plot3d,\, [t \cdot (x^2 + y^2)],\, x=-3..3,\, y=-3..3\,],\, t=-2..2,\, style=patchcontour,\, trace=3\,);$

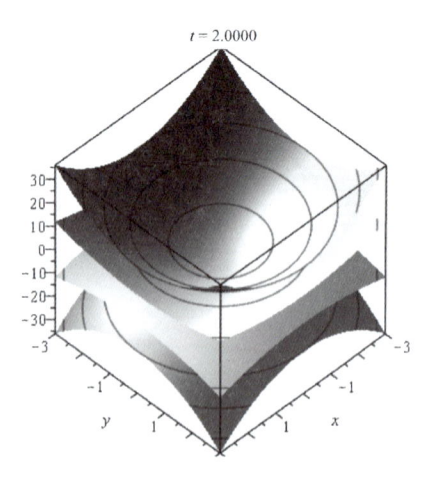

圖 5.59　*animate* 指令中指定 *trace* 動畫選項的最後顯示結果

Chapter 5　三維圖形繪製與進階繪圖應用

background 動畫選項則可以有效的幫助釐清背景函數與動畫函數的關係，如在圖 5.60 中，我們使用 *implicitplot3d* 繪製一個 $y = 1 - x^2 - z^2$ 的拋物曲面，並透過指定 *animate* 指令中的 background 動畫選項為此 *implicitplot3d* 指令，同時在 *animate* 指令中透過 *spacecurve* 繪製在此拋物曲面上 x 值與 z 值相同的粗黑線曲線。透過這種方式我們便可以在特定曲面上呈現特定運動軌跡的曲線。

$B := implicitplot3d\bigl(y = 1 - x^2 - z^2, x = -1\,..1, y = -1\,..1, z = -1\,..1, style = patchcontour\bigr):$
$animate\bigl(spacecurve, [\,[-t, 1 - 2 \cdot t^2, -t\,], t = -1\,..A, opts\,], A = -1\,..1, frames = 30, background = B\bigr)$

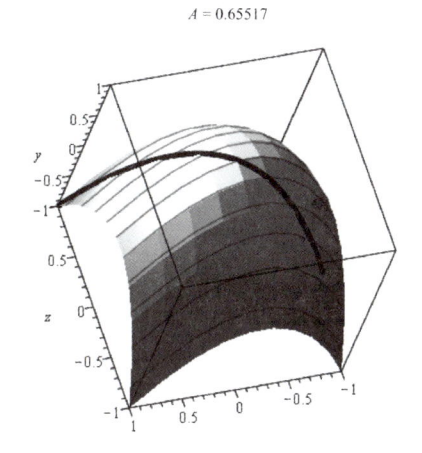

$A = 0.65517$

● 圖 5.60　指定 *animate* 指令中的 background 動畫選項後之最後呈現結果

特別的是，*animate* 指令中對控制動畫變化的自變數並沒有任何限制，我們可以任意調配 *animate* 中繪圖函數的自變數，讓我們的動畫呈現更靈活。如圖 5.61，我們將繪圖指令的 t 之範圍設定為 0 至 x (亦即自變數設定在圖形的繪製範圍上)，而以 *animate* 繪製 x 在 0 到 6π 間系統變化的情形。當 x 在 0 至 6π 間變動時，會使得函數圖形中 t 的範圍改變，進而繪製出函數隨著時間變化的軌跡圖，如圖 5.62 所示。

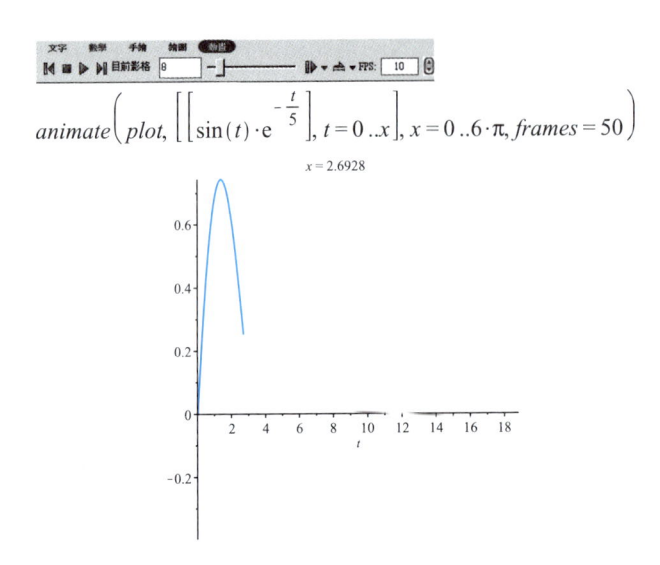

$$\text{animate}\left(plot, \left[\left[\sin(t)\cdot e^{-\frac{t}{5}}\right], t=0..x\right], x=0..6\cdot\pi, frames=50\right)$$

◎ 圖 5.61　自變數指定在函數繪製範圍上的 *animate* 指令

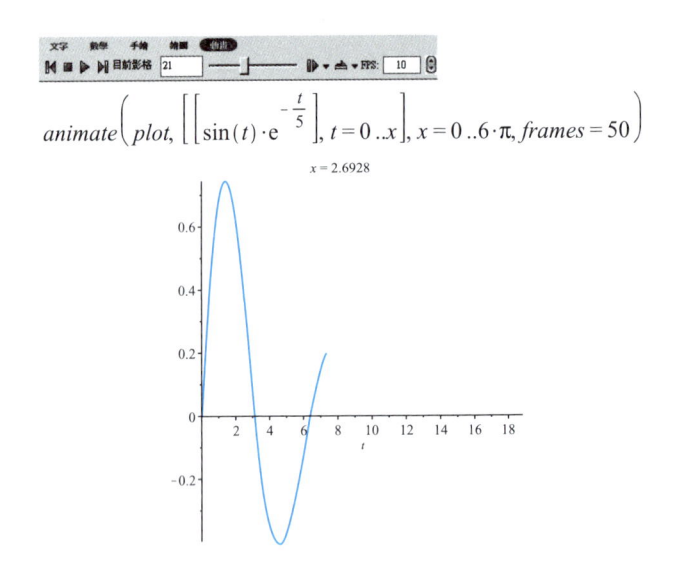

$$\text{animate}\left(plot, \left[\left[\sin(t)\cdot e^{-\frac{t}{5}}\right], t=0..x\right], x=0..6\cdot\pi, frames=50\right)$$

◎ 圖 5.62　自變數指定在函數繪製範圍上的 *animate* 指令在 $x = 7.3090$ 時之執行結果

　　animate 指令也可透過自定義程序函數的方式繪製動畫，在圖 5.63 中，我們便設計以 *pointplot* 指令來繪製一個位置在 (x, y) 且外觀為一個實心圓的圖形，並將這個 *pointplot* 指令放在名稱為 *ball* 的自定義程序，再將此 *ball* 自定義程序放在 *animate* 指令中取代原先函數 f 的位置，以 $(t, \sin(t))$ 當作是呼叫 *ball* 程序時所代入的 (x, y) 引

Chapter 5　三維圖形繪製與進階繪圖應用

數，再以 *t* 作為 *animate* 繪製動畫的自變數，變動 *t* 值來繪製小球的軌跡。同時指定背景繪製一個 *sinwave* 的圖形，便可將小球的移動軌跡與背景函數 sin(*x*) 圖形進行比較與動畫呈現。

ball := **proc**(*x*, *y*) *plots*[*pointplot*]([[*x*, *y*]], *symbolsize* = 40, *symbol* = *solidcircle*) **end proc**:
sinewave := *plot*(sin(*x*), *x* = 0 ..4·π) :
animate(*ball*, [*t*, sin(*t*)], *t* = 0 ..4·π, *frames* = 50, *background* = *sinewave*)

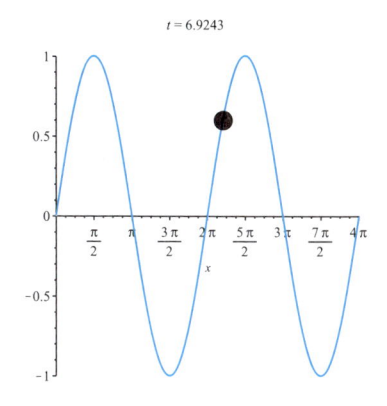

● 圖 5.63　用自定義程序呈現沿著 *sinewave* 移動的小球動畫

Key

我們也可以使用 *animate3d* 指令來繪製三維函數的動畫圖形，但隨著 Maple 版本的更新，其功能已漸漸被 *animate* 指令所取代，因為隨著 Maple 版次的演進被棄用的指令與函數會有所不同，因此有關最新被棄用的指令與函數，請參考 Maple 協助系統的『Deprecated Maple Packages and Commands』頁面。

5.5　圖形的呈現

無論是 *plot*、*plot3d* 還是 **plots** 函式庫中的 *listplot*、*complexplot*、*contourplot* 等繪圖指令，均可在單獨繪圖指令中同時在同一張圖片當中繪製多個函數。但若想將不同繪圖指令繪製的圖形放在同一張圖片當中，例如，呈現 *plot* 與 *contourplot* 繪製出來的結果，則必須透過 *display* 指令來進行。*display* 指令的相關語法請參考表 5-18。

表 5-18　*display* 指令繪製多種不同繪圖指令圖形的相關語法

指令	說明
display(Plist, inseq, opts)	呈現繪圖指令串 (Plist) 組合成的圖形

參考圖 5.64，我們將 *plot* 與 *contourplot* 繪製圖形的指令定義成變數 *B* 與 *C*，並帶入 *display* 內形成**指令串** (Plist)，*display* 指令便會將這兩個不同繪圖指令的圖形使用堆疊的方式呈現在同一張圖形中。而在不指定 *display* 繪圖選項的情形下，*display* 會保留原繪圖指令中的設定，並自動調整最適合的模式顯示圖形結合後的樣貌。

$$B := plot\left(\cos(x^2), x=-\pi..\pi, color=black\right) : C := contourplot(x \cdot \sin(y), x=-3..3, y=-1..1) :$$
$$display(B, C)$$

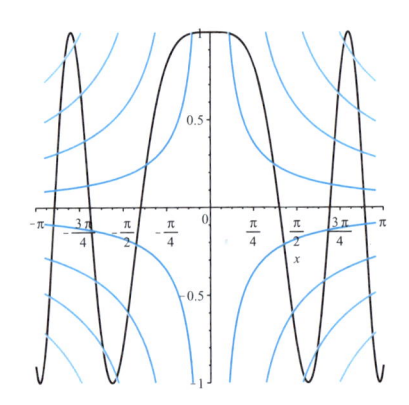

圖 5.64　用 *display* 指令同時繪製 *plot* 與 *contour* 圖形的方法與結果

但若要在同一張圖形中同時呈現更多繪圖指令所繪製的圖形時，如果採用堆疊呈現的方法時，便會造成整個畫面的紊亂。透過指定 *insequence* 的繪圖選項，將多個不同繪圖函數以動畫的形式依序呈現，便可以解決上述問題。如圖 5.65 所示，我們將圖 5.64 的範例加上指定 *insequence=true* 的選項時，便可以依照指令串的順序依次呈現 *B* 與 *C* 的圖形動畫。

Chapter 5　三維圖形繪製與進階繪圖應用

$B := plot\bigl(\cos(x^2), x=-\pi..\pi, color=black\bigr) :$
$C := contourplot(x \cdot \sin(y), x=-3..3, y=-1..1) :$
$display(B, C, insequence=true)$

$B := plot\bigl(\cos(x^2), x=-\pi..\pi, color=black\bigr) :$
$C := contourplot(x \cdot \sin(y), x=-3..3, y=-1..1) :$
$display(B, C, insequence=true)$

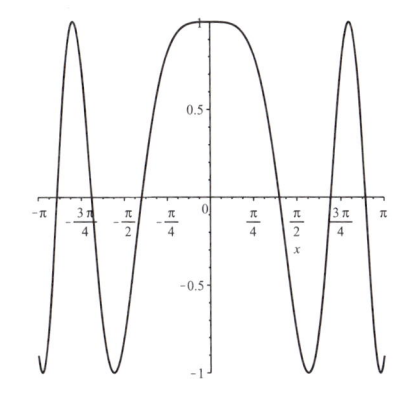

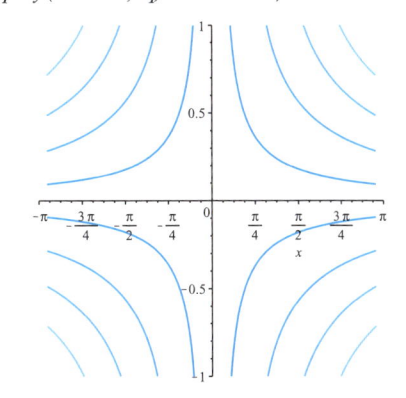

圖 5.65　*display* 指令指定 *insequence=true* 時所呈現的依序動畫結果 (左圖為影格 = 1 時動畫，右圖為影格 = 2 時動畫)

但是有些時候，若不想將多種不同繪圖結果放置在同一個圖片中，反而希望將不同繪圖圖形結果並列顯示以方便比較時，可以採用陣列的方式來指定不同的繪圖指令，再將該陣列指定為 *display* 中的引數，便可以根據陣列順序依序呈現繪製結果。

如圖 5.66 所示，我們以 *Array* 指令將變數 A 指定為一個一行三列的陣列，並將每一個陣列單元分別指定為一個 *plot* 指令，最後再透過 *display* 將陣列中的圖形繪製出來，此時 Maple 會依照陣列中相對關係將圖案依序排列成一個一行三列的圖形表格。

根據以圖 5.66 所示，我們也可以將 *A* 變數指定為 2×2 的陣列，並且分別指定陣列元素的圖形，再使用 display 呈現此陣列同樣的方式排列圖形，如圖 5.67 所示。

$A := Array(1..3):$
$A[1] := plot(\sin(x), x = 0..2\pi):$
$A[2] := plot(\sin(2 \cdot x), x = 0..2\pi):$
$A[3] := plot(\sin(3 \cdot x), x = 0..2\pi):$
$display(A)$

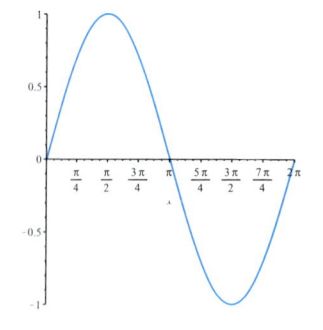

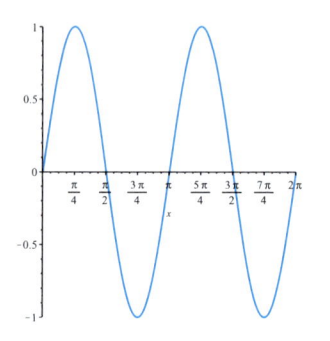

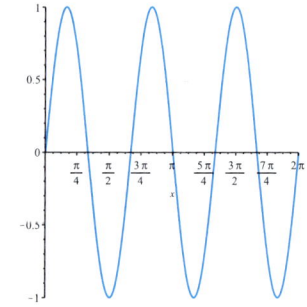

🌐 **圖 5.66** *display* 指令中代入陣列後呈現的繪圖結果

$A := Array(1..2, 1..2):$
$A[1,1] := plot(\sin(x), x = 0..2\pi):$
$A[1,2] := plot(\sin(2 \cdot x), x = 0..2\pi):$
$A[2,1] := plot(\sin(3 \cdot x), x = 0..2\pi):$
$A[2,2] := plot(\sin(4 \cdot x), x = 0..2\pi):$
$display(A)$

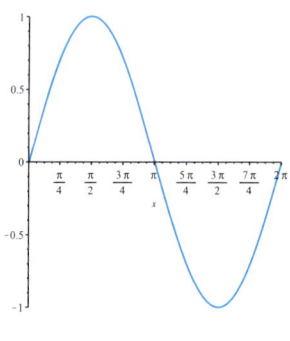

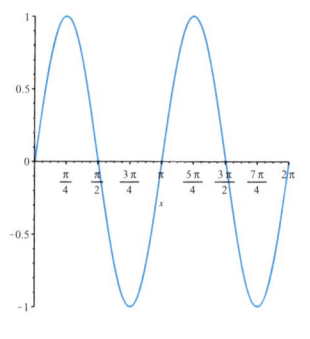

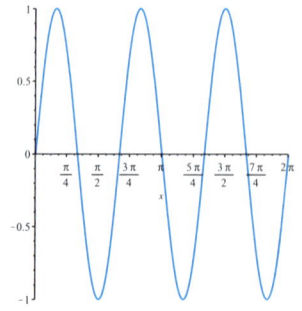

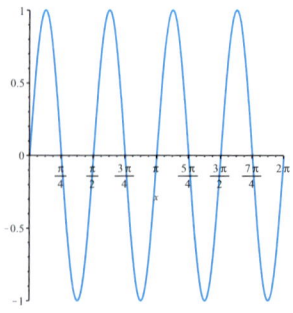

🌐 **圖 5.67** 用 *display* 指令呈現 2×2 矩陣的圖形繪製

Chapter 5　三維圖形繪製與進階繪圖應用

除了上述使用 *display* 來呈現各種不同形式的圖形外，***plots*** 函式庫還提供了表 5-19 的其他有用的指令以各種形式呈現您的圖形：

表 5-19　其他不同呈現圖形指令的相關語法

指令	說明
plotcompare(f(z),g(z),z=a+ci..b+di)	以陣列的形式比較兩函數的實部圖形與虛部圖形
changecoords(p,coord)	將繪圖指令 p 以指定的座標模式 coord 重新繪製
textplot3d(List,opts)	將文字繪製在座標點上進行描述

plotcompare 指令可提供使用者以陣列排序的方式，快速比較兩函數的實部圖形與虛部圖形，如圖 5.68 所示。

$$plotcompare\left(z^{\frac{1}{3}}, \frac{1}{z}\right)$$

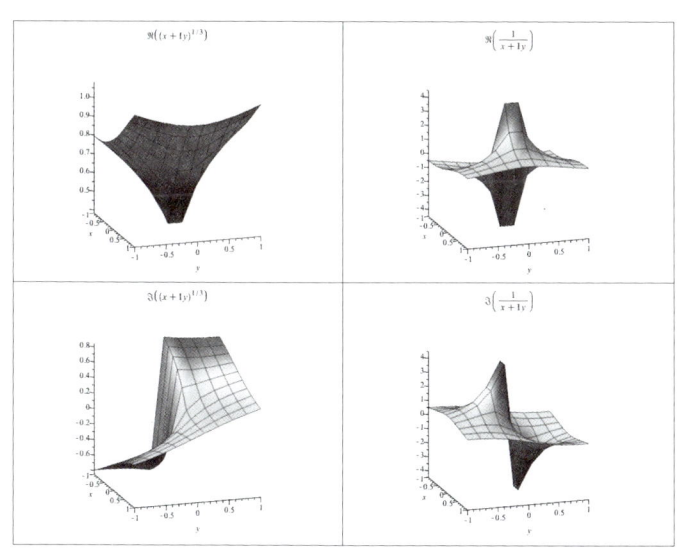

圖 5.68　*plotcompare* 繪製兩個複變函數間實部與虛部的圖形比較圖

在此範例中，我們透過 *plotcompare* 比較複變函數 $z^{1/3}$ 及 $1/z$ 的結果，其中 $z = x + y_i$，這兩個複變數的實部圖形比較呈現在上二圖，而其虛部圖形比較則呈現在下二圖。當然我們也可以透過 *plotcompare* 獨特的繪圖指令 *same_box*，將實部圖形與虛部圖形繪製在同一個圖片中，讓版面更簡潔，如圖 5.69 所示。

$$plotcompare\left(z^{\frac{1}{3}}, \frac{1}{z}, same\_box = true\right)$$

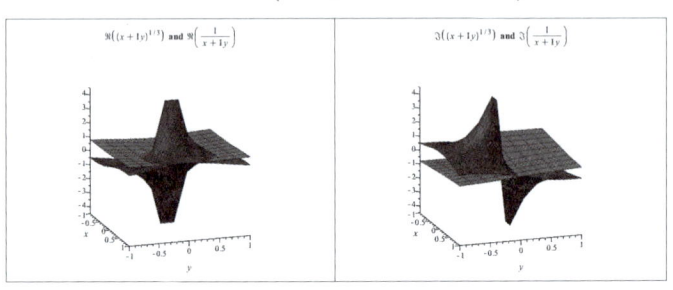

● 圖 5.69　*plotcompare* 指令中指定 *same_box* 選項為 *true* 後將實部與虛部合併呈現

如果您想要將函數圖形以不同的座標模式呈現，但是不想要費心先對函數進行座標軸轉換後再來繪製圖形，那麼，您可以使用 *changecoords* 指令，如圖 5.70 所示：

$A := Array(1..2) :$
$A[1] := plot3d\left(\left[1.3^x \cdot \sin(y), x, y\right], x = 1..2 \cdot \pi, y = 0..\pi\right) :$
$A[2] := changecoords(A[1], spherical) :$
$display(A)$

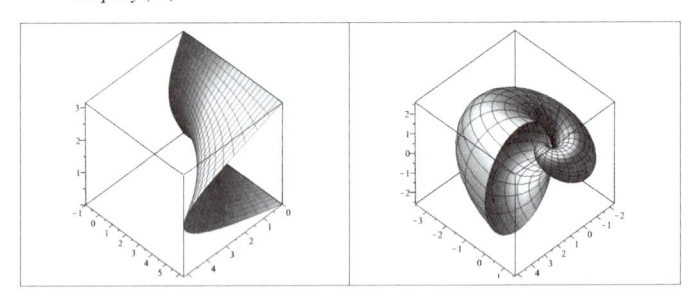

● 圖 5.70　*plots* 函式庫中的 *changecoords* 將繪製圖形轉換成不同座標系圖形

此處我們以陣列的方式繪製圖形，並將第一個單元的圖形透過 *changecoords* 轉換成極座標，繪製在第二個單元的圖形上，您可以比較兩圖的不同。

如果您想要在指定的座標點上繪製定義的文字，您可以使用 *textplot* 指令，如圖 5.71 所示，我們在座標點 [4,2,2] 的位置處加入一個 "Maple" 的文字，並且指定字型

Chapter 5 三維圖形繪製與進階繪圖應用

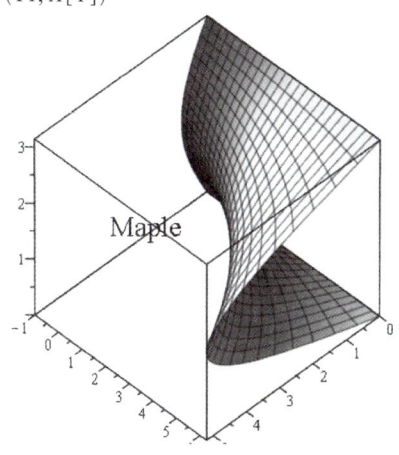

為 time，字型大小為 20。

$T1 := \textit{textplot3d}([4, 2, 2, \text{"Maple"}], \textit{font} = [\textit{time}, 20]) :$
$\textit{display}(T1, A[1])$

● 圖 5.71　使用 *textplot3d* 指定在某一座標點位置加入一個指定的文字

當然您也可以透過繪圖選項的 *title*、*legend* 等插入文字敘述圖形，但 *textplot* 可在繪圖區域內任意處繪製文字，大大提升了圖文繪製的能力。

Key

plotcompare 指令、*changecoords* 指令與 *textplot* 指令的詳細用法請至 Maple 協助系統搜尋。

5.6　圖形物件的應用

Maple 多元的繪圖指令與選項，幾乎囊括了各領域的圖形繪製，然而，若您想量身定做一個圖形以滿足應用上的需求，或是撰寫一個與繪圖有關的程式，則必須以圖形物件的方式完成。

在上一節中我們介紹了如何將數個圖形呈現在同一個畫面中，在 Maple 內無論是二維或三維的圖形，每一個圖形均可視為一個圖形物件 (Graph Object) 或圖形物件組。***plottools*** 函式庫可供使用者繪製各種基本的圖形物件單元，譬如直線、圓弧、矩形等等，透過組合各式各樣的圖形物件，使用者可以在 Maple 中建構任意不規則的圖案。若要使用 **plottools** 內的各種圖形繪製函數，您必須要先使用 *with* 指令將 **plottools** 函式庫載入到 Maple 環境中，其指令寫法為

　　with(*plottools*);

參考圖 5.72，我們嘗試透過一個組合圖形物件來建立多軸座標圖形，首先，我們先以 *plot* 指令繪製一個 x^2 的函數圖形，但其繪圖選項 *tickmark* 的 X 軸選項值設為 0 以移除 X 座標軸的刻度，再將此指令指定給變數 A，再透過 *display* 指令呈現 A 的圖形。

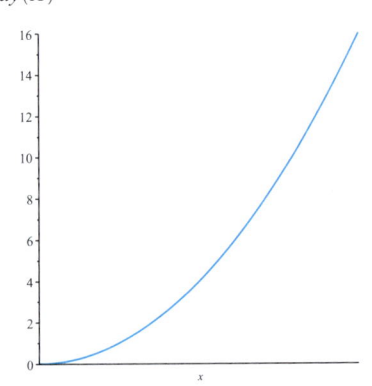

$$A := plot(x^2, x = 0..4, tickmarks = [0, default]) :$$
$$display(A)$$

● 圖 5.72　指定繪圖物件給變數 *A*

接著我們以 *line* 指令繪製一個從 (0,16) 到 (4,16) 的直線作為 X 座標軸的上橫軸，將其定義為變數 L，並與變數 A 一起呈現。其結果如圖 5.73 所示，其中 *line* 是 **plottools** 函式庫中一個可進行線條繪製的指令。

接著我們希望在原先的 X 軸與後來的 L 直線上均呈現刻度線，因此我們透過以 line 指令繪製兩個平行 Y 軸且長度僅 0.1 單位的線條組，其中一組設計產生從 $y = 0$ 到 $y = 0.1$ 的直線，與另一組從 $y = 16$ 到 $y = 16.1$ 的直線，並透過 *seq* 指令，將線條數從 $x = 1$ 到 $x = 4$ 每增加 1 繪製一條線條，來設計出上下座標軸的刻度線。最後，將這兩組線條指定成變數 B1 與 B2，並與變數 A、變數 L 透過 *display* 指令繪製在同一個畫面中，如圖 5.74 所示。

Chapter 5 三維圖形繪製與進階繪圖應用

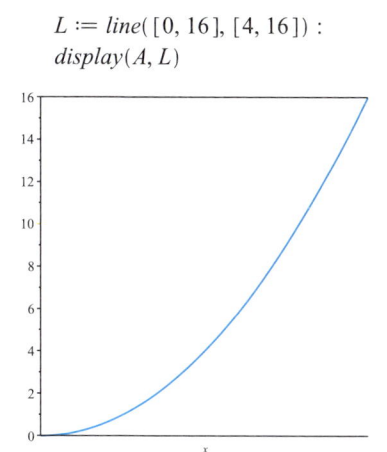

$L := line([0, 16], [4, 16])$:
$display(A, L)$

● 圖 5.73　指定線條物件給 L 變數且與 A 繪圖物件一起呈現

$B1 := seq(line([k, 0], [k, 0.1]), k = 1..4)$:
$B2 := seq(line([k, 16], [k, 16.1]), k = 1..4)$:
$display(A, L, B1, B2)$

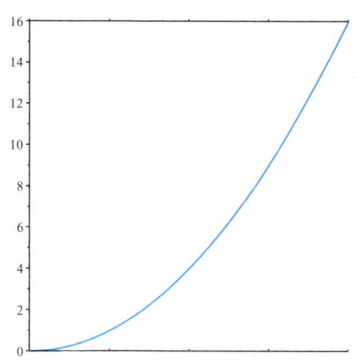

● 圖 5.74　指定 B1、B2 刻度物件並與 A、L 繪圖物件一同繪製

最後我們透過 *plots* 函式庫的 *textplot*，以 *seq* 指令繪製文字圖件作為座標軸的刻度標籤，如圖 5.75 所示。

$T1 := textplot([seq([k, 0.03, k], k=1..4)], align=above):$
$T2 := textplot([seq([k, 15.97, k], k=1..4)], align=below):$
$display(A, L, B1, B2, T1, T2)$

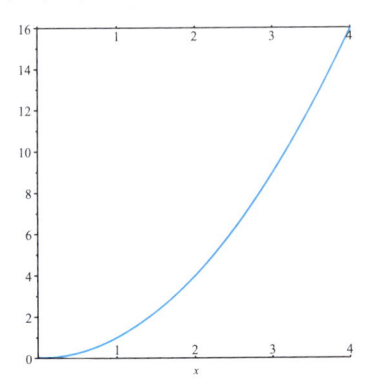

圖 5.75　加入 *textplot* 繪製刻度上文字標籤

　　以圖形物件方式建立的圖形依然保有每個圖件各自的性質，使用者依然可以定義每個圖形物件的特性，以改變最終物件組合後的全貌。現在，我們嘗試透過滑鼠右鍵的智慧型選單，點選『建立第二個座標軸』，建立上述圖形的第二個 Y 座標軸 (右方)，其所建立的圖形如圖 5.76 所示。

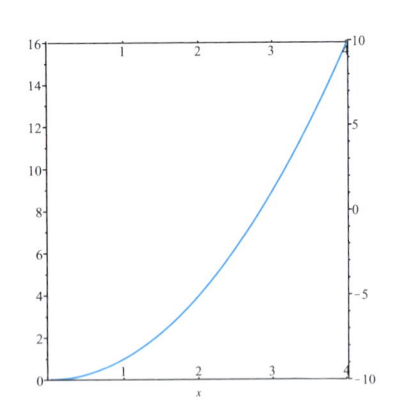

圖 5.76　智慧選單所建立的第二座標軸圖形

　　Maple 的三維圖形物件更為豐富，我們將透過這些三維圖形物件繪製以下的有趣範例。首先我們先以 *cone* 指令建立一個椎心為 (0,0,–2)、半徑與高度分別為 0.7 與 2 的圓錐物件 c，並將顏色指定為黃褐色 (Tan)，如圖 5.77 所示。

Chapter 5 三維圖形繪製與進階繪圖應用

$C := cone([0, 0, -2], 0.7, 2, color = \text{"Tan"}):$
$display(C)$

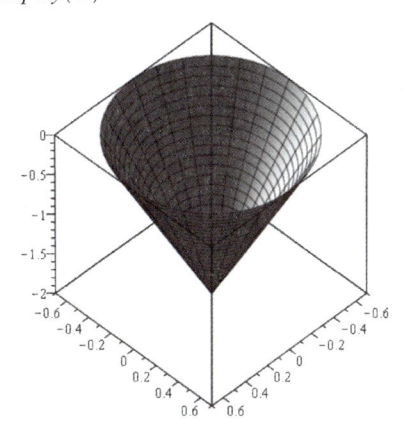

◎ 圖 5.77　繪製 *cone* 圓錐圖形物件

接著我們透過 *sphere* 指令建立一個圓心為 (0,0,0.2)、半徑為 0.75 的球體物件 S，將顏色指定為粉紅色 (Pink)，並且透過 *display* 指令將圓錐與球堆疊在一起，如圖 5.78 所示。

$C: cone([0, 0, 2], 0.7, 2, color = \text{"Tan"}):$
$S := sphere([0, 0, 0.2], 0.75, color = \text{"Pink"}, style = patchnogrid):$
$display(C, S, scaling = constrained)$

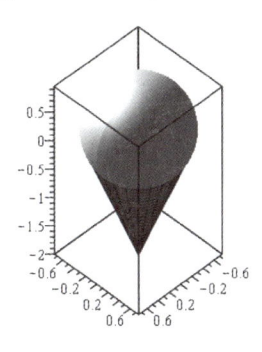

◎ 圖 5.78　使用 *sphere* 繪製球體物件

最後我們以 *cylinder* 指令，建立一個起點在 (−0.2,0.2,0.5)，半徑與高度分別為 0.05 與 1 的圓柱，將顏色 *color* 指定為金色 (gold) 及繪圖選項 *style* 指定為等高線模式 (Patchaontour)，並指定其對 X、Y、Z 三軸分別旋轉 $-\frac{\pi}{6}, 0, -\frac{\pi}{6}$ 強度，如

161

圖 5.79 所示。

$C := cone([0, 0, -2], 0.7, 2, color = \text{"Tan"}) :$
$S := sphere([0, 0, 0.2], 0.75, color = \text{"Pink"}, style = patchnogrid) :$
$CY := cylinder([-0.2, 0.2, 0.5], 0.05, 1, color = gold, style = patchcontour) :$
$display\left(C, S, rotate\left(display(CY), -\frac{\pi}{6}, 0, -\frac{\pi}{6}\right), scaling = constrained\right)$

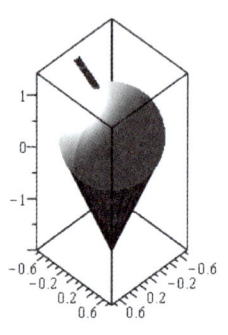

◎ **圖 5.79** 用 *cylinder* 指令繪製圓柱圖形物件

透過這種圖形物件與 *display* 指令，我們便可以輕鬆繪製出一個插著餅乾的冰淇淋。

5.7 更改預設的繪圖環境

在前面幾章，我們介紹了如何透過指令定義圖形的色彩及樣式。但在許多時候，使用者並不需要一直變換圖形的形貌，取而代之，僅需重複變換幾種不同的繪製模式。若每次繪製圖形均需設定繪製的條件，使用上不僅不便，更會造成程式的繁瑣。

Maple 的 ***plots*** 函式庫允許使用者修改系統預設繪圖環境，使用者可依照喜好將其色彩與繪圖選項定義成固定的模式，以進行圖形繪製工作。以 *setcolors* 為例，*setcolors* 指令可供使用者設定函數的顏色變化，如圖 5.80 所示。

Chapter 5　三維圖形繪製與進階繪圖應用

$setcolors(\ ["Green",\ "Orange"\ ])$:
$plot(\ [seq(\sin^i(x),\ i=1..4)\ ],\ x=0..2\cdot\pi)$

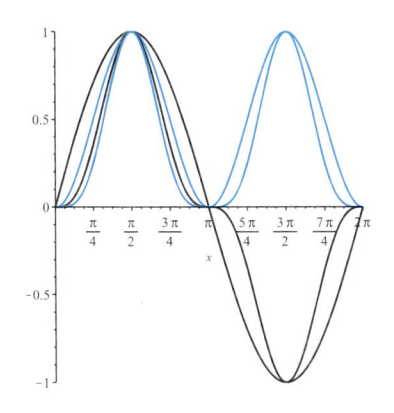

▲ 圖 5.80　*setcolors* 變更文件中所參考到的顏色資料庫清單

在此例中，我們將顏色清單定義為綠色與黃色，Maple 將會交替以綠色及黃色顯示不同的函數圖形，而不會出現未定義在顏色資料庫中的其他色彩。若想恢復原來的定義，僅需以 *setcolors("Default")* 重新定義回 Maple 預設的色彩清單即可，如圖 5.81 所示。

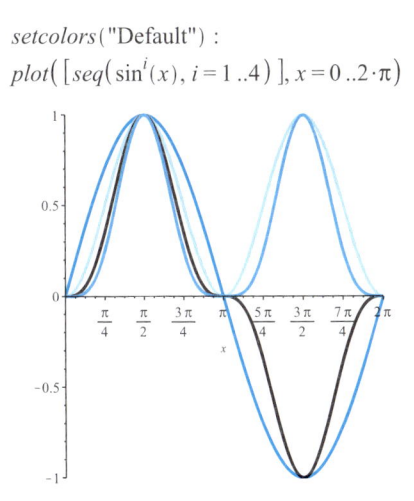

$setcolors("Default")$:
$plot(\ [seq(\sin^i(x),\ i=1..4)\ ],\ x=0..2\cdot\pi)$

▲ 圖 5.81　用 *setcolors("Default")* 回復色彩資料庫為 Maple 預設

表 5-20 中列示了一些常用的定義色彩與繪圖選項環境的指令。

表 5-20　定義色彩與繪圖選項環境的指令

指令	說明
setcolors("color")	自定義色彩環境
setoptions("option")	自定義二維繪圖選項環境
setoptions3d(["option1","option2",⋯])	自定義三維繪圖選項環境

由於繪圖選項的特性，*adaptive*、*coords*、*discount*、*filled*、*filledregions* 與 *sample* 選項無法以 *setoptions* 指令進行設定。

除了色彩與繪圖選項外，Maple 亦允許使用者以不同的繪圖工具繪製圖形，*interactive* 與 *interactiveparams* 指令可透過 Maple 的智慧型繪圖工具，協助使用者以互動形式且提供不同繪圖方式繪製函數圖形，如圖 5.82 所示：

$$interactive(x^2 + y^2)$$

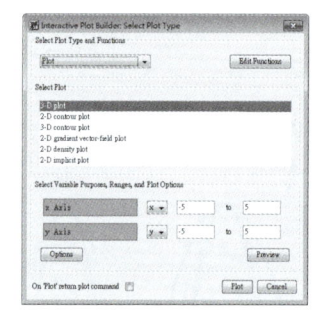

圖 5.82　*interactive* 指令所打開的互動式繪圖視窗

interactive 指令會開啟智慧型繪圖工具『Plot Buider』視窗，並將指令內的函數自動代入該視窗中，您可勾選期望的繪圖模式，並按下 [plot] 按鈕來繪製函數的圖形。在本範例中我們所輸入的函數為 $x^2 + y^2$，我們選擇繪製 "3-D plot"，按下 [plot] 按鈕後，所繪製的圖形結果如圖 5.83 所示。

Chapter 5　三維圖形繪製與進階繪圖應用

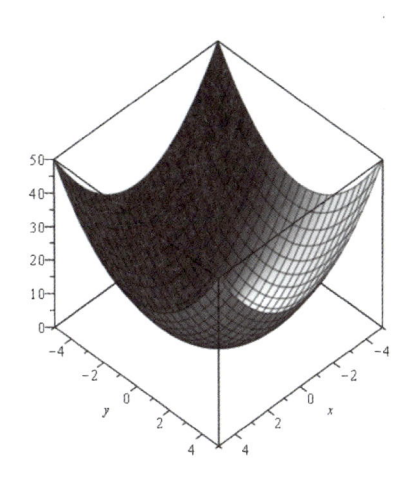

◎ 圖 5.83　採用 *interactive* 指令所繪製出來的 3-D plot

　　同樣的，*interactiveparams* 指令則會開啓智慧型繪圖工具『Parameter Maplet』視窗，與 *interactive* 指令不同的是，*interactiveparams* 指令需額外指定欲使用的繪圖指令及參數，參考圖 5.84，此案例中我們使用的繪圖指令爲 *plot*，而參數則是在『Parameter Maplet』中的 *y* 參數變動範圍。

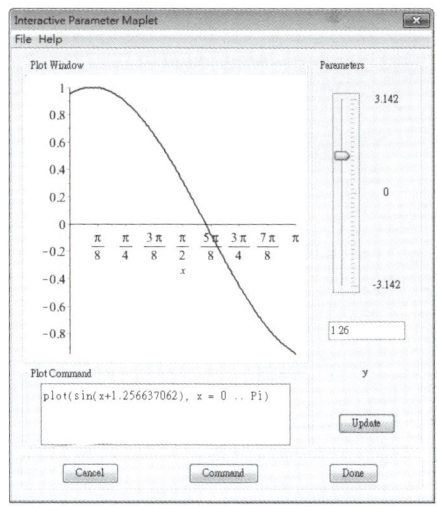

$$interactiveparams(\,plot,\,[\sin(x+y),\,x=0..\pi],\,y=-\pi..\pi)$$

◎ 圖 5.84　*interactiveparams* 指令所打開的『Parameter Maplet』視窗

使用者可在『Parameter Maple』視窗中，輸入並了解不同參數下函數圖形呈現的樣貌，並且在選擇適合的參數後，按下「Done」即可在原 Maple 文件中繪出圖形，其結果如圖 5.85。

$$interactiveparams(\,plot,\,[\sin(x+y),\,x=0..\pi\,],\,y=-\pi..\pi\,)$$

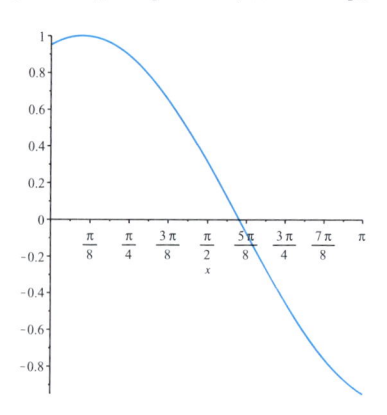

圖 5.85　*interactiveparams* 所繪製的圖形結果

Maple 尚提供了其他繪圖工具供使用者使用，*plotsetup* 指令可供使用者更改圖形呈現的繪圖工具。*plotsetup* 的選項請參考表 5-21。參考圖 5.86，我們將預設繪圖工具透過 *plotsetup* 更改為 Maplet 型式，並且進行繪圖的範例。

$$plotsetup(maplet)$$
$$plot(x^2)$$

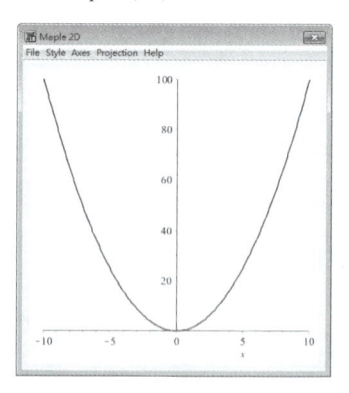

圖 5.86　*plotsetup* 修改預設繪圖工具後，呼叫 *plot* 指令所帶出的視窗

Chapter 5　三維圖形繪製與進階繪圖應用

表 5-21　*plotsetup* 指令中常用的繪圖工具類型選項

繪圖工具	說明
default	Maple 預設裝置
bmp	將圖形以 BMP 檔案格式呈現
char	以 ASCII 的字元排列成圖形
dxf	將圖形以 AutoCad 的 DXF 檔案格式呈現，plotoptions 可以 {hiddedges} 隱藏邊界
gif	將圖形以 GIF 檔/ GIF 動畫檔的檔案格式呈現，plotoptions 可以指定透明度 (transparent)、高度 (height)、寬度 (width)
inline	在同一行中進行繪圖
jpeg	將圖形以 24-bit 的 JPEG 的檔案格式呈現，plotoptions 可以指定高度 (height)、寬度 (width)、圖形品質 (quality =1~100)
Maplet	以 Maplet 繪製圖形
window	在獨立的視窗中呈現圖形
wmf	以 Windows 的圖元 (Metafile) 文件呈現

Key

特別注意的是，不同的工作頁模式下，Maple 能支援的繪圖器類型也有所不同，更多資訊請參考 Maple 協助系統的『Plotting Devices』頁面。

由於我們以 *plotsetup* 將預設的繪圖工具更改為 Maplet，當我們以 *plot* 指令繪製圖形時，Maple 將會跳出 Maplet 的視窗，並將圖形繪製在 Maplet 視窗中。同樣的我們呼叫 *plot3d* 指令時，如圖 5.87 所示，因為預設的繪圖工具變更成 Maplet，因此也會帶出 Maple 3D Maplet 視窗，並將結果繪製在 Maple 3D Maplet 視窗中。

$$plotsetup(maplet)$$
$$plot3d(\sin(x+y), x=-\pi..\pi, y=-\pi..\pi)$$

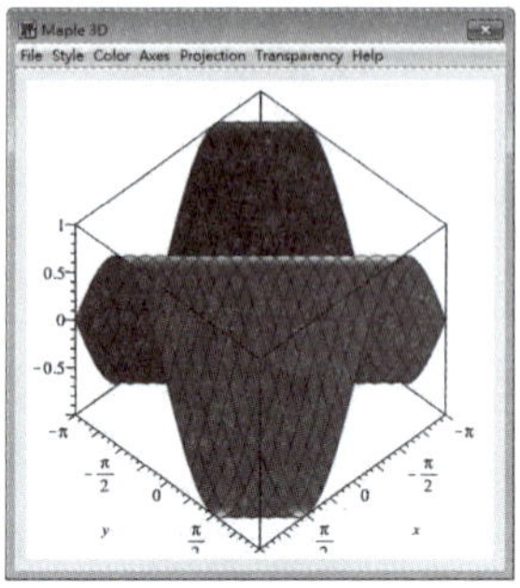

圖 5.87　*plotsetup* 更改預設繪圖工具為 Maplet 後，執行 *plot3d* 所代出的 Maplet 視窗

另外，我們在先前「第二章　Maple 的工作環境」中，也介紹過 Maple 的工作模式，除了 Maplet 工作模式外，我們也可以將繪圖工具指定爲 "char"，以 ASCII 的字元排列成圖形，而這個執行結果跟透過命令行模式中所繪製的文字圖形結果相似，如圖 5.88 所示。

$$plotsetup(char)$$
$$plot(x^2)$$

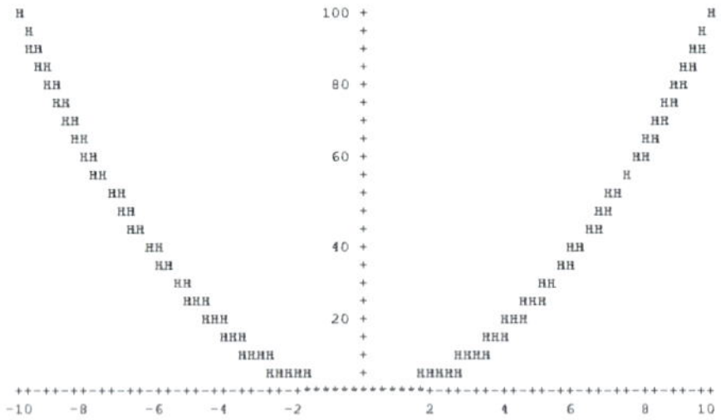

圖 5.88　*plotsetup* 更改繪圖工具為 *char* 後所得到的文字繪圖結果

但是要注意的是，如果你所使用的視窗模式並非爲佔據全螢幕的狀況下，該圖形的呈現將會產生令人難以判讀的狀況，如圖 5.89 所示　，其原因是水平軸被換行所致。

Chapter 5　三維圖形繪製與進階繪圖應用

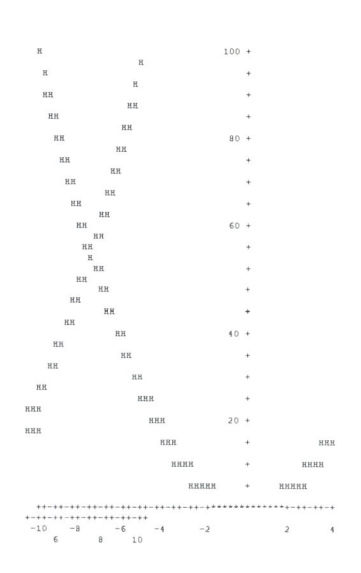

```
      H               100 +
      H                   +
     H                    +
    HH         H          +
    HH        H           +
    HH       H         80 +
    HH      H             +
    HH     H              +
    HH    H               +
    HH   H                +
    HH  H                 +
    HH H               60 +
    HHH                   +
    H                     +
    HH                    +
    HH                    +
    HH   HH               +
    HH  HH                +
    HH  HH             40 +
    HH  HH                +
    HH  HH                +
    HH  HH                +
    HH  HH                +
    HH  HH                +
   HHH  HHH            20 +       HHH
   HHH  HHH               +       HHHH
        HHHH              +       HHHH
        HHHHH             +       HHHHH
    ++-++-++-++-++-++-++-++++-++-++-++-++
    ++-++-++-++-++-++
    -10  -8   -6   -4   -2         2    4
         6    8    10
```

● 圖 5.89　非以全螢幕視窗繪製出來的 *char* 類型文字繪圖結果

　　若想恢復成以預設的繪圖器呈現圖形，可將 *plotsetup* 指定成 *default*，如圖 5.90 所示。

$$plotsetup(maplet)$$
$$plotsetup(default)$$
$$plot(x^2)$$

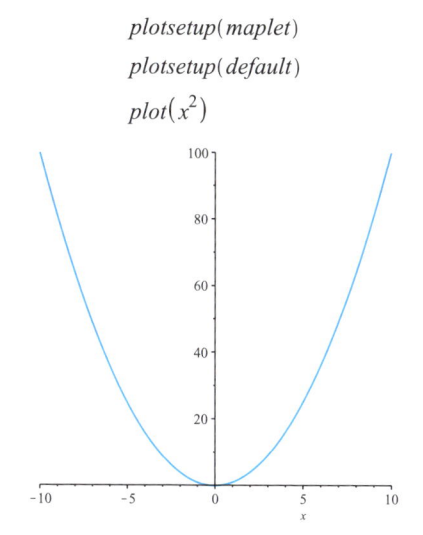

● 圖 5.90　*plotsetup* 指令代入 *default* 選項後恢復原先繪圖工具的模式

　　值得注意的是，以 *plotsetup* 改變繪圖器，並不會改變 *setcolors* 及 *setoptions* 的設定的結果。

Chapter 6

圖形化介面的設計

　　圖形化介面 (Graphic User Interface, GUI) 是一種直觀、和善的操作環境，透過 Maple GUI 設計與使用，可讓硬梆梆的 Maple 程式碼變成鮮活的旋鈕與按鍵，使得探索數學變成是一件簡單的事。Maple 的許多智慧型求解工具都可看到 Maplet 的身影，近幾年更引進了嵌入式元件 (Embedded Component)，大大提升了人機互動的便利性。本章將針對 Maplet 應用與嵌入式元件作一個簡單的介紹。

本章學習目標

- Maplet 應用的簡介
- 圖形化操作環境的使用實例
- 嵌入式元件的應用

在過去的章節中，我們大量的運用 Maple 內建的智慧求解工具，進行圖形繪製、求解多項式等工作，並透過這些圖形化的求解工具，大幅縮短了建立指令與數學式的時間。這些求解工具，實際上是以 Maple 的 Maplet 樣板所構築而成，使用者可透過 Maplet 樣板建立一個屬於自己的圖形化求解工具。

6.1　Maplet 的背景架構

在 Maple 中，一個完整的 Maplet 應用，包含有視窗 (Window)、元件 (Element)、應用元件 (Dialog)、動作 (Action)、屬性 (Property)、等，其結構關係如圖 6.1 所示。

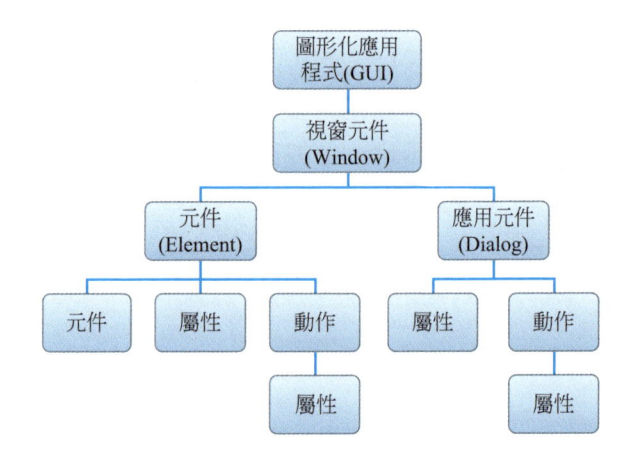

◎ 圖 6.1　圖形化應用程式的階層結構

圖 6.2 為一個圖形化應用程式的例子，整個視窗被視為是一個視窗元件，而在視窗元件中則包含有靜態文字區塊元件 (X1、X2)、滑塊元件、輸入文字編輯元件、按鈕元件以及右方的繪圖元件。

使用者可透過 *Maplets* 函式庫，來建立上述圖形化元件交互應用，以下的章節將深入淺出說明 *Maplets* 函式庫的使用方式。

Chapter 6　圖形化介面的設計

靜態文字區塊元件
滑塊元件
輸入文字編輯元件
按鈕元件
視窗元件
繪圖元件

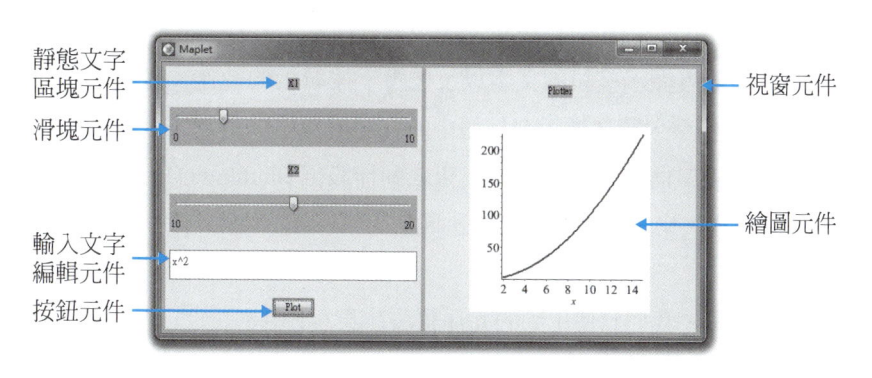

◎ 圖 6.2　圖形化應用程式示意圖

6.2　建立 Maplets

利用 *Maplets* 函式庫來進行視窗圖形化介面應用的編程是非常簡單的，如同繪製圖形一般，將每個元件依其元件語法建立，再透過 *display* 指令將其顯示出來即可。圖 6.3 為一個具有一個靜態文字元件以及一個『Sure.』按鈕的對話視窗簡單範例。首先透過 *with* 指令將 ***Maplets [Elements]*** 函式庫呼叫到 Maple 文件的環境中，接著再指定 *maplet1* 變數為一個使用 *Maplet* 指令所建立的視窗元件，最後再透過 *Maplets[Display]* 指令將 maplet1 變數顯示出來。

$with(Maplets[Elements]):$
$maplet1 := Maplet([\text{"Do you like Maplet?"}, Button(\text{"Sure."}, Shutdown(\ ))]):$
$Maplets[Display](maplet1)$

◎ 圖 6.3　*Maplets* 函式庫的簡單範例

其中，***Elements*** 是 ***Maplets*** 函式庫中的一個子函式庫，包含各種圖形化介面中最基本的單元，如視窗、文字欄位、對話框、核取方塊等。您可以發現，雙引號中的靜態文字「Do you like Maplet?」及按鈕元件『Sure.』，透過 *Maplet* 指令在方括號

173

中以逗號分隔，便可以將其顯示在視窗之中。靜態文字元件只是顯示用，而按鈕元件必須要進一步定義顯示按鈕的文字以及按壓下按鈕後的動作，因此該按鈕元件使用『Button』元件指令，將要顯示在按鈕中的文字用雙引號框起來，並且將要執行的動作選項定義為第二個引數，此處將按鈕之動作設為 Shutdown()，因此，當我們按下『Sure.』按鈕後，Maplet 視窗將會自動關閉。

根據上述範例，我們將使用到的元件語法在表 6-1 中。

表 6-1　常見的一般元件使用語法

指令	說明
Maplet(opts, [element1,element2,...])	產生具有 element1, element2,... 等一般元件的視窗
Button(opts, Action)	產生一具有 Action 的按鈕元件
Display(var)	顯示 var 視窗元件變數的結果

特別注意的是，上述的元件，無論是視窗元件還是按鈕元件，均可在其中加入其他元件，故均屬於一般性元件的範疇，Maplet 尚包含了不能於元件中放置其他元件的特殊應用元件，如檔案選取對話框 (FileDialog)、顏色選取對話框 (ColorDialog) 等各種特定對話視窗。如圖 6.4 所示，我們建立一個名稱為 FD1 的 FileDialog 檔案選取對話框，在該指令中，我們將副檔名過濾器透過指定 *'filefilter'* 選項的內容為 "mpl" 過濾對話框中只會顯示出副檔名為 mpl 的檔案；透過指定 *'filterdescription'* 選項內容為「Maple Sources Files」指定對話視窗中檔案類型顯示的內容；透過指定 *'onapprove'* 選項為 *Shutdown(['FD1'])* 關閉對話框並且回傳 FD1 視窗中所選定的檔案名稱；透過指定 *'oncancel'* 選項的內容為 *Shutdown()* 來關閉對話框並且回傳 NULL。最後再透過 *Maplet [Display]* 顯示這個 Maplet 物件。

如果我們在此檔案選取對話框中選取了一個檔案，並且點選『Open』按鈕，將會關閉該視窗並且回傳如圖 6.5 所示該檔案的完整路徑與檔名。

特殊應用元件 *FileDialog* 可供使用者在 Maplet 視窗中讀取檔案，與前例中的按鈕元件及視窗元件迥異的是，此處我們無法以雙引號在 *FileDialog* 中插入文字元件。

Chapter 6　圖形化介面的設計

$with(Maplets[Elements])$:
$maplet := Maplet\big(FileDialog_{'FD1'}('filefilter' = \text{"mpl"}, 'filterdescription' = \text{"Maple Source Files"},$
　　$'onapprove' = Shutdown(['FD1']), 'oncancel' = Shutdown(\ )\big)\big)$:
$Maplets[Display](maplet)$

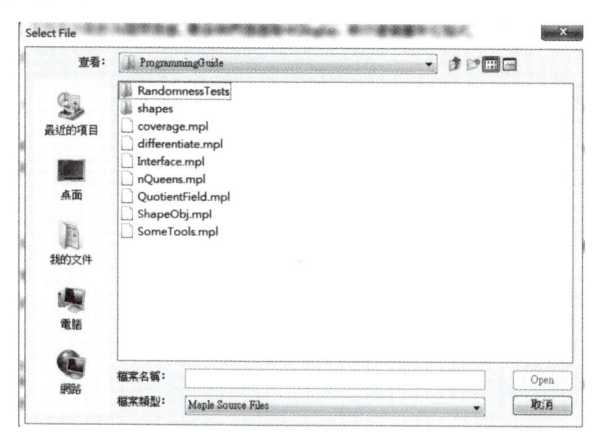

◎ 圖 6.4　應用元件『*FileDialog*』的使用範例

$with(Maplets[Elements])$:
$maplet := Maplet\big(FileDialog_{'FD1'}('filefilter' = \text{"mpl"}, 'filterdescription' = \text{"Maple Source Files"},$
　　$'onapprove' = Shutdown(['FD1']), 'oncancel' = Shutdown(\ )\big)\big)$:
$Maplets[Display](maplet)$

　　　　　　["C:\Program Files (x86)\Maple 17\samples\ProgrammingGuide\differentiate.mpl"]

◎ 圖 6.5　選擇檔案後點選『Open』按鈕後所回傳的檔名 (藍色字體即為該選取檔案之完整路徑與檔名)

　　由於每個元件擁有不同的元件屬性，每種屬性也各自擁有不同的特性，Maple 的協助系統中，依字母順序，詳列了每一個元件及此元件對應之選項，以按鈕元件『*Button*』為例，不同的屬性選項的不同要求與使用限制如圖 6.6 所示，在該圖中 I 代表該選項啟始值可以被定義，R 代表該選項一定要存在，G 代表該選項可以透過 *DocumentTools[GetProperty]* 工具來讀取選項內容，S 則代表可以透過 *DocumentTools[SetProperty]* 工具來設定該選項內容。舉圖中的 *image* 選項為例，該選項只有在 I 與 S 上有 X 的符號，因此 *image* 可以在啟始時定義，但不是一定需要存在的選項，也不能夠透過 *DocumentTools[GetProperty]* 指令來讀取選項內容，但是可以透過 *DocumentTools[SetProperty]* 指令來設定選項內容。有關 **DocumentTools** 函式庫的使用方法在後續的章節中說明。

Option	I	R	G	S
background	x		x	x
caption	x	x	x	x
enabled	x	x	x	x
font	x	x	x	x
foreground	x	x	x	x
image	x		x	
onclick	x	x		
rference	x			
tooltip	x		x	x
visible	x		x	x

圖 6.6　按鈕元件的元件屬性

　　Maplets 函式庫包含有數十種不同類型的圖形化元件，每個元件也都擁有各種不同的動作選項，如圖 6.5 中的 *Shutdown()* 動作即代表關閉 *Maplet* 之意。下面我們嘗試運用各種不同的元件與動作選項，設計一個如圖 6.7 所示的較複雜的圖形化對話框程式。

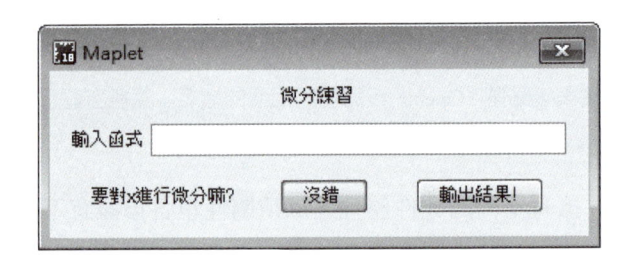

圖 6.7　Maplet 的元件與動作選項

　　在此例中，我們可以先在輸入函數處輸入任意的函數，例如 1/x，點選『沒錯』按鈕後，我們將會呼叫 *mydiff* 函式進行微分運算，並將計算後的結果顯示在「輸入函式」的欄位上，如果我們點選『輸出結果』按鈕，我們會將顯示在「輸入函式」欄位處的結果呈現在 Maple 文件上。其程式設計的方式如圖 6.8 所示。

$mydiff := \mathbf{proc}(\ )$
  $\mathbf{local}\, f;$
  $f := Maplets[Tools][Get](`TF1` :: algebraic);$
  $\dfrac{\mathrm{d}}{\mathrm{d}\,x}\, f$
$\mathbf{end\ proc}$
$with(Maplets[Elements]):$
$maplet := Maplet([$
"微分練習",
["輸入函式", $TextField_{TF1}('width' = 30)$],
[
"要對x進行微分嘛?",
$Button$("沒錯, 請微分!", $Evaluate('TF1' = "mydiff", Argument('TF1'))),$
$Button$("跳出, 輸出結果!", $Shutdown(['TF1']))$
]
]):
$Maplets[Display](maplet);$

圖 6.8　透過 *Maplet* 建立圖形化元件的複雜範例

　　在前五行程式中，我們定義了 *mydiff* 的呼叫程序，其中使用 **Maplets [Tools]** 子函式庫中的 *Get* 指令將 TF1 (也就是 TextField 輸入函式的編輯欄位) 內資料抽取到呼叫程序中，並指定給變數 f，接著透過 $\dfrac{d}{dx} f$ 運算 f (也就是 TF1 內所定義的函數) 微分後的結果。接著我們透過 *Maplet* 指令分別建立一個『輸入函數』的文字編輯欄位 TextField(TF1)，以及兩個透過 *Button* 指令建立的按鈕，分別為『沒錯』與『輸出結果』。在『沒錯』按鈕中，我們透過 *Evaluate* 指令來呼叫 *mydiff* 程序，並且透過 *Argument* 指令將 TF1 的內容指定為 *mydiff* 程序的引數，最後將 *mydiff* 計算的結果指定給 TF1 元件顯示。在『輸出結果』按鈕中，我們透過 *Shutdown* 指令代入 TF1 內的結果來結束此圖形化界面視窗，並且將 TF1 結果帶回到 Maple 文件中呈現。

　　儘管上述這種方式可供使用者建立圖形化應用程式，但若想設計一個較為複雜的大型程式，對於一般的使用者來說，此種方法未免有些窒礙難行。

　　考量到執行上的困難，在 Maple 內設計了一個 *Maplet* 產生器 (Maplet Builder) 工具，供使用者更便捷的發展圖形化應用程式，使用者可直接在『下拉式選單』中選擇

『工具』=>『小幫手』=>『Maplet 產生器』來開啟這個工具，開啟後所帶出的視窗如圖 6.9 所示。

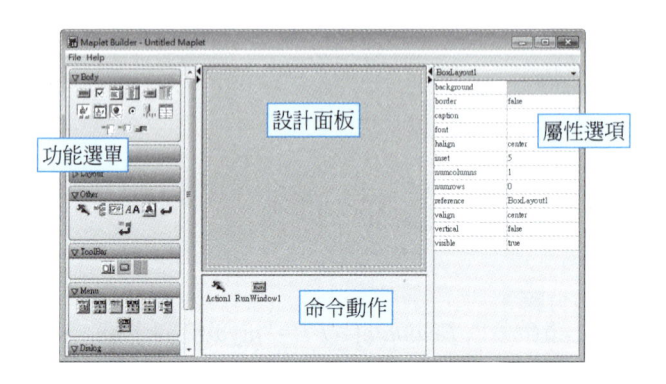

◎ 圖 6.9　Maplet 產生器的發展環境

在 Maplet 產生器視窗內包含有四個部分：『功能選單』(Palette Pane，左方)、『設計面板』(Layout Pane，中間)、『命令動作』(Command Pane，中間下方) 與『屬性選項』(Properties Pane，右方)。使用者可透過拖拉的方式，將『功能選單』中元件、動作等項目，拖拉至『設計面板』與『命令動作』來組合出應用程式的樣貌，『屬性項目』則可定義所點選元件的功能與特性。

以下我們將透過一個以 Maplet 產生器工具製作 Maplet 應用程式的簡單範例。在此例中我們將建立一個由繪圖元件、文字編輯欄位、滑塊組成的 Maplet 應用，且當滑塊移動變化時，Maplet 能將文字編輯欄位中的函數繪製在繪圖元件上，如圖 6.10 所示：

步驟一：建立 Maplet 應用並設定外觀格局

參考圖 6.11，選擇下拉式選單中的『File』=>『New with layout』，並將**格局類型** (Layout Type) 選為『Grid layout』，且將下方的列數設為 4。

Chapter 6　圖形化介面的設計

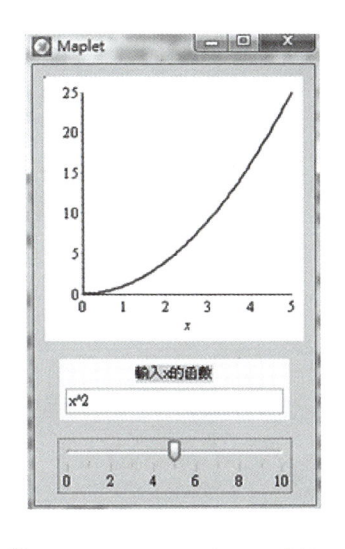

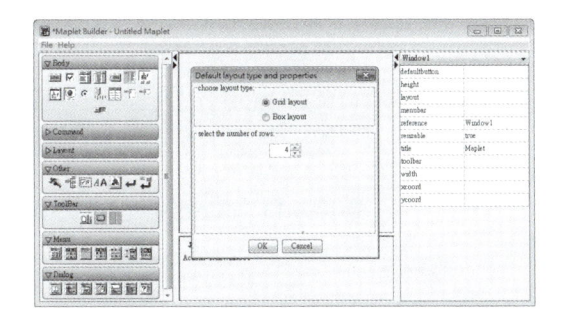

◎ 圖 6.10　Maplet 應用程式範例　　　◎ 圖 6.11　建立 Maplet 並設定格局

點選『OK』按鈕後，在中間的『設計面板』會呈現如圖 6.12 的結果。

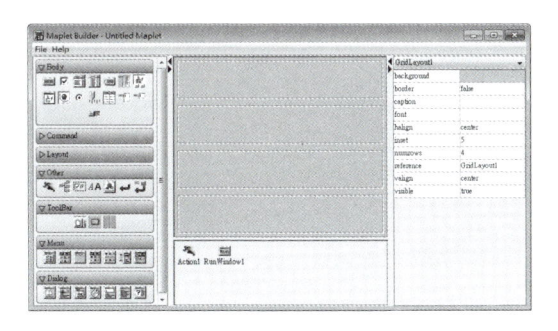

◎ 圖 6.12　產生四列區域的外觀格局 (Layout)

步驟二：定義視窗與元件的關係

從上至下分別將『功能選單』中的繪圖元件 (Plotter)、標籤元件 (Label)、文字編輯欄位 (TextField) 及滑塊元件 (Slider)，分別依圖 6.13 的規劃拖拉至『設計面板』中。

179

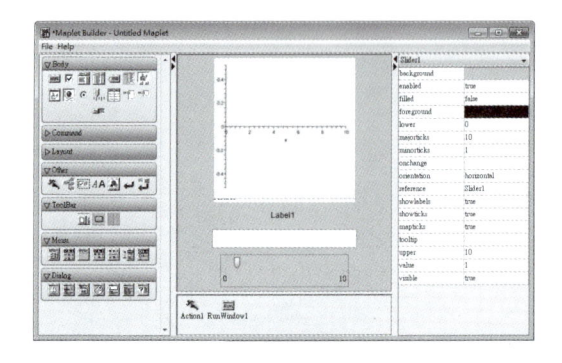

◎ 圖 6.13　透過拖拉元件的方式建立 Maplet 應用的架構

步驟三：定義元件的屬性

我們將標籤元件的『caption』屬性設為"輸入 x 的函數"，敘述下方文字編輯欄位的用途，並將滑塊元件的『filled』屬性改選成"true"讓滑塊的滑軌顯示出來。根據上述設定後的『設計面板』將會如圖 6.14 所示。

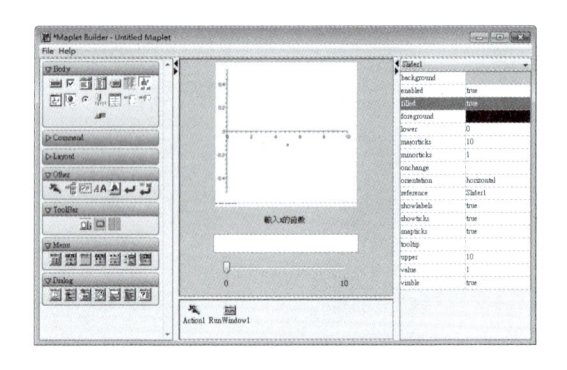

◎ 圖 6.14　定義元件的屬性

步驟四：定義 Maplet 應用中的處理動作

由於我們希望當滑塊元件『Slider1』值變化時，能夠將文字編輯欄位『TextField1』中的函數依自變數 x 由 Slider1*0.1 變動到 1 的函數結果繪製在繪圖元件『Plotter1』上，因此必須設定滑塊在變動時的動作。

參考圖 6.15，首先，將滑塊元件的『onchange』屬性設定為 "<Evaluate>"，

Chapter 6　圖形化介面的設計

Maplet 產生器會自動跳出一個名為『Evaluate Expression』的視窗。接著，在表達式 (Expression) 區塊中，輸入指令 "plot(TextField1,x=Slider1*0.1..1)"，並將目標 (Target) 指定為"Plotter1"，亦即在目標 Plotter1 上，繪製文字編輯欄位『TextField1』在 Slider1*0.1 至 1 範圍內的結果。

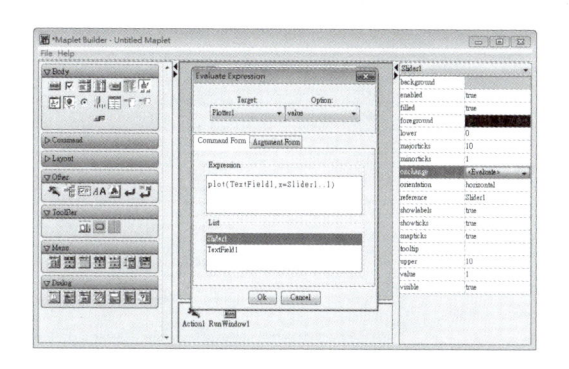

◎ 圖 6.15　定義 Maplet 應用中的 UI 事件處理動作

步驟五：儲存 Maplet

參考圖 6.16，最後我們選擇下拉式選單中的『File』=>『save as』，將檔案命名成"Simple Plot.maplet"儲存設計完的 Maplet 檔案。

◎ 圖 6.16　儲存 Maplet 應用程式

值得一提的是，透過 Maplet 產生器工具所製作出來的 Maplet 程式檔案，其背景架構依然是以 *Maplets* 函式庫的指令所構築的，因此如果我們在 Maple 的環境中開啟我們剛剛建立的 Simple Plot. maplet 檔案時,我們將會看到如圖 6.17 中所示的指令碼。

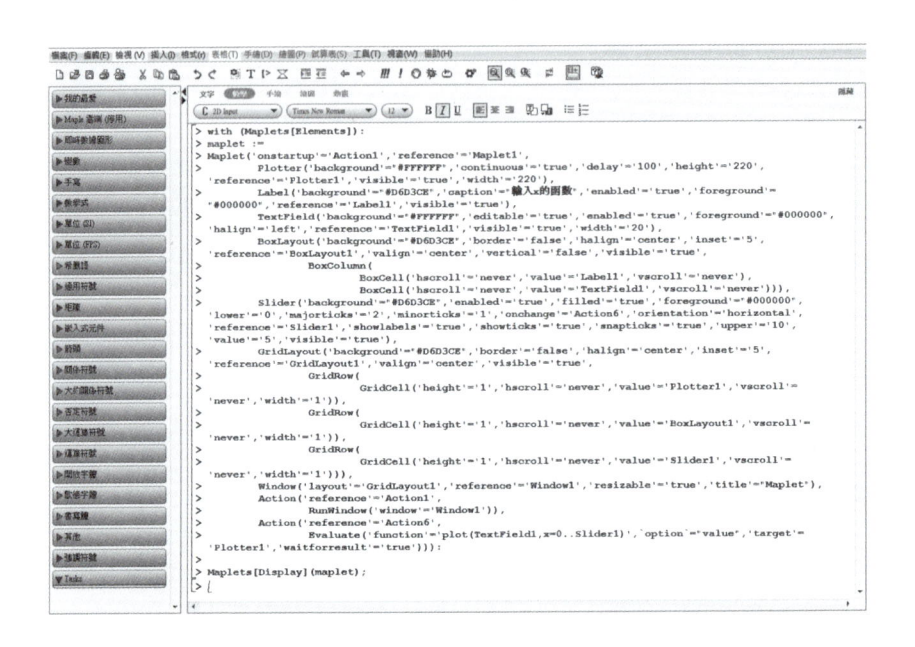

◎ 圖 6.17　在 Maple 中開啟 Maplet 檔案的結果

我們點選工具列上的『執行整份文件』按鈕 !!! 執行此 Maplet 檔中的指令,如圖 6.18 所示,我們輸入函數 x^2 並變動下方的滑軌到 5 時,我們將會繪製出 0.5~1 間的 X^2 的圖形在上方的 Plotter1 區域內。

　　Maplet 的發展將數學函數融入了程式設計之中,透過簡單的指令或拖拉工具,對於一個沒有學過程式設計的人來說,建立一個數學應用程式不再是一件遙不可及的事情。除了 *Maplet* 產生器工具以外,為了讓使用者可以將心思花在求解數學問題而不是熟悉軟體的語法與指令,Maple 更進一步導入嵌入式元件 (Embedded Component) 在 Maple 的文件中直接建立圖形化界面的應用文件。

Chapter 6 圖形化介面的設計

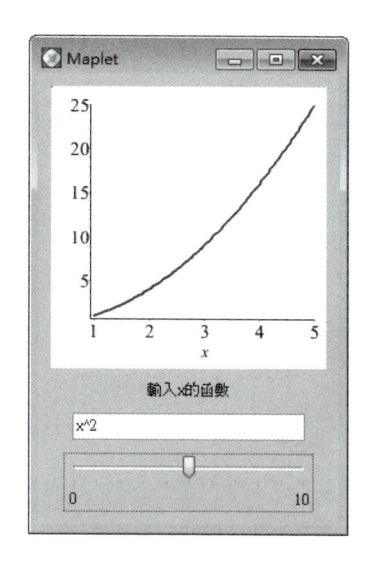

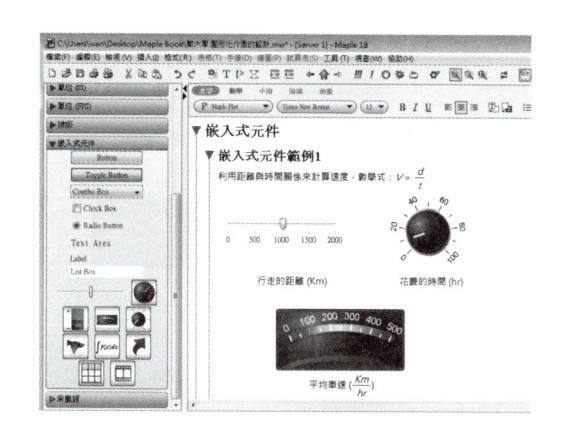

◎ 圖 6.18　Maplet 的執行結果　　　　◎ 圖 6.19　在文件中插入嵌入式元件

6.3　嵌入式元件的使用方式

　　與傳統的 Maplet 相似，嵌入式元件提供了一個親和的圖形化操作環境。然而比 Maplet 更加靈活的是，嵌入式元件可直接鑲嵌在 Maple 的工作頁面之中，成為文件的一部分，如圖 6.19 所示。在此例中我們建置了三個嵌入式元件分別為滑塊、旋鈕與碼錶，這些元件均可以直接從左方的嵌入式元件庫中拖拉到 Maple 文件中。其中滑塊元件的圖框為　　　　，旋鈕元件的圖框為　　，碼錶元件的圖框為　　。

　　參考圖 6.20，我們點選已經拖拉到 Maple 文件中的嵌入式元件 (如滑塊)，按下滑鼠右鍵，選擇 [元件屬性] 便可以知道該元件的變數名稱，其中滑塊、旋鈕、與碼錶的元件名稱分別為 Slider0、Dial0、與 Meter0。

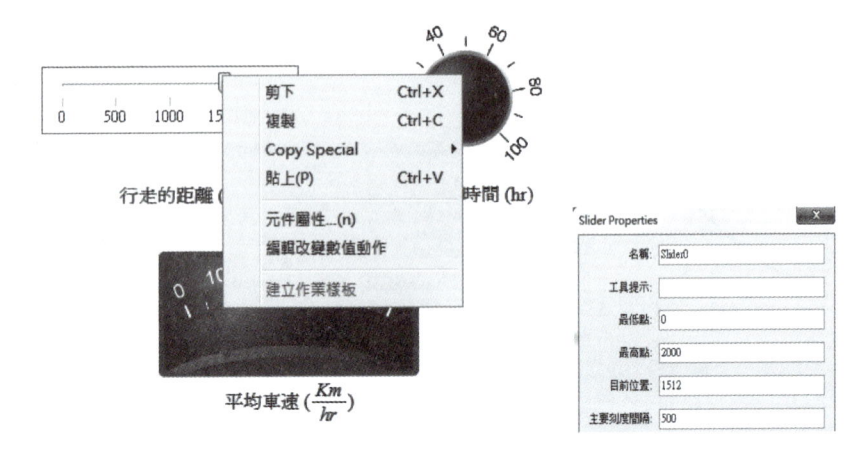

圖 6.20　嵌入式元件屬性與名稱

接著，我們可以點選滑塊元件，按下滑鼠右鍵，選擇『編輯改變數值動作』，此時將會代出如圖 6.21 之 Slider0 數值變更時作動之程式編輯視窗。

指令	說明
Do(expr)	執行含嵌入式元件變數的 Maple 指令式 expr

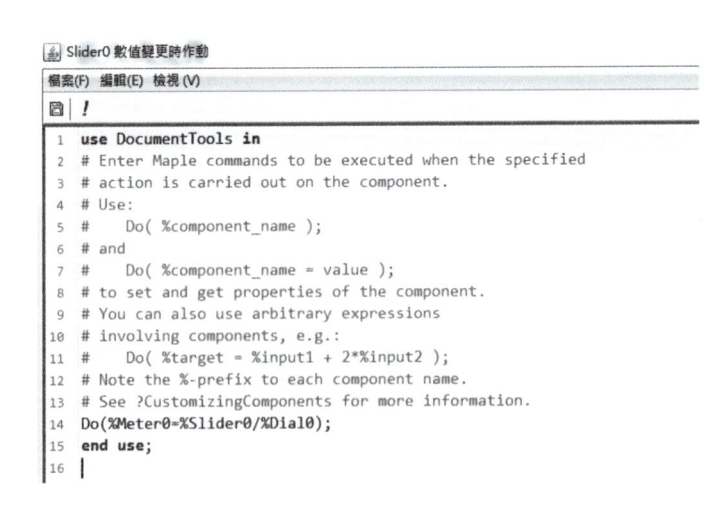

```
1  use DocumentTools in
2  # Enter Maple commands to be executed when the specified
3  # action is carried out on the component.
4  # Use:
5  #     Do( %component_name );
6  # and
7  #     Do( %component_name = value );
8  # to set and get properties of the component.
9  # You can also use arbitrary expressions
10 # involving components, e.g.:
11 #     Do( %target = %input1 + 2*%input2 );
12 # Note the %-prefix to each component name.
13 # See ?CustomizingComponents for more information.
14 Do(%Meter0=%Slider0/%Dial0);
15 end use;
16
```

圖 6.21　指定滑軌數值變更時動作

Chapter 6　圖形化介面的設計

　　透過呼叫 ***DocumentTools*** 函式庫的 *Do* 指令，使用者可將滑塊元件與旋鈕元件之值從嵌入式元件中提取出來進行計算。要注意的是，若要引用元件值，必須在元件名稱前加上了百分比 (%) 的符號，因此本例中用 %Slider0 提出左方「行走的距離」滑軌的值 1000，用 %Dial0 提出右方「花費的時間」旋鈕的值 20，並且將這兩個值放在 *Do* 指令中相除來求出平均車速值 50，並將該值指定給 "平均車速" 的碼錶值 %Meter0，因此我們便使用 "Do(%Meter0=%Slider0/%Dial0); " 程式碼進行上述取值與計算的動作。編輯好上述程式碼後，最後按下儲存 (🖫) 來儲存該嵌入式元件數值變更後的程式碼。同理更改旋鈕的 [數值變更後動作]，並且放入相同的程式碼以及儲存該程式碼。經過這樣的設計後，當您變動滑軌值或旋鈕值時，平均車速的碼錶指標值均會被自動的更新。

　　要注意的是在 Maple 文件中，若想呼叫嵌入式元件之值進行運算，須在元件名稱前加上 "%" 符號。

　　為了避免元件名稱與變數名稱發生混淆，最好的方式是將元件的名稱設定成不易產生混淆的形式。每個嵌入式元件依照各自的用途，擁有不同的元件屬性與元件動作，使用者可在元件上按下滑鼠右鍵，更改元件的名稱、屬性與數值變更時動作。

　　藉由上述的範例，使用者得以將嵌入式元件的數值作為輸入，計算函數的答案，或是以嵌入式元件顯示函數運算的結果。

　　同樣地，透過嵌入式元件與指令的組合與應用，使用者亦可將嵌入式元件的數值作為變數，繪製函數的圖形，或將圖形之屬性提取出來，顯示在元件之中，參考圖 6.22，我們建立一個旋鈕元件 (🎛)、一個繪圖視窗元件 (▼) 與一個數學輸入框元件 ($f(x)$)。我們希望在數學輸入框元件中輸入方程式後，再以旋鈕元件控制繪圖元件中該方程式圖形的繪製範圍，並在繪圖元件中繪製數學輸入框中的方程式圖形的結果。

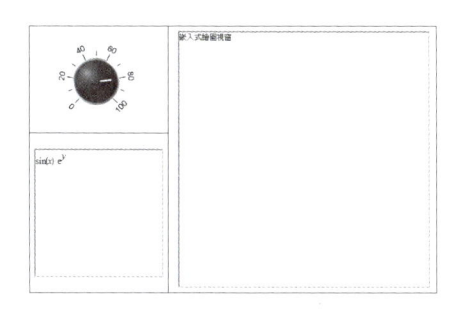

◆ 圖 6.22　繪圖元件的應用

為了讓旋鈕變更時，能夠改變 X 軸範圍的最大值，並且繪製數學輸入框內方程式的圖形到繪圖元件中，因此我們點選旋鈕元件，並且按右鍵選擇［編輯改變數值動作］，在開出的視窗中輸入如圖 6.23 中的程式碼。

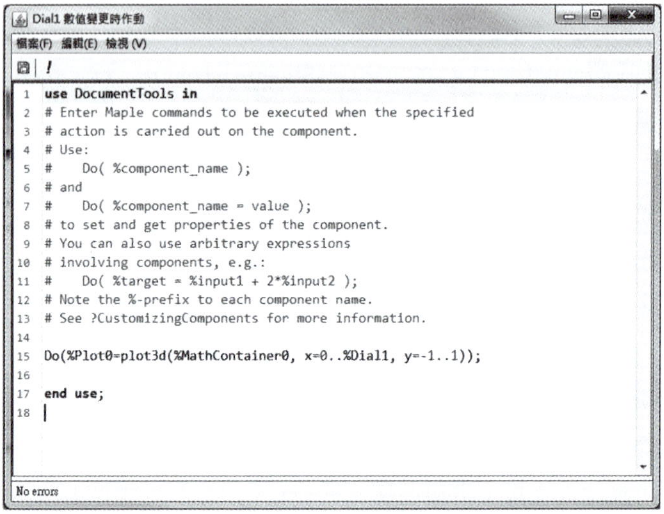
Dial1 數值變更時作動
檔案(F) 編輯(E) 檢視(V)
use DocumentTools in
# Enter Maple commands to be executed when the specified
# action is carried out on the component.
# Use:
#   Do(%component_name);
# and
#   Do(%component_name = value);
# to set and get properties of the component.
# You can also use arbitrary expressions
# involving components, e.g.:
#   Do(%target = %input1 + 2*%input2);
# Note the %-prefix to each component name.
# See ?CustomizingComponents for more information.
Do(%Plot0=plot3d(%MathContainer0, x=0..%Dial1, y=-1..1));
end use;
No errors

圖 6.23　在旋鈕的動作視窗中定義繪圖指令

此處我們以 ***DocumentTools*** 函式庫中的 *Do* 指令包裹整個嵌入式元件的計算，使用 *plot3d* 指令代入繪製數學輸入框元件之值 %MathContainer0，並將繪製的 X 軸範圍指定成 0 至 %Dial1 之間，Y 軸範圍指定為 –1 與 1 之間，再將 *plot3d* 執行的結果指定給繪圖元件 %plot0。

其執行結果如圖 6.24 所示，我們在數學輸入框元件中輸入 後 $\sin(x)\cdot e^{y}$，變動旋鈕到 50 時 , 便可以繪製出該方程式在 X 軸範圍為 0 到 50 之間的圖形。您可以變更不同的旋鈕數值來觀看繪製圖形的變化。

上述介紹了如何透過 *Do* 指令，在元件中顯示函數的結果或將元件之值引用在函數中。與之相對應的是 ***DocumentTools*** 函式庫的 *SetProperty* 指令與 *GetProperty* 指令，*SetProperty* 指令可供使用者設定元件的屬性，而 *GetProperty* 則可讓使用者從元件中提取元件的值。

Chapter 6 圖形化介面的設計

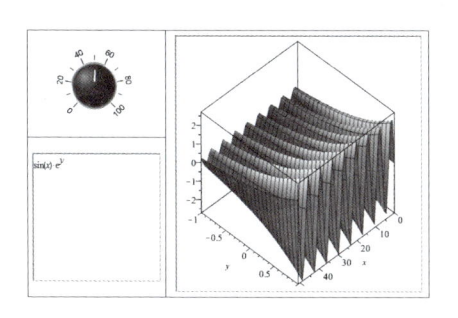

◎ 圖 6.24　以繪圖元件繪製數學輸入框中的函數

　　參考圖 6.25，在此例中，我們指定變數 P 的值為一個以 *animate* 指令繪製三維方程式 $\{[t \cdot (\cos(x) \cdot \cos(y))^2]\}$ 圖形動畫的指令執行結果。此處我們建立一個名為 Plot1 的繪圖元件，並以 *SetProperty* 指令將 Plot1 的屬性『value』之值，指定成 P 之值。結果如圖所示，繪圖元件 Plot1 中，顯示了變數 P 的結果。

$$P := \textit{plots:-animate}\left(\textit{plot3d},\ \left[t \cdot (\cos(x) \cdot \cos(y))^2, x = -\frac{\pi}{2} .. \frac{\pi}{2}, y = -\frac{\pi}{2} .. \frac{\pi}{2}\right], t = -\frac{\pi}{2} .. \frac{\pi}{2}\right):$$
$$\textit{DocumentTools:-SetProperty}(\text{"Plot1"},\text{':-value'},P):$$

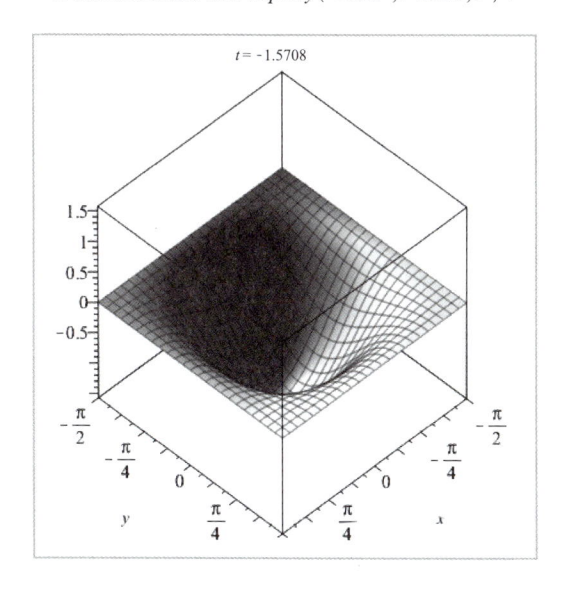

◎ 圖 6.25　以 *SetProperty* 指令設定元件的屬性

187

相反的，參考圖 6.26，若以 GetProperty 提取 Plot1 的屬性『value』之值，則可以得到變數 P 的結果為一個動畫。

指令	說明
SetProperty(id, name, val)	指定嵌入式元件 id 中 name 屬性之值為 val
GetProperty(id, name)	提取嵌入式元件 id 中 name 屬性之值

DocumentTools:-GetProperty("Plot1",'value')

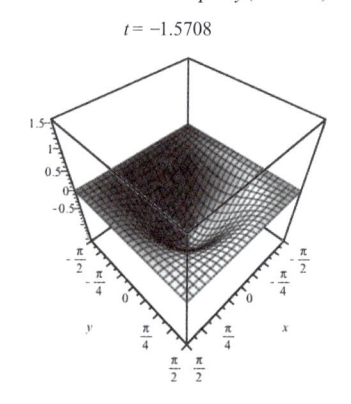

$t = -1.5708$

● 圖 6.26 以 *GetProperty* 提取元件屬性之值

若您還記得第五章的動畫繪製，您將會發現 Maple 的 *animate* 指令繪製出來之動畫，在按下播放鍵 (▶) 後，僅會播放一次便自動停止。事實上播放鍵控制的是繪圖元件的『play』屬性值，當我們播放動畫後，播放屬性『play』值將會由 false 被更改為 true，並在播放一次後再被更改回 false。

參考圖 6.27，除了『value』屬性以外，元件屬性『refresh』是另一個常見的元件屬性，該屬性決定了一個元件在發生變化時，其元件是否即時更新變化後的結果。若我們將屬性『refresh』設定為 true，並按下播放鍵播放動畫 (亦即，將元件屬性『play』值改成 true)。屬性『refresh』將會自動更新屬性『play』值為 true，而不會隨著動畫播放完畢而改成 false，則此時繪圖元件 Plot1 將會因為屬性『refresh』的設定而連續播放動畫。

Chapter 6 圖形化介面的設計

$$P := plots\text{:-}animate\left(plot3d, \left[t\cdot(\cos(x)\cdot\cos(y))^2, x=-\frac{\pi}{2}\mathrel{..}\frac{\pi}{2}, y=-\frac{\pi}{2}\mathrel{..}\frac{\pi}{2}\right], t=-\frac{\pi}{2}\mathrel{..}\frac{\pi}{2}\right):$$
$$DocumentTools\text{:-}SetProperty(\text{"Plot1"},\text{':-value'}, P):$$
$$DocumentTools\text{:-}SetProperty(\text{"Plot1"}, \text{':-refresh'} = true)$$

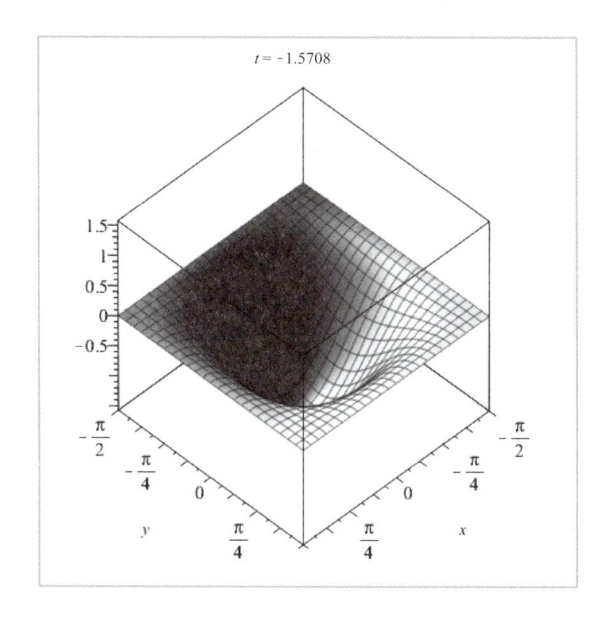

圖 6.27　屬性『refresh』的更改將造成動畫連續播放

　　每種嵌入式元件均擁有各自特有的屬性，不同的嵌入式元件將會有著與其他元件截然不同的屬性，並非全部的屬性均能被 *SetProperty* 所設定，或以 *GetProperty* 所提取。以繪圖元件為例，圖 6.28 為 Maple 協助系統中『PlotComponent』的說明，欄位『G』中若為『X』，即代表該屬性可使用 *GetProperty* 讀取；而欄位『S』中若為『X』，則代表該屬性可使用 *SetProperty* 定義。最後一欄『Option Type』詳列了每一個屬性的資料形態。使用者可透過 Maple 協助系統的『Overview of Embedded Components』頁面查閱每一個元件的屬性特性。

Option	G	S	OptionType
clickx	x		floating point
clicky	x		floating point
continuous		x	true or false
delay	x	x	positive integer
endx	x		floating point
endy	x		floating point
frame	x	x	positive integer
frameBackwards		x	true or false
frameCount	x	x	positive integer
frameForwards		x	true or false
pause		x	true or false
pixelHeight	x		xpositive integer
pixelWidth	x	x	positive integer
play		x	true or false
startx	x		floating point
starty	x		floating point
`stop`		x	ture or false
toEnd		x	true or false
toStart		x	true or false
value	x	x	plot command
visible	x	x	true or false

圖 6.28　嵌入式元件的元件屬性

Chapter 7

字串、串列與陣列

　　數字與字元是計算機語言中最基本的單元,組成了整數、浮點數、字串與陣列等各種不同類型的數據資料。涉及多種不同資料型態的數據運算,是每一位計算機工作者都會面臨的問題。在本章節將討論如何在 Maple 中建立字串與陣列,並操控不同資料型態的數據進行運算。

本章學習目標

- ◆ 認識字串、串列與陣列
- ◆ 字串與陣列的存取
- ◆ 高維陣列與異質陣列
- ◆ 陣列的資料結構
- ◆ 字串與陣列的操控

雖然 Maple 是一個數學運算軟體，但在計算上難免會遇到各種不同資料型態的數據資料。若能熟讀精通字串與陣列的操作指令，則在使用上將會如虎添翼。

7.1 認識字串、串列與陣列

在計算機語言當中，使用者可透過數字及字元組成各式各樣的數據資料，譬如 23.5 可視為一個<u>浮點數</u> (Float)，而「How are you?」則為一個由英文字母、空白符號與問號形成之字串。

各式各樣的數值與<u>字串</u> (String)，可排列成一數列，在 Maple 中依排列的方式與定義的方式，又可以將數列分為<u>陣列</u> (Array) 與<u>串列</u> (List)，在 Maple 中，矩陣與向量可以為以數字組成的陣列，而陣列的維度可以是多維的。串列則是一種一維的數列，Maple 的許多運算結果時常會以串列的方式表達。

7.1.1 建立字串與呈現

表 7-1 字串建立與呈現指令

指令	說明
"char"	使用左右雙引號，建立一個字串 char
printf("…%s…",var)	將變數 var 作為引數，顯示在 %s 位置的字串中

參考表 7-1，在第三章中我們亦已經提過，要建立一個字串變數，可將一完整字串透過雙引號框起來後指定給字串變數。如下式，我們將 3.5/(x^2+1) 用左右雙引號框起來後，指定給變數 char。

$char := $ "3.5/(x^2+1)":

然而，若直接執行這個字串，如下式，我們輸入 char 變數並且執行 <Ctrl>+<=>，則會顯示包含雙引號的結果。

$char = $ "3.5/(x^2+1)"

printf 指令可依照使用者定義的格式，將數據以期望的資料型態輸出在工作視窗中，下例第一式中，我們藉由 printf (char) 來輸出字串的結果，其執行 printf 指令的結果顯示在下式第二式中。

printf(*char*)
```
3.5/(x^2+1)
```

printf 指令也可同時印出多個字串，例如承上例 char 變數的定義，在下例第一式中我們將 char2 變數定義為 "=2"，並在第二式中透過 *printf* 指令，將 char，char2 依序排列呈現，其執行結果便如第三式所示。

char2 := "=2" :
printf("%s%s", *char*, *char2*)
```
3.5/(x^2+1)=2
```

Maple 的字串除了支援 ASCII 中常見的 128 種字元，尚包含一些無法直接以鍵盤輸入的特殊字元，通常以反斜線字元「\」開頭，並加上一個控制碼來描述，例如以下第一式中，我們以"\n"，在兩字串中間建立一個換行符號，讀者可以在第一式的下兩行，看到 *printf* 指令印出的字串被分成了兩行。

printf("%s \n%s", *char*, *char2*)
```
3.5/(x^2+1)
=2
```

7.1.2　字串的存取

表 7-2　擷取字串指令語法

指令	說明
sscanf(char,"...%s...")	提取字串 char 中，%s 部分的字串資料

由於在許多時候，使用者可能僅需字串中一部分的數據資料，故我們需要將字串中的資料提取出來，進行下一步的運算程序。*sscanf* 指令可提取字串中的指定格式的資料，如下例第三式 *sscanf* 指令中，「%s」是格式碼的一種，「s」代表字串之意，透過格式碼「%s」，Maple 將會辨別 char 變數中的數據資料，並從中輸出資料型態為字串的數據。

$char := $ "3.5/(x^2+1)";

$\qquad$ "3.5/(x^2+1)"

$sscanf(char, $ "%s")

$\qquad$ ["3.5/(x^2+1)"]

表 7-3 為 Maple 中常見的指定格式代碼及其對應的資料型態。

表 7-3　指定格式定義

格式代碼	資料型態
%s	字串
%d	整數
%f	浮點數
%a	數學符號

透過不同資料型態的格式代碼，使用者可從字串中擷取出所需的數據進行後續的運算。承上例的 char 變數定義，在下式中，我們透過格式「%f」，擷取字串中的浮點數資料，由於「3.5」後緊接著的是屬於字元的斜線符號「/」，故「/」以後的數據資料將會被忽略，而得到「3.5」的浮點數資料。

$sscanf(char, $ "%f")

$\qquad$ [3.5]

然而，不恰當的格式碼，也有可能造成數據資料的失真，如下式中，我們以「%d」分別提取字串 char 中的整數資料，由於「%d」輸出的是整數，在緊接著數字「3」後的是小數點符號「.」，故 Maple 只會保留整數「3」結果，其他資料將會遺失。

$sscanf(char, $ "%d")

$\qquad$ [3]

如下式中，$sscanf$ 亦可同時從字串中一次提取多筆數據資料：

$sscanf(char, $ "%f/(x^%d+%d)")

$\qquad$ [3.5, 2, 1]

在對字串有所了解的情況下，我們可在雙引號內輸入部分的字串，並將我們須提取資料的部分填入格式代碼，*sscanf* 將會剔除我們輸入的字串，並按照格式碼指定的資料型態提取出我們所需的資料。

相信熟悉 C 程式語言的讀者，對 *sscanf* 這個指令以及格式代碼均不陌生，然而，Maple 提供了更強大的格式代碼 "%a"，供使用者提取字串中的數學式。「%a」是一種特別的格式代碼，可將字串內的數據資料，轉換成 Maple 可辨識的數學符號，這代表了提取出來的數據資料，將可被視為一個函式進行運算。

如下式，透過 %a 格式代碼，擷取出 char 變數中的數學式，並且將之以二維數學模式呈現。

sscanf(char, "%a")

$$\left[\frac{3.5}{x^2+1}\right]$$

如下式，我們便可以將上述擷取出來的數學式 (Maple 中以 % 擷取上次運算的結果)，進行微分運算處理。

$\frac{d}{dx}$ %

$$\left[-\frac{7.0\,x}{(x^2+1)^2}\right]$$

7.1.3 建立串列與陣列

表 7-4　串列與陣列建立指令說明

指令	說明
[char1,char2,...]	將字串 char1、char2、… 組成一個串列
Array(a..b,list)	建立一個 a, a+1, a+2, … b 個索引，內容為串列 list，所組成的陣列。若索引值沒有定義，則代表使用 Maple 預定的索引值取代。

串列與陣列可視為許多數字與字串，根據不同的資料結構組成的結果，參考表 7-4，下式我們用方括號與逗號及已定義過的兩個字串 char 及 char2，定義一個串

列 L。

$L := [char, char2]$

$["3.5/(x\wedge 2+1)", "=2"]$

下式中，我們用 *Array* 指令將串列 [char, char2] 組成一個陣列 A。

$A := Array([char, char2])$

$\begin{bmatrix} "3.5/(x\wedge 2+1)" & "=2" \end{bmatrix}$

眼尖的讀者應該不難發現，雖然串列與陣列均以一個中括號呈現字串的結果，但兩括號在外觀上有些微的不同，串列的方括號比較小，陣列的方括號比較大，串列 L 兩單元間有逗點，而陣列 A 的兩單元間沒有逗點。我們可以透過中括號指定索引值來呼叫串列與陣列中的單元。

下兩式為陣列 A 的第一與第二單元內容：

$A[1]$

$"3.5/(x\wedge 2+1)"$

$A[2]$

$"=2"$

下兩式則為串列 L 的第一與第二單元內容：

$L[1]$

$"3.5/(x\wedge 2+1)"$

$L[2]$

$"=2"$

由於串列 L 與數列 A 均由相同的字串組成，故個別內含的單元資料均相同，沒有資料結構上的差異。我們可以進一步透過 *printf* 指令顯示串列 L 與陣列 A 各單元的結果，其結果也都相同。

$printf("\%s\%s", L[1], L[2])$
```
3.5/(x^2+1)=2
```
$printf("\%s\%s", A[1], A[2])$
```
3.5/(x^2+1)=2
```

Chapter 7　字串、串列與陣列

然而並非所有資料都可以用這種簡單的串列與陣列描述，在許多場合使用二維數列或多維數列來存取資料將會較為便利。

表 7-5　不同製程的資料比較表

	費時	原料	溶劑	定價
製程甲	T	1.5 C	L	$P1 = \dfrac{1.5\,C + L}{T}$
製程乙	2.2 T	C	3 L	$P2 = \dfrac{C + 3\,L}{2.2\,T}$

表 7-5 為一個工廠內不同製程的資料比較表。若我們想要同時描述兩個製程中各參數的影響，則我們可以定義一個二維串列 c，其中，我們將製程甲與製程乙中的各個參數依序定義成串列 a 與串列 b，再將 a、b 串列作為單元定義成另一串列 c。

$a := $ ["T", "2·C", "L", "P1"]

　　　　　　["T", "2*C", "L", "P1"]

$b := $ ["2.2*T", "C", "3*L", "P2"]

　　　　　　["2.2*T", "C", "3*L", "P2"]

$c := [a, b]$

　　　　　　[["T", "2*C", "L", "P1"], ["2.2*T", "C", "3*L", "P2"]]

由於串列 c 中包含子串列 a、b，故 c 為一個二維串列，我們可透過中括號給定索引值來輸出串列的單元。下例第一式中，我們取出 c 串列中的第一個單元，由於 c 串列的第一個單元仍然為一串列，故第二式中透過指定第二個中刮號的索引值為 2，輸出該子串列中第二個單元的值。

$c[1]$

　　　　　　["T", "2*C", "L", "P1"]

$c[1][2]$

　　　　　　"2*C"

然而，以串列的形式呈現數據，當數據資料較龐大時，在呈現上未免讓人眼花

撩亂。Array 指令亦可以採用指定索引維度的形式建立二維數列。下式，透過指定 Array 指令的維度為 "1..2, 1..4"，定義其為一個 2×4 的二維陣列。然而，我們並沒有指定該陣列內的值，因此，Maple 會預設產生一個零陣列。

$Array(1..2, 1..4)$

$$\begin{bmatrix} 0 & 0 & 0 & 0 \\ 0 & 0 & 0 & 0 \end{bmatrix}$$

Array 指令亦允許使用者以已經定義的串列作為陣列的子集。下式我們將上述的串列 c 作為是 Array 指令的引數建立另一個內容為 c 串列的陣列 A：

$A := Array(c)$

$$\begin{bmatrix} "T" & "2*C" & "L" & "P1" \\ "2.2*T" & "C" & "3*L" & "P2" \end{bmatrix}$$

二維陣列呼叫單元的方式與串列相同，如下例第一式，我們可透過一個中括號給定索引值 1，擷取出 A 陣列中的第一個子陣列；再透過另一個中括號給定索引值 2，擷取出該第一個子陣列中的第二個單元的內容。

$A[1]$

$$\begin{bmatrix} "T" & "2*C" & "L" & "P1" \end{bmatrix}$$

$A[1][2]$

$$"2*C"$$

若指定的串列維度與陣列不同時，未指定的單元則依舊為 0，多餘的單元會被忽略。下例第一式中，我們使用 seq 指令產生內容為 1,2,3 序列值的數列，並將之指定給變數 Sub_A，第二式則透過 Array 指令建立一個 2×4 的陣列，其陣列內容來自 Sub_A 數列變數，其執行結果顯示第一行的值為 1、2，因為沒有第三列，所以 Sub_A 的第三個數 3 就被忽略，而其他行因為沒有指定，因此其值均為 0。

$Sub\_A := seq(i, i = 1..3)$

$$1, 2, 3$$

Chapter 7　字串、串列與陣列

$Array(1..2, 1..4, [Sub\_A])$

$$\begin{bmatrix} 1 & 0 & 0 & 0 \\ 2 & 0 & 0 & 0 \end{bmatrix}$$

　　除了透過串列以外，若陣列的各單元有一定的關係，甚至可透過函數式，建立特殊的陣列。在下例第一式中，我們定義 g(a,b) 為一索引值為 a、b 的函數，並在第二式中透過 $Array$ 指令指定第一個維度為 1..3 共 3 個維度，指定第二個維度為 1..4 共 4 個維度，並將 g 函數當作是第三個引數，讓 $Array$ 指令依此函數以及先前兩個引數作為索引值，建立一個 3×4 的二維陣列，$Array$ 指令會將每個單元的索引值 (m, n) 代入 g(a,b) 計算 g(m,n) 的結果，作為陣列中各單元的值。

$g := (a, b) \rightarrow x^a \cdot y^b :$
$M := Array(1..3, 1..4, g)$

$$\begin{bmatrix} xy & xy^2 & xy^3 & xy^4 \\ x^2y & x^2y^2 & x^2y^3 & x^2y^4 \\ x^3y & x^3y^2 & x^3y^3 & x^3y^4 \end{bmatrix}$$

　　值得一提的是，當透過 $Array$ 指令建立陣列時，使用者可以自由選定索引值的範圍，譬如下式中透過 $Array$ 指令建立一個第一個維度索引值為 1、2、3，第二個維度索引值為 2、3、4 的 3×3 內容均為 0 的零矩陣。

$Spec\_A := Array(1..3, 2..4)$
$Array(1..3, 2..4, \{\,\}, datatype = anything, storage = rectangular, order = Fortran\_order)$

　　Maple 依然會建立一個陣列，並且依我們定義的範圍定義索引值。因此我們在下例第一式中可以正常擷取到 Spec_A[1][2] 的內容，但在第二式中，由於第二維度的陣列列數索引值設定在 2 至 4 之間，故若要擷取 Spec_A 陣列中第二維度列數為 1 的單元值，Maple 會顯示索引值超出範圍 (Error , Array index out of range) 的錯誤。

$Spec\_A[1][2]$

　　　　　0

$Spec\_A[1][1]$
Error, Array index out of range

199

> **🔍 Key**

這種方式屬於較進階的用法，對於初學者來說容易造成單元呼叫的錯亂，建議在初學的時候，避免使用過於複雜的陣列索引方式。若要處理如此複雜的矩陣，則可以善用 *ArrayTools* 函式庫中的 *Size* 與 *Dimensions* 指令，了解矩陣的維度與界限。

在下例中，第一式將 ***ArrayTools*** 函式庫透過 *with* 指令載入；第二式則是透過 *Size* 指令代入 Spec_A 陣列名稱，找出 Spec_A 的陣列維度為 [3, 3]；第三式則透過 *Dimensions* 指令，代入 Spec_A 陣列名稱，找出 Spec_A 陣列的各個維度索引值的範圍為 [1..3, 2..4]。

$with(ArrayTools)$:
$Size(Spec\_A)$
$$\begin{bmatrix} 3 & 3 \end{bmatrix}$$
$Dimensions(Spec\_A)$
$$[1..3, 2..4]$$

7.1.4 串列與陣列的存取

此處我們重新討論表 7-5 中不同製程的處理範例。若您了解字串的存取，則我們可以透過運用格式代碼提取字串的數據資料，實現字串陣列間的運算。例如下式中，我們定義一個維度為 2×4 的文字串列陣列 A，用此陣列 A 當作是包含製程甲資料與製程乙資料的陣列，後三式中，透過 *sscanf* 指令代入不同的格式代號取出特定維度中的數字與文字部分。

$A := Array([\ ["T", "2 \cdot C", "L", "P1"], ["2.2*T", "C", "3*L", "P2"]\ ])$

$$\begin{bmatrix} "T" & "2*C" & "L" & "P1" \\ "2.2*T" & "C" & "3*L" & "P2" \end{bmatrix}$$

$sscanf(A[2][1], "\%s")$
$$["2.2*T"]$$
$sscanf(A[2][1], "\%f")$
$$[2.2]$$
$sscanf(A[2][1], "\%f \cdot \%a")$
$$[2.2, T]$$

Chapter 7　字串、串列與陣列

下三式中,我們則計算製程甲與製程乙中,每個參數的差異。

$sscanf(A[1][1], \text{"\%a"}) - sscanf(A[2][1], \text{"\%a"})$

$$[-1.2\ T]$$

$sscanf(A[1][2], \text{"\%a"}) - sscanf(A[2][2], \text{"\%a"})$

$$[C]$$

$sscanf(A[1][3], \text{"\%a"}) - sscanf(A[2][3], \text{"\%a"})$

$$[-2\ L]$$

從此案例中可知,每個製程的訂價,等於每個製程中原料與溶劑的和,除以所耗費的時間(如表 7-5 所述)。我們可將字串陣列中的單元進行運算,算出兩製程的訂價。下例第一式與第二式分別取出各製程中的第一個單元為所耗費時間,第二個單元為原料值,第三個單元為溶劑值。在後二式中則分別計算兩個製程的訂價 r1 與 r2。

$value\_A1 := sscanf(A[1][1], \text{"\%a"}):$
$value\_A2 := sscanf(A[1][2], \text{"\%a"}):$
$value\_A3 := sscanf(A[1][3], \text{"\%a"}):$
$value\_B1 := sscanf(A[2][1], \text{"\%a"}):$
$value\_B2 := sscanf(A[2][2], \text{"\%a"}):$
$value\_B3 := sscanf(A[2][3], \text{"\%a"}):$

$$r1 := \frac{value\_A2[1] + value\_A3[1]}{value\_A1[1]}$$

$$\frac{2\ C + L}{T}$$

$$r2 := \frac{value\_B2[1] + value\_B3[1]}{value\_B1[1]}$$

$$\frac{0.4545454545\ (C + 3\ L)}{T}$$

上面的方法雖然可進行字串陣列間的運算,然而當陣列的長度非常大時,使用這種個別單元呼叫並計算的方式,在運算上將會耗費大量的時間且不實際。若能直接以陣列作為引數,代入方程式中進行運算,則可以省去這種逐次呼叫單元的時間。

然而,在一般的情形下,Maple 中的引數均是透過傳值呼叫 (Call by Value) 的方式傳到函式中,如下第一式代表 Fun(x)=print(x^2),所以若我們求 Fun(2) 將會得到 "4" 的結果。下式第二式中,我們定義 Ind_A 為由 1 到 4 的 4 個索引值數列;在下式第三式中,我們則將 Ind_A 數列值當成是自變數代入 Fun(x) 函數中,而得到 [1,2,3,4]^2

的結果。

$Fun := x \to print(x^2):$
$Ind\_A := [1, 2, 3, 4]:$
$Fun(Ind\_A)$

$$[1, 2, 3, 4]^2$$

map 為另一個便捷的指令，可進行單元的映射，使用者可將陣列的單元作為引數，代入方程式中進行運算。下例第一式中我們便將 Ind_A 數列 [1,2,3,4] 逐項抽出代入 map 指令的第一項方程式中，其執行的結果如下例之 2 到 5 行所示。

表 7-6　可將陣列單元進行映射的 *map* 指令

指令	說明
map(fcn,list)	將數列 list 中的單元透過函數 fcn 進行映射。

$map(x \to print(x^2), Ind\_A)$

　　　　1
　　　　4
　　　　9
　　　　16
　　　　[ ]

事實上，除了 map 指令外，在 Maple 中仍有許多方法可以進行類似的單元操作。如在以下例子之前三行中，我們透過『迴圈』指令，將數列 Ind_A 索引單元的值代入方程式 Fun 中進行運算，一樣可以得到如上例中的 1、4、9、16 的結果值。有關『迴圈』將在第十二章中詳細說明。

for *i* **from** 1 **to** 4 **do**
　$Fun(Ind\_A[i])$
　end do

　　　　1
　　　　4
　　　　9
　　　　16

7.2 異質陣列與高維陣列

若要探討更複雜的陣列,則有需要進一步了解陣列與串列的結構。

串列跟陣列看似不同,但又有許多相似之處,然而,若直接將串列與陣列相互運算,如下例子之第一式設定 a1 為陣列其內容為 [1 1 1],第二式設定 s1 為串列其內容為 [1,2,3],第三式則計算 a1+s1。我們可以發現 Maple 將兩者視為不同的物件,並不會合併在一起。讀者可以觀察到例子中的陣列與串列之括號有些微的差異,在 Maple 中,串列與陣列擁有不同的資料結構。

$a1 := Array(1..3, 1)$

$$\begin{bmatrix} 1 & 1 & 1 \end{bmatrix}$$

$s1 := [1, 2, 3]$

$$[1, 2, 3]$$

$a1 + s1$

$$[1, 2, 3] + \begin{bmatrix} 1 & 1 & 1 \end{bmatrix}$$

7.2.1 陣列的資料結構

rtable 是 Maple 中的一種低階程序陣列。無論是陣列、向量或矩陣,其資料結構皆為 rtable 的一種變化,而串列則是截然不同結構數列。在 Maple 中,這些儲存結構上的差異,將造成這些物件有時並不能合併運算。下面是一個有趣的案例,v1 為一個 6 個單元的向量,而 v2 為一個以三個單元的行向量組合成的一個 2×1 矩陣,雖然兩者看起來並沒有不同,然而在 Maple 中兩者實為不相同的陣列,無法進行運算,因此 v1+v2 所執行的結果便會產生錯誤。

$v1 := Vector(6, 1)$

$$\begin{bmatrix} 1 \\ 1 \\ 1 \\ 1 \\ 1 \\ 1 \end{bmatrix}$$

$v2 := \langle\langle 1, 2, 3\rangle, \langle 4, 5, 6\rangle\rangle$

$$\begin{bmatrix} 1 \\ 2 \\ 3 \\ 4 \\ 5 \\ 6 \end{bmatrix}$$

$v1 + v2$
Error, (in rtable/Sum) invalid arguments

> **Key**
>
> 透過 Vector 與 Matrix 指令，可分別在 Maple 當中建立向量與矩陣，詳細的用法將在第十章中介紹。

在數學上，一個純粹由數字組成的一維數列與二維數列，可分別視為是向量與矩陣。然而，由於 Maple 並沒有限制串列與陣列單元的資料型態，為避免造成資料的錯亂，Maple 對於串列與陣列的運算有一些嚴格的定義。

當使用者透過 Maple 建立向量、矩陣或是陣列時，Maple 會先產生相對應的 rtable 陣列，再將 rtable 陣列中的值，指定為向量、矩陣或陣列中的各個單元。事實上，當我們以 *Vector* 或 *Matrix* 指令建立一個向量或矩陣時，我們並不只是定義一個以特定方式排列的數列，Maple 同時還定義了這個陣列的屬性。下例第一式中我們定義一個索引值為 1 到 3，內容為 [x,y,z] 的陣列，接著在第二式中利用 *rtable_options* 指令查看一個陣列的屬性，包含**資料型態** (Datatype)、**儲存模式** (Storage) 與**資料排序方法** (Order) 等。

表 7-7　可顯示 Maple 中陣列屬性的指令

指令	說明
rtable_options(A)	顯示 rtable 物件 A 的屬性

$with(LinearAlgebra):$
$a := Array(1..3, [x, y, z])$

Chapter 7 字串、串列與陣列

$$\begin{bmatrix} x & y & z \end{bmatrix}$$

rtable_options(*a*)

> *datatype* = *anything, subtype* = *Array,*
> *storage* = *rectangular, order* = *Fortran_order*

同樣的,我們也可以以 rtable_options 了解一個向量或矩陣的屬性。

with(*LinearAlgebra*) :
$v := Vector_{row}(3, [x, y, z])$

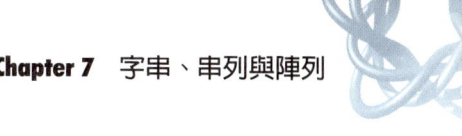

$$\begin{bmatrix} x & y & z \end{bmatrix}$$

$m := Matrix(1, 3, [x, y, z])$

$$\begin{bmatrix} x & y & z \end{bmatrix}$$

rtable_options(*v*)

> *datatype* = *anything, subtype* = $Vector_{row}$,
> *storage* = *rectangular, order* = *Fortran_order*

rtable_options(*m*)

> *datatype* = *anything, subtype* = *Matrix,*
> *storage* = *rectangular, order* = *Fortran_order*

仔細比較 a, v, m 三者的屬性,您可以發現三者的子類 (Subtype) 並不相同。矩陣的子類為 *Array*,而向量跟矩陣此處分別顯示 Vector$_{row}$ 與 Matrix,這屬性上的差異造成了三者擁有迥異的資料結構。

由於在以計算機進行數學計算時,時常會有這種數學上同構 (Isomorphic),在計算機中卻擁有不同資料型態,導致運算上困難的情形。Maple 在 16 版之後,新增了一個十分便捷的工具,可用於消弭這種資料形態造成的差異。使用者可透過在符號前面添入一個「~」符號,來將資料強制指定成我們要求的結構形式,以下我們重新探討先前的範例:

$v := Vector(3, [a, b, c])$

$$\begin{bmatrix} a \\ b \\ c \end{bmatrix}$$

$m := Matrix(3, 1, [x, y, z])$

$$\begin{bmatrix} x \\ y \\ z \end{bmatrix}$$

$$\sim Vector(m) + v$$

$$\begin{bmatrix} x+a \\ y+b \\ z+c \end{bmatrix}$$

上式中我們先分別定義 v、m 為一個三個單元的行向量,內容為 a、b、c;接著,在第二式中定義 m 為 3×1 的矩陣,內容為 x、y、z;最後,在第三式中,利用 ~Vector(m) 指令強制將矩陣 m 轉換成向量,再跟向量 v 做加法運算,這時的運算結果就不會出現擾人的訊息了!

🔍 Key

透過此種方式進行不同資料結構的運算時,要特別注意資料結構的變化,以免造成轉換過程中資料的不媒合,詳細的用法可參考 Maple 協助系統中的 Data Type Coercion 說明。

若要進行非常大型的陣列運算,Maple 也允許使用者直接以 rtable 定義陣列進行運算,這種低階的陣列甚至擁有「Thread-Safe」的特性,可支援多執行緒的分散式運算。rtable 的運算屬於較進階的用法,有興趣的讀者可自行參考 Maple 的協助文件中的 rtable。值得一提的是,由於陣列、向量與矩陣的資料結構都可視為 rtable 的一種變形,除了上一章節介紹的 fill 與 shape 外,使用者也可以 rtable 中的結構屬性,定義向量及矩陣的類型與特性,譬如在下式中,我們以選項 readonly 將該向量的單元定義為只可讀取,不可改寫。

$$V1 := Vector([1, 2, 3], readonly = true)$$

$$\begin{bmatrix} 1 \\ 2 \\ 3 \end{bmatrix}$$

Chapter 7 字串、串列與陣列

若使用者嘗試將變數 V1 中的單元進行更改，將會得到第二行的錯誤訊息，代表您不能夠指定變數給只能夠被讀取的向量。

V1[1] := *x*
Error, cannot assign to a read-only Vector

🔍 Key

特別注意的是，由於串列並不是以 rtable 為基礎所建立的，因此並不存在這種結構屬性，也無法以 rtable 的結構屬性定義數列的特性。有關串列的操作有興趣可參考 Maple 協助系統中的 ListTools，此章節中不再贅述。

7.2.2 陣列與串列傳遞引數的機制

通常，一個串列或是一個陣列代表的是一組數據的集合。在許多時候，使用者並不在乎數列中各單元的內容，而僅需將此數列進行運算，而得到另一數列的結果，譬如圖 7.1 中，我們想要將 F(x) 中的 x 分別以 [a,b,c,d] 數列值取代，而求出 [F(a), F(b), F(c), F(d)] 的結果。

$$[a,b,c,d] \rightarrow F(x) \rightarrow [F(a),F(b),F(c),F(d)]$$

◉ 圖 7.1　數列的函數運算示意圖

在一般的情形下，Maple 中的引數是透過傳值呼叫的方式傳到函式中，如下式為先前舉例之傳值呼叫方式與結果。

$Fun := x \rightarrow print(x^2)$:
$Ind\_A := [1, 2, 3, 4]$:
$Fun(Ind\_A)$

$$[1, 2, 3, 4]^2$$

若我們直接將一代表串列的引數「Ind_A」代入方程式 Fun(x) 中，Maple 會將整個串列代入 Fun(x) 函數中進行運算，而非將串列中的單元代入，因此所得到的結果為 [1, 2, 3, 4]^2。

然而，由於陣列的長度可能很長，考量到執行上的效率，Maple 將採用傳址呼

叫 (Call by Address) 的方式，將陣列的位址內的值傳遞到函式中進行運算。如下第二式中，我們定義 Ind_A 為 [1,2,3,4] 的陣列，在第二式中再將 Ind_A 的陣列代入 Fun(x) 中為自變數進行函數運算。

$Fun := x \rightarrow print(x^2):$
$Ind\_A := Array([1, 2, 3, 4]):$
$Fun(Ind\_A)$

$$\begin{bmatrix} 1 & 4 & 9 & 16 \end{bmatrix}$$

事實上，雖然使用者在工作視窗中看到的陣列包含一個大大的中括號，這其實只是 Maple 在視窗中呈現陣列的形式，你可以發現陣列並不像串列內含有中括號及逗點等單元。

有鑑於傳值呼叫使用上的限制，map 是 Maple 用於函數映射的一個強大指令，可將一個集合經過一個函數映射成另外一個集合，可用於傳遞串列的單元。下面例子中的第一式，我們定義串列 Ind_A 為 [1,2,3,4] 的串列，在第二式中定義 Map_Fun(y) 為將 y 值代入後映射到 $print(x^2)$ 的函數，在第三式中將 Ind_A 代入 Map_Fun(y) 函數內，執行的結果便可以依序顯示了！

$Ind\_A := [1, 2, 3, 4]:$
$Map\_Fun := y \rightarrow map(x \rightarrow print(x^2), y):$
$Map\_Fun(Ind\_A)$

$$1$$
$$4$$
$$9$$
$$16$$
$$[\ ]$$

除了 map 指令與迴圈外，**ArrayTools** 函式庫也提供了一些指令可進行單元的操作。下式中我們先用 Array 指令定義 E_P 為一個 3×3 的陣列。

$E\_p := Array([[x, y, z], [u, v, w], [a, b, c]])$

$$\begin{bmatrix} x & y & z \\ u & v & w \\ a & b & c \end{bmatrix}$$

Chapter 7　字串、串列與陣列

下式中我們先使用 *with(ArrayTools)* 將函式庫先載入，再藉由 ***ArrayTools*** 函式庫中 *ElementPower* 指令，代入第一個引述為 E_P 陣列，第二個引述為 2 作為陣列中的值的次方數。因此經過計算後，每個陣列內單元值均為原單元值的平方。

表 7-8　***ArrayTools*** 中用於單元操作的常見指令

指令	說明
ElementPower(A,B)	以物件 B 作為物件 A 單元的次方
ElementMultiply(A,B)	將 A、B 物件相乘
ElementDivide(A,B)	將 A 物件除以 B 物件

$ElementPower(\text{E\_p}, 2)$

$$\begin{bmatrix} x^2 & y^2 & z^2 \\ u^2 & v^2 & w^2 \\ a^2 & b^2 & c^2 \end{bmatrix}$$

下式中，則藉由 ***ArrayTools*** 函式庫之 *ElementMultiply* 指令，對 E_P 陣列進行乘法運算，其中 *ElementMultiply* 指令的第二個引數則為「乘數」。

$ElementMultiply(\text{E\_p}, 2)$

$$\begin{bmatrix} 2x & 2y & 2z \\ 2u & 2v & 2w \\ 2a & 2b & 2c \end{bmatrix}$$

下式中，我們再藉由 ***ArrayTools*** 函式庫中的 *ElementDivide* 指令，對陣列 E_P 進行除法運算，其中 *ElementMultiply* 指令的第二個引數則為「除數」。

$ElementDivide(\text{E\_p}, 2)$

$$\begin{bmatrix} \dfrac{1}{2}x & \dfrac{1}{2}y & \dfrac{1}{2}z \\ \dfrac{1}{2}u & \dfrac{1}{2}v & \dfrac{1}{2}w \\ \dfrac{1}{2}a & \dfrac{1}{2}b & \dfrac{1}{2}c \end{bmatrix}$$

下二式則爲 *AddAlongDimension* 指令，分別是將陣列的同一行值相加後依序排放，以及同一列的值相加後依序排放的結果。

AddAlongDimension(*E_p*, 1)
$$\begin{bmatrix} x+u+a & y+v+b & z+w+c \end{bmatrix}$$

AddAlongDimension(*E_p*, 2)
$$\begin{bmatrix} x+y+z & u+v+w & a+b+c \end{bmatrix}$$

下二式則爲 *MultiplyAlongDimension* 指令，將陣列的同一行值相乘後依序排放，以及同一列的值相乘後依序排放。

MultiplyAlongDimension(*E_p*, 1)
$$\begin{bmatrix} xua & yvb & zwc \end{bmatrix}$$

MultiplyAlongDimension(*E_p*, 2)
$$\begin{bmatrix} xyz & uvw & abc \end{bmatrix}$$

各位應該不難看出，上述指令均爲一些簡單的單元運算，然而，若使用者並不需要將陣列中的單元進行非常複雜的運算，而在意的是將陣列中的單元與其他單元進行運算，則這些指令將非常適用。有關 ***ArrayTools*** 函式庫的介紹，將在後續的章節中更詳細的說明。

7.2.3 異質串列與異質陣列

前述我們介紹了以字串組成的字串陣列，以及以數字組成的數字陣列。然而在 7.1.3 的範例中，當我們將串列 a 與 b 定義成串列 c 時，串列 c 的單元爲兩個一維數列，那此時串列中的單元，資料型態又是什麼呢？

在 Maple 中，無論是串列還是陣列，其資料型態並沒有任何限制，使用者不但可以各種資料型態的數據組合成串列與陣列，甚至可以在同一個串列與陣列中存放不同資料型態的資料，形成一個異質串列或異質陣列。以下二式爲例，*l* 與 a 分別爲由變數、字串與數值所構成的異質串列與異質陣列。

l := ([*x*, "Maple", 25.3])
$$[x, \text{"Maple"}, 25.3]$$

Chapter 7　字串、串列與陣列

$a := Array([y, \text{"I love"}, 5.3])$
$$\begin{bmatrix} y & \text{"I love"} & 5.3 \end{bmatrix}$$

同樣的，我們可將這些串列或陣列作為另一個串列或陣列的單元。以下二式為例，我們分別將串列 l 與陣列 a 作為單元，建立一個異質串列 L，再將此串列 L 作為子集，建立一個二維異質陣列 A。可以看到此陣列中包含數學符號 x、字串 "Maple"、浮點數 25.3 與一維陣列 [y "I love" 5.3] 等各種不同資料型態的數據。

$L := [l, a]$
$$\begin{bmatrix} [x, \text{"Maple"}, 25.3], \begin{bmatrix} y & \text{"I love"} & 5.3 \end{bmatrix} \end{bmatrix}$$

$A := Array(L)$
$$\begin{bmatrix} x & \text{"Maple"} & 25.3 \\ \begin{bmatrix} y & \text{"I love"} & 5.3 \end{bmatrix} & 0 & 0 \end{bmatrix}$$

值得一提的是，我們可以透過索引值，查看二維陣列 L 中各個單元的值，下面的式子分別叫出串列 L 的單元值與陣列 A 的子陣列值與單元值。

$L[1]$
$$[x, \text{"Maple"}, 25.3]$$

$L[2]$
$$\begin{bmatrix} y & \text{"I love"} & 5.3 \end{bmatrix}$$

$A[1]$
$$\begin{bmatrix} x & \text{"Maple"} & 25.3 \end{bmatrix}$$

$A[2]$
$$\begin{bmatrix} \begin{bmatrix} y & \text{"I love"} & 5.3 \end{bmatrix} & 0 & 0 \end{bmatrix}$$

$A[2][1]$
$$\begin{bmatrix} y & \text{"I love"} & 5.3 \end{bmatrix}$$

由於串列 L 與陣列 A 中的單元包含陣列，故可以進一步以索引值呼叫其單元，下式前三式即分別叫出串列 L 的單元並進行運算，後三式則分別叫出陣列 A 的單元並進行運算。

$L[1][1]$

$$x$$

$L[2][1]$

$$y$$

$\dfrac{L[1][1]}{L[2][1]}$

$$\dfrac{x}{y}$$

$A[1][3]$

$$25.3$$

$A[2][1][3]$

$$5.3$$

$A[1][3] - A[2][1][3]$

$$20.0$$

有時候，串列與陣列甚至全由數字組成，我們可將其化成向量或矩陣的形式，並透過線性代數相關的指令與函式庫進行更靈活的運算，此部分的應用將在第十章中作更深入的介紹。

7.2.4 多維陣列

在一般的情形下，二維陣列已足以描述大部分類型的數據資料。然而，若要進行複雜的資料庫管理，或是張量等多維空間的運算，二維陣列又顯得有些不敷使用。

若讀者已掌握了先前的章節中陣列的建立技巧，相信應該不難猜到，只要添加索引的數目，就可以提高陣列的維度，以下式為例，因為指定 *Array* 指令中的索引有三組，個數分別為 3、4、2，因此形成的陣列 A 為一個 3×4×2 的三維陣列。

$A := Array(1..3, 1..4, 1..2)$

$$\begin{bmatrix} 1..3 \times 1..4 \times 1..2 \ Array \\ Data\ Type:\ anything \\ Storage:\ rectangular \\ Order:\ Fortran\_order \end{bmatrix}$$

Chapter 7 字串、串列與陣列

若將陣列 A 的每一個單元依序排列，一個 3×4×2 的三維陣列 A 可視為是 3 個 4×2 的二維陣列組合的結果，如圖 7.2 所示。

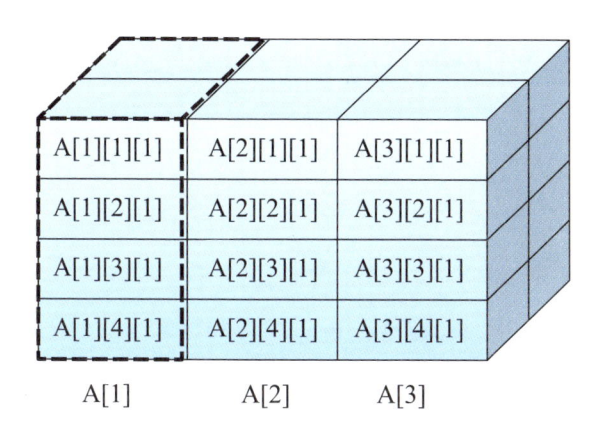

◆ 圖 7.2　陣列 A 的三個二維子陣列

其中，A 的子陣列 A[1]、A[2]、A[3] 分別為三個 4×2 的陣列，圖 7.3 為 A[1] 子陣列的示意圖 7-3。

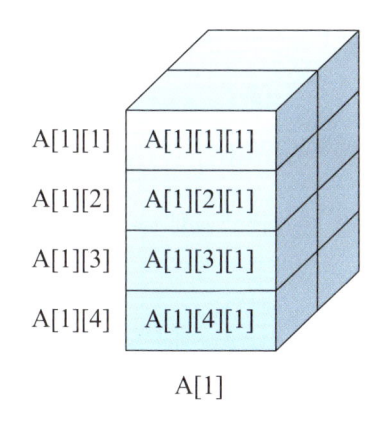

◆ 圖 7.3　子陣列 A[1] 的示意圖

若將 A[1] 視為一個陣列，再探討其子陣列，則可拆解成 A[1][1]、A[1][2]、A[1][3]、A[1][4] 四個 1×2 的子陣列，以此類推，讀者可以自行類比其他高維的陣列。

高維的異質陣列時常應用在資料的管理與統計當中，此處讓我們延伸討論 7.1.3 節的範例，如表 7-9，將原先的製程數據定義為 A 工廠的資料，而新增一組 B 工廠的

數據資料如表 7-10。

表 7-9　A 工廠的製程數據

	費時	原料	溶劑	定價
製程甲	T	1.5 C	L	$P1 = \dfrac{1.5\,C + L}{T}$
製程乙	2.2 T	C	3 L	$P2 = \dfrac{C + 3\,L}{2.2\,T}$

表 7-10　B 工廠的製程數據

	費時	原料	溶劑	定價
製程甲	1.25 T	1.6 C	0.8 L	$P1 = \dfrac{1.6\,C + 0.8\,L}{1.25\,T}$
製程乙	2 T	C	2 L	$P2 = \dfrac{C + 3\,L}{2\,T}$

首先我們可以先建立如下式中的 Fab_A 與 Fab_B 兩個不同資料結構的異質陣列：

$Fab\_A := Array([["費時", "原料", "溶劑"], ["T", "2·C", "L"], ["2.2*T", "C", "3*L"]])$

$$\begin{bmatrix} "費時" & "原料" & "溶劑" \\ "T" & "2*C" & "L" \\ "2.2*T" & "C" & "3*L" \end{bmatrix}$$

$Fab\_B := Array([["費時", "原料", "溶劑"], ["1.25·T", "1.6·C", "0.8·L"], ["2*T", "C", "2*L"]])$

$$\begin{bmatrix} "費時" & "原料" & "溶劑" \\ "1.25*T" & "1.6*C" & "0.8*L" \\ "2*T" & "C" & "2*L" \end{bmatrix}$$

接著將上述兩個二維異質陣列透過如下式的 *Array* 指令，合併成一個三維的異質陣列。

$Data := Array([Fab\_A, Fab\_B])$

$$\left[\begin{bmatrix} "費時" & "原料" & "溶劑" \\ "T" & "2*C" & "L" \\ "2.2*T" & "C" & "3*L" \end{bmatrix} \begin{bmatrix} "費時" & "原料" & "溶劑" \\ "1.25*T" & "1.6*C" & "0.8*L" \\ "2*T" & "C" & "2*L" \end{bmatrix}\right]$$

依照 7.1.3 節呼叫 *sscanf* 指令的方法，我們分別擷取出 A 工廠甲乙製程的時間 (*a1*、*b1*)、原料 (*a2*、*b2*)、溶劑 (*a3*、*b3*) 及 B 工廠甲乙製程的時間 (*x1*、*y1*)、原料 (*x2*、*y2*)、溶劑 (*x3*、*y3*)，接著便可以利用定價公式，分別計算出兩工廠中每個製程的定價。

$a1 := sscanf(Data[1][2][1], "\%a") :$
$a2 := sscanf(Data[1][2][2], "\%a") :$
$a3 := sscanf(Data[1][2][3], "\%a") :$
$b1 := sscanf(Data[1][3][1], "\%a") :$
$b2 := sscanf(Data[1][3][2], "\%a") :$
$b3 := sscanf(Data[1][3][3], "\%a") :$
$x1 := sscanf(Data[2][2][1], "\%a") :$
$x2 := sscanf(Data[2][2][2], "\%a") :$
$x3 := sscanf(Data[2][2][3], "\%a") :$
$y1 := sscanf(Data[2][3][1], "\%a") :$
$y2 := sscanf(Data[2][3][2], "\%a") :$
$y3 := sscanf(Data[2][3][3], "\%a") :$

$P\_A1 := \dfrac{a2[1] + a3[1]}{a1[1]}$

$$\dfrac{2\,C + L}{T}$$

$P\_A2 := \dfrac{b2[1] + b3[1]}{b1[1]}$

$$\dfrac{0.4545454545\,(C + 3\,L)}{T}$$

$P\_B1 := \dfrac{x2[1] + x3[1]}{x1[1]}$

$$\dfrac{0.8000000000\,(1.6\,C + 0.8\,L)}{T}$$

$$P\_B2 := \frac{y2[1]+y3[1]}{y1[1]}$$

$$\frac{1}{2}\frac{C+2L}{T}$$

7.3 字串與陣列的操控

為了從字串與陣列中分離出所需的數據資料，Maple 提供了專門的函式庫 **StringTools** 與 **ArrayTools** 供使用者操縱字串與陣列。上述文中已經介紹了 **ArrayTools** 的部分指令，以下將再繼續介紹這些函式庫中的一些重要的指令。

🔍 Key

此章節的指令均是透過 **StringTools** 與 **ArrayTools** 函式庫中的指令完成，故使用前必須先行以 with(StringTools) 及 with(ArrayTools) 呼叫函式庫。除了本章節中介紹的指令外，**StringTools** 與 **ArrayTools** 兩函式庫中尚提供了許多指令，可進行更靈活操控字串與陣列，有興趣的讀者可前往 Maple 協助系統中了解。

7.3.1 探索字串中的字元

在進行字串的運算前，充分了解字串的資料型態與特性，將有助於使用者分解或擷取字串中的資料。

當字串並不複雜時，使用者可以直接觀看字串的內容來了解字串的特性。然而，若當字串非常多或是非常龐大時，我們勢必須透過各種方法來驗證字串性質。因此可以利用 with(StringTools) 方式來載入 **StringTools** 函式庫，使用此函式庫指令來幫助進行驗證。

IsASCII 可驗證字串中是否包含不屬於 ASCII 的特殊字元，下例第一式中，由於字串 "1000 元" 中包含不屬於 ASCII 字元的 "元"，故呼叫 IsASCII 指令將會得到 false 的結果。但在第二式與第三式中，若我們以數字及英文組成字串時，呼叫 IsASCII 指令則會得到 true 的結果。

Chapter 7 字串、串列與陣列

表 7-11 *StringTools* 函式庫中用以驗證字元屬性的常見指令

指令	說明
IsAlpha(char)	驗證字串 char 中的字元是否均為英文字母
IsASCII(char)	驗證字串 char 中的字元是否均屬 ASCII
IsBinaryDigit(char)	驗證字串 char 中的字元是否均屬二進位中的字元
IsDigit(char)	驗證字串 char 中的字元是否均屬十進位中的字元
IsHexDigit(char)	驗證字串 char 中的字元是否均屬十六進位中的字元
IsLower(char)	驗證字串 char 中的字元是否均屬小寫英文字母
IsOctalDigit(char)	驗證字串 char 中的字元是否均屬八進位中的字元
IsUpper(char)	驗證字串 char 中的字元是否均屬大寫英文字母

IsASCII("1000元")

    false

IsASCII("1000 dollars")

    true

IsASCII("23.3")

    true

IsHexDigit、 *IsBinaryDigit* 與 *IsOctalDigits* 指令則可以分別驗證字串中，是否包含十六進位、二進位與八進位以外的字元，是計算機工作者在進行字串資料的進位轉換時，一個非常方便的工具。在以下第一式中，由於「a」、「b」、「c」屬於 16 進位中的第 11、12、13 個字元，故透過 *IsHexDigit* 指令驗證，可得到 true 的結果。第二式中，*IsBinaryDigit* 指令內字元中，若包含「0」與「1」以外的字元時，其驗證結果為 false；相反地，在第三式中，字元均為「0」與「1」，所以驗證的結果為 true。 *IsOctalDigit* 指令是判定字元中是否均為 8 進位的驗證指令，故不能含有 0 至 7

以外的字元。因此在第四式中均為 0~7 內的數值,驗證結果為 true ;第五式則因為含有 0~7 以外的數值,因此驗證結果為 false。

  IsHexDigit("abc")

     true

  IsBinaryDigit("abc")

     false

  IsBinaryDigit("11010")

     true

  IsOctalDigit("01234567")

     true

  IsOctalDigit("8")

     false

  除了 ASCII 與進位型態的驗證外,大小寫的字母在許多程式語言中,都屬於不同的字元,若程式中同時包含大寫與小寫的字元,那若能辨別字母的大小寫,將節省不少程式語言編程的時間。下例第一式中,透過呼叫 *IsLower* 指令,判斷字串是否均為小寫,因為代入指令的字串中只要有一字元為大寫字,其驗證結果為 false。在第二式中,因所代入的字串均為小寫字,其驗證結果為 true。在第三式中,透過呼叫 *IsUpper* 指令,判斷字串中是否均為大寫,因代入指令的字串均為大寫字元,其驗證結果為 true。

  IsLower("MAPLE")

     false

  IsLower("maple")

     true

  IsUpper("MAPLE")

     true

  辨別數字與字母也是非常實用的指令之一,*IsDigit* 指令可以辨別是否字串中均為 10 進位數字,在第一式中的字串數值均為 0~9 之間數值,其驗證結果為 true,但在第二式中,因代入的字串中含有一個小數點 (.),是屬於非 10 進位數字,因此其

Chapter 7　字串、串列與陣列

驗證結果為 false。

IsDigit("1324")
> *true*

IsDigit("13.24")
> *false*

IsAlpha 指令則可以辨別字串中均僅含有英文字母，不論是大寫或是小寫字母均被視為是英文字母，因此下式第一式中，因為代入的字串均為英文字母，其驗證結果為 true；而下式第二式中，因為含有一個問號 (?)，因此驗證結果為 false。

IsAlpha("Maple")
> *true*

IsAlpha("Maple?")
> *false*

上述以「Is」開頭的指令，可驗證字串是否為我們所詢問類型的字元所組成，除了這些指令，Maple 另包含了一系列以「Has」開頭的指令，供使用者驗證字串中是否「包含」這些我們所詢問類型的字元。

在先前中以「Is」開頭的指令求解時，上述的案例均得到 false 的結果。但由於這些案例中均包含我們所詢問的字元，若我們改以「Has」開頭的指令驗證字串，將會得到 true 的結果。

表 7-12　*StringTools* 函式庫中用以驗證是否包含一字元的常見指令

指令	說明
Has(s,char)	驗證字串 s 中是否包含字元 char
HasAlpha(s)	驗證字串 s 中是否包含英文字母
HasASCII(s)	驗證字串 s 中是否包含 ASCII 字元
HasOctalDigit(s)	驗證字串 s 中是否包含十進位的字元
Search(pattern,text)	搜尋字串 pattern 中，第一個出現字串 text 的位置
SearchAll(pattern,text)	搜尋字串 pattern 中，每一個出現字串 text 的位置

HasASCII("1000元")

        true

HasOctalDigit("01234567890")

        true

HasAlpha("Maple?")

        true

Maple 更進一步提供了指令 *Has*，供使用者驗證字串中是否包含我們指定的字元，其第一個引數為驗證字串，第二個引數為指定的字串，因此在下式中，因 "ple" 指定字串包含在 "I love Maple" 驗證字串中，其驗證結果為 true。

Has("I love Maple.", "ple")

        true

Search 指令可搜尋指定字串在驗證字串中的位置，其第一個引數為指定搜尋字串，第二個引數為驗證字串，因此下例第一式中搜尋到 "e" 字串的出現位置是在驗證字串的第六個字元，其回傳結果為 6。同理，第二式中搜尋到 "ove" 搜尋字串所在位置，是在驗證字串的第 4 個位元處。

Search("e", "I love Maple.")

        6

Search("ove", "I love Maple.")

        4

然而上述的字串並不只有一個字元 "e"，*Search* 指令指能夠找到第一個符合搜尋字元的位置，若要搜尋驗證字串中所有滿足搜尋字元的位置，則可以使用 *SearchAll* 指令。如下式 *SearchAll* 指令的用法與 *Search* 指令類似，但是回傳的結果則顯示在第 6 個與第 12 個字元均找到 "e" 的存在。

SearchAll("e", "I love Maple.")

        6, 12

7.3.2 字串的擷取

在了解了字串的特性後，我們可以進一步透過 *Select*、*Remove* 等指令，將字串

Chapter 7 字串、串列與陣列

萃取、移除或切割。

Select 指令可從一群字串中萃取指定型態的字串，*Select* 指令的第一個引數是布林回傳型態的判別函數，第二個引數是欲驗證的字串，執行完後的結果會傳回該判別字串中滿足布林回傳型態函數為 true 的字串內容。如下例第一式中，會回傳是 ASCII 格式的字串，即為 "Taiwan"。在第二式中，便會回傳是二進位數字格式的字串，即為 "01"。在第三式中便回傳是大寫字元的 "FYI" 了。

表 7-13　*StringTools* 函式庫中用於擷取字元的常見指令

指令	說明
Select(p, s)	從字串 p 中擷取字串 s
Remove(p, s)	從字串 p 中移除字串 s
SubString(s, r)	從字串 s 中擷取位置範圍 r 內的字串
Take(s, len)	從字串 s 中擷取長度 len 的字串
Drop(s, len)	從字串 s 中忽略長度 len 的字串
Delete(s, rng)	從字串 s 中移除長度 len 的字串
Unique(s)	將字串 s 中出現的字元各提取一個，重新組合成一字串

Select(*IsASCII*, "台灣的英文是Taiwan")

　　　　"Taiwan"

Select(*IsBinaryDigit*, "0123456789")

　　　　"01"

Select(*IsUpper*, "For Your Information")

　　　　"FYI"

Remove 指令則是可從一群字串中移除掉指定型態字元的指令。*Remove* 指令的使用與 *Select* 指令相像，第一個引數是布林回傳型態的判別函數，第二個引數是欲進行移除處理的字串，執行完後的結果會傳回該處理字串中，移除掉滿足布林回傳型態函數為 true 的字串內容，因此下式會將滿足小寫字元的部分自處理字串中移除，而回傳剩下的字串 "FYI"。

Remove(*IsLower*, "For Your Information")

"F Y I"

Remove 指令也可以用於提取字串中的數據，譬如下式我們透過移除英文字母部分而得到 10 與 15 的數字。

Remove(*IsAlpha*, "10 bikes and 15 cars")

"10   15 "

若對字串的樣貌有所了解，除了上述這些以字元類型提取字串的方式外，Maple 也提供了幾種其他指令，可供使用者直接以字元的位置提取字串。*Substring* 指令可以直接指定字元的位置，並提取相應範圍中的字串。因此下例第一式將會回傳 "I love Maple." 字串中第 1 到第 6 間的字串內容 "I love."，而第二式則回傳位置 8 到位置 12 間的字串內容 "Maple"。

SubString("I love Maple.", 1 ..6)

"I love"

SubString("I love Maple.", 8 ..12)

"Maple"

若使用者並不清楚各字元在字串中的位置，但僅需字串前半段或後半段的字元資料，則可以使用 *Take* 或 *Drop* 指令。*Take* 指令會由字串的前半段擷取指定長度的字串。在下二式中，我們以 *Take* 分別萃取了字串 "I love Maple." 的前 6 個字元與前 10 個字元，故得到 "I love" 與 "I love Map" 的結果。

Take("I love Maple.", 6)

"I love"

Take("I love Maple.", 10)

"I love Map"

Drop 指令會由字串的前半段忽略指定長度字串，因此在下二式中，由於忽略了字串 "I love Maple." 的前 6 個與前 10 個字元，故得到 "Maple." 與 "le." 的結果 (空格代表一個字元)。

$Drop$("I love Maple.", 6)

" Maple."

$Drop$("I love Maple.", 10)

"le."

除了上述的指令外,尚有許多相關的指令可以提取出相應的字元,例如 $Delete$ 指令則可以移除特定位置的字串。如下例第一式中,移除第 1 到 13 個字元後的字串便為 "15 cars"。第二式中移除 10~13 字元後便為 "10 bikes 15 cars"。

$Delete$("10 bikes and 15 cars", 1..13)

"15 cars"

$Delete$("10 bikes and 15 cars", 10..13)

"10 bikes 15 cars"

另 $Unique$ 指令則可以從許多重複的字元中提取出一個字元。因此下式執行的結果便為 "abcde" 了。

$Unique$("abcaaedacbc")

"abcde"

7.3.3 字串的排列組合

在了解了字串的擷取後,此處我們介紹如何將字串中的字元排列組合。$Sort$ 指令是最基本的字串排列指令,可將字串中的字元依照 ASCII 碼的順序排列,下式第一式為將文字直接代入 $Sort$ 指令當作引數,其執行結果變化依照字串中 ASCII 的順序重新排列。

表 7-14　*StringTools* 函式庫中用以排列組合字元的常見指令

指令	說明
Sort(s)	將字串 s 依照 ASCII 的順序重新排列
Split(s, sep)	以字元 sep 分隔字串 s
StringSplit(s, fstr)	以字串 fstr 分隔字串 s
Squeeze(s)	剔除字串 s 中多餘的空格
DeleteSpace(s)	剔除字串 s 中全部的空格
Join(stringList, sep)	在字串串列 stringList 間插入字串 sep
Insert(s, position, t)	將字串 t 插入字串 s 中 position 處
Explode(s)	將字串 s 分解成為字元數列
Implode(stringList)	將字串數列 stringList 組成字串

　　Sort("d216ve3a9s84")
　　　　　"1234689adesv"

Split 指令則可進行字串的分解，在下式中，*Split* 指令以字串間的空格作為區隔，將原先的字串 "10 bikes and 15 cars"，分隔成 5 個小字串 "10"、"bikes"、"and"、"15"、"cars"。

　　Split("10 bikes and 15 cars")
　　　　　["10", "bikes", "and", "15", "cars"]

Split 也可依照使用者指定的字元將一個字串分解成多個字串，其指定的分離字元要代入 *Split* 指令的第二個引數，下式即為一個以 "," 字元作為區隔，分離出許多小字串的範例。

　　Split("10 bikes,15 cars", ",")
　　　　　["10 bikes", "15 cars"]

然而，*Split* 這個指令並不能以一字串作為區隔去分隔一字串，因此在下式中，我們雖然指定字串 "and" 為區隔字串，但 *Split* 卻是以 "a"、"n" 與 "d" 三個字元作為區隔字元，來分隔欲處理字串。

Chapter 7　字串、串列與陣列

　　Split("10 bikes and 15 cars", "and")
　　　　　　["10 bikes ", "", "", " 15 c", "rs"]

　　若要以字串作為區隔，可使用 *StringSplit* 指令，下式中以 "and" 為區隔字串，將原字串分隔成不含區隔字串在內的左字串與右字串。

　　StringSplit("10 bikes and 15 cars", "and")
　　　　　　["10 bikes ", " 15 cars"]

　　有時候，透過字串分解方式所得到的字串，可能包含有多餘的空格，Maple 的 *Squeeze* 指令與 *DeleteSpace* 指令，可處理這些多餘的空格。*Squeeze* 可以剔除掉字串中多餘的空格，而 *DeleteSpace* 則是可以移除掉字串中的全部空格。以下即為使用這兩個指令的用法以及執行結果。

　　Squeeze("10　　bikes　 and 15　　cars")
　　　　　　"10 bikes and 15 cars"
　　DeleteSpace("10 bikes and 15 cars")
　　　　　　"10bikesand15cars"

　　除了分解字串與移除空格外，我們也可以擴充字串的內容。*Join* 指令與 *Insert* 指令可供使用者在字串中加入字串。在下式中，使用 "and" 作為字串數列中的各字串間的接合字，可以將字串數列中多個字串之間透過 "and" 字串串接成一個大字串。

　　Join(["10 bikes", "15 cars", "20 motocycles"], " ,and ")
　　　　　　"10 bikes and 15 cars and 20 motocycles"

　　Insert 指令可將一字串插入到另一字串的指定位置處。下式將 "and" 字串插入到原字串的第 8 個字元位置，而原先的 8 字元後的字串 "15 cars20..." 則接在已插入的 "and" 字串後面。

　　Insert("10 bikes15 cars20 motocycles", 8, " and ")
　　　　　　"10 bikes and 15 cars20 motocycles"

　　若想將一字串的每個字元分別分解後形成字元數列，或是將這些字元數列組合成一個字串，則可以使用 *Explode* 指令與 *Implode* 指令。當使用者想要分別呼叫這些字串進行運算時，這個指令相當實用，在下式中，我們先以 *Explode* 將此字串中的每個字元拆開，接著再以 seq 指令依我們的需求萃取出所需的單元，最後將這些字串重

225

新以 *Implode* 組合形成一個新的字串。

$E := Explode($"10 bikes and 15 cars"$)$

    ["1", "0", " ", "b", "i", "k", "e", "s", " ", "a", "n", "d", " ", "1", "5", " ", "c", "a", "r", "s"]

$S := \text{seq}\left(E\left[\dfrac{i}{2}\right], i = 2..16, 2\right)$

    "1", "0", " ", "b", "i", "k", "e", "s"

$Implode([S])$

    "10 bikes"

7.3.4　探索陣列中的單元

StringTools 函式庫提供了許多指令供使用者操作字串與其中的字元，同樣的，***ArrayTools*** 函式庫也提供了許多指令供使用者操控陣列中的單元。

IsEqual 指令可用於測試多個陣列的內容是否相同。無論是何種資料型態、何種維度的陣列，透過 *IsEqual* 指令可檢驗兩陣列中的單元，以及單元內的數據資料，是否一致。在下例中，雖然 *a*、*b* 為兩完全相同的陣列，故 *IsEqual*(*a*, *b*) 會得到 true 的結果，然而，*a*、*c* 雖然擁有相同的陣列結構，但由於兩陣列中的字串單元包含不同的大小寫字元，故 *IsEqual*(*a*, *c*) 會得到 false 的結果。

表 7-15　*ArrayTools* 函式庫中用於驗證陣列屬性的常見指令

指令	說明
IsEqual(A1, A2, ...)	驗證陣列 A1、A2、... 是否相等
IsZero(A)	驗證陣列 A 是否為零陣列
AllNoneZero(A)	驗證陣列 A 是否為全非零陣列
HasZero(A)	驗證陣列 A 是否包含為 0 的單元
HasNoneZero(A)	驗證陣列 A 是否不包含為 0 的單元

$a := Array([[1, 2], [$"one", "two"$]])$

$$\begin{bmatrix} 1 & 2 \\ "one" & "two" \end{bmatrix}$$

$b := Array([[1, 2], ["one", "two"]])$

$$\begin{bmatrix} 1 & 2 \\ "one" & "two" \end{bmatrix}$$

$c := Array([[1, 2], ["One", "Two"]])$

$$\begin{bmatrix} 1 & 2 \\ "One" & "Two" \end{bmatrix}$$

$IsEqual(a, b)$
   true

$IsEqual(a, c)$
   false

稀疏陣列是一個陣列中大部分單元為 0 的陣列，在稀疏陣列的運算中，若能證明其中包含零陣列的存在，即可大大簡化複雜的問題。*IsZero* 指令可用於驗證陣列的單元是否均為 0，而 *AllNonZero* 指令則可反過來驗證陣列的單元是否均不為 0。下面三式我們分別定義內容全為 0 的 *A_Zero* 陣列，內容不為 0 的 *A_nonzero* 陣列，以及內容均不為 0 的 *A_allnonzero* 陣列。

$A\_zero := Array([[0, 0], [0, 0]])$

$$\begin{bmatrix} 0 & 0 \\ 0 & 0 \end{bmatrix}$$

$A\_nonzero := Array([[1, "2"], [0, 0]])$

$$\begin{bmatrix} 1 & "2" \\ 0 & 0 \end{bmatrix}$$

$A\_allnonzero := Array([[1, "3"], ["2", 4]])$

$$\begin{bmatrix} 1 & "3" \\ "2" & 4 \end{bmatrix}$$

下五式中，分別用 *IsZero* 指令與 *AllNoneZero* 指令來驗證是否為零陣列與全非零陣列。

$IsZero(A\_zero)$
   true

$IsZero(A\_nonzero)$
$$false$$
$AllNonZero(A\_zero)$
$$false$$
$AllNonZero(A\_nonzero)$
$$false$$
$AllNonZero(A\_allnonzero)$
$$true$$

我們亦可透過 HasZero 及 HasNonZero 指令，驗證陣列中是否包含 0 或包含非 0 的單元。

$A\_nonzero := Array([[1, "2"], [0, 0]])$
$$\begin{bmatrix} 1 & "2" \\ 0 & 0 \end{bmatrix}$$
$HasZero(A\_nonzero)$
$$false$$
$HasNonZero(A\_nonzero)$
$$true$$

矩陣與向量亦為陣列的一種，因此亦可適用上述的指令。下式中，我們定義 v1 與 v2 為相同的 2×2 矩陣，所以用 IsEqual 指令驗證的結果為 true。在第四式中，我們定義 v3 為一個具有 4 個單元的單維向量，透過 HasZero 指令驗證其向量中確實具有 0 的存在。

$v1 := \langle 1, 2; 3, 4 \rangle$
$$\begin{bmatrix} 1 & 2 \\ 3 & 4 \end{bmatrix}$$
$v2 := \langle 1, 2; 3, 4 \rangle$
$$\begin{bmatrix} 1 & 2 \\ 3 & 4 \end{bmatrix}$$
$IsEqual(v1, v2)$
$$true$$

$v3 := \langle 1, 2, 0, 0 \rangle$

$$\begin{bmatrix} 1 \\ 2 \\ 0 \\ 0 \end{bmatrix}$$

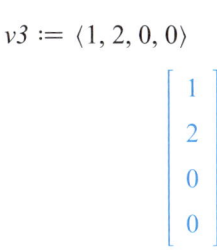

$HasZero(v3)$

true

7.3.5 陣列的萃取

由於萃取陣列的單元無須辨識單元的資料型態，故不像從字串中萃取數據資料這樣，需要各式各樣的指令。*Copy* 是萃取陣列單元最主要的指令。執行時會將陣列的內容填到目標陣列之中。下式中，我們將陣列 *A_Copy* 中的單元，以 *Copy* 指令複製到另一陣列 *A_output* 中，各位讀者可以發現，在運算完成後，*A_output* 將得到跟 *A_Copy* 相同的陣列。

表 7-16　複製陣列至另一陣列的 *Copy* 指令

指令	說明
Copy(A1,A2)	將陣列 A1 複製到陣列 A2 當中

$A\_copy := Array([["1", "2", "3", "4", "5"], ["a", "b", "c", "d", "e"]])$

$$\begin{bmatrix} "1" & "2" & "3" & "4" & "5" \\ "a" & "b" & "c" & "d" & "e" \end{bmatrix}$$

$A\_output := Array(1..2, 1..5)$

$$\begin{bmatrix} 0 & 0 & 0 & 0 & 0 \\ 0 & 0 & 0 & 0 & 0 \end{bmatrix}$$

$Copy(A\_copy, A\_output)$
A_output

$$\begin{bmatrix} "1" & "2" & "3" & "4" & "5" \\ "a" & "b" & "c" & "d" & "e" \end{bmatrix}$$

由於矩陣也是陣列的一種，故 Copy 指令也可將陣列複製到矩陣中。因此下式中，我們可以將上例中定義的 A_Copy 陣列內容，複製到 M_output 的 2×5 矩陣中。

$M\_output := Matrix(2, 5)$

$$\begin{bmatrix} 0 & 0 & 0 & 0 & 0 \\ 0 & 0 & 0 & 0 & 0 \end{bmatrix}$$

$Copy(A\_copy, M\_output)$
M_output

$$\begin{bmatrix} "1" & "2" & "3" & "4" & "5" \\ "a" & "b" & "c" & "d" & "e" \end{bmatrix}$$

若僅想複製特定的幾個單元，Copy 也可以選擇性的複製指定的單元：

表 7-17　複製前 x 個單元的 Copy 指令

指令	說明
Copy(x,A1,A2)	將陣列 A1 的前 x 個單元複製到陣列 A2 中

參考表 7-17 的說明，我們在下例第一式中，定義 f(i, j)=$x^i \cdot y^j$；在第二式中，我們使用 Array 指令定義一個 3×3 的 A 陣列，並且 A 陣列的單元是用 f(i, j) 代入不同索引值所產生的。在第三式中，我們定義一個 3x3 的零陣列 A_output2；在第四式中，我們使用 Copy 指令將 A 陣列的前 5 個單元內容複製到 A_output2 陣列中。

$f := (i, j) \to x^i \cdot y^j :$
$A := Array(1..3, 1..3, f)$

$$\begin{bmatrix} xy & xy^2 & xy^3 \\ x^2y & x^2y^2 & x^2y^3 \\ x^3y & x^3y^2 & x^3y^3 \end{bmatrix}$$

$A\_output2 := Array(1..3, 1..3, 0)$

$$\begin{bmatrix} 0 & 0 & 0 \\ 0 & 0 & 0 \\ 0 & 0 & 0 \end{bmatrix}$$

Chapter 7 　字串、串列與陣列

Copy(5, *A*, *A_output2*)
A_output2

$$\begin{bmatrix} xy & xy^2 & 0 \\ x^2y & x^2y^2 & 0 \\ x^3y & 0 & 0 \end{bmatrix}$$

除了複製指定的單元外，*Copy* 指令也可忽略特定的單元，將其餘的單元複製至另一陣列中。

表 7-18 　忽略前 x 個單元取值後，每間隔 y 個取值的 *Copy* 指令

指令	說明
Copy(A1,x,y,A2)	忽略陣列 A1 的前 x 個單元，將其餘的結果每隔 y 個單元的值，複製到 A2 陣列中。若 y 值不存在時，代表每隔 0 個單元取值，也就是說每個值全取。

所以在下例第一式中，定義 *A_output3* 的零陣列，在第二式中，我們指定忽略前四個單元值後，從第五個單元值依序複製到 *A_output3* 陣列中。

A_output3 := *Array*(1..3, 1..3, 0)

$$\begin{bmatrix} 0 & 0 & 0 \\ 0 & 0 & 0 \\ 0 & 0 & 0 \end{bmatrix}$$

Copy(*A*, 4, *A_output3*)
A_output3

$$\begin{bmatrix} x^2y^2 & x^2y^3 & 0 \\ x^3y^2 & x^3y^3 & 0 \\ xy^3 & 0 & 0 \end{bmatrix}$$

若我們並不想要此陣列中的一段單元，而是想要每隔幾個單元複製一次資料，則可以如下定義 *Copy* 指令。下例第一式中，我們定義 *A_output4* 為一個 3×3 的零陣列，在第二式中，由於 *Copy* 指令第二個引數被指定為 0，故不會忽略任何單元，

而第三個引數被指定為 2，故此指令每隔兩個單元值後依序複製到 A_output4 陣列中。

$A\_output4 := Array(1..3, 1..3, 0)$

$$\begin{bmatrix} 0 & 0 & 0 \\ 0 & 0 & 0 \\ 0 & 0 & 0 \end{bmatrix}$$

$Copy(A, 0, 2, A\_output4)$
$A\_output4$

$$\begin{bmatrix} xy & xy^3 & 0 \\ x^3y & x^3y^3 & 0 \\ x^2y^2 & 0 & 0 \end{bmatrix}$$

特別注意的是，由於 Copy 指令並非依照陣列中型態與特性萃取陣列中的萃取，而是依照單元的位置，故當複製的陣列與接受的陣列擁有不同的資料結構時，必須要注意複製的排列順序。下式中我們定義 A_Copy 陣列內容如下！

$A\_copy := Array([["1","2","3","4","5"],["a","b","c","d","e"]])$

$$\begin{bmatrix} "1" & "2" & "3" & "4" & "5" \\ "a" & "b" & "c" & "d" & "e" \end{bmatrix}$$

我們先定義一個 A_error 的一維零陣列，並且將 A_Copy 的內容透過 Copy 指令複製到 A_error 陣列，因為這兩個陣列的維度不相同，因此你會發現 A_Copy 的矩陣內容會依先直行取值再換行後仍依直行方式取值，因此 A_error 陣列的內容便為 ["1" "a" "2" "b" "3"]。

$A\_error := Array([0,0,0,0,0])$

$$\begin{bmatrix} 0 & 0 & 0 & 0 & 0 \end{bmatrix}$$

$Copy(A\_copy, A\_error)$
A_error

$$\begin{bmatrix} "1" & "a" & "2" & "b" & "3" \end{bmatrix}$$

除了 Copy 指令外，Replicate 指令也可以複製陣列中的單元，其結果為將 Array

Chapter 7　字串、串列與陣列

內容透過指定的維度等複製指定數量的陣列。以下第一式中定義一個 *B_trans* 的單維陣列，在第二式中，藉由指定 *Replicate* 指令中的 dim1 為 2，複製兩個 *B_trans* 陣列而產生一個新陣列。

表 7-19　複製陣列的 *Replicate* 指令

指令	說明
Replicate(Array, dim1, dim2, ...)	將陣列Array複製在維度1、2、…複製 dim1、dim2、…次

$B\_trans := Array(\ ["1", "2", "3", "4"])$

$$\begin{bmatrix} "1" & "2" & "3" & "4" \end{bmatrix}$$

$Replicate(B\_trans, 2)$

$$\begin{bmatrix} "1" & "2" & "3" & "4" & "1" & "2" & "3" & "4" \end{bmatrix}$$

與 *Copy* 指令不同，*Replicate* 指令並不能指定要複製哪些單元，然而，*Replicate* 可以複製陣列的內容，並以不同排列方式產生新的陣列。下式中，我們透過指定 *Replicate* 指令的 dim1 為 1、dim2 為 2，把 *B_trans* 陣列往水平方向複製了 2 次，形成一個 2x4 的二維陣列。

$Replicate(B\_trans, 1, 2)$

$$\begin{bmatrix} "1" & "1" \\ "2" & "2" \\ "3" & "3" \\ "4" & "4" \end{bmatrix}$$

在下式中，我們透過指定 *Replicate* 指令的 dim1 為 2、dim2 為 3，把 *B_trans* 陣列往水平方向複製了 3 次，垂直方向複製了 2 次，形成一個 3×8 的二維陣列。

$Replicate(B\_trans, 2, 3)$

$$\begin{bmatrix} "1" & "1" & "1" \\ "2" & "2" & "2" \\ "3" & "3" & "3" \\ "4" & "4" & "4" \\ "1" & "1" & "1" \\ "2" & "2" & "2" \\ "3" & "3" & "3" \\ "4" & "4" & "4" \end{bmatrix}$$

7.3.6 陣列的排列組合

不同的編程環境，同樣的陣列運算，對於陣列的排列可能要求不同，*Alias* 指令可供使用者將陣列中的單元以各種排序呈現。在下例中，我們將陣列 A_trans 中的單元，排列成 2×3 二維陣列的樣貌。

$A\_trans := Array([\text{"a", "b", "c", "d", "e", "f"}])$

$$\begin{bmatrix} "a" & "b" & "c" & "d" & "e" & "f" \end{bmatrix}$$

$Alias(A\_trans, [2, 3])$

$$\begin{bmatrix} "a" & "c" & "e" \\ "b" & "d" & "f" \end{bmatrix}$$

若我們想換個方向排列陣列的單元，也可以指定排序的形式：

$Alias(A\_trans, [2, 3], C\_order)$

$$\begin{bmatrix} "a" & "b" & "c" \\ "d" & "e" & "f" \end{bmatrix}$$

或者依 *Copy* 指令相同的邏輯，每隔幾個單元萃取一個單元，並排列成陣列：

$Alias(A\_trans, 2, [1..3])$

$$\begin{bmatrix} "c" & "d" & "e" \end{bmatrix}$$

Chapter 8

Maple 在微積分上的應用

　　微積分是最古老的數學之一。西元前 212 年，阿基米德以正多邊形邊長近似圓周長來求解圓周率。經過兩千年的醞釀，17 世紀萊布尼茨與牛頓系統化的提出微積分的概念，微積分從此廣泛的應用在物理科學當中。

　　從極限、連續到偏微分和數值積分，透過 Maple 提供的完整指令，不但可省卻計算微積分問題時的繁複計算，更可協助分析微積分的求解過程。本章即向各位介紹 Maple 在微積分上之應用。

本章學習目標

- ◆ 極限與連續
- ◆ 函數的微分與積分
- ◆ 微分與積分過程的分析

8.1 極限與連續

極限與連續是微積分中最基本的概念,若一函數在某點存在極限值,則此函數在該點連續,而若一函數可微分,則此函數必然為一連續函數,故函數極值的計算與連續性的測試,可說是微積分的先修課題。

8.1.1 函數的極限

指令	說明
limit(f, x=a, dir)	由 dir 所定義的方向,計算函數 f(x) 逼近 x=a 處的極限值
Limit(f, x=a, dir)	輸出由 dir 所定義的方向,函數 f(x) 逼近 x=a 處的極限表示式

Maple 提供元件與指令兩種方式進行極限求解,讀者可以透過『**Calculus**』元件庫中的元件 $\lim\limits_{x \to a} f$,設定趨近變數、趨近值、函數 f,並用以求解極限值:

$$\lim_{t \to 0} \frac{\sin(t)}{t} = 1$$

元件庫中的元件還可以互相組合,使用上十分方便:

$$\lim_{y \to \infty}\left(\lim_{x \to 1}\left(x \cdot \frac{\sqrt{y^2-1}}{3 \cdot y + 1} + 1\right)\right) = \frac{4}{3}$$

若因為函數的特性,使極值落在一固定的區域內,則 limit 將會輸出一範圍:

$$\lim_{x \to \infty} \sin(x) = -1..1$$

若函數不連續,則 limit 將會輸出 *undefined*:

$$\lim_{x \to 0} \frac{1}{x} = undefined$$

在上例中,$x=0$ 時函數 $\frac{1}{x}$ 並不存在極限,故輸出 *undefined*,我們可透過圖形進一步分析函數在 $x=0$ 附近的情形:

$$plot\left(\frac{1}{x}, x = -1 \mathinner{\ldotp\ldotp} 1, discont = true\right)$$

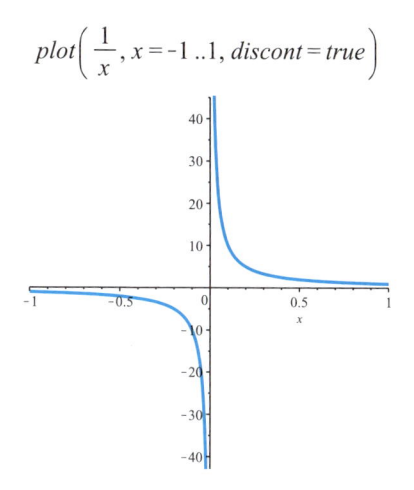

圖 8.1　函數 $\frac{1}{x}$ 在 $x = -1$ 至 $x = 1$ 附近的函數圖形

若要計算左極限與右極限，也可以將趨近值加上正、負號，以指定的方向進行逼近：

$$\lim_{x \to 0^-} \frac{1}{x} = -\infty$$

$$\lim_{x \to 0^+} \frac{1}{x} = \infty$$

元件的好處是使用上十分方便直覺，缺點則是彈性不如指令。透過 *limit* 指令，使用者可運用更靈活的功能，不但可進行左極限與右極限逼近，還可進行實數或虛數逼近：

$$limit\left(\frac{1}{x}, x = 0\right) = undefined$$

$$limit\left(\frac{1}{x}, x = 0, left\right) = -\infty$$

$$limit\left(\frac{1}{x}, x = 0, real\right) = undefined$$

$$limit\left(\frac{1}{x}, x = 0, complex\right) = \infty - \infty\, I$$

以實數或複數作為逼近方向時，*limit* 會自動以左、右極限，逼近實數與虛數的趨近點，計算函數在趨近點處的極值。

若想趨近一個多維空間中的點，也可以透過 *limit* 指令進行，譬如：

$$f := \frac{x \cdot y}{x^2 + y^2} :$$

$limit(\text{f}, \{x=0, y=0\}) = \textit{undefined}$

上例中，由於函數 f 在趨近於點 (0,0) 時，分母之值趨近於 0，故 *limit* 輸出之極值結果為 *undefined*。我們若先後分別沿著 x、y 軸計算趨近 x=0、y=0 的極值，將會得到不同的結果，先沿 y 軸再沿 x 軸計算趨近 0 的極值如下所示：

$$\lim_{x \to 0} \left(\lim_{y \to 0} f \right) = 0$$

若要輸出極限的數學表示式可用 *Limit*，此時 Maple 將輸出數學表示式而不會進行運算：

$Limit(|x+2|, x=-3) = \lim\limits_{x \to -3} |x+2|$

🔍 Key

Limit 指令，僅輸出數學表示式並不計算函數的極限，故使用上不受 *limit* 語法的限制，可輸出各式各樣的極限表示式。譬如：

$limit(x^2 - y^2, x - 2 = 0)$
<u>Error, invalid input: limit expects its 2nd argument, p, to be of type Or(name = algebraic, set(name = algebraic)), but received x-2 = 0</u>

$Limit(x^2 - y^2, x - 2 = 0) = \lim\limits_{x-2 \to 0} (x^2 - y^2)$

Limit 要求使用者以 x=a 的形式指定趨近的變數及其值，若以 x-a=0 的方式定義趨近值將會顯示錯誤。然而 *Limit* 僅傳回數學表示式，故可以 x-a=0 定義數學式中的趨近值。

在 Maple 中，有時計算的結果會以數學表示式顯示，加上 *value* 指令可使其輸出該數學表示式的值。若此處我們透過 *value* 指令計算此極限的函數，仍然會傳回錯誤：

指令	說明
value(f)	計算函數 f 之值

$value(Limit(x^2 - y^2, x - 2 = 0))$
<u>Error, (in value) invalid input: limit expects its 2nd argument, p, to be of type Or(name = algebraic, set(name = algebraic)), but received x-2 = 0</u>

讀者可以在工作表輸入「? limit」以獲得更多有關 *limit* 及 *Limit* 的使用說明。

8.1.2 函數的連續性

與極限不同,連續的重點在於描述一函數的特性,而非求解一特定的值或函數。要了解函數的連續性,可使用 *iscont* 驗證一函數在某一區間內是否連續:

指令	說明
iscont(expr, x=a..b)	測試函數 *f(x)* 在區間 a 與 b 之間是否連續
discont(f, x)	計算函數 *f(x)* 在 *x-f(x)* 平面上的所有不連續點
fdiscont(f,x=a..b)	以數值方法計算函數 *f(x)* 在 *x-f(x)* 平面上,區間 a 與 b 之間的所有不連續點

$$iscont\big(\tan(x), x=0..\pi\big) = false$$

$$iscont\left(\tan(x), x=-\frac{\pi}{2}..\frac{\pi}{2}\right) = true$$

透過圖形我們可以驗證函數的不連續點:

$$plot\big(\tan(x), x=-2\pi..2\pi, discont=true\big)$$

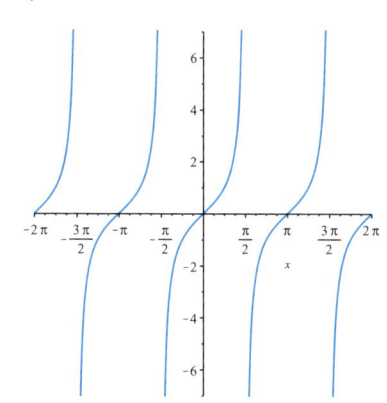

● 圖 **8.2** 函數 tan(*x*) 在 *x* = −2π 至 *x* = 2π 之間的函數圖形

特別注意的是,在預設的情形下,*iscont* 不考慮定義域的邊界點是否連續。雖然 tan(*x*) 在 $-\frac{\pi}{2}$ 與 $\frac{\pi}{2}$ 均不連續,*iscont* 依然輸出 true 的結果。若要考慮邊界點的連續性,可使用 'closed' 選項定義 *iscont* 指令,如下所示:

$$iscont\left(\tan(x), x = -\frac{\pi}{2}..\frac{\pi}{2}, 'closed'\right) = false$$

若函數無法計算其連續性，則 iscont 將會輸出 FAIL：

$$iscont\left(\frac{1}{x+y}, x = 0..1\right) = FAIL$$

$$iscont(\tan(x \cdot y), x = -\pi..\pi) = FAIL$$

除了判斷一函數是否連續，Maple 也可以判斷一函數是否不連續。與 iscont 相反，discont 可以計算函數中的不連續點，當函數連續時，則會輸出空集合：

$$discont(\ln(x), x) = \{0\}$$

$$discont\left(\frac{1}{(2 \cdot x + 1) \cdot (x - 2)}, x\right) = \left\{2, -\frac{1}{2}\right\}$$

$$discont(\sin(x), x) = \{\ \}$$

若不連續點之間存在週期關係，則會以佔位符 (Placeholder) 來表示，譬如：

$$discont(\tan(x), x) = \left\{\pi\_Z1\sim + \frac{1}{2}\pi\right\}$$

在上例中，由於 tan(x) 為一週期函數，x 從 $\frac{\pi}{2}$ 開始每隔週期 π 將會出現一不連續點，故此處 discont 自動定義了一個整數佔位符 _Z1，以一關係式來描述此函數的不連續點。我們可透過 getassumptions 查看變數 _Z1 的特性：

$$getassumptions(\_Z1) = \{\_Z1\sim :: integer\}$$

_Z1 是一個整數，透過此關係函數，我們可藉由 seq 找出 tan(x) 的不連續點

$$seq\left(\pi\_Z1\sim + \frac{1}{2}\pi, \_Z1 = -2..1\right) = -\frac{3}{2}\pi, -\frac{1}{2}\pi, \frac{1}{2}\pi, \frac{3}{2}\pi$$

Key

Maple 允許使用者賦予一個變數特定的資料型態，讓編譯器更容易檢查變數運算的資料型態是否媒合，並在資料型態與運算不匹配時，中斷運算或輸出錯誤。有關變數資料型態的宣告，將在第十二章中介紹。

特別注意，由於變數 _Z1 已被定義過，之後若 discont 需要以整數佔位符描述不連續點，變數會從 _Z2 繼續。

$$discont\left(\frac{1}{\sin(x)} + \frac{1}{\cos(x)}, x\right) = \left\{\pi\_Z2\sim, \frac{1}{2}\pi + \pi\_Z3\sim\right\}$$

除了整數佔位符 _Zn 外，*discont* 還會使用正整數佔位符 _NNn，用以描述一些特殊的關係式：

$$discont\left(\Gamma\left(\frac{x}{2}\right), x\right) = \{-2\_NN1\sim\}$$

事實上，Maple 亦提供數值方法可以快速計算一函數在某區間內發生不連續點的範圍：

$$fdiscont(\tan(x), x = -2\pi..2\pi)$$
$$[-4.71275988913247..-4.71174706785299,$$
$$-1.57112320803283..-1.57020402825304,$$
$$1.57048487234163..1.57135040356227,$$
$$4.71213354871716..4.71300535170633]$$

此處我們以 *fdiscont* 計算 tan(x) 在 -2π 至 2π 間的不連續點，數值方法將會計算不連續點發生的範圍，並可調整範圍的計算精度，譬如：

$$fdiscont(\tan(x), x = -2\pi..2\pi, 10^{-5})$$
$$[-4.71239378925614..-4.71238251907830,$$
$$-1.57079886976717..-1.57078966357070,$$
$$1.57079285795689..1.57080281307069,$$
$$4.71238585733940..4.71239476761209]$$

若將 *fdiscont* 的結果與 *discont* 的結果比較，我們可發現利用 *fdiscont* 所得到的範圍將會與 *discont* 的結果非常接近：

$$evalf\left(seq\left(\pi\_Z1\sim + \frac{1}{2}\pi, \_Z1 = -2..1\right)\right)$$
$$-4.712388981, -1.570796327, 1.570796327, 4.712388981$$

8.2 函數的微分

在對極限與連續有所了解後，現在我們可以開始學習如何透過 Maple 計算函數的微分。在數學上，微分代表的是一函數的局部線性變化率，其定義可透過下述的極限式表示：

$$f'(x) = \lim_{h \to 0} \frac{f(x+h) - f(x)}{h}$$

若我們定義一個函數 f，透過上述的極限式，則其在任意點處的線性變化率可計算如下：

$f := x \to 2 \cdot x^2 :$
$\mathit{diff\_f} := \lim_{h \to 0} \frac{f(x+h) - f(x)}{h} = 4\,x$

由於在幾何上，一函數在某點的切線斜率，代表了此函數在此處的瞬時變化率。我們可從 f 上取一點計算其切線，並將其與上述極限式的結果進行比較：

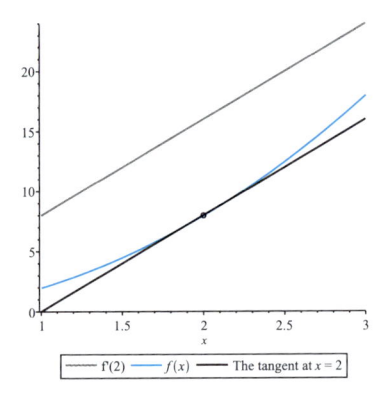

At $x = 2$, for the function $f(x) = 2x^2$, a graph of $f(x)$ and a tangent line.

圖 8.3　函數 $2x^2$ 圖形與其在 $x = 2$ 處的切線及極限式圖形

結果如上圖所示，此處藍線為函數 $2x^2$ 的圖形，我們分別以灰線及黑線，繪製極限式之結果與此函數在 $x = 2$ 處的切線，我們可發現此兩條線擁有相同的斜率 (變化率)。

任意函數 f 而言，這樣的過程就稱為微分，若我們不指定函數 f 的形式，直接計算 $\lim_{h \to 0} \frac{f(x+h) - f(x)}{h}$ 的結果，將會輸出微分運算子 D：

$$\lim_{h \to 0} \frac{f(x+h) - f(x)}{h} = \mathrm{D}(f)(x)$$

$D(f)$ 表示對函數 f 進行微分，$D(f)(x)$ 表示將 x 作為引數代入 $D(f)$ 的函數中。此即為最基本的微分概念。

8.2.1 基本的微分指令

微分運算子 D 可將一運算子進行微分,以下將 f 定義為一函數運算子,說明微分運算子 D 將進行的計算:

指令	說明
D(f)	計算函數運算子 f 的一階微分
(D@@n)(f)	計算函數運算子 f 的 n 階微分

$f := t \rightarrow \cos(t)$:
$D(f) = t \rightarrow -\sin(t)$
$D(f)(x) = -\sin(x)$

由於微分運算子 D 是對運算子進行微分,計算後的結果依然為一運算子。

若要將函數 f 進行 2 次微分,可在微分運算子的外面再加上另一個微分運算子:

$D(D(f)) = t \rightarrow -\cos(t)$
$D(D(f))(x) = -\cos(x)$

當然,若要進行較多次的微分,上述方法便顯得略為不便,因此 Maple 亦提供簡化的方法:

$g := t \rightarrow t^{10}$:
$(D@@5)(g) = t \rightarrow 30240\, t^5$
$(D@@5)(g)(x) = 30240\, x^5$
$(D@@8)(g) = t \rightarrow 1814400\, t^2$
$(D@@8)(g)(x) = 1814400\, x^2$

微分運算子 D 係對運算子進行微分。對於一般的函數式,可使用 Maple 中的 *diff* 指令或使用元件庫 ***Calculus*** 中的微分元件 $\frac{d}{dx}f$:

指令	說明
diff(*f*, *x*)	計算函數 *f* 對 *x* 的微分
diff(*f*, *x*$n)	計算函數 *f* 對 *x* 的 n 階微分
Diff(*f*, *x*)	輸出函數 *f* 對 *x* 的微分表示式
Diff(*f*, *x*$n)	輸出函數 *f* 對 *x* 的 n 階微分表示式

$$diff\left(x^2 + \frac{1}{x}, x\right) = 2x - \frac{1}{x^2}$$

$$diff(t^4, t, t, t) = 24\,t$$

$$\frac{\mathrm{d}}{\mathrm{d}x}\left(x + \frac{1}{x}\right) = 1 - \frac{1}{x^2}$$

$$\frac{\mathrm{d}^3}{\mathrm{d}t^3}\,t^4 = 24\,t$$

diff 也提供了簡化的方法，協助使用者進行多次微分。可用逗號 (,) 分隔，在指令中加入多個欲進行微分的變數，或使用 $ 符號指定欲對某變數進行幾次微分：

$$diff(x^{10}, x, x, x, x, x) = 30240\,x^5$$
$$diff(x^{10}, x, x, x, x, x, x, x) = 1814400\,x^2$$
$$diff(x^{10}, x\$5) = 30240\,x^5$$
$$diff(x^{10}, x\$8) = 1814400\,x^2$$

若要輸出微分的數學表示式，與 *Limit* 指令相同，可透過第一個字母大寫的 *Diff* 指令：

$$Diff(x^2, x) = \frac{\mathrm{d}}{\mathrm{d}x}\,(x^2)$$

$$Diff(Diff(x^2, x), x) = \frac{\mathrm{d}^2}{\mathrm{d}x^2}\,(x^2)$$

$$Diff(x^2, x, x) = \frac{\mathrm{d}^2}{\mathrm{d}x^2}\,(x^2)$$

$$Diff(x^2, x\$2) = \frac{\mathrm{d}^2}{\mathrm{d}x^2}\,(x^2)$$

針對 x 的微分，讀者也可使用 Maple 的單引號快捷鍵 (')，對一由 x 所組成的函數進行快速微分，而不用輸入任何指令：

$$(x^2 + 2x + 1)' = 2x + 2$$
$$(x^2 + 2x + 1)'' = 2$$
$$(x^2 + 2x + 1)^{(2)} = 2$$

單引號快捷鍵 (') 若是應用在自定義運算子時，則可針對使用者定義的引數進行微分：

Chapter 8　Maple 在微積分上的應用

$f := x \rightarrow x^3 - 2x :$
$f'(t) = 3\,t^2 - 2$
$f^{(2)}(x) = 6\,x$

8.2.2　多變數函數的微分

除了單一變數的微分計算，使用者也可透過 *diff* 計算函數偏微分或透過 *Diff* 輸出函數偏微分表示式，譬如：

指令	說明
$diff(f, x1, x2,..., xn)$	依序將函數 f 對 $x1$、$x2$、$\cdots$、xn 進行偏微分
$diff(f, x1\$k1, x2\$k2,..., xn\$km)$	依序將函數 f 對 $x1$、$x2$、$\cdots$、xn 進行 $k1$、$k2$、$\cdots$、km 次偏微分
D[a](f)	以函數運算子 f 的第 a 個變數進行偏微分
D[a\$k](f)	以函數運算子 f 的第 a 個變數進行 k 次偏微分
D[a,b,...,n](f)	依序以函數運算子 f 的第 a、b、$\cdots$、n 個變數進行偏微分
D[a\$k1, b\$k2, ..., n\$km]	依序以函數運算子 f 的第 a、b、$\cdots$、n 個變數進行 $k1$、$k2$、$\cdots$、km 次偏微分

$diff\left(x^3 y^3, x, y, y\right) = 18\,x^2 y$
$diff\left(x^{10} y^{10}, x\$2, y\$2, x\$2\right) = 453600\,x^6 y^8$
$Diff\left(x^3 y^3, x, y, y\right) = \dfrac{\partial^3}{\partial y^2\,\partial x}\,(x^3 y^3)$
$Diff\left(x^{10} y^{10}, x\$2, y\$2, x\$2\right) = \dfrac{\partial^6}{\partial y^2\,\partial x^4}\,(x^{10} y^{10})$

以 *diff* 計算函數的偏微分或以 *Diff* 輸出函數偏微分表示式時，除了指定的變數外，其餘未知數將被視為常數。而若以微分運算子 D 求解函數的偏微分時，則需先了解函數運算子與其定義的引數，再依照引數進行計算，譬如：

$f := (x, y) \to x^2 y + 2 \cdot y:$
$D[1](f) = (x, y) \to 2xy$
$D[1\$2](f) = (x, y) \to 2y$
$D[2](f) \ = (x, y) \to x^2 + 4y$

上例中，我們分別對自定義運算子 f 的兩個引數進行偏微分，由於此運算子的第一個引數為 x、第二個引數為 y，故微分後將得到不同的結果。

我們也可以依序對運算子的不同引數，連續地進行偏微分，譬如：

$f := (x, y) \to x^2 y + 2 \cdot y:$
$D[1, 2](f) = (x, y) \to 2x$
$g := (x, y) \to x^{10} y^{10}:$
$D[1\$2, 2\$3, 1\$2](g) = (x, y) \to 3628800\, x^6 y^7$

梯度是向量微積分中的重要概念，描述了一純量場中量值的變化率，一純量函數 φ 的梯度可記為 $\nabla\varphi$，在直角坐標系上可定義為：

$$\nabla\varphi = \left(\frac{\partial}{\partial x}\varphi, \frac{\partial}{\partial y}\varphi, \frac{\partial}{\partial z}\varphi \right)$$

在了解偏微分之後，我們可以偏微分計算一函數的梯度：

$\varphi := x^2 + y^2:$
$\left[\dfrac{\partial}{\partial x}\varphi, \dfrac{\partial}{\partial y}\varphi, \dfrac{\partial}{\partial z}\varphi \right] = [2x, 2y, 0]$

上述我們計算了 x、y 與 z 的偏微分，若我們將這三個偏微分後的結果繪製成向量場圖，將會得到函數的梯度場：

Chapter 8 Maple 在微積分上的應用

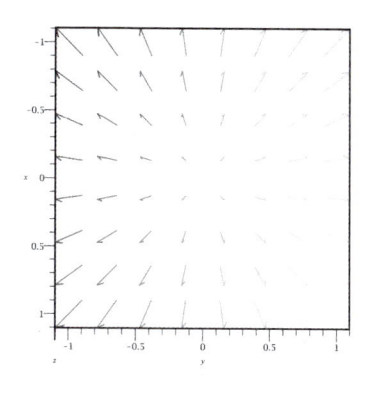

plots:-fieldplot3d([2 *x*, 2 *y*, 0], *x* =-1 ..1, *y* =-1 ..1, *z* =-1 ..1, *orientation* = [0, 0, 0])

圖 **8.4** 以 *fieldplot3d* 指令，繪製方向導數 [2x,2y,0] 的向量場圖

上圖中，箭頭方向代表各位置上函數 φ 具最大量值變化率的方向，箭頭的長度則描述此變化率的大小。讀者可發現函數量值隨著 x、y 值的增加而增加，並且不隨 z 軸改變，這是由於函數 x^2+y^2 在 x 與 y 方向上的方向導數均為 2x，而 z 方向上的方向導數為 0 的緣故。我們可以用 **plots** 函式庫中的 *gradplot3d* 指令來繪製函數 φ 的梯度圖，驗證上述繪製的向量圖結果無誤。

plots:-gradplot3d($x^2 + y^2$, *x* =-1 ..1, *y* =-1 ..1, *z* =-1 ..1, *grid* = [5, 5, 5], *orientation* = [0, 0, 0])

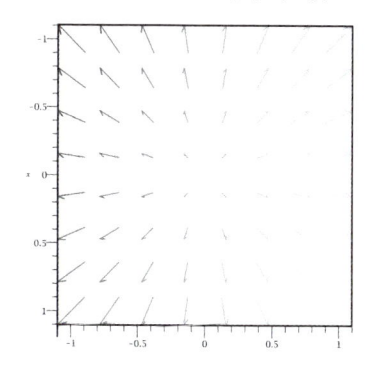

圖 **8.5** 以 *gradplot3d* 指令，繪製函數 x^2+y^2 的梯度場圖形

當然，Maple 中有許多方法可以計算一函數的梯度，隨著應用領域的不同，使用者可選擇不同的函式庫計算一函數的梯度：

$\varphi := x^2 + y^2:$
$with(VectorCalculus):$
$Gradient(\varphi, [x, y, z]) = 2\,x\bar{e}_x + 2\,y\bar{e}_y$

$with(Physics[Vectors]):$
$Gradient(\varphi) = 2\_i\,x + 2\_j\,y$

8.2.3　隱函數的微分

許多時候，使用者處理的問題未必都是顯函數，*implicitdiff* 指令可進行隱函數的隱微分：

指令	說明
$implicitdiff(f, y, x)$	計算函數 f 的隱微分 $\dfrac{dy}{dx}$
$implicitdiff(f, y, x1, x2, ..., xn)$	計算函數 f 的隱微分 $\dfrac{\partial^n y}{\partial x_1\, \partial x_2 \ldots \partial x_n}$
$implicitdiff(\{f1, f2, ..., fm\}, \{u1, u2, ..., un\}, y, x)$	計算包含 u1、u2、⋯、un 獨立變數的方程組 $\{f1, f2, ..., fm\}$ 的隱微分 $\dfrac{dy}{dx}$
$implicitdiff(\{f1, f2, ..., fm\}, \{u1, u2, ..., un\}, \{y1, y2, ..., yr\}, x)$	計算包含 u1、u2、⋯、un 獨立變數的方程組 $\{f1, f2, ..., fm\}$ 的隱微分 $\dfrac{dy1}{dx}$、$\dfrac{dy2}{dx}$、…、$\dfrac{dyr}{dx}$
$implicitdiff(\{f1, f2, ..., fm\}, \{u1, u2, ..., un\}, \{y1, y2, ..., yr\}, x1, x2, ..., xk)$	計算包含 u1、u2、⋯、un 獨立變數的方程組 $\{f1, f2, ..., fm\}$ 的隱微分 $\dfrac{\partial^k y1}{\partial x_1\, \partial x_2 \ldots \partial x_k}$、$\dfrac{\partial^k y2}{\partial x_1\, \partial x_2 \ldots \partial x_k}$、…、$\dfrac{\partial^k yr}{\partial x_1\, \partial x_2 \ldots \partial x_k}$

$implicitdiff\left(y = \dfrac{x^2}{z}, y, x\right) = \dfrac{2\,x}{z}$

$implicitdiff\left(y = \dfrac{x^2}{z}, y, z\right) = -\dfrac{x^2}{z^2}$

Chapter 8　Maple 在微積分上的應用

此處，我們將函數 $y=\dfrac{x^2}{z}$ 進行隱微分，在第一個範例中，因為 y 被定義為由 x 組成的函數，故 *implicitdiff* 會將 z 視為常數，微分後將會得到 $\dfrac{2x}{z}$ 的結果。反之，若當我們將 y 定義為由 z 組成的函數，x 項將不會進行運算，*implicitdiff* 會輸出 $-\dfrac{x^2}{z^2}$。

Implicitdiff 也可以進行多次隱微分或同時對多個不同的獨立變數進行隱微分，作法與 *diff* 相同：

$$implicitdiff\left(y=\dfrac{x^2}{z},\, y,\, x,\, x\right)=\dfrac{2}{z}$$

$$implicitdiff\left(y=\dfrac{x^2}{z},\, y,\, x,\, x,\, z\right)=-\dfrac{2}{z^2}$$

$$implicitdiff\left(y=\dfrac{x^2}{z},\, y,\, x\$2\right)=\dfrac{2}{z}$$

$$implicitdiff\left(y=\dfrac{x^2}{z},\, y,\, x\$2,\, z\right)=-\dfrac{2}{z^2}$$

若參與計算的方程式中包含多個函數，則可能需要多個方程式，來求解這些函數對獨立變數的微分項，而 *implicitdiff* 可直接計算一方程組的隱微分並求解聯立方程：

$$implicitdiff(\{x^2+y=z,\, x+y\cdot z=1\},\, \{y,z\},\, y,\, x)=-\dfrac{2xy+1}{z+y}$$

在此例中，由於 y 與 z 均被定義為由 x 組成的函數，若我們將此例中的兩方程式分別對 x 進行隱微分，則會得到：

$$\begin{cases} 2x+y'(x)=z'(x) \\ 1+y'(x)\cdot z(x)+y(x)\cdot z'(x)=0 \end{cases}$$

故此過程可視為求解一個由 y'(x) 與 z'(x) 兩變數所組成的二元一次方程組，並計算 y'(x) 之值。若我們修改指令中的第三個引數，同時計算 y'(x) 與 z'(x)：

$$implicitdiff(\{x^2+y=z,\, x+y\cdot z=1\},\, \{y,z\},\, \{y,z\},\, x)=\left\{D(y)=-\dfrac{2xy+1}{z+y},\right.$$
$$\left. D(z)=\dfrac{2xz-1}{z+y}\right\}$$

y'(x) 與 z'(x) 的結果將會滿足方程組中的關係：

$$\begin{cases} 2x + \left(-\dfrac{2xy+1}{z+y}\right) = \dfrac{2xz-1}{z+y} \\ 1 + \left(-\dfrac{2xy+1}{z+y}\right) \cdot z + y \cdot \dfrac{2xz-1}{z+y} = 0 \end{cases}$$

讀者可以在工作表輸入「?implicitdiff」以獲得更多有關 *implicitdiff* 的使用說明。

8.3 函數的積分

8.3.1 基本的積分指令

積分為微分的反運算，Maple 中要進行函數的積分或輸出積分式，可使用 *int* 與 *Int* 指令。需特別注意的是，在 Maple 中 *int* 不會在積分結果後加上**積分常數** (Integration Constant)。

指令	說明
int(*f*, *x*, opts)	計算函數 *f*(*x*) 的不定積分
Int(*f*, x, opts)	輸出函數 *f*(*x*) 的不定積分表示式
int(*f*, x=a..b, opts)	計算函數 *f*(*x*) 的定積分
Int(*f*, x=a..b, opts)	輸出函數 *f*(*x*) 的定積分表示式

$diff(x^3 + 2, x) = 3x^2$
$int(3\ x^2, x) = x^3$
$Int(3\ x^2, x) = \int 3x^2\, dx$

若給定變數的範圍，則可進行定積分或輸出定積分表示式：

$int(3\ x^2, x = 0..1) = 1$
$Int(3\ x^2, x = 0..1) = \int_0^1 3x^2\, dx$

定積分的上下限並沒有任何限制，可以是無限大，也可以是變數：

$int(e^x, x = 0..t) = -1 + e^t$
$int(e^x, x = -\infty..0) = 1$

250

Chapter 8　Maple 在微積分上的應用

若積分不存在時，會輸出 *undefined*：

$int\left(\dfrac{1}{x}, x = -1..1\right) = $ *undefined*

🔍 Key

若 *int* 指令無法計算函數的積分，也無法判斷函數的積分是否存在，則會輸出積分表示式。

透過 *int* 可十分輕鬆地進行數學函數積分，搭配 Maple 的各式運算指令，讀者現在應該可以處理一些更複雜的數學問題。以下我們試著透過 *int* 指令，進行 $z = 6 - 2x^2 - y^2$ 與 $z = x^2 + 2y^2$ 兩函數所圍成之體積求解。

首先，透過 *solve* 指令求解兩函數的交線，以決定積分範圍：

$solve(6 - 2x^2 - y^2 = x^2 + 2y^2, y) = \sqrt{-x^2 + 2}, -\sqrt{-x^2 + 2}$

接著，透過 *plot3d* 所畫出的圖形，我們可判斷函數間的關係，並列出積分式：

$plot3d(\{6 - 2x^2 - y^2, x^2 + 2y^2\}, x = -3..3, y = -3..3, color = [\text{"Red"}, \text{"Green"}])$

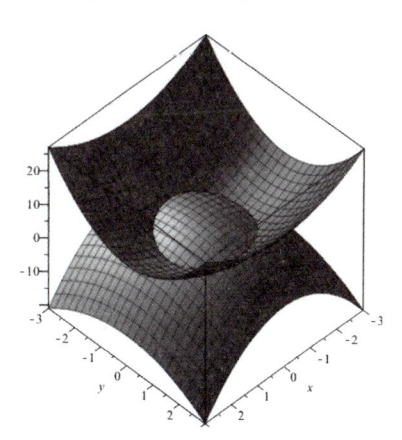

🌐 圖 8.6　以圖形判斷函數 $z = 6 - 2x^2 - y^2$ 與函數 $z = x^2 + 2y^2$ 的關係

由於在兩函數所圍的範圍內，拋物面開口朝下所代表的函數 $z = x^2 + 2y^2$ 擁有較大的函數值,故此處以函數 $z = x^2 + 2y^2$ 之積分減去函數 $z = 6 - 2x^2 - y^2$ 之積分,表示兩函數所圍範圍之體積:

$$\int_{-\sqrt{2}}^{\sqrt{2}} \int_{-\sqrt{2-x^2}}^{\sqrt{2-x^2}} (6 - 2x^2 - y^2) - (x^2 + 2y^2) \, dy \, dx = 6\pi$$

在 Maple 中需特別注意的是,以 *int* 計算一包含未定係數之函數積分時,*int* 會將積分變數以外的未知數視為常數,僅以積分變數進行積分,不會考慮其餘未知數是否會造成函數發散,譬如:

$$int\left(\frac{1}{x^n}, x\right) = -\frac{x}{(n-1)x^n}$$

$$int\left(\frac{1}{x^n}, x = 10..100\right) = \frac{10(100^{-n} 10^n - 10 \cdot 100^{-n})}{n-1}$$

在上例中,由於我們對變數 x 積分,所以 *int* 會將 n 視為常數,故不考量 n 之範圍而直接進行積分。但事實上,我們知道當 n=1 時,此積分式並不成立:

$$int\left(\frac{1}{x^1}, x\right) = \ln(x)$$

$$int\left(\frac{1}{x^1}, x = 10..100\right) = \ln(2) + \ln(5)$$

透過極限式,我們亦可知道此函數在 n=1 處並不連續,故此點上不可微分。下圖為此函數在 n=1 附近之圖形,由圖形可知,n=1 時函數將趨近於無窮大:

$$\lim_{n \to 1^+} \left(int\left(\frac{1}{x^n}, x\right) \right) = -\infty$$

$$\lim_{n \to 1^-} \left(int\left(\frac{1}{x^n}, x\right) \right) = \infty$$

Chapter 8　Maple 在微積分上的應用

$$plot3d\left(int\left(\frac{1}{x^n}, x\right), x = 10..100, n = 0..2\right)$$

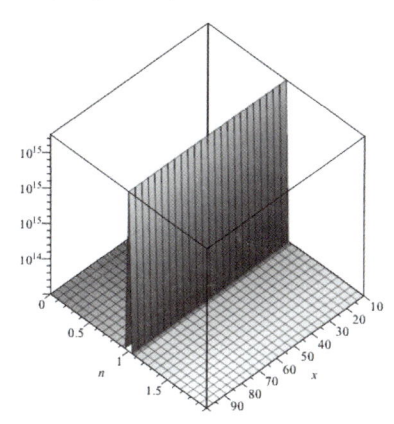

圖 8.7　函數 $\frac{1}{x^n}$ 在 n=1 處附近之圖形

然而，這並不代表 *int* 的運算有誤，只是在沒有特別指明的情況下，*int* 不會考慮其餘未知數的發散點，而會直接計算函數在大部分情形下的**積分通式** (Generic Form)。故使用者應該了解到，*int* 計算的結果可能在某些點並不連續。

不過，當函數的積分變數在不同的範圍下，擁有不同的積分結果時，此時，若未定係數會影響積分變數的範圍，則 *int* 將會以**片段函數** (Piecewise Function) 的方式，條列函數在每個範圍下積分的結果：

$int(|2 \cdot x + n|, x)$

$$\begin{cases} -nx - x^2 & x \leq -\frac{1}{2}n \\ x^2 + nx + \frac{1}{2}n^2 & -\frac{1}{2}n < x \end{cases}$$

$int(|2 \cdot x + n|, x = 0..5)$

$$-\frac{1}{2}\left(\begin{cases} 0 & n < 0 \\ 1 & otherwise \end{cases}\right)n^2 + 10n\left(\begin{cases} 0 & n < -10 \\ 1 & otherwise \end{cases}\right) + 50\left(\begin{cases} 0 & n < -10 \\ 1 & otherwise \end{cases}\right) - 5n$$

$$-25 + \frac{1}{2}\left(\begin{cases} 0 & n < -10 \\ 1 & otherwise \end{cases}\right)n^2$$

253

上例是一個包含絕對值的函數積分，絕對值中函數的正、負將影響其積分的結果，由於函數的正、負將隨著 n 值的變化而改變，故 *int* 將會以片段函數條列出不同 n 值下的答案。

🔍 Key

trace 是 Maple 中用於除錯的一個指令，可允許使用者以指定的程序，追蹤 Maple 的運算過程並進行分析。若想了解 *int* 在積分過程中如何搜尋函數中的發散點，我們可透過 *trace* 指令追蹤 *int* 在積分過程中搜尋變數的情形：

```
restart
trace(discont) :
int(1/x^n, x = 10..100)
{--> enter discont, args = 1/x^n, x
true
{0}
{ }
{0}
{0}
<-- exit discont (now in GetPoles) = {0}}
{--> enter discont, args = -x/((n-1)*x^n), x
true
{0}
{ }
{0}
{0}
<-- exit discont (now in FindDisconts) = {0}}
```

$$\frac{10\left(100^{-n}10^n - 10\,100^{-n}\right)}{n-1}$$

由於此處指定以函數 *discont* 作為追蹤的程序，因此在積分過程中，Maple 會將每個步驟中的函數與參數代入 *discont* 中求解不連續點。在上例中，積分前 *discont* 以 x 計算了函數 $\frac{1}{x^n}$ 的不連續點，並求得不連續點 x = 0，積分後則以 x 計算了函數 $\frac{-x}{(n-1)\,x^n}$ 的不連續點，並求得不連續點 x = 0。我們可看到，在積分的計算過程中，n 並未涉及於其中。

另一個有趣的範例是，積分界限上出現未知數的定積分，*int* 指令也會考慮此未知數，而不會將其視為常數：

Chapter 8　Maple 在微積分上的應用

$$int\left(\frac{1}{x}, x=a..2\right)$$

Warning, unable to determine if 0 is between a and 2; try to use assumptions or use the AllSolutions option

$$\int_a^2 \frac{1}{x}\,dx$$

由於在一般的情形下，自然對數的定義域不包含負數，故當我們以一個未定係數作為此積分的界限時，由於 *int* 無法判斷此界限是正否為正值，故而將會傳回積分表示式並顯示警告訊息，而不會獲得正確的積分結果。

若我們對這個積分式加上一些假設條件，用以定義積分界限的範圍，則不同範圍的積分界限，將會得到不同的積分結果：

$$int\left(\frac{1}{x}, x=a..2\right) \text{ assuming } a<0 = undefined$$

$$int\left(\frac{1}{x}, x=a..2\right) \text{ assuming } a>0 = -\ln(a)+\ln(2)$$

在上例中，我們分別將積分界限假設為 a < 0 與 a > 0，並獲得不同的積分結果。

另一個求解此積分式的方法，是透過 *int* 的積分選項 AllSolutions：

$$int\left(\frac{1}{x}, x=a..2, AllSolutions=true\right)$$

$$\begin{cases} undefined & a<0 \\ \infty & a=0 \\ -\ln(a)+\ln(2) & 0<a \end{cases}$$

當積分式的界限包含未定係數時，AllSolutions 可輸出一定積分的所有結果，並以片段函數的形式，列出變數在不同範圍下的函數積分結果。

🔍 Key

函數的定積分不但要求計算出函數的積分式，更要將積分界限代入並計算出結果，計算上要求十分嚴格。為了求解各種類型的函數積分，*int* 提供了許多不同的積分選項，供使用者求解函數積分時使用。*int* 中常見的積分選項可參考下表：

表 8-1 *int* 中的常見的積分選項

積分選項	用途
AllSolution = ture	輸出不同界限範圍下，定積分的全部結果
continuous = true	忽略函數中的不連續點
CauchyPrincipalValue = true	計算一包含不連續點函數的柯西主值
method = method name	指定積分的演算法

continuous 選項可決定 *int* 是否要忽略函數中的不連續點，若將 continuous 設為 true，則 *int* 將會忽略函數中的不連續點，並計算積分：

$$int\left(\frac{1}{x}, x = a..2, continuous = true\right) = -\ln(a) + \ln(2)$$

柯西主值 (Cauchy Principal Value) 為瑕積分的一種，用以計算一包含不連續點的函數積分。若一函數 *f* 在 a 處有奇異點，則其柯西主值 (C. P. V.) 定義為：

$$C.P.V. \int f(t)\,dt = \lim_{n \to a^+} \int_n^\infty f(t)\,dt + \lim_{n \to a^-} \int_{-\infty}^n f(t)\,dt$$

CauchyPrincipalValue 可計算一定積分的柯西主值：

$$int\left(\frac{1}{x^3}, x = -1..2, CauchyPrincipalValue\right) = \frac{3}{8}$$

儘管是相同的函數式，不同的演算法也可能計算出不同的函數結果，而可以透過 method 選項指定積分的演算法：

$$int\left(\frac{1}{\sqrt{(1-t^2)(1-2t^2)}}, t = 0..1, method = FTOC\right) = \text{EllipticK}(\sqrt{2})$$

$$int\left(\frac{1}{\sqrt{(1-t^2)(1-2t^2)}}, t = 0..1, method = Elliptic\right) = -\frac{1}{2}I\sqrt{2}\,\text{EllipticK}\left(\frac{1}{2}\sqrt{2}\right) + \frac{1}{2}\sqrt{2}\,\text{EllipticK}\left(\frac{1}{2}\sqrt{2}\right)$$

若將 method 設為 _UNEVAL，*int* 將不會進行計算：

$$int\left(\frac{1}{\sqrt{(1-t^2)(1-2t^2)}}, t = 0..1, method = \_UNEVAL\right)$$

$$int\left(\frac{1}{\sqrt{(-t^2+1)(-2t^2+1)}}, t = 0..1, method = \_UNEVAL\right)$$

讀者可搜尋 Maple 協助中的 Integration Methods，查詢 Maple 有哪些演算法可供使用。

8.3.2 數值積分

函數的積分遠比微分來得複雜多變，部分函數甚至無法求解出一解析的積分通式，譬如：

$$int\left(e^{-x^2}\cdot \ln(x), x = 10..100\right) = \int_{10}^{100} e^{-x^2} \ln(x) \, dx$$

此時，除了前小節所述的積分選項外，在已知積分邊界的前提下，使用者可透過 *int* 中的積分選項 numeric，以數值的方式進行數值積分：

$$int\left(e^{-x^2}\cdot \ln(x), x = 10..100, numeric = true\right) = 4.270914059 \; 10^{-45}$$

或者，使用者也可以透過第三章所介紹的浮點數計算指令，進行數值積分：

$$evalf\left(int\left(e^{-x^2}\cdot \ln(x), x = 10..100\right)\right) = 4.270914059 \; 10^{-45}$$

$$evalf[20]\left(int\left(e^{-x^2}\cdot \ln(x), x = 10..100\right)\right) = 4.2709140591313795555 \; 10^{-45}$$

若函數在無窮大時收斂，數值積分也可計算邊界值為無窮大的積分式：

$$limit\left(e^{-x^2}\cdot \ln(x), x = infinity\right) = 0$$

$$evalf\left(int\left(e^{-x^2}\cdot \ln(x), x = 10..infinity\right)\right) = -1. \; 10^{-9}$$

數值積分是一個近似的過程，隨著計算方法的不同，計算出來的結果可能也隨之不同。 method 選項亦可指定數值積分的演算法，以不同的方法進行數值積分求解：

$$evalf_{15}\left(Int\left(\frac{1}{1 + \ln(1 + x)}, x = 0..1, method = \_Sinc\right)\right) = 0.737160709623656$$

$$evalf_{15}\left(Int\left(\frac{1}{1 + \ln(1 + x)}, x = 0..1, method = \_d01ajc\right)\right) = 0.737160709623680$$

_Sinc 與 _d01ajc 選項分別使用 Maple 內建的 Sinc 法以及 NAG 模組中的高斯-克朗羅德法 (Gauss-Kronrod Method) 求解函數的定積分近似值。

為何要指定積分的演算法呢？因為許多時候，一函數積分只能透過特定的演算法才能求解，在不指定演算法的情形下，可能會計算不出答案，譬如：

$$evalf\left(Int\left(\frac{1}{2+\sin((x1+x2+x3+x4+x5))}, [x1=-1..1, x2=-1..1, x3=-1..1, x3=-1..1, x4=-1..1, x5=-1..1]\right)\right)$$

$$\int_{-1.}^{1.}\int_{-1.}^{1.}\int_{-1.}^{1.}\int_{-1.}^{1.}\int_{-1.}^{1.}\int_{-1.}^{1.} \frac{1}{2.+\sin(x1+x2+x3+x4+x5)}\,\mathrm{d}x1\,\mathrm{d}x2\,\mathrm{d}x3\,\mathrm{d}x3\,\mathrm{d}x4\,\mathrm{d}x5$$

此例為一個多元函數的定積分問題，我們可使用 Maple 提供的 蒙地卡羅法 (Monte-Carlo Method) 求解此問題：

$$evalf\left(Int\left(\frac{1}{2+\sin((x1+x2+x3+x4+x5))}, [x1=-1..1, x2=-1..1, x3=-1..1, x3=-1..1, x4=-1..1, x5=-1..1], method=\_MonteCarlo, \text{epsilon}=0.005\right)\right)$$

36.03182044

在上例中，我們以 *epsilon* 選項指定相對誤差值為 0.005，以求解出一個較合理的定積分近似值，而由於 *epsilon* 定義了相對誤差與有效精度之間的關係：

epsilon $= 0.5 \cdot 10^{1-digits}$

故此處計算出的近似值只在 3 位數內有意義：

$evalf_3(\%) = 36.9$

Maple 協助系統中的 *evalf*, *int*，記錄 *int* 所支援的各種數值演算法，使用者可依需求搜尋相關的演算法進行計算。

8.3.3 特殊函數的積分

有時，一函數的積分或微分可能並不存在解析解，然而這些函數的積分式與微分式卻可能在許多數學推導過程中扮演著重要的角色。因此，數學家設計了許多特殊函數來描述這些關係式，用以簡化數學運算之過程。Maple 中定義了許多數學函數，當使用者計算的結果符合這些函數的形式，則 Maple 將會自動以此函式顯示計算的結果。

反函數是數學中最重要的概念之一，若一函數 f(x) 的形式剛好可以滿足一三角函數的微分式，則 Maple 將會以反三角函數來描述積分的結果：

Chapter 8　Maple 在微積分上的應用

$$diff(\arctan(x), x) = \frac{1}{x^2 + 1}$$

$$int\left(\frac{1}{x^2 + 1}, x\right) = \arctan(x)$$

FunctionAdvisor 可輸出 Maple 中各數學函數在一般情況下之定義，以提供使用者參考，此處我們便可透過 *FunctionAdvisor* 來查看 arctan(x) 的定義：

指令	說明
FunctionAdvisor(topic, function)	查看函數 function 中有關 topic 主題的定義

$$FunctionAdvisor(definition, \arctan(x)) =$$
$$\left[\arctan(x) = \frac{1}{2} I (\ln(1 - Ix) - \ln(1 + Ix)), \text{ with no restrictions on } (x)\right]$$

根據定義，若我們將 arctan(x) 函數對 x 微分，其結果應該會與 $\frac{1}{2} I (\ln(1 - Ix) - \ln(1 + Ix))$ 對 x 微分相同：

$$diff(\arctan(x), x) = \frac{1}{x^2 + 1}$$

$$diff\left(\frac{1}{2} I (\ln(1 - Ix) - \ln(1 + Ix)), x\right) = \frac{1}{2} I \left(-\frac{I}{1 - Ix} - \frac{I}{1 + Ix}\right)$$

$$simplify(\%) = -\frac{1}{-x^2 - 1}$$

透過 *int* 指令，我們可以驗證反三角函數之積分表中的每一個積分式：

$$\int \arcsin\left(\frac{x}{c}\right) dx = c\left(\frac{x \arcsin\left(\frac{x}{c}\right)}{c} + \sqrt{1 - \frac{x^2}{c^2}}\right)$$

$$\int x \arcsin\left(\frac{x}{c}\right) dx = c^2 \left(\frac{1}{2} \frac{x^2 \arcsin\left(\frac{x}{c}\right)}{c^2} + \frac{1}{4} \frac{x\sqrt{1 - \frac{x^2}{c^2}}}{c} - \frac{1}{4} \arcsin\left(\frac{x}{c}\right)\right)$$

$$\int x^2 \arcsin\left(\frac{x}{c}\right) dx = c^3 \left(\frac{1}{3} \frac{x^3 \arcsin\left(\frac{x}{c}\right)}{c^3} + \frac{1}{9} \frac{x^2\sqrt{1 - \frac{x^2}{c^2}}}{c^2} + \frac{2}{9}\sqrt{1 - \frac{x^2}{c^2}}\right)$$

$$\int \arctan\left(\frac{x}{c}\right) dx = x \arctan\left(\frac{x}{c}\right) - \frac{1}{2} c \ln\left(1 + \frac{x^2}{c^2}\right)$$

$$\int \arctan\left(\frac{x}{c}\right) dx = x \arctan\left(\frac{x}{c}\right) - \frac{1}{2} c \ln\left(1 + \frac{x^2}{c^2}\right)$$

$$\int x \arctan\left(\frac{x}{c}\right) dx = \frac{1}{2} \arctan\left(\frac{x}{c}\right) x^2 - \frac{1}{2} x c + \frac{1}{2} \arctan\left(\frac{x}{c}\right) c^2$$

$$\int x^2 \arctan\left(\frac{x}{c}\right) dx = \frac{1}{3} x^3 \arctan\left(\frac{x}{c}\right) - \frac{1}{6} c x^2 + \frac{1}{6} c^3 \ln\left(1 + \frac{x^2}{c^2}\right)$$

$$\int \operatorname{arcsec}\left(\frac{x}{c}\right) dx = -c \ln\left(\frac{x}{c} + \frac{x\sqrt{1 - \frac{c^2}{x^2}}}{c}\right) + x \operatorname{arcsec}\left(\frac{x}{c}\right)$$

$$\int x \operatorname{arcsec}\left(\frac{x}{c}\right) dx = c^2 \left(\frac{1}{2} \frac{x^2 \operatorname{arcsec}\left(\frac{x}{c}\right)}{c^2} - \frac{1}{2} \frac{c\left(-1 + \frac{x^2}{c^2}\right)}{\sqrt{\frac{\left(-1 + \frac{x^2}{c^2}\right) c^2}{x^2}}\, x} \right)$$

$$\int \operatorname{arccot}\left(\frac{x}{c}\right) dx = \operatorname{arccot}\left(\frac{x}{c}\right) x + \frac{1}{2} c \ln\left(1 + \frac{x^2}{c^2}\right)$$

$$\int x \operatorname{arccot}\left(\frac{x}{c}\right) dx = \frac{1}{2} \operatorname{arccot}\left(\frac{x}{c}\right) x^2 + \frac{1}{2} x c - \frac{1}{2} \arctan\left(\frac{x}{c}\right) c^2$$

$$\int x^2 \operatorname{arccot}\left(\frac{x}{c}\right) dx = \frac{1}{3} x^3 \operatorname{arccot}\left(\frac{x}{c}\right) + \frac{1}{6} c x^2 - \frac{1}{6} c^3 \ln\left(1 + \frac{x^2}{c^2}\right)$$

🔍 Key

除了函數的定義外，*FunctionAdvisor* 還可以輸出函數的各式資訊，有興趣的讀者可自行前往 Maple 協助系統中搜尋 FunctionAdvisor 來了解。

Gamma 函數 $\Gamma(x)$ 是另一個微積分中常見的特殊函數之一，其定義如下所示：

Chapter 8 Maple 在微積分上的應用

$$\Gamma(x) = \begin{cases} \int_0^\infty e^{-t} t^{z-1} \, dt & z > 0 \\ \dfrac{\Gamma(z+1)}{z} & z < 0 \end{cases}$$

透過 *FunctionAdvisor*，我們可查看 Maple 中 Gamma 函數的定義：

$$FunctionAdvisor(definition, \Gamma(x)) = \left[\Gamma(x) = \int_0^\infty \dfrac{\_k1^{x-1}}{e^{\_k1}} \, d\_k1, \text{And}(0 < \Re(x)) \right]$$

與計算不連續點時的概念相同，由於 *FunctionAdvisor* 需要以額外的變數才能描述 Gamma 函數，故此處以佔位符 _k1 顯示。由於 Maple 中已定義 Gamma 函數，故當積分式符合 Gamma 函數的形式時，Maple 將以 Gamma 函數表示計算的結果：

$$int(e^{-t} t^{z-1}, t = 0..\infty) = \Gamma(z)$$

我們也可以透過 Maple 定義的 Gamma 函數，來證明 Gamma 函數的性質並進行各項操作：

$\Gamma(1) = 1$

$\Gamma(5) = 24$

$\Gamma\left(\dfrac{1}{2}\right) = \sqrt{\pi}$

$\Gamma\left(-\dfrac{1}{2}\right) = -2\sqrt{\pi}$

Beta 函數 B(*x*, *y*) 為與 Gamma 函數相關的另一特殊函數，其定義如下：

$$B(p, q) = \int_0^1 x^{p-1}(1-x)^{q-1} \, dx$$

並且，Beta 函數與 Gamma 函數存在下列關係：

$$B(x, y) = \dfrac{\Gamma(x)\,\Gamma(y)}{\Gamma(x+y)}$$

同樣的，此處我們以 *FunctionAdvisor* 檢視 Beta 函數在 Maple 中的定義：

$FunctionAdvisor(definition, \mathrm{B}(x, y))$

$$\left[\mathrm{B}(x, y) = \frac{\Gamma(x)\,\Gamma(y)}{\Gamma(x+y)},\ x::\textbf{Not}\ nonposint\ \textbf{And}\ y::\textbf{Not}\ nonposint\ \textbf{And}\ x+y::\textbf{Not}\ nonposint \right]$$

由於在 Maple 中，Beta 函數是以 Gamma 函數所定義，故儘管計算式之結果中具有符合 Beta 函數的形式，Maple 仍會以 Gamma 函數顯示計算的答案：

$$2\int_0^{\frac{\pi}{2}} \sin^{2p-1}(\theta)\cos^{2q-1}(\theta)\,\mathrm{d}\theta = \frac{\Gamma(q)\,\Gamma(p)}{\Gamma(q+p)}$$

$$\int_0^{\infty} \frac{z^{x-1}}{(1+z)^{x+y}}\,\mathrm{d}z = \frac{\Gamma(y)\,\Gamma(x)}{\Gamma(x+y)}$$

然而，使用者仍可透過 $\mathrm{B}(x, y)$ 函數，計算不同 x、y 輸入值下的 Beta 函數值：

$$\frac{\Gamma(1)\,\Gamma(2)}{\Gamma(1+2)} = \frac{1}{2}$$

$$\mathrm{B}(1, 2) = \frac{1}{2}$$

$$\mathrm{B}(2, 1) = \frac{1}{2}$$

Dirac 函數 $\delta(x)$ 與 Heaviside 函數 u(x) 則是專為解決數學計算所設計之函數，嚴格來說，Dirac 函數甚至可能並不算是一個函數。此兩函數的數學式分別定義如下：

$$\delta(x-a) = \begin{cases} \infty & x = a \\ 0 & x \neq a \end{cases}$$

$$u(t-a) = \begin{cases} 0 & t < a \\ 1 & t > a \end{cases}$$

在數學上，Dirac 函數為 Heaviside 的導數，存在下列關係：

$$\int \mathrm{Dirac}(x-a)\,\mathrm{d}x = \mathrm{Heaviside}(x-a)$$

我們可對 Dirac 積分或對 Heaviside 微分，即得到另一個函數：

$int(\mathrm{Dirac}(x-5), x) = \mathrm{Heaviside}(x-5)$

$diff(\mathrm{Heaviside}(x-5), x) = \mathrm{Dirac}(x-5)$

Chapter 8　Maple 在微積分上的應用

透過數學式定義 Dirac 函數與 Heaviside 函數是十分複雜的，然而，使用者仍然可以透過 *FunctionAdvisor* 參考 Maple 對於此兩函數的定義：

FunctionAdvisor(*definition*, Dirac(*x*)) =

$$\left[\mathrm{Dirac}(x) = \frac{1}{2} \frac{\int_{-\infty}^{\infty} \mathrm{e}^{\mathrm{I}\_k1\,x} \, \mathrm{d}\_k1}{\pi}, \textit{with no restrictions on } (x) \right]$$

FunctionAdvisor(*definition*, Heaviside(*x*)) =

$$\left[\mathrm{Heaviside}(x) = \sum_{\_k1 = 0}^{\infty} \text{'residue'}\left(-\frac{1}{(x+1)^{-\_k2}\_k2}, \_k2 = \_k1 \right), \mathrm{And}(0 < x) \right]$$

根據 Maple 對此兩函數的定義，我們可以使用指令 Dirac 與指令 Heaviside，實現 Dirac 函數與 Heaviside 函數的一些數學特性：

$int(\mathrm{Dirac}(x - \pi), x = -\infty..\infty) = 1$
$int(\mathrm{Dirac}(x - 3)f(x), x = 0..10) = f(3)$
$int(\mathrm{Dirac}(x + 3)f(x), x = 0..10) = 0$
$\mathrm{Dirac}(-x) = \mathrm{Dirac}(x)$
$\mathrm{Dirac}(-3\,x) = \frac{1}{3}\,\mathrm{Dirac}(x)$
$\mathrm{Heaviside}(x - a) \text{ assuming } a > x = 0$
$\mathrm{Heaviside}(x - a) \text{ assuming } a < x = 1$
$\mathrm{Heaviside}(x - a) \text{ assuming } a = x = \textit{undefined}$

甚至，可以更進一步以片段函數來描述 Dirac 函數與 Heaviside 函數

$$\textit{convert}(\mathrm{Heaviside}(x), \textit{piecewise}) = \begin{cases} 0 & x < 0 \\ \textit{undefined} & x = 0 \\ 1 & 0 < x \end{cases}$$

$$\textit{convert}(\mathrm{Dirac}(x), \textit{piecewise}) = \begin{cases} \textit{undefined} & x = 0 \\ 0 & \textit{otherwise} \end{cases}$$

需特別注意的是，根據 Maple 對 Dirac 函數的定義，Dirac(x) 在 x=0 處將會計算出無窮大的發散值，故在此處經 *convert* 轉換將會得到 *undefined* 的結果。

在幾何上，Dirac 函數與 Heaviside 函數又分別稱為單位脈衝函數 (Unit Impulse Function) 與單位步階函數 (Unit Step Function)，Dirac 函數可以分布的概念來解釋，

Heaviside 函數則可以視為一有限片段函數的組合。

此處我們可透過 *plot* 繪製 Dirac 函數與 Heaviside 函數來了解這兩個函數的幾何特性：

$$plot\left(\begin{cases} 10 & -0.1 < x < 0.1 \\ 0 & otherwise \end{cases}\right)$$

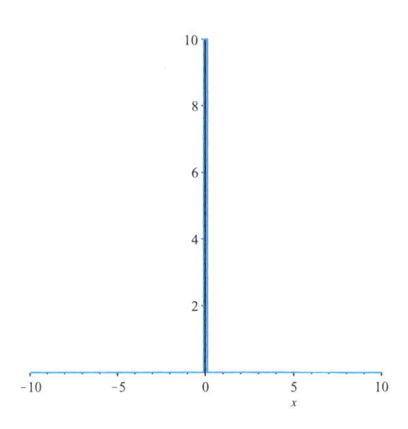

為了繪製 Dirac(x)，我們將 Dirac(x) 轉換成片段函數，並將無窮大造成的 undefined 以及 x=0 的邊界條件換為常數 10 與區間 –0.1 < x < 0.1 來表示。由圖可知，Dirac(x) 在 x=0 處擁有無窮大之發散值，且 x=0 以外之值均為 0。

由於 Heaviside 函數的輸出值包含常數 0 與 1，故可直接以 *plot* 繪製，以下為一個 Heaviside 函數的簡單範例：

$$plot(\text{Heaviside}(x-5))$$

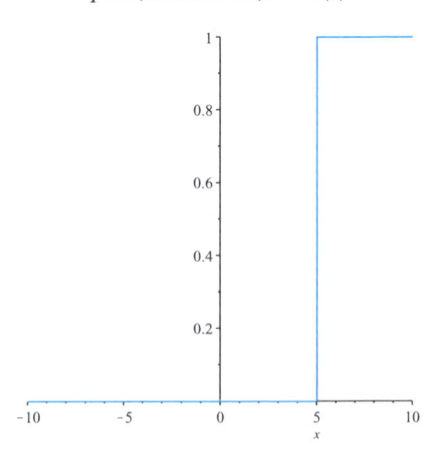

Chapter 8　Maple 在微積分上的應用

由圖可知，Heaviside(x-5) 在 $x > 5$ 處與 $x < 5$ 處，其值分別為 1 與 0。

事實上，在實際應用中，Dirac 函數通常是以積分式的形式出現，亦即以 Heaviside 函數呈現：

$$plot\left(\int_{-\infty}^{x} \text{Dirac}(x-1) + \text{Dirac}(x-2) + \text{Dirac}(x-3) \, dx, x = 0..5\right)$$

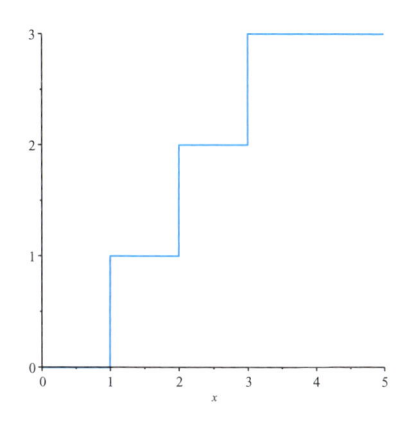

Maple 中定義的特殊函數不勝枚舉，無法一一條列，以下僅列出微積分中常見的函數，供讀者參考。

下表列出了 Maple 中常見的特殊函數：

積分類型	範例
反三角函數積分	$diff(\arctan(x), x) = \dfrac{1}{x^2+1}$
Gamma 函數	$\Gamma\left(-\dfrac{1}{2}\right) = -2\sqrt{\pi}$
Beta 函數	$B(1,2) = \dfrac{1}{2}$, $B(2,1) = \dfrac{1}{2}$
Dirac 函數	$int(\mathrm{Dirac}(x-3)f(x), x=0..10) = f(3)$
Heaviside 函數	$\mathrm{Heaviside}(x-a)\,\text{assuming}\,a<x = 1$
誤差函數	$int\left(\dfrac{2e^{-x^2}}{\sqrt{\pi}}, x\right) = \mathrm{erf}(x)$
Bessel 函數	$\displaystyle\sum_{n=0}^{\infty}\left(\dfrac{(-1)^n}{\Gamma(n+m+1)\cdot n!}\cdot\left(\dfrac{x}{2}\right)^{2\cdot n+m}\right) = \mathrm{BesselJ}(m,x)$
Legendre 函數	$int(\mathrm{LegendreQ}(3,2,x), x)$ $\dfrac{25}{4}x - \dfrac{15}{8}(x-1)^4\ln(x-1) - \dfrac{15}{2}\ln(x-1)(x-1)^3 - \dfrac{15}{2}\ln(x-1)(x-1)^2$ $+ \dfrac{15}{8}(x+1)^4\ln(x+1) - \dfrac{15}{2}\ln(x+1)(x+1)^3 + \dfrac{15}{2}\ln(x+1)(x+1)^2 - \dfrac{15}{4}x^3$ $+ \ln(x-1) - \ln(x+1)$
Anger 函數與 Weber 函數	$int\left(\dfrac{\cos(x\sin(m)-vm)}{\pi}, m=0..\pi\right)$ $\mathrm{AngerJ}(\mathrm{csgn}(0,v,1)\,v, \mathrm{csgn}(0,v,1)\,x)$ $int\left(\dfrac{-\sin(x\sin(m)-vm)}{\pi}, m=0..\pi\right)$ $\mathrm{csgn}(0,v,1)\,\mathrm{WeberE}(\mathrm{csgn}(0,v,1)\,v, \mathrm{csgn}(0,v,1)\,x)$
橢圓積分 (Incomplete Elliptic Integral)	$int\left(\dfrac{1}{\sqrt{-x^2+1}\sqrt{-x^2k^2+1}}, x=0..z\right) = \mathrm{EllipticF}(z,k)$
雅可比橢圓函數 (Jacobi Elliptic Function)	$int\left(\dfrac{1}{\sqrt{1-(k\cdot\sin(\theta))^2}}, \theta=0..x\right) = \mathrm{InverseJacobiAM}(x,k)$

🔍 Key

Legendre 函數在 Maple 中係以**超幾何函數**（Hypergeometric Function）所定義，故 Maple 會以超幾何函數 hypergeom 描述 Legendre 函數的答案：

FunctionAdvisor(*definition*, LegendreP(*v*, *u*, *x*))

$$\left[\text{LegendreP}(v, u, x) = \frac{(x+1)^{\frac{1}{2}u} \text{hypergeom}\left([-v, v+1], [1-u], \frac{1}{2} - \frac{1}{2}x\right)}{(x-1)^{\frac{1}{2}u} \Gamma(1-u)}, \text{And}((1-u) :: (\textbf{Not } \textit{nonposint})) \right]$$

8.3.4 近似積分

雖然上述的方法已足夠處理大部分的函數積分問題，然而，現實計算當中欲求解的系統可能十分複雜，而無法直接求解數值積分，甚至可能僅有一些離散的實驗數據，而沒有任何函數可供計算。此時，便需採用近似的方法求解問題。

由於一函數 f(x) 對 x 的積分，可視為函數 f(x) 在直角坐標上，與 x 軸所劃分的區域面積，因此一個直觀的作法便是將此面積分割為許多區域，再分別計算這些區域的面積，並以這些小區域面積的總合來估算函數的積分值：

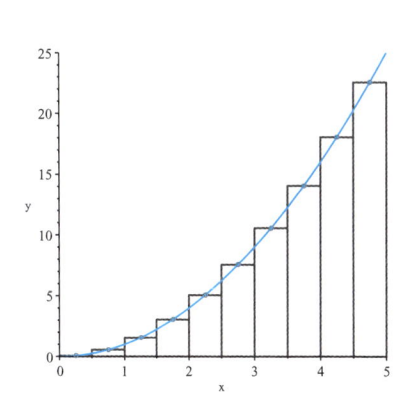

X	Y
0.25	0.0625
0.75	0.5625
1.25	1.5625
1.75	3.0625
2.25	5.0625
2.75	7.5625
⋮	⋮

我們以 x 及 f(x) 分別作為每段長方形區域的長與寬，並計算全部區域面積的總合：

$$0.5 \cdot \sum_{n=0}^{9} (0.25 + 0.5 \cdot n)^2 = 41.56250000$$

並將此結果與定積分作比較：

$$evalf\left(int\left(x^2, x=0..5\right)\right) = 41.66666667$$

若我們增加每單位下的區域數，則可以得到更精準的近似結果：

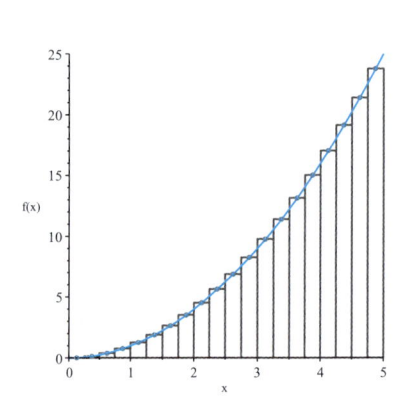

X	Y
0.125	0.015625
0.375	0.140625
0.625	0.390625
0.875	0.76562
1.125	1.265625
1.375	1.890625
:	:

$$0.25 \cdot \sum_{n=0}^{19} (0.125 + 0.25 \cdot n)^2 = 41.64062500$$

使用 *ApproximateInt* 指令可透過各種方式，求解一函數的近似值：

指令	說明
ApproximateInt(f(x), x = a..b, opts)	計算函數 f(x) 在 x 從 a 至 b 之間，近似積分的近似值或圖形

Chapter 8　Maple 在微積分上的應用

$with(Student[Calculus1])$:

$ApproximateInt(x^2, x = 0..5, output = plot, method = midpoint)$

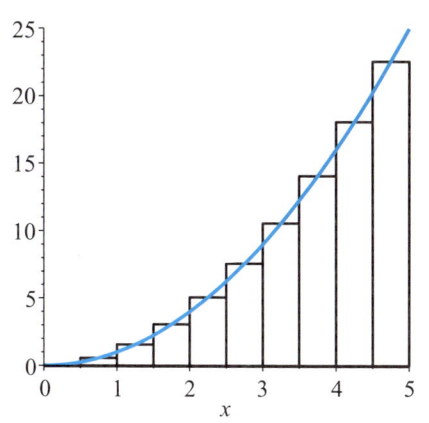

A midpoint Riemann sum approximation of $\int_0^5 f(x)\,dx$, where $f(x) = x^2$ and the partition is uniform. The approximate value of the integral is 41.56250000. Number of subintervals used: 10.

除了以中點黎曼和外，*ApproximateInt* 尚包含 10 種方法，供使用者求解近似積分：

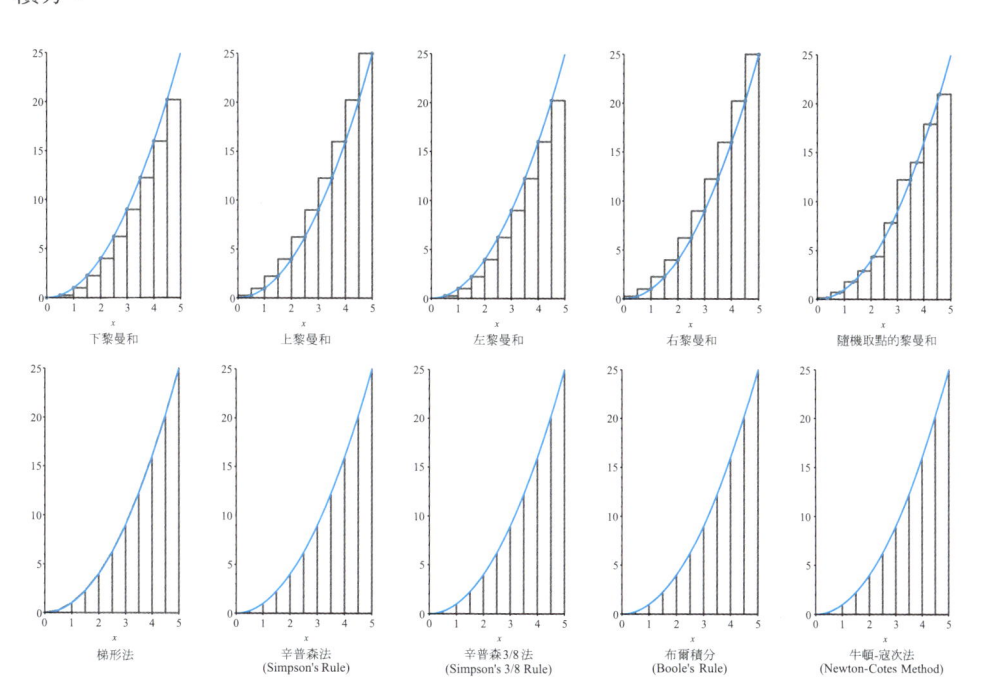

下黎曼和　　上黎曼和　　左黎曼和　　右黎曼和　　隨機取點的黎曼和

梯形法　　辛普森法　　辛普森3/8法　　布爾積分　　牛頓-寇次法
　　　　　(Simpson's Rule)　(Simpson's 3/8 Rule)　(Boole's Rule)　(Newton-Cotes Method)

使用者可以透過 method 選項，選擇要使用哪種近似方法，並輸出近似積分的近似值、求和函數、圖形或是動畫。譬如，method = upper 跟 method = lower 可分別計算上黎曼和與下黎曼和之近似值：

$ApproximateInt(x^2, x = 0..5, output = value, method = upper) = 48.12500000$

$ApproximateInt(x^2, x = 0..5, output = value, method = lower) = 35.62500000$

method = random 則可計算隨機取點黎曼和之近似值，讀者可以發現，此近似值的大小將介於上、下黎曼和之間，且每次計算的結果均不相同：

$ApproximateInt(x^2, x = 0..5, output = value, method = random) =$

$\dfrac{169678410967602283429265325}{3999999999904000000000576}$

$evalf(\%) = 42.41960274$

$ApproximateInt(x^2, x = 0..5, output = value, method = random) =$

$\dfrac{328150676431107298415255259}{7999999999808000000001152}$

$evalf(\%) = 41.01883455$

透過將 output 選項改為 sum，可輸出求和函數，而不計算近似值：

$ApproximateInt(x^2, x = 0..5, output = sum, method = trapezoid)$

$\dfrac{1}{4} \sum_{i=0}^{9} \left(\dfrac{1}{4} i^2 + \left(\dfrac{1}{2} i + \dfrac{1}{2} \right)^2 \right)$

$ApproximateInt(x^2, x = 0..5, output = sum, method = simpson)$

$\dfrac{1}{12} \sum_{i=0}^{9} \left(\dfrac{1}{4} i^2 + 4 \left(\dfrac{1}{2} i + \dfrac{1}{4} \right)^2 + \left(\dfrac{1}{2} i + \dfrac{1}{2} \right)^2 \right)$

$ApproximateInt\left(x^2, x = 0..5, output = sum, method = simpson\left[\dfrac{3}{8} \right] \right)$

$\dfrac{1}{16} \sum_{i=0}^{9} \left(\dfrac{1}{4} i^2 + 3 \left(\dfrac{1}{2} i + \dfrac{1}{6} \right)^2 + 3 \left(\dfrac{1}{2} i + \dfrac{1}{3} \right)^2 + \left(\dfrac{1}{2} i + \dfrac{1}{2} \right)^2 \right)$

若 output 選項設為 animation 則會輸出動畫。

Chapter 8　Maple 在微積分上的應用

8.4　微積分過程的分析

　　計算一個微積分通常包含了複雜的函數推導過程，數學家設計了許多技巧，迂迴的求解微積分問題。由於演算上的需要，在許多時候，使用者想要探索的可能是求解過程而非計算結果，因此，Maple 除了提供計算結果外，亦提供求解過程的分析功能。

8.4.1　基本法則的驗證

　　Student 子函式庫 ***Calculus1*** 下的 *Rule* 指令，可輸出極限、微分式與積分式中常見的法則與定律。譬如，我們可透過 *Rule* 指令驗證極限定理中大名鼎鼎的羅必達法則 (L'Hospital's Rule)：

指令	說明
Rule[rule](f)	驗證函數 f 的 rule 法則

　　$with(Student:\text{-}Calculus1):$
　　$Rule_{lhopital,\ \ln(x)}\left(\lim\limits_{x\to\infty}\dfrac{\ln(x)}{x}\right)$
　　$\lim\limits_{x\to\infty}\dfrac{\ln(x)}{x}=\lim\limits_{x\to\infty}\dfrac{1}{x}$

　　在上式中，由於分子 ln(x) 與分母 x 在 x 趨近於無窮大時均存在導數 $\dfrac{1}{x}$ 與 1，故根據羅必達法則，此極限在 x 趨近於無窮大處可化簡為 $\lim\limits_{x\to\infty}\dfrac{\frac{1}{x}}{1}=\lim\limits_{x\to\infty}\dfrac{1}{x}$。

　　透過 *change* 選項，*Rule* 也可利用極限進行極限式的變數變換：

　　$Rule_{change,\ \ln(x)=u}\left(\lim\limits_{x\to\infty}\dfrac{\ln(x)}{x}\right)$
　　$\lim\limits_{x\to\infty}\dfrac{\ln(x)}{x}=\lim\limits_{u\to\infty}\dfrac{u}{e^u}$

　　Rule$_{change}$ 會依據原始變數與新變數的關係，計算新變數的趨近值，而將極限式進行改寫。

若要驗證函數的微分法則，可使用 *sum*、*difference*、*product* 與 *quotient* 等選項：

$f := x^2 + 3x - 4:$
$g := -2x^2 - 1:$

驗證加法律：

$Rule_{sum}(Diff(f+g, x))$

$\dfrac{d}{dx}(-x^2 + 3x - 5) = \dfrac{d}{dx}(-x^2) + \dfrac{d}{dx}(3x) + \dfrac{d}{dx}(-5)$

value(%)

$\dfrac{d}{dx}(-x^2 + 3x - 5) = -2x + 3$

驗證減法律：

$Rule_{difference}(Diff(f\text{-}g, x))$

$\dfrac{d}{dx}(3x^2 + 3x - 3) = \dfrac{d}{dx}(3x^2) + \dfrac{d}{dx}(3x) - \left(\dfrac{d}{dx}3\right)$

value(%)

$\dfrac{d}{dx}(3x^2 + 3x - 3) = 6x + 3$

驗證乘法律：

$Rule_{product}(Diff(f \cdot g, x))$

$\dfrac{d}{dx}((x^2 + 3x - 4)(-2x^2 - 1)) = \left(\dfrac{d}{dx}(x^2 + 3x - 4)\right)(-2x^2 - 1) + (x^2 + 3x - 4)\left(\dfrac{d}{dx}(-2x^2 - 1)\right)$

simplify(*value*(%))

$\dfrac{d}{dx}((x^2 + 3x - 4)(-2x^2 - 1)) = -8x^3 - 18x^2 + 14x - 3$

Chapter 8　Maple 在微積分上的應用

驗證除法律：

$Rule_{quotient}\left(Diff\left(\dfrac{f}{g}, x\right)\right)$

$\dfrac{d}{dx}\left(\dfrac{x^2+3x-4}{-2x^2-1}\right)$

$=\dfrac{\left(\dfrac{d}{dx}(-x^2-3x+4)\right)(2x^2+1)-(-x^2-3x+4)\left(\dfrac{d}{dx}(2x^2+1)\right)}{(2x^2+1)^2}$

$simplify(value(\%))$

$\dfrac{d}{dx}\left(\dfrac{x^2+3x-4}{-2x^2-1}\right)=\dfrac{3(2x^2-6x-1)}{(2x^2+1)^2}$

透過將其結果與 int 計算結果進行比較，我們可驗證微分法則的正確性：

$f:=x^2+3x-4:$
$g:=-2x^2-1:$

加法律與減法律：

$diff(f+g,x)=-2x+3$
$diff(f-g,x)=6x+3$

乘法律：

$diff(f\cdot g,x)=(2x+3)(-2x^2-1)-4(x^2+3x-4)x$
$simplify(\%)=-8x^3-18x^2+14x-3$

除法律：

$diff\left(\dfrac{f}{g},x\right)=\dfrac{2x+3}{-2x^2-1}+\dfrac{4(x^2+3x-4)x}{(-2x^2-1)^2}$

$simplify(\%)=\dfrac{3(2x^2-6x-1)}{(2x^2+1)^2}$

連鎖率 (Chain Rule) 是微分法則中最重要的定律，描述了複合函數的微分過程。一複合函數的導數可如下定義：

$f(g(x))'=f'(g(x))\cdot g'(x)$

讀者可透過 $Rule_{chain}$ 進行連鎖律的驗證：

$Rule[chain]\left(Diff\left((3t^2-2t)^3, t\right)\right)$

$\dfrac{\partial}{\partial x}\left((3t^2-2t)^3\right) = \left(\left.\dfrac{d}{d\_X}(\_X^3)\right|_{\_X=3t^2-2t}\right)\left(\dfrac{\partial}{\partial x}(3t^2-2t)\right)$

$value(\%)$

$\dfrac{d}{dt}\left((3t^2-2t)^3\right) = 3(3t^2-2t)^2(6t-2)$

$value(\%)$

$\dfrac{\partial}{\partial x}\left((3t^2-2t)^3\right) = 0$

根據連鎖律，我們可知函數 $(3t^2-2t)^3$ 可視為由 $f(u)$ 函數 u^3 與 $g(t)$ 函數 $3t^2-2t$ 組成的複合函數 $f(g(t))$，透過 $f@g$ 可在 Maple 中建立複合函數。此處以 diff 驗證其複合函數的微分：

$f := u \to u^3:$

$g := t \to 3t^2 - 2t:$

$(f@g)(t) = (3t^2-2t)^3$

$diff(\%, t) = 3(3t^2-2t)^2(6t-2)$

積分法則的驗證與微分相似，線性獨立的函數積分也可以被 Rule 分解或組合：

$Rule_{+}\left(Int(x^2-2x+1, x)\right)$

$\int (x^2-2x+1)\,dx = \int x^2\,dx + \int (-2x)\,dx + \int 1\,dx$

$Rule_{-}\left(Int(x^2-2x+1, x)\right)$

$\int (x^2-2x+1)\,dx = \int x^2\,dx - \left(\int 2x\,dx\right) + \int 1\,dx$

針對定積分式，Rule 也提供一些用以驗證積分特性的選項，包含定積分界限的分解、合併與翻轉 (Flip) 等：

$Rule_{split,\, c}\left(\displaystyle\int_a^b \dfrac{\sin(\sqrt{x})}{\sqrt{x}}\,dx\right)$

Chapter 8 Maple 在微積分上的應用

$$\int_a^b \frac{\sin(\sqrt{x})}{\sqrt{x}}\,dx = \int_a^c \frac{\sin(\sqrt{x})}{\sqrt{x}}\,dx + \int_c^b \frac{\sin(\sqrt{x})}{\sqrt{x}}\,dx$$

$$Rule_{join}\left(\int_a^c \frac{\sin(\sqrt{x})}{\sqrt{x}}\,dx + \int_c^b \frac{\sin(\sqrt{x})}{\sqrt{x}}\,dx\right)$$

$$\int_a^c \frac{\sin(\sqrt{x})}{\sqrt{x}}\,dx + \int_c^b \frac{\sin(\sqrt{x})}{\sqrt{x}}\,dx = \int_a^b \frac{\sin(\sqrt{x})}{\sqrt{x}}\,dx$$

$$Rule_{flip}\left(\int_a^c \frac{\sin(\sqrt{x})}{\sqrt{x}}\,dx + \int_c^b \frac{\sin(\sqrt{x})}{\sqrt{x}}\,dx\right)$$

$$\int_a^c \frac{\sin(\sqrt{x})}{\sqrt{x}}\,dx + \int_c^b \frac{\sin(\sqrt{x})}{\sqrt{x}}\,dx = -\left(\int_c^a \frac{\sin(\sqrt{x})}{\sqrt{x}}\,dx\right) + \int_c^b \frac{\sin(\sqrt{x})}{\sqrt{x}}\,dx$$

變數變換 (Integration by Substitution) 與**分部積分** (Integration by Parts) 是積分過程中最常見的兩種積分技巧，許多複雜的系統都可以透過這兩種方法來簡化求解。其基本定義如下：

變數變換：

$$\int_\alpha^\beta f(g)\,g'\,dx = \int_{g(\alpha)}^{g(\beta)} f(g)\,dg$$

分部積分：

$$\int u(x)\cdot v'(x)\,dx = u(x)\cdot v(x) - \int u'(x)\cdot v(x)\,dx$$

Rule 也可進行變數變換與分部積分的驗證：

$$Rule_{change,\,u=\sqrt{x}}\left(\int_a^b \frac{\sin(\sqrt{x})}{\sqrt{x}}\,dx\right)$$

$$\int_a^b \frac{\sin(\sqrt{x})}{\sqrt{x}} \, dx = \int_{x=a}^{x=b} 2\sin(u) \, du$$

$$Rule_{parts,\, \sin(x),\, e^x}\left(\int \sin(x)\, e^x \, dx\right)$$

$$\int \sin(x)\, e^x \, dx = \sin(x)\, e^x - \left(\int e^x \cos(x) \, dx\right)$$

使用選項 *change* 與 *parts* 驗證積分式的變數變換與分部積分時，需額外指定置換的變數，以及分部積分中欲分解的函數 u、v。詳細可參考 Maple 協助系統中的 IntRules。

事實上，除了 **Student** 中的子函式庫 **Calculus1**，Maple 的另一函式庫 **IntegrationTools** 也提供了相似的功能。

指令	說明
Expand(v)	將積分式 v 線性展開
Combine(v)	將積分式 v 線性合併

指令 *Expand* 與 *Combine* 可針對積分式的係數，進行線性展開與線性合併：

with(*IntegrationTools*) :

$V := int(a\, f(x) + b\, g(x), x = 0..1)$

$$\int_0^1 (a\, f(x) + b\, g(x)) \, dx$$

$E := Expand(V)$

$$a\left(\int_0^1 f(x)\, dx\right) + b\left(\int_0^1 g(x)\, dx\right)$$

Combine(*E*)

$$\int_0^1 (a\, f(x) + b\, g(x)) \, dx$$

Combine 也可以合併擁有不同積分界限的定積分式：

Chapter 8　Maple 在微積分上的應用

$$V := int(f(x), x = a..b) + int(f(y), y = b..c) = \int_a^b f(x)\,dx + \int_b^c f(y)\,dy$$

$$Combine(V) = \int_a^c f(x)\,dx$$

若想反過來將一定積分依照積分範圍展開，可透過指令 Split：

指令	說明
Split(v, c)	以 c 點作為定積分式的上、下積分界限，展開定積分式 v
Split(v, [a, b, ..., n])	以串列中的點 a、b、⋯、n 等點作為定積分式的上、下邊界，展開積分式 v
Split(v, [f(i), i=m..n])	當變數 I 從 m 變化至 n 時，以自定義函數 f(i) 列出的數據點作為上、下分界限，展開積分式 Integral

$$V := Int(f(x), x = 0..10\pi) = \int_0^{10\pi} f(x)\,dx$$

$$Split(V, 2\pi) = \int_0^{2\pi} f(x)\,dx + \int_{2\pi}^{10\pi} f(x)\,dx$$

$$Split(V, [seq(2\pi i, i=1..4)]) =$$
$$\int_0^{2\pi} f(x)\,dx + \int_{2\pi}^{4\pi} f(x)\,dx + \int_{4\pi}^{6\pi} f(x)\,dx + \int_{6\pi}^{8\pi} f(x)\,dx + \int_{8\pi}^{10\pi} f(x)\,dx$$

除了以斷點或串列的方式列出積分界限的範圍來展開積分式，Split 可供使用者以自定義函數，更靈活的展開積分式：

$$Split(V, [2\pi i, i=1..4])$$
$$\int_0^{2\pi} f(x)\,dx + \int_{2\pi}^{4\pi} f(x)\,dx + \int_{4\pi}^{6\pi} f(x)\,dx + \int_{6\pi}^{8\pi} f(x)\,dx + \int_{8\pi}^{10\pi} f(x)\,dx$$

上例中，我們預期函數每隔 $2\pi i$ 寫成一個積分式，並且列出 i 從 1 變化至 4 的結果。Split 也可以將 i 的範圍以未知數表示：

$$Split(V, [2\pi i, i=0..n])$$

$$\int_0^0 f(x)\,dx + \sum_{\_j=0}^{n-1}\left(\int_{2\pi\_j}^{2\pi(\_j+1)} f(x)\,dx\right) + \int_{2n\pi}^{10\pi} f(x)\,dx$$

由於此處並沒有明確指出 i 的範圍，*Split* 會以求和函數 (Summation, $\sum$) 來描述這個積分式的展開結果。若我們令 n 為 5，重新計算這個求和函數，則將會得到與先前一致的結果：

$$expand\left(subs\left(n=5, \sum_{j1=0}^{n-1}\left(\int_{2\pi\_j}^{2\pi(\_j+1)} f(x)\,dx\right)\right)\right)$$

$$\int_0^{2\pi} f(x)\,dx + \int_{2\pi}^{4\pi} f(x)\,dx + \int_{4\pi}^{6\pi} f(x)\,dx + \int_{6\pi}^{8\pi} f(x)\,dx + \int_{8\pi}^{10\pi} f(x)\,dx$$

積分的變數變換與分部積分，可使用 *Change* 與 *Parts* 指令：

指令	說明
Change(v, u = u(x))	令變數 u 為 u(x)，將積分式 v 進行變數變換
Parts(t, u(x), v(x))	將積分式 t 以函數 u(x) 與 v(x) 分解，進行分部積分

$$V := Int\left(\frac{x}{\sqrt{1-4\cdot x^2}}, x\right) = \int \frac{x}{\sqrt{-4x^2+1}}\,dx$$

$$Change(V, u=1-4x^2) = \int\left(-\frac{1}{8\sqrt{u}}\right)\,du$$

在此例中，我們以 *Change* 指令，令 $u = 1 - 4x^2$，將積分式 V 進行變數變化以化簡。

若要進行分部積分，可透過另一指令 *Parts*：

$$V := Int(x\cdot e^x, x) = \int x\,e^x\,dx$$

$$Parts(V, x, e^x) = x\,e^x - \left(\int e^x\,dx\right)$$

Chapter 8　Maple 在微積分上的應用

特別注意的是，*subs* 指令也可以用以替換一函數中的變數，在『第三章　Maple 的基本運算』中，我們已經介紹過這個指令，然而與 *Rule* 或是 *Change* 不同的是，*subs* 無法依照新、舊變數的關係，修正極限式中趨近值的結果或積分式中積分界限的範圍等。我們可比較分別使用兩指令計算所產生的結果：

$$subs\left(\ln(x)=u,\lim_{x\to\infty}\frac{\ln(x)}{x}\right)=\lim_{x\to\infty}\frac{u}{x}$$

$$subs\left(\sqrt{x}=u,\int_a^b \frac{\sin(\sqrt{x})}{\sqrt{x}}\,\mathrm{d}x\right)=\int_a^b \frac{\sin(u)}{\sqrt{x}}\,\mathrm{d}x$$

在上例中，我們可以看到 *subs* 僅針對符合格式的變數，將 x 替換成 u，而不會計算其他 x 項的結果。

與 *Rule* 指令不同的是，*Rule* 旨在印證微積分中的各式法則，而 *IntegrationTools* 則更著重於輸出函數的積分過程，以供使用者探索積分式的內容。*IntegrationTools* 函式庫提供了一系列的指令，供使用者提取積分式的內容：

指令	說明
GetIntegrand(v)	提取積分式 v 中被積分的函數
GetVariable(v)	提取積分式 v 中的積分變數
GetRange(v)	提取定積分式 v 中的積分範圍
GetOptions(v)	提取積分式 v 中的積分選項
GetParts(v)	以串列的方式，列出積分式 v 中的積分函數、積分變數、積分範圍與積分選項

$with(IntegrationTools):$

$V := Int(\sin(x+y), y=a..b)$

$$\int_a^b \sin(x+y)\,\mathrm{d}y$$

$GetIntegrand(V) = \sin(x+y)$

$GetRange(V) = a..b$

$GetVariable(V) = y$

$GetOptions(V) =$

由於此積分式中並沒有指定任何積分選項，故不會輸出任何結果。若加入積分選項，GetOptions 指令即可輸出我們指定的積分選項：

$V := Int(\sin(x+y), y=a..b, method=\_UNEVAL)$
$Int(\sin(x+y), y=a..b, method=\_UNEVAL)$
$GetOptions(V) = method = \_UNEVAL$

GetParts 可允許使用者以串列的方式，逐一輸出被積分函數、積分變數、積分範圍與積分選項：

$GetParts(V)$
$[\sin(x+y), [y], [a..b], [method=\_UNEVAL]]$

透過靈活運用這些提取積分式的指令，使用者可以輸出各式的積分過程。以積分中常見的均值定理為例，其定義如下所示：

$$\int_a^b f(x)\,dx = f_{ave}(c) \cdot (b-a)$$

其中，f_{ave} 為 f(x) 在此積分範圍內定積分的平均值。

若已知 $f(x) = 2x$，則定積分 $\int_0^{10} 2x\,dx$ 可如下分解：

$with(IntegrationTools):$
$V := Int(2x, x=0..10) = \int_0^{10} 2x\,dx$
$GetIntegrand(V) = 2x$
$Range := GetRange(V) = 0..10$
$op(Range)[1] = 0$
$op(Range)[2] = 10$

依照均值定理定義，我們可用 **IntegrationTools** 函式庫中的指令計算平均值 f_{ave}：

$f\_ave := \dfrac{1}{op(Range)[2] - op(Range)[1]} \cdot int(GetIntegrand(V), x=Range) = 10$

根據**積分第一均值定理** (First Mean Value Theorem for Integration)，定積分 $\int_0^{10} 2x\,dx$

Chapter 8 Maple 在微積分上的應用

可透過積分式中提取出的各項目描述如下：

$V = nprintf(" \%a \cdot (\%a - \%a)", f\_ave, op(Range)[2], op(Range)[1])$

$\int_0^{10} 2x\,dx = 10 * (10 - 0)$

IntegrationTools 函式庫提供使用者探索積分過程的便利工具，然而，這些指令大多為針對某些特定類型的積分式所設計，在某些情形下，有時並不一定能得到一個有效的結果。因此，若要進行一些數學上的操作，仍建議針對函數的類型使用 Maple 中專司函數操作的指令。譬如：

$with(IntegrationTools):$
$V := int(a\,f(x) + b\,f(x), x) = \int (a\,f(x) + b\,f(x))\,dx$
$E := Expand(V) = a\left(\int f(x)\,dx\right) + b\left(\int f(x)\,dx\right)$
$Combine(E)$
Error, (in IntegrationTools:-Combine) invalid subscript selector

由上例所知，在不定積分的線性合併上，使用 ***IntegrationTools*** 函式庫中所提供的 Combine 指令，有時並不能獲得一個有效的運算結果。此時，使用者若使用第三章中介紹之 combine 指令，便可順利合併此積分函數：

$combine(E) = \int (a\,f(x) + b\,f(x))\,dx$

Chapter 9

微分方程式

　　微積分的發展並未停滯，在現代，微積分構築之微分方程，跳脫了工程物理的範疇，在人類科學的演進中扮演了舉足輕重的角色。社會學中以微分方程計算社會流動過程的穩定性、醫學上以微分方程分析疾病傳染的散佈模型。

　　德國的數學家卡姆克 (Kamke) 在其著作《微分方程》(*Differentialgleichungen*) 中歸納了 1,345 種線性與非線性的微分方程式，而其中的 97.5% 均可透過 Maple 求解。本章將帶您認識，Maple 在微分方程式中之應用。

本章學習目標

- 如何建立常微分方程
- 認識 *dsolve* 指令及其指令選項
- 學會求解常微分方程之級數解
- 認識 *inttrans* 函式庫以及 Maple 的積分變換
- 求解聯立常微分方程組
- 以數值方法求解常微分方程
- 繪製常微分方程圖形
- *DEtools* 函式庫
- 認識偏微分方程與積分方程

微分方程式 (Differential Equation) 係指含有導函數的方程式，若導函數僅有一個變數，則稱為常微分方程式 (Ordinary Differential Equation)，依照其係數、階數與齊次性的不同，常微分方程式又可被分類成數種類型，並透過不同方法求解。

在 Maple 中，使用者不必特別區分微分方程式的類型，從建立到求解均可透過同樣的指令，除此之外，Maple 還擁有各式的指令選項來幫助使用者以不同方式分析微分方程。

9.1 微分方程的建立

9.1.1 建立微分方程式

當使用者以 *diff* 指令或元件庫，對變數進行微分並組合，即組成一微分方程式：

$diff(y(x), x\$2) + diff(y(x), x) + 1 = 0$

$$\frac{d^2}{dx^2} y(x) + \frac{d}{dx} y(x) + 1 = 0$$

$2\dfrac{d^2}{dx^2} y(x) = \dfrac{d}{dx} y(x) - 2$

$$2\left(\frac{d^2}{dx^2} y(x)\right) = \frac{d}{dx} y(x) - 2$$

除了指令與元件庫，針對常見的變數 x 與變數 t，Maple 也設有快捷符號，可更快速建立微分方程，對於定義複雜的方程式，非常有效率：

$y'' + y' + 1 = 0$

$$\frac{d^2}{dx^2} y(x) + \frac{d}{dx} y(x) + 1 = 0$$

$\ddot{y} + \dot{y} + 1 = 0$

$$\frac{d^2}{dt^2} y(t) + \frac{d}{dt} y(t) + 1 = 0$$

微分運算子在微分方程中也扮演著重要角色，我們也可使用微分運算子 D 來計算函數的微分

$L := ((D@@2) + 2 D + 1)$

$$D^{(2)} + 2 D + 1$$

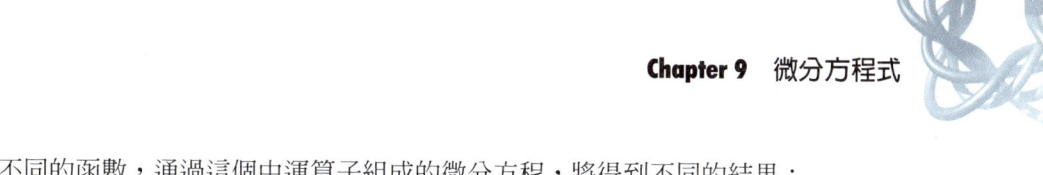

不同的函數，通過這個由運算子組成的微分方程，將得到不同的結果：

$y1 := x \to x^3$:
$y2 := x \to 2\,x^2 + 1$:
$L(y1)(x) = 6\,x^2 + 6\,x + 1$
$L(y2)(x) = 5 + 8\,x$

9.2 微分方程的求解

微分方程式的種類千變萬化，依照方程式的階數與齊性，傳統上，每一種微分方程均需透過不同的方法與步驟求解。Maple 集代數運算之大成，提供了便捷的求解指令 *dsolve*，大部分的微分方程均可透過 *dsolve* 求解 (偏微分方程與積分方程不在此例，將在後續的章節中逐一介紹)，以下就讓我們來了解 *dsolve* 的使用方式：

指令	說明
dsolve(ODE, y(x), options)	求解 y(x) 常微分方程 ODE 的通解
dsolve({ODE, ICs}, y(x), options)	以初始條件 ICs，求解 y(x) 微分方程 ODE 的特解
odetest(SOL, ODE, y(x))	驗證 SOL 是否為 y(x) 微分方程 ODE 之解，若 SOL 為 ODE 之解，則輸出 0。

$ode := \dfrac{d^2}{dx^2}\,y(x) = 2\,y(x) + 1$

$$\dfrac{d^2}{dx^2}\,y(x) = 2\,y(x) + 1$$

$sol := dsolve(ode, y(x))$

$$y(x) = e^{\sqrt{2}\,x}\,\_C2 + e^{-\sqrt{2}\,x}\,\_C1 - \dfrac{1}{2}$$

上例的 ode 為一個二階常係數微分方程，透過 *dsolve* 指令，我們將變數指定為 y(x)，將可求解出微分方程的通解。若通解中包含未定係數，Maple 將會自動以 _Cn 作為未定係數。上例中，通解包含兩個未定係數，故以 _C1 與 _C2 描述。接著，我們嘗試加入初始條件，求解其特解：

$ics := y(0) = 1, \mathrm{D}(y)(0) = 1$

$$y(0) = 1, \mathrm{D}(y)(0) = 1$$

$sol\_p := dsolve(\{ode, ics\}, y(x))$

$$y(x) = \mathrm{e}^{\sqrt{2}\,x}\left(\frac{1}{4}\sqrt{2} + \frac{3}{4}\right) + \mathrm{e}^{-\sqrt{2}\,x}\left(\frac{3}{4} - \frac{1}{4}\sqrt{2}\right) - \frac{1}{2}$$

ics 定義了 y(0) 與 y'(0) 時的初始值，透過 *dsolve*，我們加入初始條件並以 *dsolve* 再次求解微分方程，讀者可注意到計算結果與前例相似，然而前例中的未定係數 _C1 與 _C2，被換成了常數。

最後，我們透過指令 *odetest* 驗證計算的結果是否正確

$odetest(sol, ode)$

$$0$$

$odetest(sol\_p, ode)$

$$0$$

🔍 Key

在初始條件中，若需定義導數的初始值，譬如 y'(0)=0，需使用微分運算子 D 而非指令 *diff*。若我們以 *diff* 定義邊界條件，函數 y 代入數值所得之結果應為一常數，故微分後將得到 0，會使得初始條件的等式不成立：

$diff(y(0), x) = 1$

$$0 = 1$$

除了直接以指令求解外，*dsolve* 指令還可以指定求解方式等，來求解不同的微分方程問題。譬如，有些微分方程的顯解非常複雜，透過 implicit 選項可選擇以隱解呈現微分方程之解：

$ode := \dfrac{\mathrm{d}}{\mathrm{d}x} y(x) = x\,\cos(y(x))$

$$\frac{\mathrm{d}}{\mathrm{d}x} y(x) = x\cos(y(x))$$

$dsolve(ode, y(x))$

$$y(x) = \arctan\left(\frac{e^{x^2}\_C1^2 - 1}{e^{x^2}\_C1^2 + 1}, \frac{2e^{\frac{1}{2}x^2}\_C1}{e^{x^2}\_C1^2 + 1}\right)$$

$dsolve(ode, y(x), implicit)$

$$\frac{1}{2}x^2 - \ln(\sec(y(x)) + \tan(y(x))) + \_C1 = 0$$

上例中，若直接以 *dsolve* 求解微分方程 ode，得到的解將會非常複雜，若以 implicit 求解微分方程之隱解，結果將會簡化許多。

useInt 是另一個常用的求解選項，當指定了此選項後，*dsolve* 將不會求解微分方程解中的積分式：

$ode_1 := \sin(x)\left(\dfrac{d}{dx}y(x)\right) - \cos(x)y(x) = 0:$

$dsolve(ode_1) = y(x) = \_C1\sin(x)$

$dsolve(ode_1, useInt) = y(x) = \_C1\,e^{\int \frac{\cos(x)}{\sin(x)}dx}$

若想了解更多有關 *dsolve* 求解指令的範例，可參考 Maple 協助系統中的『dsolve』。

藉由 *dsolve* 指令與求解選項，已經足夠求解大部分的微分方程式，Maple 早從 Maple V，即開始探索各種微分方程的計算，依據教科書以及近年來文獻中提到的微分方程類型進行分類，有興趣的讀者可參考 Maple 協助系統中的「odeadvisor Classification Types」查看 ODE 的分類。表 9-1 將以常見的微分方程為例，示範如何利用 *dsolve* 求解各類的微分方程。

表 9-1 以 *dsolve* 求解常見之微分方程式

一階常微分方程式		
微分方程 類型	通式	範例
可分離微 分方程	$A(x) + B(y)\dfrac{d}{dx}y(x) = 0$	$eqs := \dfrac{d}{dx}y(x) = x + 4:$ $dsolve(eqs)$ $y(x) = \dfrac{1}{2}x^2 + 4x + \_C1$
齊次微分 方程	$\dfrac{d}{dx}y(x) = F\left(\dfrac{y(x)}{x}\right)$	$eqs := \dfrac{d}{dx}y(x) = \dfrac{(x^2 + y(x)^2)}{x\,y(x)}:$ $dsolve(eqs)$ $y(x) = \sqrt{2\ln(x) + \_C1}\,x, y(x) = -\sqrt{2\ln(x) + \_C1}\,x$ $dsolve(eqs, implicit)$ $y(x)^2 - (2\ln(x) + \_C1)\,x^2 = 0$
正合微分 方程	$M + N\dfrac{d}{dx}y(x) = 0$	$eqs := (1 + x\,y(x))\,y(x) + (1 + x\,y(x))x \cdot \dfrac{d}{dx}y(x) = 0$ $(1 + x\,y(x))\,y(x) + (1 + x\,y(x))\,x\left(\dfrac{d}{dx}y(x)\right) = 0$ $dsolve(eqs)$ $y(x) = -\dfrac{1}{x}, y(x) = \dfrac{-1 - \_C1}{x}, y(x) = \dfrac{-1 + \_C1}{x}$ $dsolve(eqs, implicit)$ $y(x) = -\dfrac{1}{x}, \dfrac{1}{2}x^2\,y(x)^2 + x\,y(x) + \_C1 = 0$
積分因子	$\mu M + \mu N\dfrac{d}{dx}y(x) = 0$	$eqs := -(2\,y(x) + x^2\,e^{2x}) + \dfrac{d}{dx}y(x) = 0$ $-2\,y(x) - x^2\,e^{2x} + \dfrac{d}{dx}y(x) = 0$ $dsolve(eqs)$ $y(x) = \left(\dfrac{1}{3}x^3 + \_C1\right)e^{2x}$
白努力方 程式	$P\dfrac{d}{dx}y(x) + Q(x)\,y(x) = R(x)\,y(x)^n$	$eqs := x^2\dfrac{d}{dx}y(x) - x\,y(x) = 3\,y(x)^2$ $x^2\left(\dfrac{d}{dx}y(x)\right) - x\,y(x) = 3\,y(x)^2$ $dsolve(eqs)$ $y(x) = -\dfrac{x}{3\ln(x) - \_C1}$
Riccati 方 程式	$\dfrac{d}{dx}y(x) = P(x)\,y(x)^2 + Q(x)\,y(x)$ $\qquad + R(x)$	$eqs := \dfrac{d}{dx}y(x) = 2 - 2x\,y(x) + y(x)^2$ $\dfrac{d}{dx}y(x) = 2 - 2x\,y(x) + y(x)^2$ $dsolve(eqs)$ $y(x) = \dfrac{2\left(I\sqrt{\pi}\,\operatorname{erf}(Ix)\,x - \_C1\,x + e^{x^2}\right)}{I\sqrt{\pi}\,\operatorname{erf}(Ix) - \_C1}$

Chapter 9　微分方程式

高階常微分方程式		
微分方程 類型	通式	範例
常係數微 分方程	$\dfrac{d^2}{dx^2}y(x) + a\dfrac{d}{dx}y(x) + by(x)$ $+ f(x) = 0$	二階常係數齊次微分方程式，根據判別式 $\lambda^2 + a\lambda + b = 0$ 之 λ 值之結果，其方程式之解可能不同，以下分別測試 $ode := \dfrac{d^2}{dx^2}y(x) + a\dfrac{d}{dx}y(x) + by(x) = 0:$ $eq := \lambda^2 + a\lambda + b = 0:$ 1. λ 值為相異實根 　　令 a = 1, b = –2 　　$solve(subs(a=1, b=-2, eq))$ 　　　$1, -2$ 　　$dsolve(subs(a=1, b=-2, ode))$ 　　　$y(x) = \_C1\,e^{x} + \_C2\,e^{-2x}$ 2. λ 值為兩重根 　　令 a = 2, b = 1 　　$solve(subs(a=2, b=1, eq))$ 　　　$-1, -1$ 　　$dsolve(subs(a=2, b=1, ode))$ 　　　$y(x) = \_C1\,e^{-x} + \_C2\,e^{-x}x$ 3. λ 值為共軛複數根 　　令 a=4, b=8 　　$solve(subs(a=4, b=8, eq))$ 　　　$-2+2I, -2-2I$ 　　$dsolve(subs(a=4, b=8, ode))$ 　　　$y(x) = \_C1\,e^{-2x}\sin(2x) + \_C2\,e^{-2x}\cos(2x)$
尤拉方程 式	$x^2\dfrac{d^2}{dx^2}y(x) + ax\dfrac{d}{dx}y(x)$ $+ by(x) = f(x)$	若取 y(x)=x^m 代入尤拉方程式的通式，可得一元二次方程式 m(m-1)+am+b=0，並解出兩解 m1 與 m2。 根據尤拉方程式的定義，當 m1 與 m2 分別為相異實根、實重根、共軛複數根時，其微分方程之解將對應擁有不同的形式： $ode := x^2\dfrac{d^2}{dx^2}y(x) + ax\dfrac{d}{dx}y(x) + by(x) = 0:$ 1. 當 m1、m2 為相異實根時： 　　令 a=1, b=-2 　　$dsolve(subs(a=1, b=-2, ode))$ 　　　$y(x) = \_C1\,x^{\sqrt{2}} + \_C2\,x^{-\sqrt{2}}$ 2. 當 m1、m2 為實重根時：

第一本入門 Maple 的必讀寶典——
現在，數學可以這樣算！

微分方程類型	通式	範例
		令 a=-1，b=1 $dsolve(subs(a=-1,b=1,ode))$ $y(x) = \_C1\,x + \_C2\,x\ln(x)$ 3.當 m1、m2 為共軛複數根時： 令 a=-3，b=9 $dsolve(subs(a=-3,b=9,ode))$ $y(x) = \_C1\,x^2\sin(\sqrt{5}\,\ln(x))$ $\quad + \_C2\,x^2\cos(\sqrt{5}\,\ln(x))$
可降階的正合微分方程	$a_2(x)\dfrac{d^2}{dx^2}y(x) + a_1(x)\dfrac{d}{dx}y(x)$ $+ a_0(x) =$ $\dfrac{d}{dx}\left(b_1(x)\dfrac{d}{dx}y(x) + b_0 y(x)\right)$	$ode := (x^2+1)\dfrac{d^2}{dx^2}y(x) + 4x\dfrac{d}{dx}y(x)$ $+ 2y(x) = 0:$ $dsolve(ode)$ $y(x) = \dfrac{\_C1\,x + \_C2}{x^2+1}$

常見的特殊微分方程式	
微分方程類型	範例
包含分段函數的微分方程	$FO := \dfrac{d}{dx}y(x) + piecewise(x<0,\,xx,\,0<x,\,3x)\,y(x) = 0$ $\dfrac{d}{dx}y(x) + \left(\begin{cases} x^2 & x<0 \\ 3x & 0<x \end{cases}\right)y(x) = 0$ $dsolve(FO)$ $y(x) = \begin{cases} e^{-\frac{1}{3}x^3}\_C1 & x<0 \\ e^{-\frac{3}{2}x^2}\_C1 & 0\leq x \end{cases}$
Abel's 方程式	$eqs := x^7\left(\dfrac{d}{dx}y(x)\right) + 2(x^2+1)\,y(x)^3 + 5x^3\,y(x)^2 = 0$ $x^7\left(\dfrac{d}{dx}y(x)\right) + 2(x^2+1)\,y(x)^3 + 5x^3\,y(x)^2 = 0$ $dsolve(eqs)$ $\_C1 + \dfrac{x}{\left(\left(\dfrac{1}{x}+\dfrac{x^2}{y(x)}\right)^2+1\right)^{1/4}}$ $+ \dfrac{1}{2}\dfrac{(x^3+y(x))\,hypergeom\left(\left[\dfrac{1}{2},\dfrac{5}{4}\right],\left[\dfrac{3}{2}\right],-\dfrac{(x^3+y(x))^2}{x^2\,y(x)^2}\right)}{x\,y(x)} = 0$

290

Chapter 9 微分方程式

微分方程類型	範例
艾里函數 (Airy Function)	$ode := \dfrac{d^2}{dx^2} y(x) - x\,y(x) = 0$ $\dfrac{d^2}{dx^2} y(x) - y(x)\,x = 0$ $dsolve(ode)$ $y(x) = \_C1\ \mathrm{AiryAi}(x) + \_C2\ \mathrm{AiryBi}(x)$
橢圓積分	$ode := \dfrac{d^2}{dx^2} y(x) = \left(2 + 3k^2 \sin(x)^2 + 7k^4 \sin(x)^4\right) y(x)$ $\dfrac{d^2}{dx^2} y(x) = \left(2 + 3k^2 \sin(x)^2 + 7k^4 \sin(x)^4\right) y(x)$ $dsolve(ode)$ $y(x) = \_C1\, e^{\frac{1}{2}Ik^2\sqrt{7}\cos(x)^2} \mathrm{HeunC}\!\left(Ik^2\sqrt{7},\ -\dfrac{1}{2},\ -\dfrac{1}{2},\ -\dfrac{7}{4}k^4 - \dfrac{3}{4}k^2,\ \dfrac{7}{8} + \dfrac{7}{4}k^4\right.$ $\left. + \dfrac{3}{4}k^2,\ \cos(x)^2\right) + \_C2\, e^{\frac{1}{2}Ik^2\sqrt{7}\cos(x)^2} \mathrm{HeunC}\!\left(Ik^2\sqrt{7},\ \dfrac{1}{2},\ -\dfrac{1}{2},\ -\dfrac{7}{4}k^4\right.$ $\left. -\dfrac{3}{4}k^2,\ \dfrac{7}{8} + \dfrac{7}{4}k^4 + \dfrac{3}{4}k^2,\ \cos(x)^2\right)\cos(x)$

9.3 微分方程的級數解

在上節中，我們示範如何透過 *dsolve* 指令求解各式各樣的微分方程，然而，依然有很多微分方程無法直接以 *dsolve* 求解。當微分方程的解無法透過初等函數或僅能透過其積分式表示時，可嘗試以級數求解。以下為一個無法直接透過 *dsolve* 求解的範例：

$de := \dfrac{d}{dx} y(x) = x + e^x y(x)^2\,:$

這不是一個可透過初等函數及其積分式所計算的函數，若直接以 *dsolve* 求解，將不會得到任何計算結果

$dsolve(de)$

dsolve 的 series 選項可以級數的方式求解微分方程，讓我們在 *dsolve* 中加入 series 選項重新計算上述的微分方程式：

指令	說明
$dsolve$(ODE, $y(x)$, series)	以級數解展開 $y(x)$ 常微分方程 ODE 的解
$dsolve$({ODE, ICs}, $y(x)$, series)	加入初始條件 ICs，以級數解展開 $y(x)$ 常微分方程 ODE 的解
$dsolve$(ODE, $y(x)$, series, x=pt)	在 x=pt 處，以級數解展開 $y(x)$ 常微分方程 ODE 的解

$dsolve(de, y(x), series)$

$$y(x) = y(0) + y(0)^2 x + \left(\frac{1}{2} + y(0)^3 + \frac{1}{2} y(0)^2\right) x^2$$
$$+ \left(\frac{1}{3} y(0) + y(0)^4 + y(0)^3 + \frac{1}{6} y(0)^2\right) x^3$$
$$+ \left(\frac{11}{24} y(0)^2 + y(0)^5 + \frac{3}{2} y(0)^4 + \frac{7}{12} y(0)^3\right.$$
$$\left.+ \frac{1}{4} y(0)\right) x^4 + \left(\frac{3}{4} y(0)^3 + y(0)^6 + 2 y(0)^5\right.$$
$$\left.+ \frac{5}{4} y(0)^4 + \frac{13}{24} y(0)^2 + \frac{1}{20} + \frac{1}{10} y(0)\right) x^5 + O(x^6)$$

我們可看到，$dsolve$ 以級數解的型式描述了微分方程的解。

不過，由於上例中沒有指定級數的展開點，故此級數解將會以原點展開。我們可定義展開點，在不同展開點處展開此微分方程式的解：

$dsolve(ode, y(x), series, x = 1)$

$$y(x) = y(1) + \left(1 + e\, y(1)^2\right)(x-1) + \left(e^2 y(1)^3 + \frac{1}{2} e\, y(1)^2\right.$$
$$\left.+ e\, y(1) + \frac{1}{2}\right)(x-1)^2 + \left(e^3 y(1)^4 + e^2 y(1)^3 + \frac{4}{3} e^2 y(1)^2\right.$$
$$\left.+ e\, y(1) + \frac{1}{3} e + \frac{1}{6} e\, y(1)^2\right)(x-1)^3 + \left(e^4 y(1)^5 + \frac{3}{2} e^3 y(1)^4\right.$$
$$+ \frac{5}{3}(e)^3 y(1)^3 + 2(e)^2 y(1)^2 + \frac{2}{3}(e)^2 y(1) + \frac{7}{12}(e)^2 y(1)^3 + \frac{1}{2} e$$
$$\left.+ \frac{1}{2} e\, y(1) + \frac{1}{24} e\, y(1)^2\right)(x-1)^4 + \left((e)^5 y(1)^6 + 2(e)^4 y(1)^5\right.$$
$$+ 2(e)^4 y(1)^4 + \frac{10}{3}(e)^3 y(1)^3 + \frac{17}{15}(e)^3 y(1)^2 + \frac{5}{4}(e)^3 y(1)^4$$
$$\left.+ \frac{4}{3}(e)^2 y(1) + \frac{47}{30}(e)^2 y(1)^2 + \frac{1}{4}(e)^2 y(1)^3 + \frac{2}{15}(e)^2 + \frac{7}{20} e\right.$$

Chapter 9 微分方程式

$$+ \frac{1}{6} \mathrm{e}\, y(1) + \frac{1}{120} \mathrm{e}\, y(1)^2 \Big) (x-1)^5 + \mathrm{O}\big((x-1)^6\big)$$

下式的二階微分方程是級數解中常見的一個範例，雖然此式子可以直接被 *dsolve* 指令求解，但也可透過 series 選項，以級數解展開：

$ode := \dfrac{\mathrm{d}^2}{\mathrm{d}x^2} y(x) + y(x) = 0:$

$dsolve(ode)$

$$y(x) = \_C1 \sin(x) + \_C2 \cos(x)$$

$dsolve(ode, y(x), series)$

$$y(x) = y(0) + \mathrm{D}(y)(0)\, x - \frac{1}{2} y(0)\, x^2 - \frac{1}{6} \mathrm{D}(y)(0)\, x^3 + \frac{1}{24} y(0)\, x^4$$
$$+ \frac{1}{120} \mathrm{D}(y)(0)\, x^5 + \mathrm{O}(x^6)$$

我們將此級數解分別在 *x*=0 處與 *x*=π 處展開，並將起始值定為 C1 與 C2，重新展開此微分方程的級數解：

$ics := y(0) = C_0, \mathrm{D}(y)(0) = C_1:$

$dsolve(\{ode, ics\}, y(x), series)$

$$y(x) = C_0 + C_1 x - \frac{1}{2} C_0 x^2 - \frac{1}{6} C_1 x^3 + \frac{1}{24} C_0 x^4 + \frac{1}{120} C_1 x^5 + \mathrm{O}(x^6)$$

$ics := y(\pi) = C_0, \mathrm{D}(y)(\pi) = C_1:$

$dsolve(\{ode, ics\}, y(x), series)$

$$y(x) = C_0 + C_1 (x-\pi) - \frac{1}{2} C_0 (x-\pi)^2 - \frac{1}{6} C_1 (x-\pi)^3 + \frac{1}{24} C_0 (x-\pi)^4$$
$$+ \frac{1}{120} C_1 (x-\pi)^5 + \mathrm{O}\big((x-\pi)^6\big)$$

由於此微分方程之通解為正弦函數與餘弦函數的線性組合，故以級數展開此微分方程之解，等同以級數近似三角函數。若讀者對級數解極為熟悉，可透過級數分別近似 sin 函數與 cos 函數，將上述的數列拆解如下：

$$C_0 \sum_{n=0}^{\infty} (-1)^n \cdot \frac{x^{2n}}{(2n)!} + C_1 \sum_{n=0}^{\infty} (-1)^n \cdot \frac{x^{2n+1}}{(2n+1)!}$$
$$C_0 \cos(x) + C_1 \sin(x)$$

293

以 *add* 展開此數列，我們也可以得到與透過 series 選項求解微分方程時相同的結果：

$$C_0 \, add\left((-1)^n \cdot \frac{x^{2n}}{(2n)!}, n=0..4\right) + C_1 \, add\left((-1)^n \cdot \frac{x^{2n+1}}{(2n+1)!}, n=0..4\right)$$

$$C_0\left(1 - \frac{1}{2}x^2 + \frac{1}{24}x^4 - \frac{1}{720}x^6 + \frac{1}{40320}x^8\right) + C_1\left(x - \frac{1}{6}x^3 + \frac{1}{120}x^5 - \frac{1}{5040}x^7 + \frac{1}{362880}x^9\right)$$

9.3.1 弗羅貝尼烏斯法

當微分方程無法直接求解時，我們可透過級數解嘗試求解微分方程，然而也並非所有微分方程均可透過級數求解，並且，級數在某些不可解析點上，也有可能無法展開。

德國的數學家弗羅貝尼烏斯 (Ferdinand Georg Frobenius) 提出一個方法來判斷二階微分方程是否具有級數解。以下是**弗羅貝尼烏斯法** (Method of Frobenius) 所定義的二階微分方程式

$$\frac{d^2}{dx^2}y(x) + P(x)\frac{d}{dx}y(x) + Q(x)y(x) = R(x)$$

若 $P(x_0)$ 與 $Q(x_0)$ 均可解析，且 $P(x_0)$、$Q(x_0)$ 與 $R(x_0)$ 在 x_0 處及其鄰域連續，則 x_0 為**常點** (Ordinary Point)，可透過泰勒級數或冪級數求解，譬如：

$ode := \frac{d^2}{dx^2}y(x) + e^x\frac{d}{dx}y(x) + \cos(x)y(x) =:$
$ics := y(0) = a, D(y)(0) = b:$
$dsolve(\{ode, ics\}, y(x), series)$

$$y(x) = a + bx + \left(-\frac{1}{2}b - \frac{1}{2}a\right)x^2 + \left(\frac{1}{6}a - \frac{1}{6}b\right)x^3 + \left(\frac{1}{8}b + \frac{1}{8}a\right)x^4 + \left(\frac{1}{20}b - \frac{1}{30}a\right)x^5 + O(x^6)$$

上例中，由於 e^x 與 $\cos(x)$ 在 x=0 處均可解析，故此方程式將具有泰勒級數或冪級數的近似解，故此處以 series 選項求解後，可得到冪級數的結果。

若 $P(x_0)$ 與 $Q(x_0)$ 均不可解析，但 $(x-x_0)P(x_0)$ 與 $(x-x_0)^2 Q(x_0)$ 可解析，且

Chapter 9　微分方程式

P(x_0)、Q(x_0) 與 R(x_0) 在 x_0 處及其鄰域連續，則 x_0 稱為**正規奇異點** (Regular Singular Point)。

此類的方法可透過弗羅貝尼烏斯級數求解，其解定義如下：

$$y(x) = (x-a)^r \sum_{n=0}^{\infty} C_n (x-a)^n$$

將 $\dfrac{\mathrm{d}}{\mathrm{d}x} y(x) = \sum_{n=0}^{\infty} (n+r) C_n (x-a)^{n+r+1}$、$\dfrac{\mathrm{d}^2}{\mathrm{d}x^2} y(x) = \sum_{n=0}^{\infty} (n+r)(n+r+1) C_n (x-a)^{n+r-2}$ 代入弗羅貝尼烏斯法所定義的二階微分方程式中，即可得到 r 之結果，將 r 代回弗羅貝尼烏斯級數，便可求解此微分方程。

弗羅貝尼烏斯級數在 Maple 中仍被歸類為級數解，我們可透過 series 得到弗羅貝尼烏斯級數解的結果：

$ode := \dfrac{\mathrm{d}^2}{\mathrm{d}x^2} y(x) + \dfrac{2}{x-2} \dfrac{\mathrm{d}}{\mathrm{d}x} y(x) + \dfrac{3}{x(x-2)} y(x) = 0 :$

$dsolve(ode, y(x), series, x=0)$

$$y(x) = \_C1 \, x \left(1 + \frac{5}{4}x + \frac{15}{16}x^2 + \frac{75}{128}x^3 + \frac{345}{1024}x^4 + \frac{759}{4096}x^5 + O(x^6)\right)$$
$$+ \_C2 \left(\ln(x) \left(\frac{3}{2}x + \frac{15}{8}x^2 + \frac{45}{32}x^3 + \frac{225}{256}x^4 + \frac{1035}{2048}x^5 + O(x^6) \right) \right.$$
$$\left. + \left(1 + x - \frac{7}{16}x^2 - \frac{23}{32}x^3 - \frac{565}{1024}x^4 - \frac{1421}{4096}x^5 + O(x^6) \right) \right)$$

由於 $\dfrac{x}{x-2}$ 與 $\dfrac{x}{x(x-2)}$ 以及 $\dfrac{x-2}{x-2}$ 與 $\dfrac{(x-2)^2}{x(x-2)}$ 均可解析，故此微分方程包含兩個正規奇異點 x=0 與 x=2，此處透過 series 在 x=2 處展開：

$dsolve(ode, y(x), series, x=2)$

$$y(x) = \_C1 \left(1 - \frac{3}{4}(x-2) + \frac{5}{16}(x-2)^2 - \frac{15}{128}(x-2)^3 + \frac{45}{1024}(x-2)^4 \right.$$
$$\left. - \frac{69}{4096}(x-2)^5 + O((x-2)^6) \right) + \_C2 \left(\dfrac{\ln(x-2)\left(-\dfrac{3}{2}(x-2) + \dfrac{9}{8}(x-2)^2 \right.}{x-2} \right.$$
$$\left. \dfrac{\left. - \dfrac{15}{32}(x-2)^3 + \dfrac{45}{256}(x-2)^4 - \dfrac{135}{2048}(x-2)^5 + O((x-2)^6) \right)}{x-2} \right)$$

$$+\frac{\left(1-\frac{21}{16}(x-2)^2+\frac{21}{32}(x-2)^3-\frac{257}{1024}(x-2)^4+\frac{381}{4096}(x-2)^5\right)}{x-2}$$

$$\frac{+\mathrm{O}\left((x-2)^6\right)}{x-2}\Bigg)$$

指標方程式 (Indicial Equation) 是求解弗羅貝尼烏斯級數中 r 值的方程式，定義如下：

$$r\cdot(r-1)+\left(\lim_{x\to x_0}(x-x_0)P(x)\right)r+\left(\lim_{x\to x_0}(x-x_0)^2Q(x)\right)=0$$

若 x_0 為正規奇異點，則此方程式為一個一元二次方程式，根據 r 值的解之特性，微分方程組的解將會隨之變化。譬如，下例為一個二階微分方程式與其指標方程式：

$ode:=6\dfrac{d^2}{dx^2}y(x)-\dfrac{1}{x}\dfrac{d}{dx}y(x)+\dfrac{1-x}{x^2}y(x)=0:$

$Eq\_ind:=r\cdot(r-1)+\lim\limits_{x\to 0}\left(x\cdot\dfrac{-1}{6x}\right)\cdot r+\lim\limits_{x\to 0}\left(x^2\cdot\dfrac{1-x}{6x^2}\right)=0=r(r-1)-\dfrac{1}{6}r+\dfrac{1}{6}=0$

$solve(Eq\_ind)=1,\dfrac{1}{6}$

因為指標方程式的解 r 為兩相異實根，此微分方程的解將由兩個弗羅貝尼烏斯級數線性組合而成：

$ode:=6\dfrac{d^2}{dx^2}y(x)-\dfrac{1}{x}\dfrac{d}{dx}y(x)+\dfrac{1-x}{x^2}y(x)=0:$

$dsolve(ode,y(x),series)$

$$y(x)=\_C1\,x^{1/6}\left(1+x+\frac{1}{14}x^2+\frac{1}{546}x^3+\frac{1}{41496}x^4+\frac{1}{5187000}x^5\right.$$
$$\left.+\mathrm{O}(x^6)\right)+\_C2\,x\left(1+\frac{1}{11}x+\frac{1}{374}x^2+\frac{1}{25806}x^3+\frac{1}{2993496}x^4\right.$$
$$\left.+\frac{1}{523861800}x^5+\mathrm{O}(x^6)\right)$$

若 r 為重根，則此微分方程的解將由一個弗羅貝尼烏斯級數，與其退化的級數線性組成的函式：

Chapter 9　微分方程式

$ode := x\dfrac{d^2}{dx^2}y(x) + \dfrac{d}{dx}y(x) - y(x) = 0:$

$Eq\_ind := r\cdot(r-1) + \lim\limits_{x\to 0}\left(x\cdot\dfrac{1}{x}\right)\cdot r - \lim\limits_{x\to 0}\left(x^2\cdot\dfrac{1}{x}\right) = 0 = r\,(r-1) + r = 0$

$solve(Eq\_ind) = 0, 0$

$sol := dsolve(ode, y(x), series)$

$$y(x) = \_C1\left(1 + x + \dfrac{1}{4}x^2 + \dfrac{1}{36}x^3 + \dfrac{1}{576}x^4 + \dfrac{1}{14400}x^5 + O(x^6)\right)$$
$$+ \_C2\left(\ln(x)\left(1 + x + \dfrac{1}{4}x^2 + \dfrac{1}{36}x^3 + \dfrac{1}{576}x^4 + \dfrac{1}{14400}x^5 + O(x^6)\right)\right.$$
$$\left. + \left(-2x - \dfrac{3}{4}x^2 - \dfrac{11}{108}x^3 - \dfrac{25}{3456}x^4 - \dfrac{137}{432000}x^5 + O(x^6)\right)\right)$$

由上例中的結果，我們不難觀察出 _C2 係數項中的級數，是由 _C1 係數項中的級數退化而來。

若將 y(x) 以 $(x-a)^r\sum\limits_{n=0}^{\infty}C_n(x-a)^n$ 代入微分方程中，可得到此數列係數的遞迴關係，礙於篇幅此處省略計算之過程，僅以此遞迴關係驗證係數的退化行為：

$S := n \to \dfrac{1}{(n+r)^2}S(n-1): S(-1) := 1: S(0) := 1:$

$y1 := subs(r=0, x^r\cdot(1 + add(S(i)\cdot x^i, i=1..5)))$

$$1 + x + \dfrac{1}{4}x^2 + \dfrac{1}{36}x^3 + \dfrac{1}{576}x^4 + \dfrac{1}{14400}x^5$$

$y2 := subs\left(r=0, \dfrac{d}{dr}\left(x^r\cdot(1 + add(S(i)\cdot x^i, i=1..5))\right)\right)$

$$\ln(x)\left(1 + x + \dfrac{1}{4}x^2 + \dfrac{1}{36}x^3 + \dfrac{1}{576}x^4 + \dfrac{1}{14400}x^5\right)$$
$$- 2x - \dfrac{3}{4}x^2 - \dfrac{11}{108}x^3 - \dfrac{25}{3456}x^4 - \dfrac{137}{432000}x^5$$

$y(x) = C1\cdot y1 + C2\cdot y2 =$

$$y(x) = C1\left(1 + x + \dfrac{1}{4}x^2 + \dfrac{1}{36}x^3 + \dfrac{1}{576}x^4 + \dfrac{1}{14400}x^5\right) +$$
$$C2\left(\ln(x)\left(1 + x + \dfrac{1}{4}x^2 + \dfrac{1}{36}x^3 + \dfrac{1}{576}x^4 + \dfrac{1}{14400}x^5\right)\right.$$
$$\left. - 2x - \dfrac{3}{4}x^2 - \dfrac{11}{108}x^3 - \dfrac{25}{3456}x^4 - \dfrac{137}{432000}x^5\right)$$

此結果與 dsolve 計算之結果一致，故可知此例中 dsolve 解出之級數解，為 r = 0 時的弗羅貝尼烏斯級數與其退化級數線性組合而成。

弗羅貝尼烏斯法是求解微分方程式中的重要定理，分析此類微分方程式的重點在於指標方程式的計算。事實上，Maple 中專司微分方程相關運算的 ***DEtools*** 函式庫，提供了現成的指令 *indicialeq*，供使用者計算一微分方程組的指標方程式：

$ode1 := 6\dfrac{\mathrm{d}^2}{\mathrm{d}x^2}y(x) + \dfrac{1}{x}\dfrac{\mathrm{d}}{\mathrm{d}x}y(x) + \dfrac{1}{x^2}y(x) = 0 :$

$ode2 := x\dfrac{\mathrm{d}^2}{\mathrm{d}x^2}y(x) + \dfrac{\mathrm{d}}{\mathrm{d}x}y(x) - y(x) = 0 :$

$with(DETools) :$

$Eq\_ind1 := indicialeq(ode1, x, 0, y(x)) = x^2 - \dfrac{5}{6}x + \dfrac{1}{6} = 0$

$Eq\_ind2 := indicialeq(ode2, x, 0, y(x)) = x^2 = 0$

$solve(Eq\_ind1) = \dfrac{1}{2}, \dfrac{1}{3}$

$solve(Eq\_ind2) = 0, 0$

此處透過指令 *indicialeq* 重新計算前面兩例中微分方程的指標方程式，結果完全相同。

🔍 Key

有關 ***DEtools*** 相關的介紹將在第九章的「9.8　***DEtools*** 函式庫」中敘述。

9.3.2　Legendre 函數與 Bessel 函數

　　Legendre 函數與 Bessel 函數是物理學中常見的一類二階常微分方程，廣泛應用於計算保守場的位能函數、熱傳的溫度分佈與振動學中的位移與形變行為等。雖然其為二階微分方程，但因其微分方程中包含一未定係數 n，數學上稱之為 n 階 Legendre 函數 (n-Order Legendre Function) 與 n 階 Bessel 函數 (n-Order Bessel Function)。

　　一般化的 Legendre 微分方程式定義如下：

$$(1-x^2)\dfrac{\mathrm{d}^2}{\mathrm{d}x^2}y(x) - 2x\dfrac{\mathrm{d}}{\mathrm{d}x}y(x) + \left(n(n+1) - \dfrac{u^2}{1-x^2}\right)y(x) = 0 ,$$

其中，n 為非負常數，且 |x| < 1。

　　求解 Legendre 有許多方法，此處以級數解為例，上述微分方程之解可寫成下述形式：

Chapter 9 微分方程式

$$y(x) = C_1 P_n(x) + C_2 Q_n(x)$$

當 Legendre 方程式中之 u 值為 0 時，則 $P_n(x)$ 與 $Q_n(x)$ 稱為第一類與第二類 Legendre 函數，在 Maple 中定義為 LegendreP(v, x) 與 LegendreQ(v, x)，譬如：

$$ode := (1-x^2)\frac{d^2}{dx^2}y(x) - 2x\frac{d}{dx}y(x) + n\cdot(n+1)y(x) = 0 :$$

dsolve(*ode*)

$$y(x) = \_C1\ \text{LegendreP}(n, x) + \_C2\ \text{LegendreQ}(n, x)$$

上例中，我們令 u 值為 0 計算 Legendre 方程式，讀者可發現 *dsolve* 將會傳回 LegendreP(n, x) 與 LegendreQ(n, x)。

若當 Legendre 方程式中之 u 值不為 0 時，則 $P_n(x)$ 與 $Q_n(x)$ 稱為第一類與第二類 Legendre 關係函數，在 Maple 中定義為 LegendreP(v, u, x) 與 LegendreQ(v, u, x)，譬如：

$$ode := (1-x^2)\frac{d^2}{dx^2}y(x) - 2x\frac{d}{dx}y(x) + \left(n\cdot(n+1) - \frac{u^2}{1-x^2}\right)y(x) = 0$$

$$(-x^2+1)\left(\frac{d^2}{dx^2}y(x)\right) - 2x\left(\frac{d}{dx}y(x)\right)$$
$$+ \left(n(n+1) - \frac{u^2}{-x^2+1}\right)y(x) = 0$$

dsolve(*ode*)

$$y(x) = \_C1\ \text{LegendreP}(n, u, x) + \_C2\ \text{LegendreQ}(n, u, x)$$

由於此處的 u 值不為 0，故 *dsolve* 將會傳回 LegendreP(n, u, x) 與 LegendreQ(n, u, x)。

透過 LegendreP(v,x)，我們可以繪製第一類 Legendre 函數前四項的圖形：

$plot([seq(\text{LegendreP}(n,x), n=1..4)], x=-1..1)$

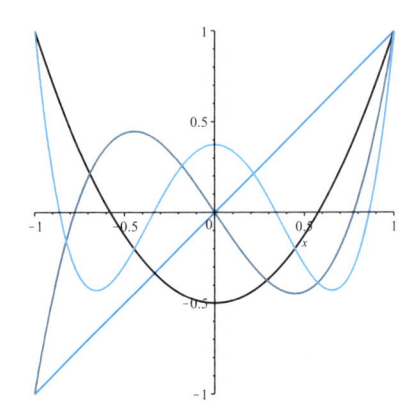

由於 Legendre 微分方程式的定義中 |x| < 1，故無論 u 值是否為 0，其解僅在 –1 < x < 1 之間有意義，此處僅繪製 x 在 –1 與 1 之間的結果。

以下是一般化 Legendre 微分方程式，當 u 為 n^2 且 n 為 0、1、2 與 3 時之解所繪製的圖形：

$ode := seq\left(2(1-x^2)\dfrac{d^2}{dx^2}y(x) - 4x\dfrac{d}{dx}y(x) + \left(n\cdot(n+1) + \dfrac{n^2}{1+x^2}\right)\cdot y(x) = 0, n=0..4\right):$
$ics := y(0)=0, D(y)(0)=1:$
$sol := seq(dsolve(\{ode[i], ics\}), i=1..5):$
$plot([seq(rhs(sol[n]), n=1..4)], x=-1..1, view=[-2..2, -1..1])$

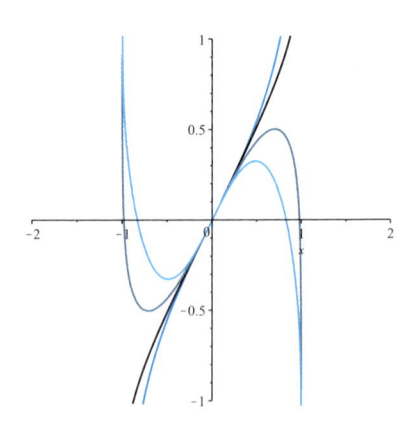

Bessel 微分方程式較 Legendre 函數特別，除了標準的 n 階 Bessel 微分方程外，由於計算上的需要，數學家們又提出了 n 階修正 Bessel 函數 (n-Order Modefied

Chapter 9　微分方程式

Bessel Function)，兩函數分別定義如下：

n 階 Bessel 微分方程式

$$x^2 \frac{d^2}{dx^2} y(x) + x \frac{d}{dx} y(x) + (k^2 \cdot x^2 - n^2) \cdot y(x) = 0$$

n 階 Bessel 修正微分方程式

$$x^2 \frac{d^2}{dx^2} y(x) + x \frac{d}{dx} y(x) - (k^2 \cdot x^2 + n^2) \cdot y(x) = 0$$

其中，n > 0。

由於 Bessel 微分方程式為二階常微分方程，其解需要以兩個獨立函數來描述，上述微分方程之解可寫成下述形式：

$$y(x) = C_1 J_n(x) + C_2 Y_n(x)$$

若 $y(x)$ 為 n 階 Bessel 函數時，則 $J_n(x)$ 與 $Y_n(x)$ 稱為第一類與第二類 Bessel 函數，在 Maple 中定義為 BesselJ(v,x) 與 BesselY(v,x)

若 $y(x)$ 為 n 階 Bessel 修正函數時，則 $J_n(x)$ 與 $Y_n(x)$ 稱為第一類與第二類 Bessel 修正函數，在 Maple 中定義為 BesselI(v,x) 與 BesselK(v,x)。

以下透過 *dsolve* 求解求解 n 階 Bessel 微分方程式與 n 階 Bessel 修正微分方程式：

$$ode := x^2 \frac{d^2}{dx^2} y(x) + x \frac{d}{dx} y(x) + (k^2 \cdot x^2 - n^2) \cdot y(x) = 0:$$

dsolve(*ode*)

$$y(x) = \_C1\, \text{BesselJ}(n, k\,x) + \_C2\, \text{BesselY}(n, k\,x)$$

$$ode := x^2 \cdot \frac{d^2}{dx^2} y(x) + x \cdot \frac{d}{dx} y(x) - (k^2 x^2 + n^2) \cdot y(x) = 0$$

$$x^2 \left(\frac{d^2}{dx^2} y(x) \right) + x \left(\frac{d}{dx} y(x) \right) - (k^2 x^2 + n^2)\, y(x) = 0$$

dsolve(*ode*)

$$y(x) = \_C1\, \text{BesselI}(n, k\,x) + \_C2\, \text{BesselK}(n, k\,x)$$

繪製 0、1、2 階的第一類與第二類 Bessel 函數：

$plot([seq(\text{BesselJ}(n, x), n = 0..2)], \text{view} = [0..10, -0.45..1])$

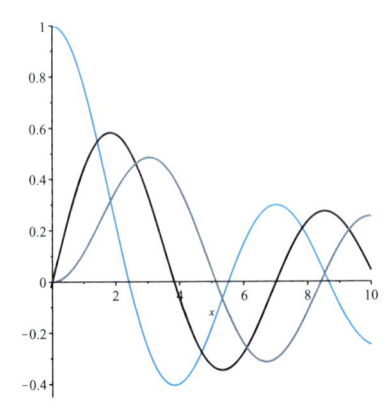

$plot([seq(\text{BesselY}(n, x), n = 0..2)], \text{view} = [0..10, -1..0.8])$

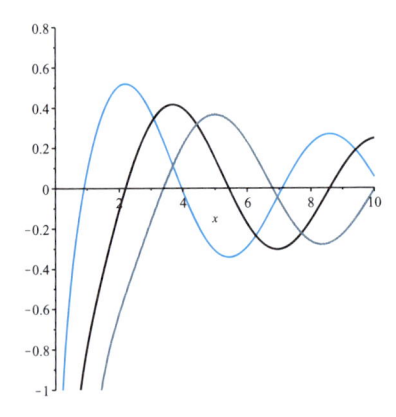

繪製 0、1、2 階的第一類與第二類 Bessel 修正函數：

$plot([seq(\text{BesselI}(n, x), n = 0..2)], \text{view} = [0..5, 0..5])$

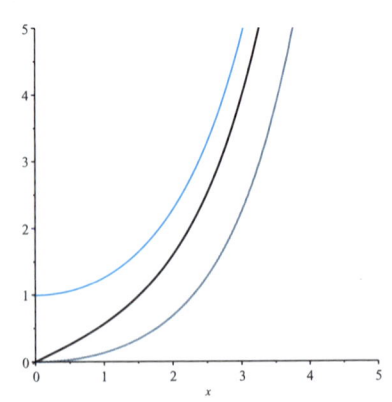

$$plot([seq(\text{BesselK}(n, x), n = 0..2)], \text{view} = [0..2, 0..5])$$

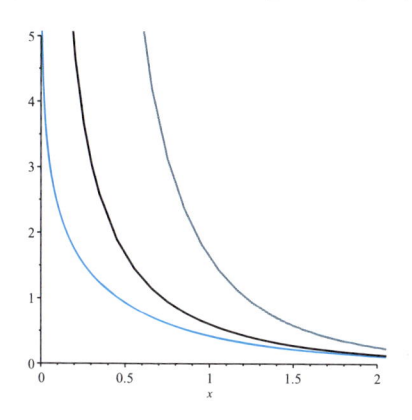

9.4 微分方程的積分變換

積分變換 (Integral Transform) 是微分方程中的一個求解技巧，可將微分方程式轉換成一般的多項式，來求解某些複雜的函數。在 Maple 當中若想要透過積分變換來求解微分方程，可透過 *inttrans* 函式庫，或者 *dsolve* 的求解選項 method。

9.4.1 *inttrans* 函式庫

若要進行拉氏轉換與傅立葉轉換，可透過 *inttrans* 函式庫進行，*inttrans* 是 Integral Transform 的縮寫，可供使用者將一函式進行積分變換。

傅立葉轉換

傅立葉轉換 (Fourier Transform) 係以傅立葉級數為基礎，對一函數進行週期趨近於無窮大的展開，可說是現今應用最廣泛的一種積分變換，在物理、醫學、統計、通訊、金融等領域中均可見到它的身影。其定義如下：

$$F(w) = \int_{-\infty}^{\infty} f(t)\, e^{-1wt}\, dt$$

許多特殊的函數，可先進行傅立葉轉換後化簡，再反轉換成一般函數求解，是許多工程領域當中重要的數學運算技巧，以下是幾個傅立葉轉換常見的範例：

指令	說明
fourier(expr, t, w)	將 t 函數透過傅立葉轉換成 w 函數
invfourier(expr, w, t)	將 w 函數透過反傅立葉轉換轉換成 t 函數
Dirac(x)	狄拉克 δ 函數 δ(x)

$with(inttrans):$

$fourier(\mathrm{Dirac}(t-a), t, w) = e^{-Iaw}$

在「第八章 Maple 在微積分上的應用」中，我們介紹過特殊函數 Dirac 函數，透過傅立葉轉換，數學家得以將複雜的函數化簡，Dirac 函數的傅立葉轉換將會得到自然指數函數。

下例是一個自然指數函數的傅立葉轉換，在 a 大於 0 的情況下，將會得到分數型式的結果：

$fourier(e^{-a|t|}, t, w) \text{ assuming } a > 0 = \dfrac{2a}{a^2+w^2}$

必須特別注意的是，此結果在 t=0 時並不成立，下例為令指數為 0，進行常數 1 的傅立葉轉換：

$fourier(e^0, t, w) = 2\pi\,\mathrm{Dirac}(w)$

除了可以透過 *fourier* 指令進行傅立葉轉換外，透過 *invfourier* 指令，使用者也可以進行反傅立葉轉換，將這些函數重新轉換為原始函數：

$invfourier(e^{-Iaw}, w, t) \text{ assuming } a > 0 = \mathrm{Dirac}(t-a)$

$invfourier\left(\dfrac{2a}{a^2+w^2}, w, t\right) \text{ assuming } a > 0 = e^{-at}\mathrm{Heaviside}(t) + e^{at}\mathrm{Heaviside}(-t)$

雖然分數函數的反傅立葉轉換出現了特殊函數 Heaviside 函數，但若我們以片段函數 (Piecewise Function) 重新計算反傅立葉轉換的解，將會得到跟前例中相似的結果：

$convert(e^{-at}\mathrm{Heaviside}(t) + e^{at}\mathrm{Heaviside}(-t), piecewise) = \begin{cases} e^{at} & t < 0 \\ undefined & t = 0 \\ e^{-at} & 0 < t \end{cases}$

Chapter 9　微分方程式

> **Key**
>
> 有關特殊函數 Dirac 函數與 Heaviside 函數的介紹，可參考第八章的「8.3.3　特殊函數的積分」。

那麼傅立葉函數是如何應用在求解微分方程式上呢？以下我們進行一個微分方程的傅立葉轉換：

$$fourier\left(\frac{d^n}{dt^n}f(t), t, w\right) = (\mathrm{I}w)^n\, fourier(f(t), t, w)$$

有趣的是，雖然 *fourier* 無法將未知的 *f(t)* 函數進行傅立葉轉換，但 Maple 以 *fourier*(f(t),t,w) 顯示轉換後的結果，並將微分方程轉換成多項式的型式。

此種特性可用於求解一些包含特殊函數的微分方程式，以下為一個包含特殊函數 Dirac 函數的微分方程式 de：

$$de := \frac{d}{dx}y(x) - 3\,y(x) = \mathrm{Dirac}(x-3) :$$

透過傅立葉轉換，我們可以將微分方程 de 轉換成一變數為 w 之多項式：

$$f\_de := fourier(de, x, w) = (\mathrm{I}w - 3)\,fourier(y(x), x, w) = \mathrm{e}^{-3\mathrm{I}w}$$

透過 solve，使用者可以輕易求解此多項式的解，再藉由反傅立葉轉換，我們可以求得微分方程的特解：

$$Y := solve(f\_de, fourier(y(x), x, w)) = \frac{\mathrm{e}^{-3\mathrm{I}w}}{\mathrm{I}w - 3}$$

$$invfourier(Y, w, x) = -\mathrm{e}^{3x-9}\,\mathrm{Heaviside}(-x+3)$$

不過這種方法並無法求得微分方程的常解。必須透過將常數項設為 0，計算修正後的微分方程式，如此一來，我們才可以透過 dsolve 求解微分方程的常解：

$$dsolve\left(\frac{d}{dx}y(x) - 3\,y(x) = 0\right) = y(x) = \_C1\,\mathrm{e}^{3x}$$

由於微分方程的解為常解與特解的和，我們將兩式計算的結果相加，以 *odetest* 測試微分方程的解是否正確：

$sol := y(x) = \_C1\ e^{3x} + -e^{3x-9}\ \text{Heaviside}(-x+3):$

$odetest(sol, de) = 0$

事實上，這些運算過程早被寫入 dsolve 指令中了，若我們直接以 dsolve 指令計算上例中包含 Dirac 函數的微分方程，也可得到正確的常解與特解：

$de := \dfrac{d}{dx} y(x) - 3\,y(x) = \text{Dirac}(x-3):$

$dsolve(de) = y(x) = \left(e^{-9}\,\text{Heaviside}(x-3) + \_C1\right) e^{3x}$

根據函數的奇、偶特性，傅立葉級數還可分別以 sin 函數及 cos 函數展開一週期函數，稱為傅立葉正弦轉換與傅立葉餘弦轉換，其定義如下：

傅立葉正弦轉換

$$F(s) = \sqrt{\dfrac{2}{\pi}} \cdot \int_0^\infty f(t)\,\sin(s\,t)\,dt$$

傅立葉餘弦轉換

$$F(s) = \sqrt{\dfrac{2}{\pi}} \cdot \int_0^\infty f(t)\,\cos(s\,t)\,dt$$

在 **inttrans** 函式庫中，也有相對應的指令可以進行傅立葉正、餘弦轉換，以下將前例的指數函數進行傅立葉的正、餘弦轉換，其結果將會與直接透過傅立葉轉換不同：

指令	說明
fouriersin(expr, t, s)	將 t 函數透過傅立葉正弦轉換成 s 函數
fouriercos(expr, t, s)	將 t 函數透過傅立葉餘弦轉換成 s 函數

$with(inttrans):$

$f\_sin := fouriersin\left(e^{-at^2}, t, w\right) \text{ assuming } a > 0 = -\dfrac{\frac{1}{2}\,I\sqrt{2}\,e^{-\frac{1}{4}\frac{w^2}{a}}\,\text{erf}\left(\dfrac{\frac{1}{2}\,Iw}{\sqrt{a}}\right)}{\sqrt{a}}$

$$f\_cos := fouriercos\left(e^{-a t^2}, t, x\right) \text{assuming } a > 0 = \frac{1}{2} \frac{\sqrt{2}\sqrt{\frac{\pi}{a}} e^{-\frac{1}{4}\frac{x^2}{a}}}{\sqrt{\pi}}$$

傅立葉正弦與餘弦轉換繼承了其級數的特性，故這些轉換後的函數也將分別滿足奇函數與偶函數的特性：

$type(f\_sin, oddfunc(w)) = true$

$type(f\_cos, evenfunc(w)) = true$

9.4.2 拉氏轉換

一函數存在傅立葉轉換的前提是其函數之絕對值在負無窮大與正無窮大的開區間內可積分。根據此定義，許多重要的函數均無法進行傅立葉轉換，譬如指數函數：

$with(inttrans)$:

$fourier(2^t, t, w) = fourier(2^t, t, w)$

拉氏轉換 (Laplace Transform) 是數學中另一常見的積分變換法，具有將實數函數線性變換成複數函數的特性，其修正了傅立葉轉換的函式，並僅考慮函數在 t > 0 的情形，定義如下：

$$F(s) = \int_0^\infty f(t)\, e^{-s t}\, dt$$

透過 **inttrans** 函式庫中的 *laplace* 指令，使用者可進行拉氏轉換，實現許多傅立葉轉換不能實現的函數運算，譬如：

指令	說明
laplace(expr, t, s)	將 t 函數透過拉氏轉換成 s 函數

$$laplace(2^t, t, s) = \frac{1}{s - \ln(2)}$$

但也並非任何函數均可進行拉氏轉換，一函數 f(t) 存在拉氏轉換的充分條件為在 t > 0 下，正實數 M 與 c 滿足 $\lim_{t \to \infty} \frac{f(t)}{M e^{ct}} = 0$，且 f(t) 至少為間段連續函數。譬如：

$with(inttrans):$

$$\lim_{t \to \infty} \frac{3^t + t^2 + \sin(t) + \cosh(t)}{e^t} = 0$$

$$laplace(3^t + t^2 + \sin(t) + \cosh(t), t, s) = \frac{1}{s - \ln(3)} + \frac{2}{s^3} + \frac{1}{s^2 + 1} + \frac{s}{s^2 - 1}$$

在上例中，由於函數 $\dfrac{3^t + t^2 + \sin(t) + \cosh(t)}{e^t}$ 在 t 趨近於無窮大處收斂為 0，且每一函數在 t 為實數時均為連續函數，故可進行 Laplace 轉換。

相反的，若一函數不滿足此極限式，則將不存在拉氏轉換：

$$\lim_{t \to \infty} \frac{e^{t^2}}{e^t} = \infty$$

$$laplace(e^{t^2}, t, s) = laplace(e^{t^2}, t, s)$$

表 9-2 驗證一些常見特殊函數的拉氏轉換：

表 9-2　常見特殊函數的拉氏轉換

函數類型	範例	備註
指數積分函數	$\int_t^\infty \dfrac{e^{-x}}{x} dx = \text{Ei}(1, t)$ $laplace(\text{Ei}(1, t), t, s) = \dfrac{\ln(s+1)}{s}$	此為指數積分函數的轉換，在 Maple 中透過 Ei 函數來描述
正弦積分函數	$\int_0^t \dfrac{\sin(x)}{x} dx = \text{Si}(t)$ $laplace(\text{Si}(t), t, s) = \dfrac{\text{arccot}(s)}{s}$	此為正弦積分函數的轉換，在 Maple 中透過 Si 函數來描述
餘弦積分函數	$\int_t^\infty -\dfrac{\cos(x)}{x} dx = \text{Ci}(t)$ $laplace(\text{Ci}(t), t, s) = -\dfrac{1}{2} \dfrac{\ln(s^2+1)}{s}$	此為正弦積分函數的轉換，在 Maple 中透過 Ci 函數來描述
誤差函數	$laplace(\text{erf}(t), t, s) = \dfrac{e^{\frac{1}{4}s^2} \text{erfc}\left(\dfrac{1}{2}s\right)}{s}$	
自然對數函數	$laplace(\ln(t), t, s) = -\dfrac{\gamma + \ln(s)}{s}$	
Bessel 函數	$laplace(\text{BesselJ}(0, t), t, s) = \dfrac{1}{\sqrt{s^2+1}}$	

Chapter 9 微分方程式

與傅立葉轉換相似，*inttrans* 函式庫也提供了反拉氏轉換的指令，譬如：

指令	說明
invlaplace(*expr*, *s*, *t*)	將 s 函數透過反拉氏轉換來轉換成 t 函數

$$invlaplace\left(\frac{1}{s-\ln(3)}+\frac{2}{s^3}+\frac{1}{s^2+1}+\frac{s}{s^2-1},s,t\right)=e^{\ln(3)\,t}+t^2+\sin(t)+\cosh(t)$$

拉氏轉換與反拉氏轉換也時常應用在求解包含特殊函數的微分方程。計算步驟與傅立葉轉換相似，以下為一個包含特殊函數 Heaviside 函數的微分方程式 de：

$$convert\left(\begin{cases}0 & t\leq 2\\ e^{-3t} & t>2\end{cases},\text{Heaviside}\right)=e^{-3t}\,\text{Heaviside}(t-2)$$

$$de:=\frac{d^2}{dt^2}y(t)+3\frac{d}{dt}y(t)+2y(t)=e^{-3t}\,\text{Heaviside}(t-2):$$

$$ics:=y(0)=0,\text{D}(y)(0)=0:$$

透過拉氏轉換，我們將微分方程 de 轉換成一變數為 s 之多項式，模仿傅立葉轉換的求解步驟，以 *solve* 指令求解此多項式之解，再藉由反拉氏轉換求得微分方程式 de 的特解：

laplace(*de*, *t*, *s*)

$$s^2\,laplace(y(t),t,s)-\text{D}(y)(0)-s\,y(0)+3s\,laplace(y(t),t,s)-3y(0)$$
$$+2\,laplace(y(t),t,s)=\frac{e^{-6-2s}}{s+3}$$

solve(%, *laplace*(*y*(*t*), *t*, *s*))

$$\frac{s^2\,y(0)+\text{D}(y)(0)\,s+6s\,y(0)+e^{-6-2s}+3\,\text{D}(y)(0)+9y(0)}{(s+3)\left(s^2+3s+2\right)}$$

sol := *invlaplace*(%, *s*, *t*)

$$-e^{-2t}(y(0)+\text{D}(y)(0))+e^{-t}(2y(0)+\text{D}(y)(0))+$$
$$\frac{1}{2}\text{Heaviside}(t-2)\left(e^{-4-t}-2e^{-2-2t}+e^{-3t}\right)$$

$$subs(ics,sol)=\frac{1}{2}\text{Heaviside}(t-2)\left(e^{-4-t}-2e^{-2-2t}+e^{-3t}\right)$$

$$odetest(y(t)=\%,de)=0$$

同樣的，當我們直接以 *dsolve* 指令計算上例的微分方程，也可以得到相同的結果：

dsolve({*de*, *ics*})
$$y(t) = \frac{1}{2} e^{-3t} \text{Heaviside}(t-2) + \frac{1}{2} \text{Heaviside}(t-2) e^{-4-t} - \text{Heaviside}(t-2) e^{-2-2t}$$

除了常見的拉氏轉換與傅立葉轉換，***inttrans*** 還包含其他常見的積分變換指令，譬如漢克爾變換 (Hankel Transform) 與梅林變換 (Mellin Transform)：

指令	說明
hankel(expr, t, s, nu)	將 t 函數透過漢克爾變換成 s 函數，其中，變換的階數為 nu
mellin(expr, x, s)	將 x 函數透過梅林變換成 s 函數

with(*inttrans*) :

$$hankel\left(t^{\frac{1}{2}}, \text{t, s, 1}\right) = \frac{1}{s^{3/2}}$$

$$mellin(x^2 \cdot \text{Heaviside}(x-1), x, s) = -\frac{1}{2+s}$$

mellin 指令與 *hankel* 指令可分別進行漢克爾變換與梅林變換，漢克爾變換是以第一類 Bessel 函數做無窮級數展開的一種積分變換，可用於求解許多以極座標描述的微分方程。而梅林變換法最廣為人知的是它的尺度不變性 (Scale Invariance Property)，在影像處理中應用非常廣泛。有關於漢克爾變換與梅林變換的規則與定義，詳見 Maple 協助的「*inttrans*」。

除了 ***inttrans*** 函式庫外，針對各種應用領域，Maple 也因地制宜地提供了許多不同的變換指令，舉例來說，許多時候使用者僅能得到一離散的數據資料，而非一函數，則此時可使用 ***DiscreteTransforms*** 函式庫中的 *FourierTransform* 指令與 *InverseFourierTransform* 指令，進行離散傅立葉轉換與離散傅立葉反轉換，其定義與範例如下：

Chapter 9 微分方程式

指令	說明
FourierTransform(Z , [,options])	計算複數陣列 Z 的離散傅立葉轉換
InverseFourierTransform(Z , [,options])	計算複數陣列 Z 的離散傅立葉反轉換

離散傅立葉轉換

$$Z_i = \sqrt{\frac{1}{N}} \left[\sum_{j=1}^{N} z_j \, e^{-\frac{2 I \pi (i-1)(j-1)}{N}} \right], i = 1..N$$

離散傅立葉反轉換

$$z_j = \sqrt{\frac{1}{N}} \left[\sum_{i=1}^{N} Z_i \, e^{\frac{2 I \pi (i-1)(j-1)}{N}} \right], j = 1..N$$

$with(DiscreteTransforms)$:

$$Z := Vector\left(5, i \to evalf\left(e^{\frac{Ii}{3}}\right)\right)$$

$$\begin{bmatrix} 0.9449569463 + 0.3271946968 \, I \\ 0.7858872608 + 0.6183698031 \, I \\ 0.5403023059 + 0.8414709848 \, I \\ 0.2352375736 + 0.9719379013 \, I \\ -0.09572354835 + 0.9954079577 \, I \end{bmatrix}$$

$Z2 := FourierTransform(Z)$

$$\begin{bmatrix} 1.07808016684065 + 1.67901037959404 \, I \\ 0.0427237444135178 - 0.741915464460826 \, I \\ 0.236451541814053 - 0.288930752602944 \, I \\ 0.323690442159333 - 0.0849440825829593 \, I \\ 0.432042072509868 + 0.168409503974922 \, I \end{bmatrix}$$

$InverseFourierTransform(Z2, inplace = true)$

$$\begin{bmatrix} 0.944956946300000045 + 0.327194696800000184\,I \\ 0.785887260799999932 + 0.618369803099999782\,I \\ 0.540302305899999946 + 0.841470984799999822\,I \\ 0.235237573599999972 + 0.971937901299999907\,I \\ -0.095723548350000206 + 0.995407957699999901\,I \end{bmatrix}$$

上例我們建立了一個 1×5 的複數向量，並透過 *FourierTransform* 與 *InverseFourierTransform* 進行離散傅立葉轉換與反轉換。

由於這類應用在信號處理上十分常見，Maple 的信號處理函式庫 **Signal Processing**，甚至提供了專司信號處理的離散傅立葉轉換指令 *DFT* 與離散傅立葉反轉換指令 *InverseDFT*，供使用者更便利的將數據轉換成相應的資料型態。詳細請參考 Maple 協助系統中的 SignalProcessing，此處不再詳述。

9.4.3 *dsolve* 的 method 選項

透過 *dsolve* 求解微分方程式，其方法其實與透過 *inttrans* 函式庫求解大同小異，均是將方程式進行線性變換後化簡求解，再進行方程式的反轉換。*dsolve* 的 method 選項可供使用者直接以積分變換法求解微分方程式，使用者不需再以 *inttrans* 函式庫一步步的求解。譬如，下方是一個簡單的二階常微分方程式與邊界條件：

$ode := \dfrac{d^2}{dx^2}\,y(x) = 2\,y(x) + 1:$

$ics := y(0) = 1, y'(0) = 0:$

我們可直接以 *dsolve* 指令求解這個微分方程：

$sol1 := dsolve(\{ode, ics\}, y(x))$

$$y(x) = \frac{3}{4}\,e^{\sqrt{2}\,x} + \frac{3}{4}\,e^{-\sqrt{2}\,x} - \frac{1}{2}$$

若以求解選項 method = laplace，將求解方法指定為拉氏轉換，結果將會有些許不同，方程式簡單了許多：

$sol2 := dsolve(\{ode, ics\}, y(x), method = laplace)$

$$y(x) = -\frac{1}{2} + \frac{3}{2}\cosh\left(\sqrt{2}\,x\right)$$

Chapter 9 微分方程式

然而此兩式均為此微分方程之解，我們可透過 *odetest* 驗證：

odetest(*sol1*, *ode*) = 0

odetest(*sol2*, *ode*) = 0

除了拉氏轉換外，也可直接使用傅立葉轉換求解微分方程

$de := \dfrac{d^2}{dt^2} y(t) - y(t) = \text{Heaviside}(3-t)$

$$\dfrac{d^2}{dt^2} y(t) - y(t) = \text{Heaviside}(3-t)$$

$sol2 := dsolve(de, y(t), method = fourier)$

$$y(t) = 2 \sinh\left(\dfrac{1}{2} t - \dfrac{3}{2}\right)^2 \text{Heaviside}(3-t) - \dfrac{1}{2} e^{3-t}$$

同樣地，我們可不指定計算方式，重新以 *dsolve* 計算微分方程：

$dsolve(de)$

$$y(t) = e^t \_C2 + e^{-t} \_C1 + \text{Heaviside}(t-3) - \dfrac{1}{2} \text{Heaviside}(t-3) e^{t-3} - 1$$
$$- \dfrac{1}{2} \text{Heaviside}(t-3) e^{3-t}$$

以傅立葉變換方法計算微分方程時，*dsolve* 會以傅立葉級數近似微分方程式之解，故僅會計算非齊次項的特解，故若以傅立葉變換方法計算齊性微分方程式時，其結果將會得到 0：

$de := \dfrac{d^2}{dt^2} y(t) - y(t) = 0 :$
$dsolve(de, y(t), method = fourier)$

$$y(t) = 0$$

若將 method 指定為 fouriersin 與 fouriercos，還可以透過傅立葉正弦變換與傅立葉餘弦變換計算微分方程：

$de := \dfrac{d^2}{dt^2} y(t) - y(t) = \text{Heaviside}(3-t) :$
$dsolve(de, y(t), method = fouriercos)$

$$y(t) = \left(e^{-3} \cosh(t) - 1\right) \text{Heaviside}(3-t) - \text{Heaviside}(t-3) e^{-t} \sinh(3)$$
$$- D(y)(0) e^{-t}$$

$dsolve(de, y(t), method = fouriersin)$

$$y(t) = \left(\frac{1}{2}e^{3-t} + \frac{1}{2}e^{t-3} - 1\right) \text{Heaviside}(3-t) - \frac{1}{2}e^{3-t} + y(0)e^{-t}$$
$$- \frac{1}{2}e^{-t-3} + e^{-t}$$

9.5 求解微分方程組

dsolve 指令除了可以求解微分方程式外，也可以直接求解微分方程組，而除了 *dsolve* 指令，拉氏變換也可用於微分方程組的求解。在介紹完積分變換後，現在讀者可以開始了解如何透過 Maple 求解聯立微分方程組。

讓我們先看一個簡單的範例，下例以 *dsolve* 求解一個二元一階的微分方程組：

$odes := \left\{ \dfrac{d}{dt} y(t) = -x(t), \dfrac{d}{dt} x(t) = y(t) \right\} :$

$dsolve(odes)$

$$\{x(t) = \_C1 \sin(t) + \_C2 \cos(t), y(t) = \_C1 \cos(t) - \_C2 \sin(t)\}$$

現在大家應該十分熟悉 *dsolve* 的用法了，此處我們以大括號 {} 定義一聯立微分方程組，取代原先單一的微分方程式，並以 *dsolve* 求解。由於此微分方程組是由兩個一階的微分方程式組成，故我們可加入兩個初始條件，再透過 *dsolve* 重新求得未定係數的值：

$ics := x(0) = A, y(0) = B :$
$dsolve(odes \textbf{ union } \{ics\})$

$$\{x(t) = B \sin(t) + A \cos(t), y(t) = B \cos(t) - A \sin(t)\}$$

除了聯立的微分方程組外，*dsolve* 也可以求解微分方程式組成的矩陣，來看看下面的矩陣範例：

$$EQ := \begin{bmatrix} \dfrac{d}{dx}a(x) & \dfrac{d}{dx}b(x) \\ \dfrac{d}{dx}c(x) & \dfrac{d}{dx}d(x) \end{bmatrix} = \begin{bmatrix} 1 & 2 \\ 2 & 1 \end{bmatrix} \cdot \begin{bmatrix} a(x) & b(x) \\ c(x) & d(x) \end{bmatrix} + \begin{bmatrix} e^{2t} & e^{t} \\ e^{3t} & e^{t} \end{bmatrix}$$

Chapter 9　微分方程式

$$\begin{bmatrix} \dfrac{d}{dx}a(x) & \dfrac{d}{dx}b(x) \\ \dfrac{d}{dx}c(x) & \dfrac{d}{dx}d(x) \end{bmatrix} = \begin{bmatrix} a(x)+2\,c(x)+e^{2t} & b(x)+2\,d(x)+e^{t} \\ 2\,a(x)+c(x)+e^{3t} & 2\,b(x)+d(x)+e^{t} \end{bmatrix}$$

$dsolve(EQ)$

$$\left\{ a(x) = e^{-x}\_C4 + e^{3x}\_C3 - \frac{2}{3}e^{3t} + \frac{1}{3}e^{2t},\ b(x) = e^{-x}\_C2 \right.$$

$$+ e^{3x}\_C1 - \frac{1}{3}e^{t},\ c(x) = -e^{-x}\_C4 + e^{3x}\_C3 + \frac{1}{3}e^{3t} - \frac{2}{3}e^{2t},\ d(x)$$

$$\left. = -e^{-x}\_C2 + e^{3x}\_C1 - \frac{1}{3}e^{t} \right\}$$

在上述的範例中，我們以多個微分式定義了一組 2×2 的矩陣等式，您可以看到這樣矩陣型式的微分方程組也可以被 *dsolve* 求解。並且，相同的，我們可以加入一組初始條件來求解矩陣微分方程組的未定係數，初始條件的型式與前例完全相同，不需要再額外修改初始條件的型式：

$ics \coloneqq a(0) = A, b(0) = B, c(0) = C, d(0) = D:$
$dsolve(\{EQ, ics\})$

$$\left\{ a(x) = e^{-x}\left(\frac{1}{2}e^{3t} - \frac{1}{2}e^{2t} - \frac{1}{2}C + \frac{1}{2}A \right) + e^{3x}\left(\frac{1}{6}e^{3t} \right.\right.$$

$$\left. + \frac{1}{6}e^{2t} + \frac{1}{2}C + \frac{1}{2}A \right) - \frac{2}{3}e^{3t} + \frac{1}{3}e^{2t},$$

$$b(x) = e^{-x}\left(-\frac{1}{2}D + \frac{1}{2}B \right) + e^{3x}\left(\frac{1}{2}D + \frac{1}{2}B + \frac{1}{3}e^{t} \right) - \frac{1}{3}e^{t},$$

$$c(x) = -e^{-x}\left(\frac{1}{2}e^{3t} - \frac{1}{2}e^{2t} - \frac{1}{2}C + \frac{1}{2}A \right) + e^{3x}\left(\frac{1}{6}e^{3t} + \frac{1}{6}e^{2t} \right.$$

$$\left. + \frac{1}{2}C + \frac{1}{2}A \right) + \frac{1}{3}e^{3t} - \frac{2}{3}e^{2t},\ d(x) = -e^{-x}\left(-\frac{1}{2}D + \frac{1}{2}B \right)$$

$$\left. + e^{3x}\left(\frac{1}{2}D + \frac{1}{2}B + \frac{1}{3}e^{t} \right) - \frac{1}{3}e^{t} \right\}$$

以 *dsolve* 求解微分方程組的過程與求解微分方程式的方法幾乎相同，使用者不必擔憂求解上是否必須配合方程組做任何更動，*dsolve* 的求解指令，在求解微分方程組時也完全適用：

$$sys := \left\{ \left(\frac{\mathrm{d}}{\mathrm{d}t} x(t)\right)^2 + \left(\frac{\mathrm{d}}{\mathrm{d}t} y(t)\right)^2 = x(t)^2 + y(t)^2, \frac{\frac{\mathrm{d}}{\mathrm{d}t} y(t)}{y(t)} = \frac{\frac{\mathrm{d}}{\mathrm{d}t} x(t)}{x(t)} \right\}:$$

$dsolve(sys, implicit)$

$$[\{x(t) = \_C2\, e^t\}, \{y(t) = \_C1\, e^t\}], [\{x(t) = \_C2\, e^{-t}\}, \{y(t) = \_C1\, e^{-t}\}],$$
$$[\{x(t) = x(t)\}, \{x(t)^2 + y(t)^2 = 0\}]$$

$dsolve(sys, explicit)$

$$\{x(t) = \_C2\, e^t, y(t) = \_C1\, e^t\}, \{x(t) = \_C2\, e^{-t}, y(t) = \_C1\, e^{-t}\},$$
$$\{x(t) = x(t), y(t) = -\mathrm{I}x(t)\}, \{x(t) = x(t), y(t) = \mathrm{I}x(t)\}$$

上例我們透過 implicit 與 explicit 將微分方程組的解以隱解或顯解呈現，就如同求解一般的微分方程組時一樣。

若想以級數解求解微分方程組，我們也可以透過 series 選項，譬如下面的範例：

$$sys := \left\{ \frac{\mathrm{d}}{\mathrm{d}t} y(t) = -x(t), \frac{\mathrm{d}}{\mathrm{d}t} x(t) = y(t) \right\}$$

$$\left\{ \frac{\mathrm{d}}{\mathrm{d}t} x(t) = y(t), \frac{\mathrm{d}}{\mathrm{d}t} y(t) = -x(t) \right\}$$

$dsolve(sys, \{x(t), y(t)\}, series)$

$$\left\{ x(t) = x(0) + y(0)\, t - \frac{1}{2} x(0)\, t^2 - \frac{1}{6} y(0)\, t^3 + \frac{1}{24} x(0)\, t^4 \right.$$
$$+ \frac{1}{120} y(0)\, t^5 + \mathrm{O}(t^6), y(t) = y(0) - x(0)\, t - \frac{1}{2} y(0)\, t^2$$
$$\left. + \frac{1}{6} x(0)\, t^3 + \frac{1}{24} y(0)\, t^4 - \frac{1}{120} x(0)\, t^5 + \mathrm{O}(t^6) \right\}$$

$dsolve(sys)$

$$\{x(t) = \_C1 \sin(t) + \_C2 \cos(t), y(t) = \_C1 \cos(t) - \_C2 \sin(t)\}$$

求解微分方程組是拉氏轉換的一種應用，其原理是利用拉氏轉換將微分方程式化簡成多項式，再利用行列式技巧求解每個單元中多項式的解，最後將其反拉氏轉換得到微分方程組的解。接下來，就讓我們了解如何以 Maple 進行拉氏轉換求解微分方程組。

下面是一組聯立微分方程組與初始條件：

Chapter 9　微分方程式

$odes := \left\{ \dfrac{d}{dt} y(t) + \dfrac{d}{dt} x(t) + x(t) - y(t) = 0, \dfrac{d}{dt} x(t) + 2 \dfrac{d}{dt} y(t) + x(t) = 1 \right\}$:

$ics := x(0) = C1, y(0) = C2$:

接著，我們以拉氏轉換將微分方程組化簡。由於此微分方程組的資料結構是一串列，我們可使用 *map* 指令，一次轉換串列的全部單元：

$with(inttrans)$:

$f := x \rightarrow laplace(x, t, s)$:

$l\_ode := map(f, odes)$

$\{s\, laplace(x(t), t, s) - x(0) + 2 s\, laplace(y(t), t, s) - 2 y(0)$

$+ laplace(x(t), t, s) = \dfrac{1}{s}, s\, laplace(y(t), t, s) - y(0)$

$+ s\, laplace(x(t), t, s) - x(0) + laplace(x(t), t, s)$

$- laplace(y(t), t, s) = 0\}$

這裡要使用一個特別的函式庫 **LinearAlgebra**，用 **LinearAlgebra** 的 *Generate Matrix* 指令可將串列結構的聯立方程組，轉換成矩陣結構呈現：

$with(LinearAlgebra)$:

$A, b := GenerateMatrix(l\_ode, [laplace(x(t), t, s), laplace(y(t), t, s)])$

$\begin{bmatrix} s+1 & 2s \\ s+1 & s-1 \end{bmatrix}, \begin{bmatrix} x(0) + 2y(0) + \dfrac{1}{s} \\ y(0) + x(0) \end{bmatrix}$

克萊姆法則 (Cramer's Rule) 是線性代數的定理之一，它可以用行列式來計算線性方程組中的所有解。透過克萊姆法則的定義，我們可求得方程組的解：

$X\_s := \dfrac{Determinant(\langle b | Column(A, 2) \rangle)}{Determinant(A)} = -\dfrac{s^2 x(0) + x(0) s + 2 y(0) s - s + 1}{s(-s^2 - 2s - 1)}$

$Y\_s := \dfrac{Determinant(\langle Column(A, 2) | b \rangle)}{Determinant(A)} = \dfrac{s^2 x(0) + x(0) s + 2 y(0) s - s + 1}{s(-s^2 - 2s - 1)}$

最後，再進行反拉氏轉換並代入邊界條件，即可得到 $x(t)$ 與 $y(t)$：

$subs(ics, invlaplace(X\_s, s, t)) = 1 + e^{-t}(2\,C2\,t + C1 - 2t - 1)$

$subs(ics, invlaplace(Y\_s, s, t)) = -1 + (-2\,C2\,t - C1 + 2t + 1)\,e^{-t}$

> **🔍 Key**
>
> 有關線性代數函數庫，以及上例中的各種行列式操縱技巧，將在「第十章 線性代數的應用」中介紹。

讀者可將原式及其初始條件以 *dsolve* 重新計算，並比較兩者的結果：

dsolve(*odes* **union** {*ics*})

$$\left\{ x(t) = 1 + e^{-t} \left(t \left(-2 + 2\, C2 \right) - 1 + C1 \right), \\ y(t) = \frac{1}{2} e^{-t} \left(-2 + 2\, C2 \right) + 1 \right\}$$

9.6 微分方程的數值解

在上一章，我們介紹過函數的數值積分，由於許多函數無法求出一解析的積分通式，故可知，無論透過級數解還是積分變換等，由微分式組成的微分方程，也未必能求解一解析的通解。在許多時候，使用者想要的也不是一個通解，而是一個實際的數值，以利將運算的結果代入其他式子進行運算。藉由交互分析微分方程的解析解與數值解，Maple 可求解比其他數值運算軟體更廣泛的微分方程問題。

在前面幾小節中，我們介紹了如何透過 *dsolve* 求解解析解，若想計算微分方程的數值解，則可透過 *dsolve* 的 numeric 選項，numeric 選項目前提供了 13 種數值方法，供使用者求解微分方程問題，以下是一個微分方程式的簡單範例：

$ode := \dfrac{d}{dx} y(x) = y(x) \cos(x) :$

$ic := y(0) = 1 :$

$sol := dsolve(\{ode, ic\}) = y(x) = e^{\sin(x)}$

接著，我們以 numeric 選項重新計算這個範例：

$sol\_rkf45 := dsolve(\{ode, ic\}, numeric\,) = \mathbf{proc}(x\_rkf45)\ ...\ \mathbf{end\ proc}$

上例中，您可以發現此時 *dsolve* 計算的的結果不再是一個解析的通解，而顯示 proc(x_rkf45)...end proc。此結果意味著 *dsolve* 用一個**程序** (Procedure) 來描述微分方

Chapter 9 微分方程式

程式的解,並且您可以輸入 x 值於此程序中,透過數值方法 rkf45,此程序將會輸出相對應的 y(x) 值:

$sol\_rkf45(0) = [x = 0., y(x) = 1.]$
$sol\_rkf45(1) = [x = 1., y(x) = 2.31977708059276]$
$sol\_rkf45(2) = [x = 2., y(x) = 2.48257697094516]$

使用者可以透過 *method* 指定不同的數值方法,來求解微分方程式,譬如:

$sol\_ck45 := dsolve(\{ode, ic\}, numeric, method = ck45) = \mathbf{proc}(x\_ck45) \ ... \ \mathbf{end\ proc}$
$sol\_ck45(0) = [x = 0., y(x) = 1.]$
$sol\_ck45(1) = [x = 1., y(x) = 2.31977699952162]$
$sol\_ck45(2) = [x = 2., y(x) = 2.48257842420986]$

上例我們使用了數值方法 ck45,求解微分方程式,您可以與預設的 rkf45 比較,兩者的結果將會產生些許差異:

$seq(rhs(sol\_ck45(x)[2]) - rhs(sol\_rkf45(x)[2]), x = 0..2) =$
$0., -8.10711351384441 \ 10^{-8}, 0.00000145326470235574$

🔍 Key

目前,method 設有 13 種數值方法可供 *dsolve* 求解微分方程的數值解,包含 rkf45、ck45、rosenbrock、bvp、rkf45_dae、ck45_dae、rosenbrock_dae、dverk78、lsode、gear、taylorseries、mebdfi 與 classical。上例中使用的 rkf45 與 ck45 分別是 45 階 Runge-Kutta 法 (Fehlberg Fourth-Fifth Order Runge-Kutta Method) 以及 45 階 Cash-Karp 法 (Cash-Karp Fourth-Fifth Order Runge-Kutta Method),欲查詢這些代號所表示的方法,可參考 Maple 協助系統中的「dsolve/numeric」。

numeric 選項也適用微分方程組的數值計算,在上一小節中我們介紹過如何求解一微分方程組,現在我們使用相同的範例,但在 *dsolve* 中加入 numeric 選項:

$dsys := \left\{\dfrac{d}{dt} x(t) = y(t), \dfrac{d}{dt} y(t) = -x(t)\right\}:$
$ics := x(0) = 1, y(0) = 0:$
$sol := dsolve(dsys \ \mathbf{union} \ \{ics\}, numeric)$

$\mathbf{proc}(x\_rkf45) \ldots \mathbf{end\ proc}$
$sol(1) = [t = 1., x(t) = 0.540302331778567, y(t) = -0.841471101155307]$
$sol(2) = [t = 2., x(t) = -0.416146911675692, y(t) = -0.909297592474157]$
$sol(3) = [t = 3., x(t) = -0.989992804740591, y(t) = -0.141120087844824]$

由於數值解的結果時常作為另一個方程式的輸入或是參數，進行多重函數的計算，應用上非常廣泛，基於編程上的便利性，dsolve 提供了一系列進階的求解選項，提升求解的效率，譬如：

$dsys := \left\{ \dfrac{d}{dt} x(t) = y(t), \dfrac{d}{dt} y(t) = -x(t) \right\}:$
$ics := x(0) = 1, y(0) = 0:$
$sol := dsolve(dsys\ \mathbf{union}\ \{ics\}, numeric, output = listprocedure)$
$[t = \mathbf{proc}(t) \ldots \mathbf{end\ proc}, x(t) = \mathbf{proc}(t) \ldots \mathbf{end\ proc},$
$y(t) = \mathbf{proc}(t) \ldots \mathbf{end\ proc}]$

若我們於前例中新增一個 output 選項，則可以指定輸出結果的型式。上例中我們將 output 指定成 listprocedure，可以將等式的結果改以程序依序顯示，故若此時，我們僅想要將 x(t) 之計算結果提取出來，僅需要計算串列 sol 的第二個單元即可：

$seq(sol[2](i), i = 1..5)$
$x(t)(1) = 0.540302331778567, x(t)(2)$
$= -0.416146911675692, x(t)(3)$
$= -0.989992804740591, x(t)(4)$
$= -0.653643916285649, x(t)(5)$
$= 0.283662280526264$

range 是另外一個求解微分方程數值解中常用的選項。隨著計算範圍的增加，計算所需的時間也隨之愈長。透過 range 選項，使用者可以僅計算某範圍內的數值解，並將答案儲存起來供後續呼叫，忽略範圍外的結果，加速您的計算：

$dsys := \left\{ \dfrac{d}{dt} x(t) = y(t), \dfrac{d}{dt} y(t) = -x(t) \right\}:$
$ics := x(0) = 1, y(0) = 0:$
$sol := dsolve(dsys\ \mathbf{union}\ \{ics\}, numeric, range = 0..10):$

Chapter 9 微分方程式

$sol(1) = [t = 1., x(t) = 0.540302331778567, y(t) = -0.841471101155307]$
$sol(5) = [t = 5., x(t) = 0.283662280526264, y(t) = 0.958924768912288]$
$sol(10) = [t = 10., x(t) = -0.839072440175838, y(t) = 0.544021567038602]$

若代入的數值在 range 選項定義的範圍之外，或是不以 range 選項指定求解範圍，則 Maple 會在使用者代入數值點的時候，才計算數值結果。

數值運算係透過演算法反覆計算一數值，直至此數值滿足定義的誤差範圍，而求得一近似解，故將不存在一個「精準的答案」。在 Maple 中，每種數值方法均定義了一個合理的誤差範圍與最大計算次數。當我們反覆的計算一個方程式越多次，則誤差將會越小，越易滿足誤差範圍並收斂；反之，若計算次數太少，在許多複雜的情形下，誤差可能會很大，甚至無法收斂得到答案。故計算次數是數值運算當中的重要參數。

maxfun 選項可設定 *dsolve* 數值運算的計算次數，不同的數學問題，適用不同的數值方法，每種數值方法的特性均不相同，故在 Maple 當中，不同的數值方法，預設的計算次數也隨之不同。譬如，在 Maple 中，rkf45 預設最多將會計算方程式 30,000 次，但用 classical 方法計算時，預設則是 50,000 次。以下是一個有關計算次數的範例，譬如：

$de := \dfrac{\mathrm{d}}{\mathrm{d}t} y(t) = \cos(t^2)\, y(t) :$
$sol := dsolve(\{de, y(0) = 1\}, numeric) = \mathbf{proc}(x\_rkf45) \; ... \; \mathbf{end\ proc}$
$sol(100)$
Error, (in sol) cannot evaluate the solution further right of 50.471493, maxfun limit exceeded (see ?dsolve,maxfun for details)

上例中，雖然我們成功以 *dsolve* 指令計算出微分方程 de 的解，但當我們代入輸入值 100 時，卻得到錯誤訊息。這個錯誤訊息的意思是當計算到點 50.471493 時，超過了目前最大的計算次數。此錯誤，可能來自於計算次數太少的緣故，在沒有定義任何演算法的情況下，*dsolve* 預設會以 rkf45 計算初始值問題的微分方程式，預設最大計算次數是 30,000 次。故我們將計算次數提高到 1,000,000 次重新計算一次：

$sol\_5m := dsolve(\{de, y(0) = 1\}, numeric, maxfun = 1000000)$

$\mathbf{proc}(x\_rkf45) \; ... \; \mathbf{end\ proc}$

$sol\_5m(100)$

$$[t = 100., y(t) = 1.86840911100549]$$

您可以看到，這次 dsolve 成功計算出了 t = 100 處的結果。

除了將 maxfun 指定成一個數字，也可以將 maxfun 設為 0，來計算無窮多次直至計算出滿足的答案：

$de := \frac{d}{dt} y(t) = \cos(t^2) y(t)$:
$sol\_0 := dsolve(\{de, y(0) = 1\}, numeric, maxfun = 0)$:
$sol\_0(10) = [t = 10., y(t) = 1.82416195176503]$
$sol\_0(100) = [t = 100., y(t) = 1.86840911100549]$
$sol\_0(1000) = [t = 1000., y(t) = 1.87050584861067]$

特別注意的是，若微分方程的解中包含一致多個**奇異點** (Singular Point)，則將 maxfun 設為 0 可能會產生錯誤或造成無窮迴圈，下面是一個包含奇異點的範例：

$ds := (x - 5) \frac{d}{dx} y(x) = -\cos(2x)$:
$sol := dsolve(\{ds, y(0) = 1\}, numeric, maxfun = 0) = \textbf{proc}(x\_rkf45) \ ... \ \textbf{end proc}$
$sol(6)$
Error, (in sol) cannot evaluate the solution further right of 4.9999999, probably a singularity

上例中，由於 x = 5 為此微分方程解之奇異點，故 numeric 僅會計算至 5 為止，故儘管我們將最大計算次數設為無窮多次，也無法計算出結果。我們可以繪製微分方程的圖形，來了解奇異點的特性，讀者可以注意到，當 x 趨近於 5 時，y 值將會趨近於負無窮大：

$plots[odeplot](sol, [x, y(x)], 0..6)$
```
Warning, cannot evaluate the solution further right of
4.9999999, probably a singularity
```

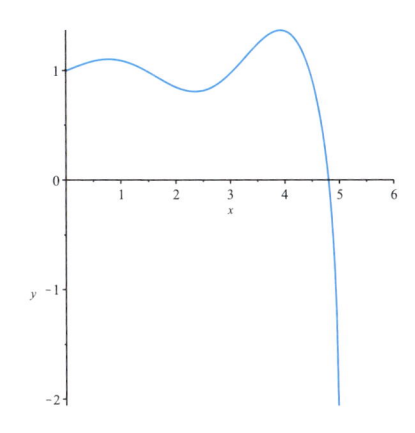

函式庫 **plots** 中另外也包含了可繪製微分方程式圖形的指令 *odeplot*，有關微分方程式的繪製將在下一節中介紹。

> **Q Key**
>
> *dsolve* 還包含了許多可用於輔助數值計算的進階選項，此處僅對常見的用法做介紹，有興趣的讀者可查閱「dsolve/numeric」來了解更多範例與使用方法。

9.7 繪製微分方程圖形

9.7.1 透過 *plot* 指令繪製微分方程式

雖然 Maple 設計了許多便捷的繪圖指令，供讀者更有效率的繪製微分方程，有些指令甚至不必求解方程式即可進行圖形繪製。不過，*plot* 強大的繪圖能力，其實已足以進行微分方程的繪圖。藉由 *plot* 繪製微分方程的過程，讀者還可以練習如何進行資料的擷取與操作。故在介紹各式微分方程的繪圖指令前，我們先介紹如何透過 *plot* 繪圖。

以下為一個二維圖形繪製的簡單範例，為了滿足 *plot* 的語法格式，在 *dsolve* 求解完微分方程後，須先透過 *rhs* 擷取等式右邊的結果：

$de1 := \dfrac{d^2}{dx^2} y(x) = 2\, y(x) + 1:$

$ics := y(0) = 0, D(y)(0) = 0:$

$sol := dsolve(\{de1, ics\})$

$$y(x) = \dfrac{1}{4} e^{\sqrt{2}\,x} + \dfrac{1}{4} e^{-\sqrt{2}\,x} - \dfrac{1}{2}$$

$plot(rhs(sol), x = 0..5)$

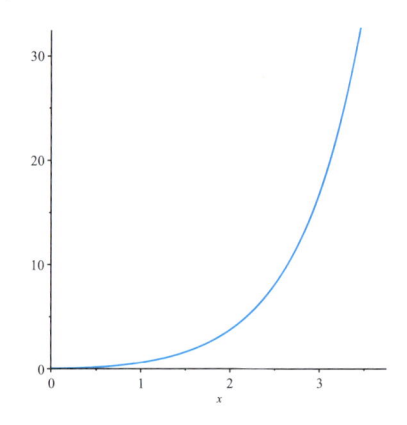

上圖即為微分方程式之解,在 x 從 0 至 5 之間的函數圖形。

依循類似的方法,plot 也可繪製微分方程組的圖形。以下是一個包含兩變數的微分方程組,仿照前例,我們試著將 dsolve 中的算式擷取出來。雖然我們也可仿照前例以 rhs 擷取資料,不過操作上不是非常方便。op 是截取數據資料中常用的指令,使用者不妨訪先試著在外部透過 op 擷取出正確的算式型態,再代入 plot 指令中做運算:

指令	說明
op(i, e)	擷取表達式 e 中的第 i 個操作元
op(list, e)	以串列 list 定義並擷取巢狀結構的表達式中之操作元

$de := \left\{ \dfrac{d}{dt} y(t) + \dfrac{d}{dt} x(t) = x(t) + 1 + t + 4,\ \dfrac{d}{dt} x(t) - x(t) + t + 4 = \dfrac{d}{dt} y(t) + 1,\ x(0) = 1,\ y(0) = 2 \right\}:$

$sol := dsolve(de)$

Chapter 9 微分方程式

$$\left\{ x(t) = -1 + 2\,e^t, y(t) = \frac{1}{2}\,t^2 + 4\,t + 2 \right\}$$

$op(1, sol) = x(t) = -1 + 2\,e^t$
$op(2, op(1, sol)) = -1 + 2\,e^t$
$op([1, 2], sol) = -1 + 2\,e^t$

大部分的時候,我們會分別以微分方程之兩解作為橫軸與縱軸,以了解兩微分方程式的關係。此時可將微分方程組之解化為參數式,再以 *plot* 指令繪製,為了讓讀者了解 *op* 與 *rhs* 指令的異同,此處我們將分別以 *op* 與 *rhs* 擷取微分方程的 *x(t)* 值與 *y(t)* 值,給讀者做比較:

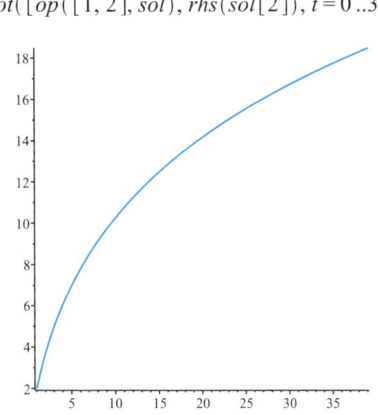

$$plot([op([1, 2], sol), rhs(sol[2]), t = 0..3])$$

在第四章,我們介紹過如何直接以 *plot* 繪製數據資料。除了解析解外,利用 *plot* 可繪製數據資料的特性,我們也可以繪製微分方程的數值解。下面是一個繪製微分方程式數值解的範例:

$de1 := \dfrac{d^2}{dx^2}\,y(x) = 2\,y(x) + 1 :$
$ics := y(0) = 0, D(y)(0) = 0 :$
$sol := dsolve(\{de1, ics\}, numeric) =$ **proc**(x_rkf45) ... **end proc**

透過 *seq* 指令,我們可透過微分方程組的解創造一組數列,同樣的,此處我們先在外部透過 *op* 取得正確的資料型態,再代入 *plot* 中做計算:

$$sol(1) = \left[x = 1., y(x) = 0.589091637146961, \frac{d}{dx} y(x) = 1.36829870120143 \right]$$

$$rhs(op(3, sol(1))) = 1.36829870120143$$

$$plot([seq([i, rhs(op(3, sol(i)))], i = 0..4, 0.1)])$$

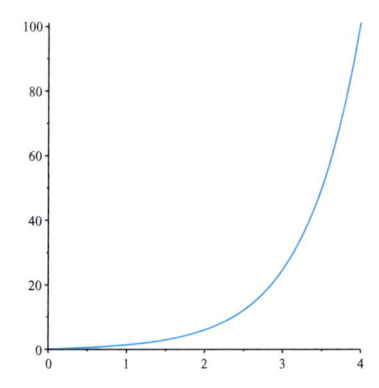

若讀者對 *plot* 指令熟悉，事實上 *plot* 也可以直接對一運算子繪圖，當然，運算子的格式必須符合 *plot* 指令語法的要求，此時，上一節中介紹過的進階選項 *output* 指令即可派上用場。下例我們重新以數值方法計算上例中的微分方程，並將進階選項 *output* 指定為 listprocedure，來將 x、$y(x)$ 與 $\frac{d}{dx}y(x)$ 之解分別以不同的運算子表示，並將算式中的等式排除在 *dsolve* 計算的數值解程序之外：

$$de1 := \frac{d^2}{dx^2} y(x) = 2\, y(x) + 1 :$$

$$ics := y(0) = 0, D(y)(0) = 0 :$$

$$sol := dsolve(\{de1, ics\}, numeric, output = listprocedure)$$

$$\left[x = \mathbf{proc}(x) \ ... \ \mathbf{end\ proc}, y(x) = \mathbf{proc}(x) \ ... \ \mathbf{end\ proc}, \frac{d}{dx} y(x) = \mathbf{proc}(x) ... \mathbf{end\ proc} \right]$$

透過 *op* 指令，分離這三個運算子，並擷取我們要的算式結果，即可透過 *plot* 繪製函數圖形：

$$op([1, 2], sol)$$

$$\mathbf{proc}(x) \ ... \ \mathbf{end\ proc}$$

$plot([op([1,2],sol), op([2,2],sol), op([3,2],sol)], 0..5, legend = ["x", "y(x)", "y'(x)"])$

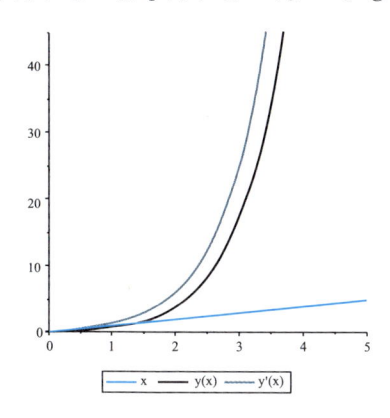

9.7.2 *plots* 函式庫中的 *odeplot*

上節的最後，我們利用了 **plots** 函式庫中的 *odeplot* 指令，繪製微分方程式的圖形，此處我們就來介紹指令 *odeplot* 的用法。

odeplot 僅能繪製透過 *dsolve* 的 numeric 方法求解出之數值解，使用前需先呼叫 **plots** 函式庫，請看以下的範例：

指令	說明
odeplot(dsn, vars, range, options)	繪製微分方程式數值解 dsn 在範圍 range 之間的圖形

$with(plots):$
$de1 := \dfrac{d^2}{dx^2} y(x) = 2y(x) + 1:$
$ics := y(0) = 0, D(y)(0) = 0:$
$sol\,n := dsolve(\{de1, ics\}, numeric)$
$\qquad\qquad \mathbf{proc}(x\_rkf45) \,...\, \mathbf{end\ proc}$

$$odeplot(sol, n)$$

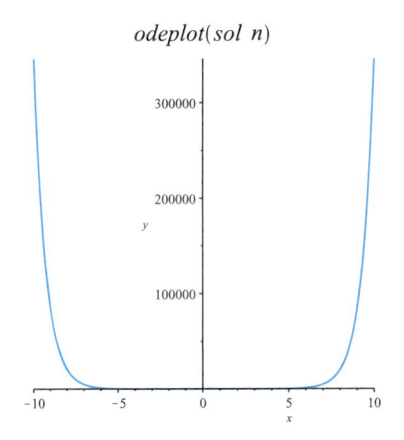

將 *dsolve* 求解之數值解程序直接代入 *odeplot* 指令中，即可繪製圖形，與 ***plots*** 其他的繪圖指令相似，我們可加上範圍，繪製特定範圍內的函數圖形：

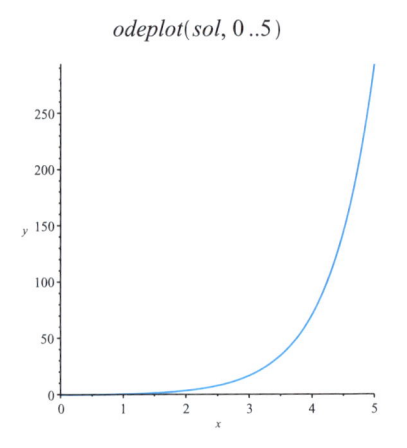

$$odeplot(sol, 0..5)$$

odeplot 也適用部分 *plot* 的繪圖選項，此處我們加入顏色、線條格式、符號類型與符號大小，圖形結果如下所示：

Chapter 9 微分方程式

odeplot(*sol*, 0..5, *color* = "Blue", *style* = *point*, *symbol* = *asterisk*, *symbolsize* = 15)

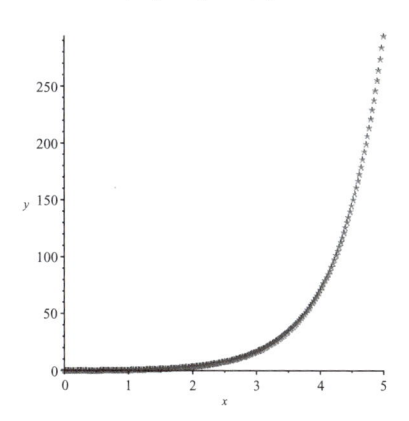

在 **plots** 函式庫中，許多繪圖指令都有各自獨特的繪圖選項，*odeplot* 也不意外。*frame* 是 *odeplot* 中一個特別的繪圖選項，可用於產生動畫，譬如下面的範例：

odeplot(*sol n*, 0..5, *linestyle* = *dash*, *thickness* = 5, *view* =[0..3, 0..3], *frames* =10)

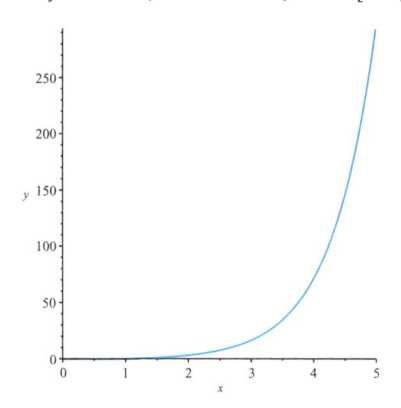

上例的指令，由於 *frame* 被指定成 10，則將會輸出一個具有 10 個影格的動畫。透過 *frame* 指令，使用者不必使用 *animate* 也可產生動畫圖形，使用上簡單很多。

由於函數與其微分式在物理上，常用來代表各種不同的物理量，譬如速度與加速度即為位移的一次微分與二次微分。 *odeplot* 繪製圖形的方式很多元，我們可以同時指定好幾組座標系，在同一個圖形上繪製多個不同座標系的函數，比較各種物理量之間的關係，譬如：

$with(plots):$

$de1 := \dfrac{d^2}{dx^2} y(x) = 2y(x) + 1:$

$ics := y(0) = 0, D(y)(0) = 0:$

$sol := dsolve(\{de1, ics\}, numeric)$

$\qquad\qquad\mathbf{proc}(x\_rkf45)\ ...\ \mathbf{end\ proc}$

$odeplot(sol, [[x, y(x)], [y(x), y'(x)]], view = [0..3, 0..3])$

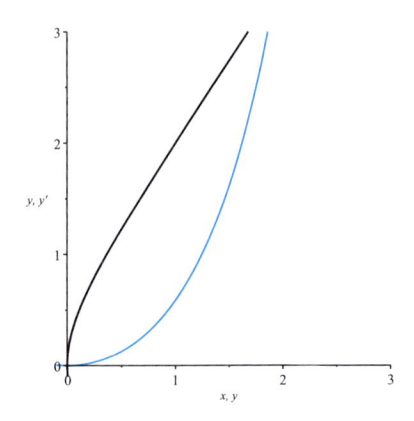

上例中,我們以中括號定義了兩種不同的座標系 x-y(x) 與 y(x)-y'(x),分別將兩座標系繪製在同一個圖形中進行比較。

若 odeplot 座標系中指定了三個座標軸,則 odeplot 會繪製三維的圖形,譬如:

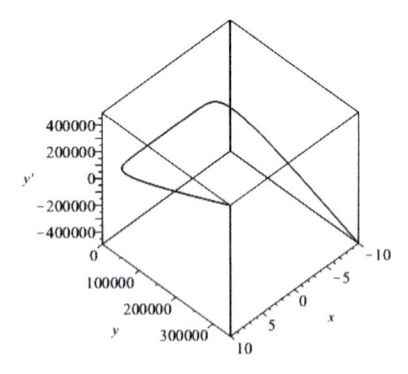

$odeplot(sol, [x, y(x), y'(x)])$

上例定義了一個三維的座標系,並分別以 x-y(x)-y'(x) 作爲 x、y 與 z 軸,故 odeplot 將會輸出三維的圖形。

Chapter 9　微分方程式

　　若想要將這些圖形分別以不同的繪圖選項呈現，則繪圖選項需加在座標系的中括號中，而在中括號外的繪圖選項，將會應用在整個圖形中：

odeplot(*sol*, [[*x*, *y*(*x*), *color* = "Blue"], [*x*, *y*'(*x*), *color* = "Red"]], *linestyle* = *dash*)

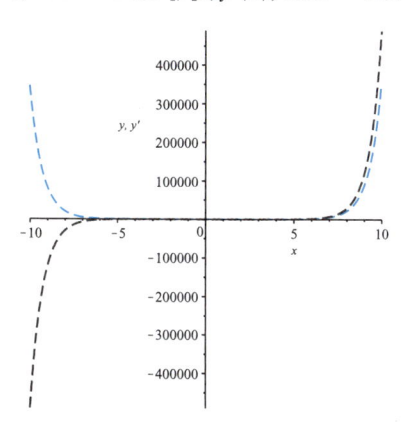

　　上例中，由於 color 選項在定義座標系的中括號內，故只會對該座標系的顏色產生影響。而 linestyle 選項在中括號外，故將會對全部的圖形產生影響。

　　由於 *odeplot* 指令是專門設計來繪製微分方程的圖形，在複雜圖形的計算上，速度會比 *plot* 快很多，譬如，以下利用同一個微分方程，比較 *plot* 與 *odeplot* 的繪圖速度：

$de := \left\{\cos(t)\left(\dfrac{d}{dt}x(t)\right) + \left(\dfrac{1}{2} - \sin(t)\right)\left(\dfrac{d}{dt}y(t)\right) = \dfrac{1}{2} - y(t), \sin(t)\left(\dfrac{d}{dt}x(t)\right)\right.$
$\left. + \cos(t)\left(\dfrac{d}{dt}y(t)\right) = x(t), x(0) = 0, y(0) = 0\right\}:$

sol := *dsolve*(*de*, *numeric*, *output* = *listprocedure*)
　　　　　　　[*t* = **proc**(*t*) ... **end proc**, *x*(*t*) = **proc**(*t*) ... **end proc**,
　　　　　　　y(*t*) = **proc**(*t*) ... **end proc**]

tt := *time*( ) : *plots*[*odeplot*](*sol*, [*x*(*t*), *y*(*t*)], 0 ..60 π, *numpoints* = 10^5); *t_op* := *time*( ) − *tt*

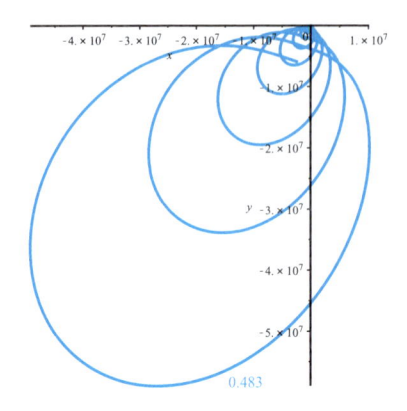

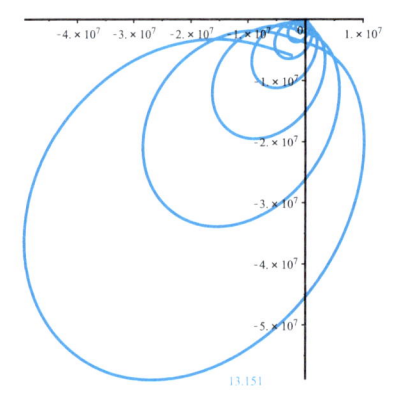

$tt := time(\,) : plot\bigl([op([2,2], sol), op([3,2], sol), 0..60\,\pi], numpoints = 10^5\bigr); t\_pl := time(\,) - tt$

$$\frac{t\_pl}{t\_op} = 17.48609432$$

以 *odeplot* 繪製微分方程式圖形，僅需 0.483 秒，而 *plot* 則需 13.151 秒，兩者計算速度相差約 17.5 倍。當然實際計算速度會因為使用者的電腦設備而有所差異。

由於 *odeplot* 繪製的圖形也擁有與 *plot* 等圖形相同的結構，可適用 *display* 指令，若要將微分方程的圖形與其他函數進行比較，則可分別以不同指令繪製，再以 *display* 將這些結果繪製在同一個圖形中：

$de1 := \dfrac{d^2}{dx^2} y(x) = 2\, y(x) + 1 :$

$ics := y(0) = 0,\ D(y)(0) = 0 :$

$sol := dsolve(\{de1, ics\}, numeric) :$

$p := odeplot(sol, [[x, y(x)]], view = [0..3, 0..3]) :$

$display\big(p, plot(x^2, color = green)\big)$

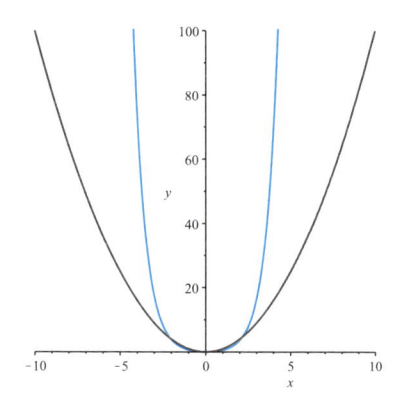

9.8　DEtools 函式庫

在本章的「9.3　微分方程的級數解」中介紹弗羅貝尼烏斯法時，我們曾使用過 **DEtools** 中的指令 *indicialeq* 來計算指標方程式。**DEtools** 中存放了許多與微分方程式的分析與求解相關的指令，譬如，我們可利用 **DEtools** 中的指令 *intfactor*，求解一微分方程式的積分因子：

指令	說明
intfactor(ODE, y(x))	計算 *y(x)* 的微分方程 ODE 之積分因子
mutest(mu, ODE)	測試 mu 是否為微分方程 ODE 之積分因子

$eqs := -\big(2\, y(x) + x^2\, e^{2x}\big) + \dfrac{d}{dx} y(x) = 0$

$\qquad -2\, y(x) - x^2\, e^{2x} + \dfrac{d}{dx} y(x) = 0$

$with(DEtools) :$

$int\_f := intfactor(eqs, y(x))$

由於一微分方程式乘上其積分因子後，將會滿足**正合微分方程式** (Exact Differential Equations)。我們可將上例中的微分方程乘上 *intfactor* 計算出的積分因子後，驗證是否滿足正合微分方程的特性：

$eqs\_2 := int\_f \cdot eqs$

$$e^{-2x}\left(-2y(x) - x^2 e^{2x} + \frac{d}{dx}y(x)\right) = 0$$

$$\frac{\partial}{\partial y}\left(-2y e^{-2x} - x^2\right) = -2e^{-2x}$$

$$\frac{\partial}{\partial x} e^{-2x} = -2e^{-2x}$$

DEtools 函式庫設計了指令計算一微分方程的積分因子，當然也設計了指令驗證一函數是否為一微分方程之積分因子，譬如：

$mutest(int\_f, eqs) = 0$

mutest 的使用方法與 *odetest* 相似，若積分因子滿足微分方程式，則 *mutest* 將會傳為 0。

另一個 ***DEtools*** 中十分重要的指令是 *convertsys*，*convertsys* 指令可進行微分方程組的降階，微分方程組的降階在熱傳、量子力學等耦合系統的計算上應用非常廣泛，以下為一個二階微分方程的降階範例，我們定義了一個簡單的微分方程組 *des* 與初始條件 *ics*，並透過 *convertsys* 將此微分方程組轉換成一階系統，並以串列顯示轉換後的結果：

指令	說明
convertsys(deqns, inits, vars, ivar, yvec, ypvec)	將微分方程組 deqns 轉換成一階系統，其中，inits 為初始條件，vars 為微分方程組的應變數，ivar 為微分方程組的自變數，yvec 為轉換後的函數，ypvec 則為轉換後函數的一階微分式

$with(DEtools)$:

$des := \dfrac{d^2}{dt^2} y(t) = y(t) - x(t), \dfrac{d}{dt} x(t) = x(t)$

$$\dfrac{d^2}{dt^2} y(t) = y(t) - x(t), \dfrac{d}{dt} x(t) = x(t)$$

$ics := y(0) = 1, D(y)(0) = 2, x(0) = 3$

$$y(0) = 1, D(y)(0) = 2, x(0) = 3$$

$cs := convertsys(\{des\}, \{ics\}, \{x(t), y(t)\}, t, Y, D\_Y)$

$$\left[[D\_Y_1 = Y_1, D\_Y_2 = Y_3, D\_Y_3 = Y_2 - Y_1], \left[Y_1 = x(t), Y_2 = y(t), Y_3 = \dfrac{d}{dt} y(t) \right], 0, [3, 1, 2] \right]$$

上例中，串列 cs 的第一項為降階後的一階系統，由於我們指定 Y 與 D_Y 為函數與函數的一次微分，串列中的第一項將以 Y 以及 D_Y 定義降階後的一階微分方程組。串列的第二、三與四項則說明了此系統中的特性，其中，第二項指出了轉換後的函數 Y 與原始系統中函數的關係，第三項與第四項則是新系統的起始點與起始點上的起始值。

根據 *convertsys* 轉換後的結果，我們可以定義一個新的一階微分方程組與初始條件，譬如：

$des\_c := \dfrac{d}{dt} Y_1(t) = Y_1(t), \dfrac{d}{dt} Y_2(t) = Y_3(t), \dfrac{d}{dt} Y_3(t) = Y_2(t) - Y_1(t)$:

$ics\_c := Y_1(0) = 3, Y_2(0) = 1, Y_3(0) = 2$:

$sol\_c := dsolve(\{des\_c, ics\_c\})$

$$\left\{ Y_1(t) = 3e^t, Y_2(t) = -\dfrac{5}{4} e^{-t} + \dfrac{9}{4} e^t - \dfrac{3}{2} t e^t, Y_3(t) = \dfrac{3}{4} e^t - \dfrac{3}{2} t e^t + \dfrac{5}{4} e^{-t} \right\}$$

若將上例中的函數 Y1 與 Y2，轉換成原始系統的 *x(t)*、*y(t)*，則此結果將會與直接透過 *dsolve* 求解原始系統的結果一致：

$subs(Y_1 = x, Y_2 = y, sol\_c[1..2])$

$$\left\{ x(t) = 3 e^t, y(t) = -\dfrac{5}{4} e^{-t} + \dfrac{9}{4} e^t - \dfrac{3}{2} t e^t \right\}$$

$dsolve(\{des, ics\})$

$$\left\{x(t) = 3\,e^t, y(t) = -\frac{5}{4}e^{-t} + \frac{9}{4}e^t - \frac{3}{2}t\,e^t\right\}$$

雖然 **DEtools** 提供了許多分析微分方程的指令，不過最為人津津樂道的還是 **DEtools** 中的繪圖指令。與 *odeplot* 不同，**DEtools** 中的繪圖指令可進行一些特殊的圖形繪製。

方向場 (Direction Field) 為一種用以表達微分方程組之解的圖形。在一般的情形下，一個由 $x(t)$、$y(t)$ 組成的二元微分方程組中，x-y 平面上的每一點 (x,y)，將可對應平面上的一個方向向量 $\left(\frac{d}{dt}x(t), \frac{d}{dt}y(t)\right)$，集合這些向量，即可繪製出此微分方程組之方向場，或稱斜率場 (Slope Field)。

DEplot 可直接繪製微分方程或微分方程組的圖形，不需將其求解，我們以一個例子來闡述這個概念：

指令	說明
DEplot(deqns, vars, trange, options)	繪製微分方程組 *deqns* 的圖形，其中 *vars* 為微分方程組的變數、*trange* 為圖形繪製的範圍，*options* 為繪圖選項

$DEplot\left(\left\{\frac{d}{dt}x(t) = x(t)\,(1-y(t)), \frac{d}{dt}y(t) = 0.3\,y(t)\,(x(t)-1)\right\}, \{x(t), y(t)\}, t = 0..12, x = 0..3, y = 0..2\right)$

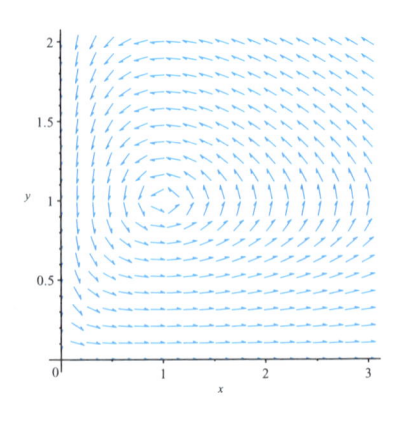

Chapter 9　微分方程式

　　上圖為一微分方程組的解所組成的方向場，此處我們以 $x(t)$、$y(t)$ 作為座標的橫軸與縱軸，繪製 t 在 0 至 12 之間變化時，$x(t)$、$y(t)$ 在 0 至 3 與 0 至 2 之間的圖形。

$DEplot\left(\left\{\dfrac{\mathrm{d}}{\mathrm{d}t}x(t)=x(t)\,(1-y(t)),\,\dfrac{\mathrm{d}}{\mathrm{d}t}y(t)=0.3\,y(t)\,(x(t)-1)\right\},\{x(t),y(t)\},t=0..12,\right.$
$\left.[[x(0)=1,y(0)=2]]\right)$

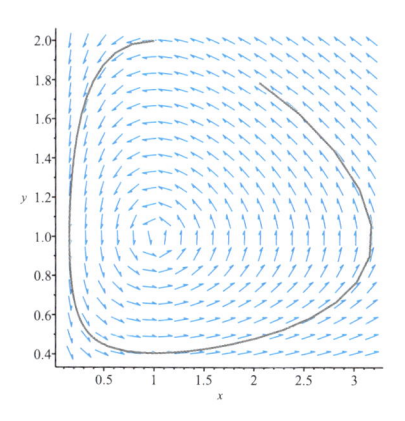

　　若指定邊界條件，可畫出此邊界條件下，代表微分方程組特解之曲線，此時由於方向場不是我們要探討的目的，故 $x(t)$ 與 $y(t)$ 的範圍可省略：

$DEplot\left(\left\{\dfrac{\mathrm{d}}{\mathrm{d}t}x(t)=x(t)\,(1-y(t)),\,\dfrac{\mathrm{d}}{\mathrm{d}t}y(t)=0.3\,y(t)\,(x(t)-1)\right\},\{x(t),y(t)\},t=0..12,\right.$
$\left.[[x(0)=1,y(0)=2]]\right)$

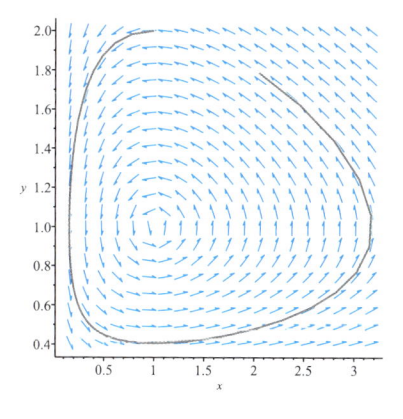

　　下圖透過 odeplot 繪製相同的微分方程組，讀者可比較 DEplot 與 odeplot 兩指令的差別：

$des := \left\{ \dfrac{d}{dt} x(t) = x(t) \ (1 - y(t)), \ \dfrac{d}{dt} y(t) = 0.3 \ y(t) \ (x(t) - 1), x(0) = 1, y(0) = 2 \right\}:$

$sol := dsolve(des, numeric):$

$plots\text{:-}odeplot(sol, [x(t), y(t)], 0..12)$

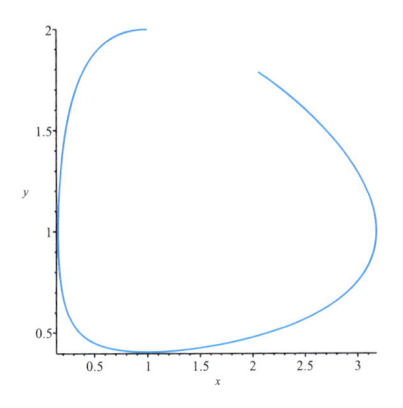

與 odeplot 相似的是，DEplot 也有用於產生動畫的繪圖選項。當我們將繪圖選項 animatefield 指定為 true 時，即可將圖形以動畫呈現，譬如：

$DEplot\left(\left\{ \dfrac{d}{dt} x(t) = x(t) \ (1 - y(t)), \ \dfrac{d}{dt} y(t) = 0.3 \ y(t) \ (x(t) - 1) \right\}, [x(t), y(t)], t = 0..12, x = 0..3, y = 0..2, animatefield = true \right)$

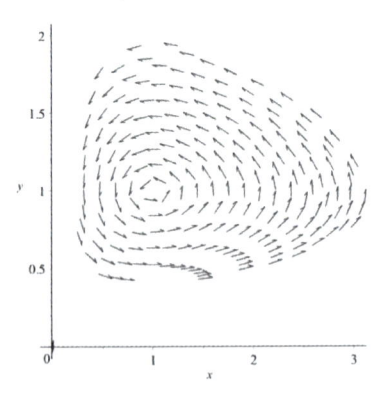

上例以動畫的方式，呈現當微分方程組中的自變數，沿著初始值增加時，代表方程組解的圖形變化。

為了可以更清楚的呈現向量分布的**趨勢**，DEplot 還提供了許多選項，譬如，

Chapter 9　微分方程式

dirfield 可調整向量場的箭頭數目、size 可調整向量箭頭的長度、arrows 可以修改箭頭的圖案：

$$DEplot\left(\left\{\frac{d}{dt}x(t) = x(t)(1-y(t)), \frac{d}{dt}y(t) = 0.3\,y(t)(x(t)-1)\right\}, [x(t), y(t)], t = 0..12, x = 0..3, y = 0..2, size = magnitude, arrows = smalltwo, dirfield = 100\right)$$

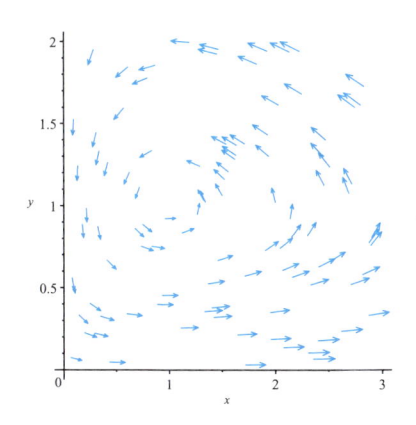

numsteps 值預設的箭頭長度為 1，若我們將其設為 magnitude，則將可透過每一點上微分方程組之量值作為參考，等比修改箭頭的長度。

如同 plot 與 plot3d，DEplot 也存在一個 DEplot3d 來繪製微分方程組的三維圖形。繼承了 plot 與 plot3d 的特性，DEplot3d 的使用方法也與 DEplot 類似，譬如：

指令	說明
DEplot3d(deqns, vars, trange, inits, options)	繪製微分方程組 deqns 的三維圖形，其中 vars 為微分方程組的變數、trange 為圖形繪製的範圍，inits 為初始條件，options 為繪圖選項

$$DEplot3d\left(\left\{\frac{d}{dt}x(t)=x(t)\,(1-y(t)),\,\frac{d}{dt}y(t)=0.3\,y(t)\,(x(t)-1)\right\},\,[x(t),y(t)],\,t=0..12,\right.$$
$$\left.[[x(0)=1,y(0)=2]]\right)$$

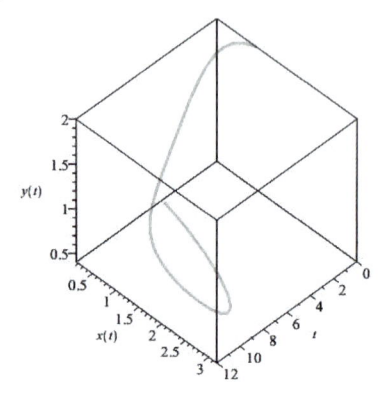

此處我們以 **DEtools** 重新繪製前處的範例，不同的是，*DEplot3d* 將會以三維空間顯示圖形。特別注意到，*DEplot* 預設是繪製微分方程的向量場，故可以不指定初始條件，而 *DEplot3d* 預設則是繪製微分方程的特解，故需指定了初始條件才可以繪製圖形。

若想在三維空間中繪製向量場，則以使用 *DEplot3d* 的繪圖選項 arrows。arrows 選項可改變 *DEplot3d* 中向量場箭頭的圖案，不過在指定了箭頭圖案後，向量場也會隨之出現：

$$DEplot3d\left(\left\{\frac{d}{dt}x(t)=x(t)\,(1-y(t)),\,\frac{d}{dt}y(t)=0.3\,y(t)\,(x(t)-1)\right\},\,\{x(t),y(t)\},\,t=0..12,\right.$$
$$\left.[[x(0)=1,y(0)=2]],\,arrows=hex\right)$$

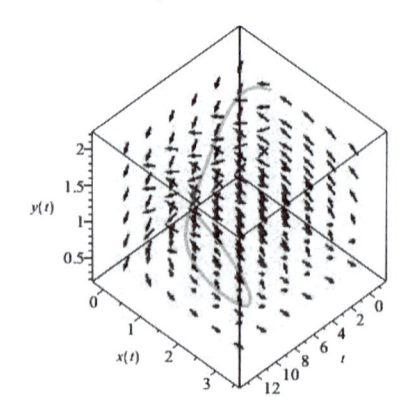

Chapter 9　微分方程式

我們可透過 *DEplot3d* 的繪圖選項，修改座標軸將上圖旋轉到 $x(t)$ 與 $y(t)$ 平面，將結果與 *DEplot* 繪製的結果進行比較：

$DEplot3d\left(\left\{\dfrac{d}{dt}x(t)=x(t)\,(1-y(t)),\,\dfrac{d}{dt}y(t)=0.3\,y(t)\,(x(t)-1)\right\},\,\{x(t),y(t)\},\,t=0\,..\,12,\right.$

$\left.[\,[x(0)=1,y(0)=2\,]\,],\,arrows=hex,\,orientation=[\,0,90\,],\,axes=normal\right)$

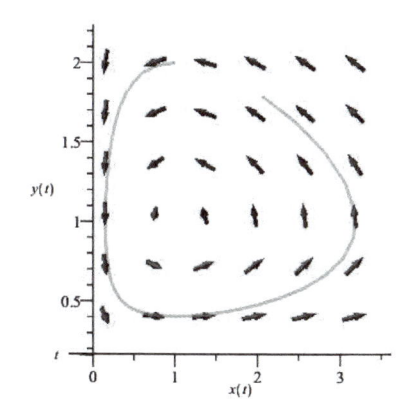

與 *DEplot* 不同的是，由於空間中包含三個維度，*DEplot3d* 可進一步繪製包含三個獨立變數的微分方程組：

$r:=0.7\,\sqrt{x(t)^2+y(t)^2+z(t)^2}\,:$

$des:=\left[\dfrac{d}{dt}x(t)=\sin(r)\,x(t)+y(t),\,\dfrac{d}{dt}y(t)=\sin(r)\,y(t)-z(t),\,\dfrac{d}{dt}z(t)=\sin(r)\,z(t)+x(t)\right]:$

$DEplot3d(des,\,[x(t),y(t),z(t)],\,t=0\,..\,10,\,[\,[x(0)=50,\,y(0)=20,\,z(0)=25\,],\,[x(0)=20,\,y(0)$
$=10,\,z(0)=15\,],\,[x(0)=15,\,y(0)=5,\,z(0)=5\,]\,],\,orientation=[\,60,55\,])$

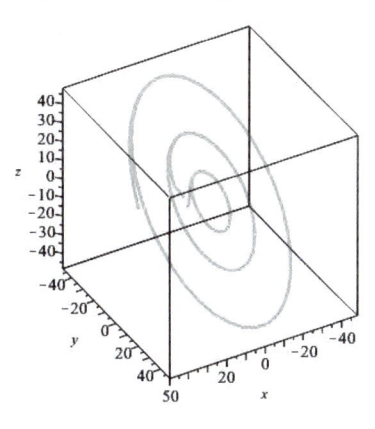

DEplot3d 也可以繪製動畫，或是改變箭頭的數目等，讀者可進入 Maple 協助系統查詢 *DEplot*。善用這些指令，可以提升圖形的運算速度、精度或更清楚的顯示微分方程組解的趨勢。

9.9　偏微分方程

當一個數學問題由多個因素所決定時，時常就會形成一偏微分方程式 (Partial Differential Equation)。偏微分方程式比常微分方程式複雜許多，求解偏微分方程式的條件與限制都比常微分方程式嚴格不少。礙於篇幅，此處僅對偏微分方程中常見指令與用法做介紹，有關偏微分方程式詳細的定義與敘述，請參考相關書籍。因為偏微分方程係以常微分方程為基礎，若讀者已了解 Maple 如何處理微分方程問題，此處應當可以了解偏微分方程的架構與概念。

建立偏微分方程式

建立偏微分與建立一般的微分式的方法完全相同，在指令上均是使用 *diff*。當使用者以 *diff* 建立一微分方程時，若進行微分的函數包含多個自變數，Maple 會自動將結果以偏微分符號顯示：

$$diff(f(x), x) = 0 = \frac{d}{dx} f(x) = 0$$

$$diff(f(x, y), x) = 0 = \frac{\partial}{\partial x} f(x, y) = 0$$

因為在數學表示上，兩者擁有不同的數學符號，故在元件庫上有所區分，然而當進行微分的函數僅包含一個自變數時，計算的結果會是相同的：

$$\frac{d}{dx} y(x) = \sin(x) : dsolve(\%) = y(x) = -\cos(x) + \_C1$$

$$\frac{\partial}{\partial x} y(x) = \sin(x) : dsolve(\%) = y(x) = -\cos(x) + \_C1$$

還記得在我們曾經在本章的「9.1　微分方程的建立」中介紹過，如何利用微分運算子 D 建立常微分方程嗎？由於微分運算子可以靈活的定義微分的順序，在計算多變數函數的偏微分上十分便利，配合 *convert* 指令，我們可以將微分運算子定義的微分函數轉換成偏微分函數：

Chapter 9 微分方程式

$$D[1, 2, 2](z)(x, y) = D_{1, 2, 2}(z)(x, y)$$

$$convert(\%, diff) = \frac{\partial^3}{\partial y^2 \partial x} z(x, y)$$

$$D_{1\$n, 2\$m}(z)(x, y) = D_{1\$n, 2\$m}(z)(x, y)$$

$$convert(\%, diff) = \frac{\partial^m}{\partial y^m}\left(\frac{\partial^n}{\partial x^n} z(x, y)\right)$$

🔍 Key

由於多變數函數偏微分存在性的問題，有時偏微分的順序不同，函數的結果也會不同，但此處泛指可交換偏微分順序的一般函式。

無論是使用元件庫的偏微分元件、diff 指令還是微分運算子 D，都可以對一函數進行偏微分，將偏微分式組合，即可得到偏微分方程式：

$$\frac{\partial}{\partial x} z(x, y) + diff(z(x, y), y) = \sin(x) = \frac{\partial}{\partial x} z(x, y) + \frac{\partial}{\partial y} z(x, y) = \sin(x)$$

$$pde := (D[1, 1] + D[1, 2] + D[2, 2])(z)(x, y) = 0 :$$

$$convert(pde, diff) = \frac{\partial^2}{\partial x^2} z(x, y) + \frac{\partial^2}{\partial y \partial x} z(x, y) + \frac{\partial^2}{\partial y^2} z(x, y) = 0$$

9.9.1　*pdsolve* 指令：求解偏微分方程式

在專門求解常微分方程式的 *dsolve* 指令前，加上代表偏微分英文「Partial」之 p，即為 Maple 中專門用於求解偏微分方程的指令 *pdsolve*。我們可用其求解偏分方程的常解與特解，就如同 *dsolve* 一樣，譬如：

指令	說明
pdsolve(PDE, options)	求解偏微分方程 PDE
pdetest(sol, PDE)	驗證 sol 是否為偏微分方程 PDE 之解

$$PDE := \frac{\partial}{\partial t} u(x,t) + 4 \frac{\partial}{\partial x} u(x,t) = \sin(x) :$$

$$sol1 := pdsolve(PDE) = u(x,t) = -\frac{1}{4}\cos(x) + \_F1\left(-\frac{1}{4}x + t\right)$$

當我們建立了偏微分方程後，直接以 pdsolve 求解即可獲得偏微分方程的常解。若加上邊界條件，則會計算偏微分方程的特解：

$$PDE := \frac{\partial}{\partial t} u(x,t) + 4 \frac{\partial}{\partial x} u(x,t) = \sin(x) :$$

$$ibc := u(x,0) = e^{-x} :$$

$$sol2 := pdsolve([PDE, ibc]) = u(x,t) = -\frac{1}{4}\cos(x) + e^{-x+4t} + \frac{1}{4}\cos(-x+4t)$$

若要驗證偏微分方程的計算結果，可透過指令 pdetest，其用法也與 odetest 雷同：

$$pdetest(sol1, PDE) = 0$$
$$pdetest(sol2, PDE) = 0$$

由於偏微分方程式的解包含兩個以上的自變數，所以無法透過 plot 繪圖，此處以 rhs 將偏微分方程之解提取出來，並以 plot3d 繪圖：

$$plot3d(rhs(sol2), x = 0..1, t = 0..1)$$

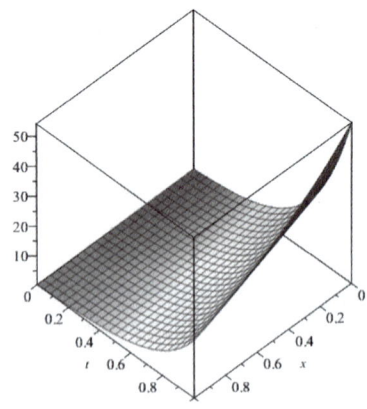

到目前為止，讀者應該不難發現，有關偏微分方程式的計算都與常微分方程式

Chapter 9　微分方程式

十分相似。然而，常微分方程與偏微分方程在數學上有很大的差異，僅透過處理常微分方程的方法，很難完善的應付更為複雜多變的偏微分方程。

以 pdsolve 求解偏微分方程，與 dsolve 求解常微分方程的最大差異，是其解的形式。

pdsolve 僅會輸出顯解，並不會輸出隱解。為了避免方程式的解過於複雜，有時，pdsolve 會透過「附帶說明」的方式，以「 &where 」描述方程式的解中各個單元的內容，在 Maple 中，稱之為 PDESolStruc 形式。舉例說明：

$$PDE := x \left(\frac{\partial}{\partial y} f(x,y) \right) - y \left(\frac{\partial}{\partial x} f(x,y) \right) = 0 :$$

$$pdsolve(PDE) = f(x,y) = \_F1(x^2 + y^2)$$

上例以 pdsolve 求解一個一階的 Lagrange 偏微分方程式，由於方程式之解的形式並不複雜，故直接以顯解表示，如同透過 dsolve 求解常微分方程一般。然而，若改為求解 Laplace 偏微分方程式，pdsolve 將會以 PDESolStruc 形式傳回方程式之解：

$$PDE := \frac{\partial^2}{\partial x^2} u(x,y,z) + \frac{\partial^2}{\partial y^2} u(x,y,z) + \frac{\partial^2}{\partial z^2} u(x,y,z) = 0 :$$

$$sol\_PS := pdsolve(PDE)$$

$$(u(x,y,z) = \_F1(x)\_F2(y)\_F3(z)) \ \&where \left[\left\{ \frac{d^2}{dx^2} \_F1(x) \right. \right.$$

$$= \_F1(x)\_c_1, \frac{d^2}{dy^2} \_F2(y) = \_c_2 \_F2(y), \frac{d^2}{dz^2} \_F3(z)$$

$$\left. \left. = -\_c_1 \_F3(z) - \_c_2 \_F3(z) \right\} \right]$$

讀者可以看到，上例中 PDESolStruc 形式之解包含兩個部分，第一個部分 pdsolve 創造了 _F1(x)、_F2(y) 及 _F3(z) 三個函數，用以描述偏微分方程之解，第二部分則說明了 _F1(x)、_F2(y) 及 _F3(z) 三函數與自變數 x、y 及 z 的關係。

當然，我們可將利用 PDESolStruc 形式表示之解以顯解的方式表示。 explicit 功能可將 pdsolve 的解以顯解的方式呈現，不過結果將會非常複雜：

$sol\_e := pdsolve(PDE, explicit)$

$$u(x, y, z) = e^{\sqrt{-c_1}\, x} e^{\sqrt{-c_2}\, y} \_C1 \_C3 \_C5 \sin\left(\sqrt{\_c_1 + \_c_2}\, z\right)$$

$$+ e^{\sqrt{-c_1}\, x} e^{\sqrt{-c_2}\, y} \_C1 \_C3 \_C6 \cos\left(\sqrt{\_c_1 + \_c_2}\, z\right)$$

$$+ \frac{e^{\sqrt{-c_2}\, y} \_C2 \_C3 \_C5 \sin\left(\sqrt{\_c_1 + \_c_2}\, z\right)}{e^{\sqrt{-c_1}\, x}}$$

$$+ \frac{e^{\sqrt{-c_2}\, y} \_C2 \_C3 \_C6 \cos\left(\sqrt{\_c_1 + \_c_2}\, z\right)}{e^{\sqrt{-c_1}\, x}}$$

$$+ \frac{e^{\sqrt{-c_1}\, x} \_C1 \_C4 \_C5 \sin\left(\sqrt{\_c_1 + \_c_2}\, z\right)}{e^{\sqrt{-c_2}\, y}}$$

$$+ \frac{e^{\sqrt{-c_1}\, x} \_C1 \_C4 \_C6 \cos\left(\sqrt{\_c_1 + \_c_2}\, z\right)}{e^{\sqrt{-c_2}\, y}}$$

$$+ \frac{\_C2 \_C4 \_C5 \sin\left(\sqrt{\_c_1 + \_c_2}\, z\right)}{e^{\sqrt{-c_1}\, x} e^{\sqrt{-c_2}\, y}}$$

$$+ \frac{\_C2 \_C4 \_C6 \cos\left(\sqrt{\_c_1 + \_c_2}\, z\right)}{e^{\sqrt{-c_1}\, x} e^{\sqrt{-c_2}\, y}}$$

由於偏微分方程之解比常微分方程複雜不少，很難判斷解的正確性，不過透過 pdetest，我們可以驗證此處的顯解與 PDESolStruc 形式之解，皆滿足偏微分方程式：

$pdetest(sol\_PS, PDE) = 0$

$pdetest(sol\_e, PDE)\ = 0$

Hint 是 pdsolve 中一個特別的選項，專門用來指定 PDESolStruc 解的形式，pdsolve 會以 Hint 中定義的函數與關係作為未定函數，描述微分方程之解，譬如：

Chapter 9 微分方程式

$PDE := \frac{\partial^2}{\partial x^2} u(x, y, z) + \frac{\partial^2}{\partial y^2} u(x, y, z) + \frac{\partial^2}{\partial z^2} u(x, y, z) = 0 :$

$str1 := pdsolve(PDE, HINT = f(x)\,g(y)h(z))$

$$\left(u(x,y,z) = f(x)\,g(y)\,h(z)\right) \,\&\text{where}\, \left[\left\{\frac{d^2}{dx^2}f(x) = \_c_1 f(x),\, \frac{d^2}{dy^2}g(y) = \_c_2 g(y),\, \frac{d^2}{dz^2}h(z) = -\_c_1 h(z) - \_c_2 h(z)\right\}\right]$$

上例中，我們將 Hint 指定為 f(x)、g(y)、h(z)，您可以發現，此時未定函數從 _F1(x)、_F2(y) 與 _F3(z)，變成 f(x)、g(y) 與 h(z)。

若我們將解的形式進一步改成 $e^{(f(x)+g(y)+h(z))}$，pdsolve 將會以此形式重新計算偏微分方程的答案，&where 後的解也會相應改變：

$str2 := pdsolve\left(PDE, HINT = e^{f(x)+g(y)+h(z)}\right)$

$$\left(u(x,y,z) = e^{f(x)+g(y)+h(z)}\right) \,\&\text{where}\, \left[\left\{\frac{d^2}{dx^2}f(x) = \_c_1 - \left(\frac{d}{dx}f(x)\right)^2,\, \frac{d^2}{dy^2}g(y) = \_c_2 - \left(\frac{d}{dy}g(y)\right)^2,\, \frac{d^2}{dz^2}h(z) = -\_c_1 - \_c_2 - \left(\frac{d}{dz}h(z)\right)^2\right\}\right]$$

下例是將 Hint 定義為 $\sqrt{f(x)\,g(y)h(z)}$ 時，pdsolve 計算的結果：

$str3 := pdsolve\left(PDE, HINT = \sqrt{f(x)\,g(y)h(z)}\right)$

$$\left(u(x,y,z) = \sqrt{f(x)\,g(y)\,h(z)}\right) \,\&\text{where}\, \left[\left[\frac{d^2}{dx^2}f(x) = -\frac{1}{2}\_c_1 f(x) + \frac{1}{2}\frac{\left(\frac{d}{dx}f(x)\right)^2}{f(x)},\, \frac{d^2}{dy^2}g(y) = -\frac{1}{2}\_c_2 g(y)\right.\right.$$

$$+ \frac{1}{2} \frac{\left(\frac{d}{dy} g(y)\right)^2}{g(y)}, \frac{d^2}{dz^2} h(z)$$

$$= \frac{1}{2} \_c_1 h(z) + \frac{1}{2} \_c_2 h(z) + \frac{1}{2} \frac{\left(\frac{d}{dz} h(z)\right)^2}{h(z)} \Bigg]\Bigg]$$

值得一提的是，不同結構的解化成的顯解，有時可能也會不相同：

str3_e := *pdsolve*(*PDE*, *HINT* = $\sqrt{f(x) g(y) h(z)}$, *build*)

$u(x, y, z)$

$= \left(\_C1 \sin\left(\sqrt{\_c_1} x\right) \sin\left(\sqrt{\_c_2} y\right) \_C3 \_C5 \sin\left(\sqrt{-\_c_1 - \_c_2} z\right)\right.$

$+ \_C1 \sin\left(\sqrt{\_c_1} x\right) \sin\left(\sqrt{\_c_2} y\right) \_C3 \cos\left(\sqrt{-\_c_1 - \_c_2} z\right) \_C6$

$+ \_C1 \sin\left(\sqrt{\_c_1} x\right) \cos\left(\sqrt{\_c_2} y\right) \_C4 \_C5 \sin\left(\sqrt{-\_c_1 - \_c_2} z\right)$

$+ \_C1 \sin\left(\sqrt{\_c_1} x\right) \cos\left(\sqrt{\_c_2} y\right) \_C4 \cos\left(\sqrt{-\_c_1 - \_c_2} z\right) \_C6$

$+ \cos\left(\sqrt{\_c_1} x\right) \_C2 \sin\left(\sqrt{\_c_2} y\right) \_C3 \_C5 \sin\left(\sqrt{-\_c_1 - \_c_2} z\right)$

$+ \cos\left(\sqrt{\_c_1} x\right) \_C2 \sin\left(\sqrt{\_c_2} y\right) \_C3 \cos\left(\sqrt{-\_c_1 - \_c_2} z\right) \_C6$

$+ \cos\left(\sqrt{\_c_1} x\right) \_C2 \cos\left(\sqrt{\_c_2} y\right) \_C4 \_C5 \sin\left(\sqrt{-\_c_1 - \_c_2} z\right)$

$+ \cos\left(\sqrt{\_c_1} x\right) \_C2 \cos\left(\sqrt{\_c_2} y\right) \_C4 \cos\left(\sqrt{-\_c_1 - \_c_2} z\right) \_C6$

$+ \sqrt{\_C1^2 + \_C2^2} \sqrt{\_C3^2 + \_C4^2} \sqrt{\_C5^2 + \_C6^2}$

$+ \sqrt{\_C1^2 + \_C2^2} \sin\left(\sqrt{\_c_2} y\right) \_C3 \_C5 \sin\left(\sqrt{-\_c_1 - \_c_2} z\right)$

$+ \sqrt{\_C1^2 + \_C2^2} \sin\left(\sqrt{\_c_2} y\right) \_C3 \cos\left(\sqrt{-\_c_1 - \_c_2} z\right) \_C6$

$+ \sqrt{\_C1^2 + \_C2^2} \cos\left(\sqrt{\_c_2} y\right) \_C4 \_C5 \sin\left(\sqrt{-\_c_1 - \_c_2} z\right)$

$+ \sqrt{\_C1^2 + \_C2^2} \cos\left(\sqrt{\_c_2} y\right) \_C4 \cos\left(\sqrt{-\_c_1 - \_c_2} z\right) \_C6$

$+ \_C1 \sin\left(\sqrt{\_c_1} x\right) \sqrt{\_C3^2 + \_C4^2} \_C5 \sin\left(\sqrt{-\_c_1 - \_c_2} z\right)$

$+ \_C1 \sin\left(\sqrt{\_c_1} x\right) \sqrt{\_C3^2 + \_C4^2} \cos\left(\sqrt{-\_c_1 - \_c_2} z\right) \_C6$

$+ \_C1 \sin\left(\sqrt{\_c_1} x\right) \sin\left(\sqrt{\_c_2} y\right) \_C3 \sqrt{\_C5^2 + \_C6^2}$

$+ \_C1 \sin\left(\sqrt{\_c_1} x\right) \cos\left(\sqrt{\_c_2} y\right) \_C4 \sqrt{\_C5^2 + \_C6^2}$

$+ \cos\left(\sqrt{\_c_1} x\right) \_C2 \sqrt{\_C3^2 + \_C4^2} \_C5 \sin\left(\sqrt{-\_c_1 - \_c_2} z\right)$

$+ \cos\left(\sqrt{\_c_1} x\right) \_C2 \sqrt{\_C3^2 + \_C4^2} \cos\left(\sqrt{-\_c_1 - \_c_2} z\right) \_C6$

$$\begin{aligned}
&+ \cos\left(\sqrt{\_c_1}\, x\right) \_C2 \sin\left(\sqrt{\_c_2}\, y\right) \_C3 \sqrt{\_C5^2 + \_C6^2} \\
&+ \cos\left(\sqrt{\_c_1}\, x\right) \_C2 \cos\left(\sqrt{\_c_2}\, y\right) \_C4 \sqrt{\_C5^2 + \_C6^2} \\
&+ \sqrt{\_C1^2 + \_C2^2}\, \sqrt{\_C3^2 + \_C4^2}\, \_C5 \sin\left(\sqrt{-\_c_1 - \_c_2}\, z\right) \\
&+ \sqrt{\_C1^2 + \_C2^2}\, \sqrt{\_C3^2 + \_C4^2}\, \cos\left(\sqrt{-\_c_1 - \_c_2}\, z\right) \_C6 \\
&+ \sqrt{\_C1^2 + \_C2^2}\, \sin\left(\sqrt{\_c_2}\, y\right) \_C3 \sqrt{\_C5^2 + \_C6^2} \\
&+ \sqrt{\_C1^2 + \_C2^2}\, \cos\left(\sqrt{\_c_2}\, y\right) \_C4 \sqrt{\_C5^2 + \_C6^2} \\
&+ \_C1 \sin\left(\sqrt{\_c_1}\, x\right) \sqrt{\_C3^2 + \_C4^2}\, \sqrt{\_C5^2 + \_C6^2} \\
&+ \cos\left(\sqrt{\_c_1}\, x\right) \_C2 \sqrt{\_C3^2 + \_C4^2}\, \sqrt{\_C5^2 + \_C6^2}\Big)^{1/2}
\end{aligned}$$

不過有趣的是,透過 *pdetest* 指令,我們可以發現這些解皆滿足偏微分方程式:

pdetest(*str1*, *PDE*) = 0
pdetest(*str2*, *PDE*) = 0
pdetest(*str3*, *PDE*) = 0
pdetest(*str3_e*, *PDE*) = 0

9.9.2　求解常見偏微分方程式

並非所有的線性偏微分方程式均可以求解,或者說,有許多線性偏微分方程式目前仍無法求其解析解,若 *pdsolve* 無法計算,將不會輸出任何答案。特別注意的是,儘管語法正確,若邊界條件不合理時,*pdsolve* 也可能會計算不出任何答案。

若一函數 $u = u(x_1, x_2, \ldots x_n)$,則一偏微分方程 F 可寫為

$$F\left(x_1, x_2, \ldots, x_n, \frac{\partial}{\partial x_1 x_2 \ldots x_n} u, \frac{\partial}{\partial x_1^2 x_2 \ldots x_n} u, \ldots, \frac{\partial}{\partial x_1^p x_2^q \ldots x_n^r} u\right)$$

表 9-3 以常見的偏微分方程為例,示範如何利用 *pdsolve* 求解各類的偏微分方程。讀者可特別注意範例中的邊界條件。

表 9-3　以 *pdsolve* 求解常見之偏微分方程式

微分方程類型	通式	範例
線性偏微分方程式	若偏微分方程 F 中之未知函數與其偏導數均滿足 (1) 次數為一次 (2) 無彼此乘積 (3) 無非線性函數	常係數二階線性偏微分方程式： $pde := \frac{\partial^2}{\partial x^2} z(x,y) - 4\frac{\partial}{\partial x}\frac{\partial}{\partial y} z(x,y)$ $+ 4\frac{\partial^2}{\partial y^2} z(x,y) : pdsolve(pde)$ $z(x,y) = \_F1(2x+y) + \_F2(2x+y)x$ 二階線性偏微分方程式： $pde := x^2 \frac{\partial^2}{\partial x^2} u(x,y) + x\frac{\partial}{\partial x} u(x,y) = y :$ $pdsolve(pde)$ $u(x,y) = \frac{1}{2}\ln(x)^2 y + \_F1(y)\ln(x) + \_F2(y)$
擬線性偏微分方程式	若偏微分方程 F 中之未知函數與其偏導數均滿足 (1) 次數為一次 (2) 無彼此乘積	一階擬線性偏微分方程式： $pde := \frac{\partial^2}{\partial t^2} u(x,t) - a^2 \frac{\partial^2}{\partial x^2} u(x,t) = f(x,t) :$ $pdsolve(pde)$ $u(x,t) = \_F1(at+x) + \_F2(at-x)$ $+ \int^x \frac{\int^b \left(-f\left(\_a, \frac{-at+\_a-2\_b+x}{a}\right)\right) d\_a}{a} d\_b$ 加入邊界條件求解偏微分方程式： $bc := u(0,t) = 0, D[1](u)(0,t) = 0 :$ $pdsolve([pde, bc])$ $u(x,t) = -\frac{1}{2} \frac{\int_0^x \int_{\frac{at+\tau l-x}{a}}^{\frac{at-\tau l+x}{a}} f(\tau l, \zeta l) \, d\zeta l \, d\tau l}{a}$ 熱傳導方程式 (Heat Equation)： $pde := \frac{\partial}{\partial t} u(x,t) = a^2 \frac{\partial^2}{\partial x^2} u(x,t)$ $\frac{\partial}{\partial t} u(x,t) = a^2 \left(\frac{\partial^2}{\partial x^2} u(x,t)\right)$ 加入邊界條件求解偏微分方程式： $bc := u(0,t) = 0, u(\lambda, t) = 0 :$ $pdsolve([pde, bc])$ $u(x,t) = \_C2 \operatorname{csgn}\left(\frac{1}{\lambda}\right) \sin\left(\frac{\pi x | \_Z1 |}{\lambda}\right) \_C4 \, e^{-\frac{a^2 \pi^2 \_Z1^2 t}{\lambda^2}}$

Chapter 9　微分方程式

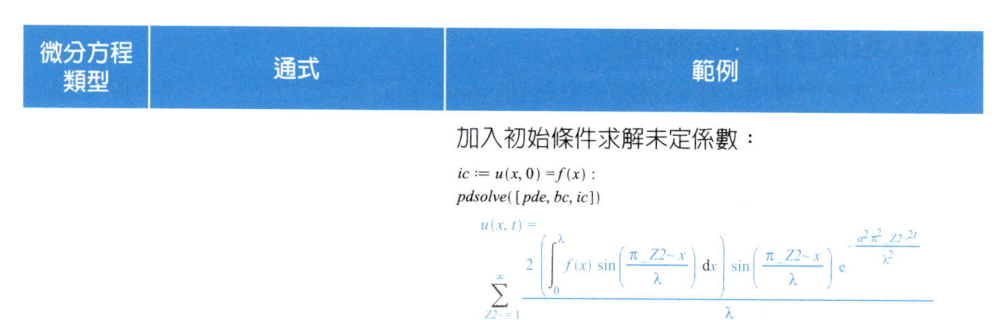

微分方程 類型	通式	範例
		加入初始條件求解未定係數： $ic := u(x, 0) = f(x):$ $pdsolve([pde, bc, ic])$ $$u(x, t) = \sum_{Z2=1}^{\infty} \frac{2\left(\int_0^\lambda f(x) \sin\left(\frac{\pi\_Z2\sim x}{\lambda}\right) dx\right) \sin\left(\frac{\pi\_Z2\sim x}{\lambda}\right) e^{-\frac{a^2 \pi^2 \_Z2\sim^2 t}{\lambda^2}}}{\lambda}$$
高階擬線性偏微分方程式		**波動方程式 (Wave Equation)** $pde := \frac{\partial^2}{\partial t^2} u(x, t) = a^2 \frac{\partial^2}{\partial x^2} u(x, t):$ $pdsolve(pde)$ $\quad u(x, t) = \_F1(a\,t + x) + \_F2(a\,t - x)$ 加入邊界條件求解偏微分方程式： $bc := u(x, 0) = \lambda(x), D[2](u)(x, 0) = \theta(x):$ $pdsolve([pde, bc])$ $\quad u(x, t) =$ $\quad \frac{1}{2}\frac{\lambda(-at+x)\,a + \lambda(at+x)\,a - \left(\int_0^{at+x} \theta(xl)\,dxl\right) + \int_0^{at+x} \theta(xl)\,dxl}{a}$ **擴散方程式 (Diffusion Equation)** $pde := \frac{\partial}{\partial t} u(x, t) = a^2 \frac{\partial^2}{\partial x^2} u(x, t)$ $\quad \frac{\partial}{\partial t} u(x, t) = a^2 \left(\frac{\partial^2}{\partial x^2} u(x, t)\right)$ 加入邊界條件求解偏微分方程式： $bc := u(0, t) = 0, u(\lambda, t) = 0:$ $pdsolve([pde, bc])$ $\quad u(x, t) = \_C2 \operatorname{csgn}\left(\frac{1}{\lambda}\right) \sin\left(\frac{\pi x|\_Z1\sim|}{\lambda}\right) \_C4\, e^{-\frac{a^2 \pi^2 \_Z1\sim^2 t}{\lambda^2}}$ 加入初始條件求解未定係數： $ic := u(x, 0) = f(x):$ $pdsolve([pde, bc, ic])$ $\quad u(x, t) =$ $\sum_{Z2=1}^{\infty} \frac{2\left(\int_0^\lambda f(x) \sin\left(\frac{\pi\_Z2\sim x}{\lambda}\right) dx\right) \sin\left(\frac{\pi\_Z2\sim x}{\lambda}\right) e^{-\frac{a^2 \pi^2 \_Z2\sim^2 t}{\lambda^2}}}{\lambda}$ **KdV 方程式 (Korteweg-de Vries equation)：** $pde := \frac{\partial}{\partial t} u(x, t) + \lambda u(x, t) \frac{\partial}{\partial x} u(x, t) + \frac{\partial^3}{\partial x^3} u(x, t) = 0:$ $pdsolve(pde)$ $\quad u(x, t) = -\frac{12\_C2^2 \tanh(\_C2\,x + \_C3\,t + \_C1)^2}{\lambda} + \frac{8\_C2^3 - \_C3}{\_C2\,\lambda}$

9.9.3 偏微分方程的數值解

現今數學的發展,僅能求解少數幾種特定類型的偏微分方程,若讀者隨意寫出一個非線性的偏微分方程,很可能此偏微分方程即不存在解析解。

數值方法目前已經大量運用在非線性偏微分方程的求解上,讀者每天從電視上看到的天氣預報,即是透過數值方法求解非線性偏微分的應用。氣象動力學中的偏微分方程極端複雜且規模龐大,包含流體連續方程式、氣體狀態控制方程式、水氣守恆方程式、熱力學第一定律與牛頓第二定律等,透過理論數學方法是根本無法求解的。

在 Maple 中,求解偏微分方程的數值解也是使用 *pdsolve* 指令,當我們指定求解選項 numeric 後,*pdsolve* 即會改以數值方法計算偏微分方程之解。不過與 *dsolve* 求解數值解有些不同,*pdsolve* 的數值解選項將會輸出一個模組 (Module) 而非程序 (Procedure),此模組內含數種程序,使用者可透過模組中的指令,輸出不同的結果,譬如:

$PDE := \frac{\partial^2}{\partial t^2} u(x, t) = \frac{\partial^2}{\partial x^2} u(x, t) :$

$IBC := \left\{ u(-10, t) = e^{-10^2}, u(10, t) = e^{-10^2}, u(x, 0) = e^{-x^2}, D[2](u)(x, 0) = 0 \right\} :$

$pds := pdsolve(PDE, IBC, numeric);$

    module( ) **export** *plot, plot3d, animate, value, settings;* ... **end module**

上例中,*pdsolve* 傳回了一個模組結果,模組中包含 *plot*、*plot3d*、*animate*、*value*、*setting* 等程序,我們可以呼叫此模組中的這些程序,來取得偏微分方程式中數值解的圖形或數值等。譬如,下例以 *value* 程序,計算在 $t=0$ 時不同 x 的值:

$sol := pds\text{:-}value(t=0) = \textbf{proc}(x\_pde)$ ... **end proc**

$sol(0) = [x=0., t=0., u(x,t) = 1.]$

$sol(1) = [x=1., t=0., u(x,t) = 0.367879441171442]$

$sol(2) = [x=2., t=0., u(x,t) = 0.0183156388887342]$

$sol(3) = [x=3., t=0., u(x,t) = 0.000123409804086680]$

根據初始條件,我們可知道在 $t=0$ 之點,偏微分方程之解將滿足 e^{-x^2},下圖是透過 *plot* 比較 $t=0$ 時偏微分之數值解與 e^{-x^2} 的函數圖形的結果:

```
p1 := plot( [seq( [i, rhs(sol(i)[3]) ], i = 0..3, 0.1 ) ], color = "Red", style = point) :
p2 := plot( exp( -x^2 ), x = 0..3, color = "Blue") :
plots:-display( p1, p2)
```

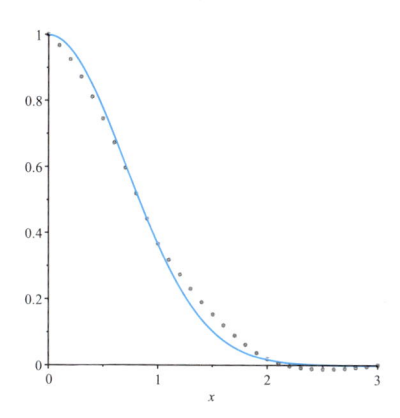

讀者可發現，兩者圖形有些微的差異，這是數值解的誤差所造成的。由於 *pdsolve* 會以數值方法將偏微分方程式進行離散，所以離散的間隔將會影響數值解的精準度。我們可以使用 spacestep 選項指定一個較低的離散間隔，重新計算一次上面的範例：

```
PDE := ∂²/∂t² u(x, t) = ∂²/∂x² u(x, t) :
IBC := { u( -10, t) = e^(-10²), u( 10, t) = e^(-10²), u(x, 0) = e^(-x²), D[2](u)(x, 0) = 0 } :
pds := pdsolve(PDE, IBC, numeric, 'spacestep' = 0.01) :
sol := pds:-value(t = 0) :
p1 := plot( [seq( [i, rhs(sol(i)[3]) ], i = 0..3, 0.1 ) ], color = "Red", style = point) :
p2 := plot( exp( -x^2 ), x = 0..3, color = "Blue") :
plots:-display( p1, p2)
```

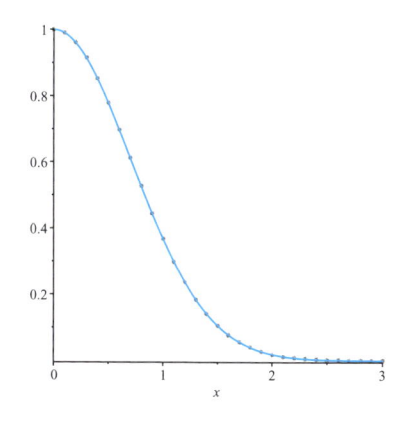

雖然此處透過指令 *plot* 與 *seq* 繪製偏微分方程式的圖形，然而讀者應該也發現了，*pdsolve* 的 numeric 選項輸出模塊中，包含一個叫做 *plot* 的程序。此程序可以直接繪製偏微分方程式解的二微圖形，與指令 *plot* 的功能相似，此處以模塊中的 *plot* 程序重新繪製上述的範例：

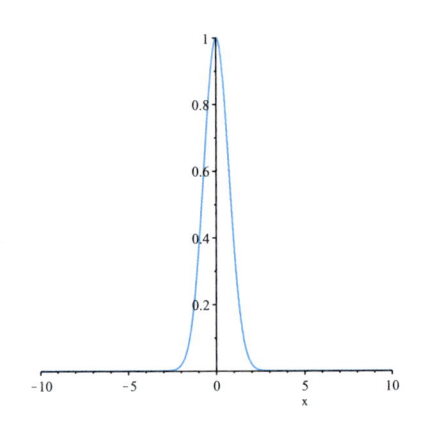

$$pds\text{:-}plot(t=0)$$

由於我們關心的是 0 至 3 之間的數值結果是否與滿足 e^{-x^2}，故我們修改繪圖的範圍，並加上繪圖選項改變圖形的樣貌，與前例計算的 p2 進行比較：

$$p3 := pds\text{:-}plot(t=0, x=0..3, color="Gold", style=point):$$
$$plots\text{:-}display(p3, p2)$$

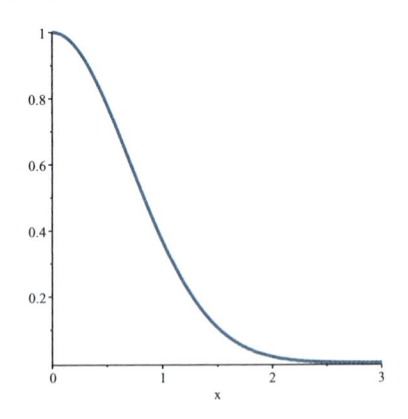

pdsolve 的模塊還包含 *plot3d* 與 *animate*，可分別繪製三維圖形與動畫。為了驗證 *pdsolve* 輸出模塊中的程序是否正確，此處我們另外以外部指令繪製相同的三維圖

Chapter 9　微分方程式

形與動畫供讀者參考，透過與外部的指令進行比較，讀者也可以更了解這些程序的運作原理，並熟悉資料擷取的過程。以下是 *plot3d* 的範例：

$$PDE := \frac{\partial^2}{\partial t^2} u(x,t) = \frac{\partial^2}{\partial x^2} u(x,t) :$$

$$IBC := \left\{ u(-10,t) = e^{-10^2}, u(10,t) = e^{-10^2}, u(x,0) = e^{-x^2}, D[2](u)(x,0) = 0 \right\} :$$

pds := *pdsolve*(*PDE*, *IBC*, *numeric*) :
pds:-*plot3d*(*t* = 0..5)

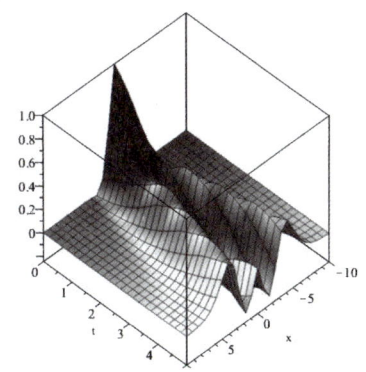

上例中，模塊中的 *plot3d* 程序以 x、t 與 u(x,t) 作為座標軸，繪製了三維圖形。我們可以透過 *value* 輸出偏微分方程式在不同 x 與 t 下之解，並依序定義成一個二維的陣列，以 *surfdata* 繪製三維曲面圖形 (有關 *surfdata* 指令的介紹，可參考「第五章　三維圖形繪製與進階繪圖應用」)：

sol := *pds*:-*value*(*output* = *listprocedure*) =
[*x* = **proc**( ) ... **end proc**, *t* = **proc**( ) ... **end proc**, *u*(*x*,*t*) = **proc**( ) ... **end proc**]
A := *Array*([*seq*([*seq*([*i*, *j*, *rhs*(*sol*[3](*i*,*j*))]), *j* = 0..5, 0.1)], *i* = -10..10, 0.1)]) :
plots[*surfdata*](*A*);

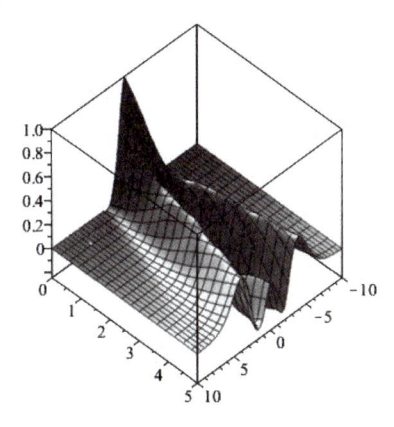

以模塊中 *animate* 程序繪製動畫的方法與 *plot* 與 *plot3d* 繪圖指令類似，只不過後者是指定一個時間點繪圖，前者是指定一個時間範圍繪製動畫：

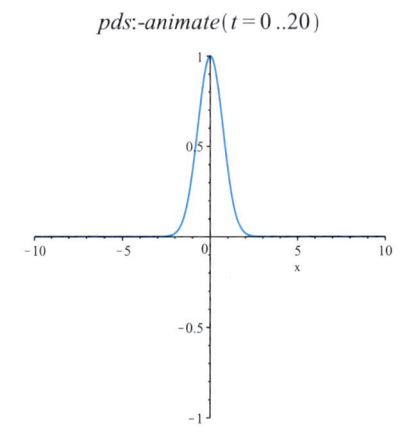

$$pds\text{:-}animate(t=0..20)$$

仿照前例的方法，此處以偏微分方程之解建立一個符合 *plot* 格式的串列，並以 **plots** 函式庫中的 *animate* 指令繪圖：

$sol := pds\text{:-}value(output = listprocedure):$
$sol[3](0, 0) = u(x, t)(0, 0) = 1.$
$sol[3](1, 0) = u(x, t)(1, 0) = 0.367879441171442$
$sol[3](2, 0) = u(x, t)(2, 0) = 0.0183156388887342$
$sol[3](3, 0) = u(x, t)(3, 0) = 0.000123409804086680$

$plots\text{:-}animate(plot, [([seq([i, rhs(sol[3](i, j))], i=-10..10, 0.1)])], j=0..20)$

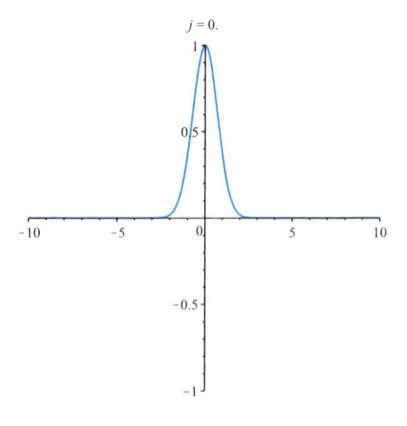

Chapter 9 微分方程式

> **🔍 Key**
>
> Maple 中可透過指令 *module* 設計一模塊，不過模塊設計屬於程式設計中較進階的用法，本書中並不詳細論述，然而根據本節中的範例，讀者應可了解如何使用 *pdsolve* 輸出的模塊來取得偏微分方程的解或繪製其圖形。有關 *pdsolve* 中各指令可接受的輸入值，詳細可參考「pdsolve, numeric」中的定義。

9.10 積分方程式

微分方程指的是方程式內含有未知函數的微分式，與此相對，積分方程式係指方程式內包含未知函數的積分式。

<u>弗里德霍姆積分方程</u> (Fredholm Integral Equation) 是積分方程中最常見的形式，其通式如下所示：

$$f(x) = \int_a^b K(x, t)\, \phi(t)\, dt + \phi(x)$$

其中 f 與 K 已知，ϕ 為欲求解的未知函數。

欲求解積分方程，可使用 *intsolve* 指令，以下我們定義一個簡單的弗里德霍姆積分方程式，並嘗試以 *intsolve* 求解：

指令	說明
intsolve(Inteqn, funcn)	求解積分方程式 Inteqn 中的未知函數 funcn

$$ie := \cos(x) = \int_0^{2\pi} \sin(x + y) \cdot p(y)\, dy :$$

$$sol := intsolve(ie, p(x)) = p(x) = \_C1 + \frac{\sin(x)}{\pi}$$

要驗證上述的結果是否正確，我們可將 *p(x)* 的結果代入原始積分方程式中，比較等號是否成立：

$$p\_y := subs(x=y, rhs(sol)) = \_C1 + \frac{\sin(y)}{\pi}$$

$$eq := subs(p(y)=p\_y, ie) = \cos(x) = \int_0^{2\pi} \sin(x+y)\left(\_C1 + \frac{\sin(y)}{\pi}\right) dy$$

擷取算式並繪製圖形的方法，相信讀者應該非常熟悉了，以下令未定係數為一常數 1，將積分方程式中的積分式與 cos(x) 函數做比較：

$$p1 := plot(subs(\_C1=1, [seq([x, evalf(rhs(eq))], x=0..10, 0.1)])):$$
$$p2 := plot(\cos, 0..10, color=\text{"Blue"}, style=point):$$
$$plots:\text{-}display(\{p1, p2\})$$

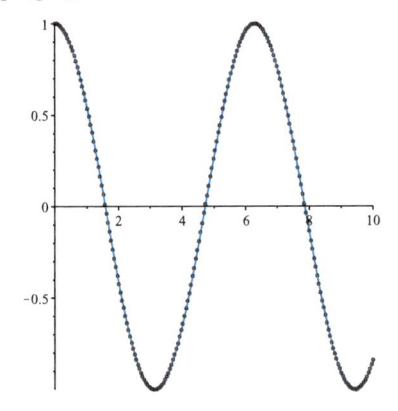

沃爾泰拉積分方程 (Volterra Integral Equation) 是另一種常見的積分方程類型，其與弗里德霍姆積分方程十分相似，不同之處僅在於它的積分上限是一變數，其通式如下：

$$f(x) = \int_a^x K(x,t)\,\phi(t)\,dt + \phi(x)$$

其中 f 與 K 已知，ϕ 為欲求解的未知函數。
以下透過 *intsolve* 求解一沃爾泰拉積分方程式：

$$ie2 := f(x) = x + 1 + \int_0^x (1 + 2(x-y))f(y)\,dy$$

$$f(x) = x + 1 + \int_0^x (1 + 2x - 2y)f(y)\,dy$$

Chapter 9　微分方程式

intsolve(*ie2*, *f*(*x*))

$$f(x) = e^{2x}$$

🔍 Key

積分方程式的計算構築在泛函分析上，屬於高等工程數學的範疇，有興趣的讀者可參閱泛函分析或變分法相關的書籍，本書中僅對 Maple 中求解積分方程的指令 *intsolve* 做簡述。

Chapter 10

線性代數的應用

　　《繫辭》云：「河出圖，洛出書，聖人則之。」，西元前 173 年，漢文帝時代即以矩陣的概念創造了太乙九宮占盤。西元 1693 年，萊布尼茨利用行列式求解線性方程組的解。矩陣與行列式的歷史，實可追溯到西元兩千年前。

　　線性代數是一門研究矩陣、向量空間與線性方程組的重要學科，在兩千年後的今天，隨著符號運算與計算機技術的發展，矩陣與行列式已然超越了純數學的範疇，廣泛應用在自然科學、工程研究與計算社會學等領域當中，如量子力學、有線元素模擬和統計學等。本章將帶您認識，Maple 在線性代數上的應用。

本章學習目標

- 建立向量與矩陣
- 矩陣的基本運算
- 矩陣元素的操作
- 線性變換與方程組求解
- 向量空間的計算

線性代數是一門透過向量與矩陣，計算線性方程組的學科，在「第七章　字串、串列與陣列」，我們介紹了向量、矩陣與陣列的關係，本章將進一步帶您了解如何運用 Maple 的指令，求解線性代數問題。

10.1　建立向量與矩陣

向量與矩陣是線性代數中最基本的元素，而建立向量與矩陣，無疑是處理線性代數問題中最重要的工作。以下為 Maple 透過各種符號，定義向量或矩陣的一個範例：

$$\langle 1, 2, 3 \rangle = \begin{bmatrix} 1 \\ 2 \\ 3 \end{bmatrix} \qquad \langle 1|2|3 \rangle = \begin{bmatrix} 1 & 2 & 3 \end{bmatrix}$$

$$\langle 1, 2; 3, 4 \rangle = \begin{bmatrix} 1 & 2 \\ 3 & 4 \end{bmatrix} \qquad \langle 5, 6|7, 8 \rangle = \begin{bmatrix} 5 & 7 \\ 6 & 8 \end{bmatrix}$$

雖然這種方式，已足以建立各式各樣的向量與矩陣。但當向量與矩陣的維度較高，或單元的形式較複雜時，這種逐一輸入各個單元的方式，不免顯得略為捉襟見肘。

為了能更靈活的建立複雜向量與矩陣，Maple 提供了便捷的指令 *Vector* 與 *Matrix*，透過這兩個指令，使用者可節省建立向量與矩陣的時間：

$$Vector(3, 3) = \begin{bmatrix} 3 \\ 3 \\ 3 \end{bmatrix} \qquad Matrix(2, 2, [seq(i, i = 1..4)]) = \begin{bmatrix} 1 & 2 \\ 3 & 4 \end{bmatrix}$$

表 10-1 將分別介紹如何透過 *Vector* 與 *Matrix* 建立向量與矩陣。

Chapter 10　線性代數的應用

表 10-1　以 *Vector* 指令建立向量

指令	說明
Vector(N)	建立一個 N 維的零向量
Vector(N, K)	建立一個 N 維向量，並指定其單元之值為 K
Vector(N, L)	建立一個向量，並依序將數列 L 的值，指定為向量的單元
Vector$_{row}$(N, K)	建立一個 N 維列向量，並指定其值為 K
Vector(N, f)	建立一個 N 維向量，並依照表達式 f，指定向量的單元
Vector(N, x)	建立一個各單元由變數 x 組成的 N 維向量

建立一個三維的 0 向量：

$$Vector(3) = \begin{bmatrix} 0 \\ 0 \\ 0 \end{bmatrix}$$

建立一個三維向量並指定其值為 2：

$$Vector(3, 2) = \begin{bmatrix} 2 \\ 2 \\ 2 \end{bmatrix}$$

建立向量，並依照所提供的數列，依序指定向量中單元的值。若向量的維度較大，數列中的單元不足以分配時，將會以 0 補足剩下的單元：

$$a1 := [[1, 1, 1], [2, 2]] = [[1, 1, 1], [2, 2]] \quad a2 := [\langle 1, 2, 3 \rangle, \langle 4, 5 \rangle] = \left[\begin{bmatrix} 1 \\ 2 \\ 3 \end{bmatrix}, \begin{bmatrix} 4 \\ 5 \end{bmatrix}\right]$$

$$Vector(6, a1) = \begin{bmatrix} 1 \\ 1 \\ 1 \\ 2 \\ 2 \\ 0 \end{bmatrix} \qquad Vector(6, a2) = \begin{bmatrix} 1 \\ 2 \\ 3 \\ 4 \\ 5 \\ 0 \end{bmatrix}$$

在上例中，使用者也可以不指定向量的維度，建立一個維度與數列中的元素數目相同的向量：

$$Vector([x, y, z]) = \begin{bmatrix} x \\ y \\ z \end{bmatrix}$$

除了數列外，也可將一個維度較小的向量作為另一個維度較大的向量的子集：

$$v1 := \langle 1, 2, 3 \rangle = \begin{bmatrix} 1 \\ 2 \\ 3 \end{bmatrix} \qquad Vector(7, v1) = \begin{bmatrix} 1 \\ 2 \\ 3 \\ 0 \\ 0 \\ 0 \\ 0 \end{bmatrix}$$

透過 <ctrl> + <shift> + <_> 或中括號，在 Vector 指令標註下標 row 則可以建立列向量。列向量跟行向量擁有相同的法則：

$$Vector_{row}([1, 2, 3]) = \begin{bmatrix} 1 & 2 & 3 \end{bmatrix}$$

$$Vector[row]([1, 2, 3]) = \begin{bmatrix} 1 & 2 & 3 \end{bmatrix}$$

若向量單元的值與行、列值有關，可透過表達式來建立向量：

$f := n \rightarrow x^n$ ：

$$Vector(3, f) = \begin{bmatrix} x \\ x^2 \\ x^3 \end{bmatrix}$$

Chapter 10　線性代數的應用

在上例中，我們以表達式 f 建立三維的行向量，*Vector* 指令會將每個單元的索引 (Index) 代入 f 計算 $f(n)$ 的結果，作為每個向量單元的值。

若想建立一個單元值可任意調整的向量，也可定義一個由變數組成的向量，向量可隨著變數而改變，如下所示：

$$v1 := Vector(3, x) = \begin{bmatrix} x(1) \\ x(2) \\ x(3) \end{bmatrix}$$

此處我們以變數 x 組成向量。當變數 $x(1)$、$x(2)$、$x(3)$ 改變時，則向量將會隨之改變：

$x(1) := x + 1:$
$x(2) := y - 1:$
$x(3) := 2 \cdot z:$

$$v1 = \begin{bmatrix} x+1 \\ y-1 \\ 2z \end{bmatrix}$$

表 10-2　以 *Matrix* 指令建立矩陣

指令	說明
$Matrix(N)$	建立一個 N×N 的零方陣
$Matrix(M, N)$	建立一個 M×N 的零矩陣
$Matrix(M, N, K)$	建立一個 M×N 矩陣，並指定其單元之值為 K
$Matrix(M, N, L)$	建立一個 M×N 矩陣，並依序將數列 L 的值，指定為矩陣的單元
$Matrix(M, N, f)$	建立一個 M×N 矩陣，並依照表達式 f，指定矩陣的單元
$Matrix(M, N, x)$	建立一個各單元由變數 x 組成的 M×N 矩陣

在了解如何建立向量後，我們可以依樣畫葫蘆的透過指令 *Matrix* 建立矩陣：

$$Matrix(3, 4, 2) = \begin{bmatrix} 2 & 2 & 2 & 2 \\ 2 & 2 & 2 & 2 \\ 2 & 2 & 2 & 2 \end{bmatrix}$$

由於矩陣較向量多了一個維度，使用者須比向量多定義一個引數，來決定矩陣的行數與列數。若不特別指定，則預設將為一 0 方陣：

$$Matrix(3) = \begin{bmatrix} 0 & 0 & 0 \\ 0 & 0 & 0 \\ 0 & 0 & 0 \end{bmatrix}$$

也可透過數列來指定每個單元的值：

$$Matrix(3, 4, [1, 2, 3, 4, 5, 6]) = \begin{bmatrix} 1 & 2 & 3 & 4 \\ 5 & 6 & 0 & 0 \\ 0 & 0 & 0 & 0 \end{bmatrix}$$

$$Matrix(3, 4, [[1, 2, 3, 4], [5, 6, 7]]) = \begin{bmatrix} 1 & 2 & 3 & 4 \\ 5 & 6 & 7 & 0 \\ 0 & 0 & 0 & 0 \end{bmatrix}$$

然而若是使用子矩陣來定義矩陣的單元，行向量與列向量將會指定不同的單元值：

$$v1 := \langle 1, 2, 3 \rangle = \begin{bmatrix} 1 \\ 2 \\ 3 \end{bmatrix}$$

$$v2 := \langle 4|5|6 \rangle = \begin{bmatrix} 4 & 5 & 6 \end{bmatrix}$$

$$Matrix(3, 4, v1) = \begin{bmatrix} 1 & 0 & 0 & 0 \\ 2 & 0 & 0 & 0 \\ 3 & 0 & 0 & 0 \end{bmatrix}$$

$$Matrix(3, 4, v2) = \begin{bmatrix} 4 & 5 & 6 & 0 \\ 0 & 0 & 0 & 0 \\ 0 & 0 & 0 & 0 \end{bmatrix}$$

Chapter 10　線性代數的應用

$$m1 := \langle 1, 2, 3; 4, 5, 6 \rangle = \begin{bmatrix} 1 & 2 & 3 \\ 4 & 5 & 6 \end{bmatrix}$$

$$Matrix(3, 4, m1) = \begin{bmatrix} 1 & 2 & 3 & 0 \\ 4 & 5 & 6 & 0 \\ 0 & 0 & 0 & 0 \end{bmatrix}$$

同樣的，*Matrix* 可允許使用者以表達式或變數建立矩陣：

$$g := (a, b) \rightarrow x^a \cdot y^b :$$

$$M := Matrix(3, 4, g) = \begin{bmatrix} xy & xy^2 & xy^3 & xy^4 \\ x^2y & x^2y^2 & x^2y^3 & x^2y^4 \\ x^3y & x^3y^2 & x^3y^3 & x^3y^4 \end{bmatrix}$$

$$m1 := Matrix(3, 3, m) = \begin{bmatrix} m(1, 1) & m(1, 2) & m(1, 3) \\ m(2, 1) & m(2, 2) & m(2, 3) \\ m(3, 1) & m(3, 2) & m(3, 3) \end{bmatrix}$$

$$m(1, 1) := 1 :$$

$$m1 = \begin{bmatrix} 1 & m(1, 2) & m(1, 3) \\ m(2, 1) & m(2, 2) & m(2, 3) \\ m(3, 1) & m(3, 2) & m(3, 3) \end{bmatrix}$$

除了上述介紹的方法外，無論是 *Vector* 還是 *Matrix*，Maple 甚至提供了選項，供使用者更靈活的定義各式各樣的向量與矩陣：

$$v1 := \langle 1, 2, 3 \rangle = \begin{bmatrix} 1 \\ 2 \\ 3 \end{bmatrix}$$

$$Vector(5, v1) = \begin{bmatrix} 1 \\ 2 \\ 3 \\ 0 \\ 0 \end{bmatrix}$$

在上例中，由於我們指定一個 3 維的向量作為一個 5 維向量的子集，其餘單元在未指定的情形下將會補上 0，選項 *fill* 可定義未指定的單元為 x，若我們定義 *fill=x*，則 *Vector* 將會以 x 代替 0 建立向量：

$$Vector(5, v1, fill = x) = \begin{bmatrix} 1 \\ 2 \\ 3 \\ x \\ x \end{bmatrix}$$

常見的特殊矩陣，也可透過選項來進行定義，以下是透過矩陣選項 shape，定義上三角矩陣與厄米特矩陣的範例：

$$Matrix(3, 3, 1, shape = triangular) = \begin{bmatrix} 1 & 1 & 1 \\ 0 & 1 & 1 \\ 0 & 0 & 1 \end{bmatrix}$$

$$Matrix(3, 3, 1 + 2\,I, shape = hermitian) = \begin{bmatrix} 0 & 1+2I & 1+2I \\ 1-2I & 0 & 1+2I \\ 1-2I & 1-2I & 0 \end{bmatrix}$$

對於建立一般的向量與矩陣而言，上述的方法已然足夠，若想要更進一步定義隨機矩陣、單位矩陣或對角矩陣等特殊的矩陣，則需透過 Maple 的線性代數函式庫 *LinearAlgebra*：

with(*LinearAlgebra*)：

$$RandomMatrix(3, 4) = \begin{bmatrix} 33 & 57 & -76 & -32 \\ -98 & 27 & -72 & -74 \\ -77 & -93 & -2 & -4 \end{bmatrix}$$

$$IdentityMatrix(4) = \begin{bmatrix} 1 & 0 & 0 & 0 \\ 0 & 1 & 0 & 0 \\ 0 & 0 & 1 & 0 \\ 0 & 0 & 0 & 1 \end{bmatrix}$$

Chapter 10 線性代數的應用

$$L := [\,1, 2, \langle\langle 3, 4\rangle | \langle 5, 6\rangle\rangle\,] = \left[1, 2, \begin{bmatrix} 3 & 5 \\ 4 & 6 \end{bmatrix}\right]$$

$$DiagonalMatrix(L) = \begin{bmatrix} 1 & 0 & 0 & 0 \\ 0 & 2 & 0 & 0 \\ 0 & 0 & 3 & 5 \\ 0 & 0 & 4 & 6 \end{bmatrix}$$

有關 **LinearAlgebra** 函式庫的說明,將在後續的章節中敘述。

10.2 向量與矩陣的基本運算

在 Maple 中,矩陣與向量的加減與純量大致相同,唯一的要求是兩者必須有相同的維度,使用者也可以使用 **LinearAlgebra** 函式庫中的 *Add* 指令計算矩陣的合:

表 10-3 向量與矩陣之基本運算說明

指令	說明
$A + B$	將矩陣 A 與矩陣 B 相加
$A - B$	將矩陣 A 與矩陣 B 相減
$k*A$	將矩陣 A 乘上純量 k
$Add(A,B,k1,k2)$	將乘上純量 k1 的矩陣 A 與乘上純量 k2 的矩陣 B 相加

$v1 := \langle a, b, c \rangle : v2 := \langle x, y, z \rangle :$

$$v1 + 2 \cdot v2 = \begin{bmatrix} a + 2x \\ b + 2y \\ c + 2z \end{bmatrix}$$

$m1 := \langle a, b; c, d \rangle :$
$m2 := \langle w, x; y, z \rangle :$

$$m1 - \frac{m2}{2} = \begin{bmatrix} a - \frac{1}{2}w & b - \frac{1}{2}x \\ c - \frac{1}{2}y & d - \frac{1}{2}z \end{bmatrix}$$

$with(LinearAlgebra):$

$$Add(m1, m2, 2, -3) = \begin{bmatrix} 2a - 3w & 2b - 3x \\ 2c - 3y & 2d - 3z \end{bmatrix}$$

必須注意的是，相同維度的向量與矩陣並不能合併計算 (詳見第七章的「7.2 異質陣列與高維陣列」)：

$$v := Vector(3, [a, b, c]) = \begin{bmatrix} a \\ b \\ c \end{bmatrix}$$

$$m := Matrix(3, 1, [x, y, z]) = \begin{bmatrix} x \\ y \\ z \end{bmatrix}$$

$v + m$

`Error, (in rtable/Sum) invalid arguments`

若要進行兩矩陣的相乘，可透過小數點 (.) 符號，或以 **LinearAlgebra** 函式庫中的 *Multiply* 指令進行：

指令	說明
$Multiply(A, B)$ 或 $A.B$	將矩陣 A 乘上矩陣 B

$$m1 := \langle a, b; c, d \rangle = \begin{bmatrix} a & b \\ c & d \end{bmatrix}$$

$$m2 := \langle w, x | y, z \rangle = \begin{bmatrix} w & y \\ x & z \end{bmatrix}$$

$$m1.m2 = \begin{bmatrix} aw + bx & ay + bz \\ cw + dx & cy + dz \end{bmatrix}$$

Chapter 10 線性代數的應用

$$m1^2 = \begin{bmatrix} a^2+bc & ab+bd \\ ac+cd & bc+d^2 \end{bmatrix}$$

欲進行向量的內積與外積，則可透過 **LinearAlgebra** 函式庫中的 *DotProduct* 與 *CrossProduct* 指令：

指令	說明
DotProduct(A,B) 或 *A.B*	計算 A 向量與 B 向量的內積
CrossProduct(A,B) 或 *A&xB*	將 A 向量與 B 向量進行外積

$with(LinearAlgebra):$

$$v1 := \langle a, b, c \rangle = \begin{bmatrix} a \\ b \\ c \end{bmatrix}$$

$$v2 := \langle u, v, w \rangle = \begin{bmatrix} u \\ v \\ w \end{bmatrix}$$

$DotProduct(v1, v2) = \overline{a}\,u + \overline{b}\,v + \overline{c}\,w$

$$CrossProduct(v1, v2) = \begin{bmatrix} bw - cv \\ -aw + cu \\ av - bu \end{bmatrix}$$

由於內積與外積是非常頻繁使用到的指令，因此 Maple 提供了快捷符號，供使用者編程使用：

$v1.v2 = \overline{a}\,u + \overline{b}\,v + \overline{c}\,w$

$$v1\&xv2 = \begin{bmatrix} bw - cv \\ -aw + cu \\ av - bu \end{bmatrix}$$

常用的快捷符號還包括了反矩陣、轉置矩陣與 共軛轉置矩陣 (Hermitian

Transpose Matrix) 的計算，除了 **LinearAlgebra** 函式庫中的指令外，使用者可利用指數 −1、%T 與 %H 計算反矩陣、轉置矩陣與共軛轉置矩陣：

指令	說明
MatrixInverse(A) 或 A^{-1}	計算矩陣 A 的反矩陣
Transpose(A) 或 $A^{\%T}$	計算矩陣 A 的轉置矩陣
HermitianTranspose(A) 或 $A^{\%H}$	計算矩陣 A 的共軛轉置矩陣

$$m := Matrix(3, shape = triangular[lower], fill = x) = \begin{bmatrix} x & 0 & 0 \\ x & x & 0 \\ x & x & x \end{bmatrix}$$

$$m^{-1} = \begin{bmatrix} \frac{1}{x} & 0 & 0 \\ -\frac{1}{x} & \frac{1}{x} & 0 \\ 0 & -\frac{1}{x} & \frac{1}{x} \end{bmatrix}$$

$$m^{\%T} = \begin{bmatrix} x & x & x \\ 0 & x & x \\ 0 & 0 & x \end{bmatrix}$$

$$m^{\%H} = \begin{bmatrix} \overline{x} & \overline{x} & \overline{x} \\ 0 & \overline{x} & \overline{x} \\ 0 & 0 & \overline{x} \end{bmatrix}$$

LinearAlgebra 函式庫還包含了其他常見的線性代數運算指令，譬如伴隨矩陣、行列式值、跡數 (Trace) 與維度的計算等：

Chapter 10 線性代數的應用

指令	說明
Adjoint(A)	計算矩陣 A 的伴隨矩陣
Determinant(A)	計算矩陣 A 的行列式值
Trace(A)	計算矩陣 A 的跡數
Dimension(A)	計算矩陣 A 的維度
RowDimension(A)	計算矩陣 A 的列維度
ColumnDimension(A)	計算矩陣 A 的行維度

$with(LinearAlgebra):$

$$m := \begin{bmatrix} a & 0 & 0 \\ b & c & 0 \\ d & e & f \end{bmatrix}:$$

$$Adjoint(m) = \begin{bmatrix} cf & 0 & 0 \\ -bf & af & 0 \\ be-cd & -ae & ac \end{bmatrix}$$

$Determinant(m) = a\,c\,f$

$Trace(m) = a + c + f$

$Dimension(m) = 3, 3$

$RowDimension(m) = 3$

$ColumnDimension(m) = 3$

LinearAlgebra 亦提供了指令計算矩陣指數函數：

指令	說明
MatrixExponential(A)	計算矩陣 A 的指數函數

$with(LinearAlgebra):$

$$m := \begin{bmatrix} x & x & x \\ 0 & x & x \\ 0 & 0 & x \end{bmatrix}:$$

373

$$MatrixExponential(m) = \begin{bmatrix} e^x & xe^x & \frac{1}{2}xe^x(x+2) \\ 0 & e^x & xe^x \\ 0 & 0 & e^x \end{bmatrix}$$

若要以矩陣或向量的單元作為引數，代入計算結果，則可透過第七章介紹過的 *map* 指令：

$M := \langle 1, 2, 3; 4, 5, 6 \rangle$

$$\begin{bmatrix} 1 & 2 & 3 \\ 4 & 5 & 6 \end{bmatrix}$$

$map(x \to e^x, M)$

$$\begin{bmatrix} e & e^2 & e^3 \\ e^4 & e^5 & e^6 \end{bmatrix}$$

若讀者查閱了 *LinearAlgebra* 函式庫會發現，*LinearAlgebra* 函式庫中也有一個可進行單元映射的指令 *Map*，與 *map* 不同，若矩陣或向量被指定為一固定的形式，*Map* 將不會將這些單元進行映射：

指令	說明
$Map(f, A)$	將矩陣 A 代入函數 f 中計算 f(A)

$with(LinearAlgebra):$
$A := \text{Matrix}(3, \mathit{fill} = x, \mathit{shape} = \mathit{triangular}_{upper})$

$$\begin{bmatrix} x & x & x \\ 0 & x & x \\ 0 & 0 & x \end{bmatrix}$$

$map(x \to x + 1, A)$

$$\begin{bmatrix} x+1 & x+1 & x+1 \\ 1 & x+1 & x+1 \\ 1 & 1 & x+1 \end{bmatrix}$$

Chapter 10　線性代數的應用

$Map(x \rightarrow x+1, A)$

$$\begin{bmatrix} x+1 & x+1 & x+1 \\ 0 & x+1 & x+1 \\ 0 & 0 & x+1 \end{bmatrix}$$

在上例中，由於我們將矩陣定義為上三角矩陣，當使用者透過 *LinearAlgebra* 函式庫中的 *Map*，將矩陣中的單元代入函式中進行計算時，矩陣左下角的單元將不會進行映射。

🔍 Key

此外，與 *map* 不同的是，*LinearAlgebra* 函式庫中的 Map 擁有原位置操作 (n-place Operation) 的特性，執行後將會以計算的結果取代原始的引數值：

$A := \langle 1, 2, 3; 4, 5, 6 \rangle$

$$\begin{bmatrix} 1 & 2 & 3 \\ 4 & 5 & 6 \end{bmatrix}$$

$map(x \rightarrow x^2, A)$

$$\begin{bmatrix} 1 & 4 & 9 \\ 16 & 25 & 36 \end{bmatrix}$$

A

$$\begin{bmatrix} 1 & 2 & 3 \\ 4 & 5 & 6 \end{bmatrix}$$

$LinearAlgebra\text{:-}Map(x \rightarrow x^2, A)$

$$\begin{bmatrix} 1 & 4 & 9 \\ 16 & 25 & 36 \end{bmatrix}$$

A

$$\begin{bmatrix} 1 & 4 & 9 \\ 16 & 25 & 36 \end{bmatrix}$$

原位置操作在計算時並不會在記憶體中複製引數中的內容，可避免在大型矩陣運算時，複製矩陣資料而耗費記憶體。然而，執行後將會以計算的結果複寫原始的引數值，使用者若要以 *Map* 進行計算須格外小心。

除了 **LinearAlgebra** 函式庫中的指令外，函式庫 **Physics** 與 **VectorCalculus** 函式庫也提供了非常豐富的向量運算：

with(*Physics*) : *with*(*Vectors*) : *Setup*(*mathematicalnotation* = *true*) :
%*Curl*(%*Curl*(*A*_)) = $\nabla \times (\nabla \cdot \vec{A})$
expand(%) = $\nabla(\nabla \cdot \vec{A}) - \nabla^2 \vec{A}$

Physics 函式庫可將 Maple 的符號運算，以更直覺更貼近數學式的樣貌呈現，並直接進行旋度、散度等運算子的計算。

VectorCalculus 則可進一步定義向量場，計算場內某一點的通量與 Laplacian 等：

restart;
with(*VectorCalculus*) : *SetCoordinates*('*cylindrical*'$_{r, \theta, z}$) :
$F := VectorField\left(\left\langle r^3, \frac{z}{\theta}, \sqrt{r} \right\rangle\right) = F := (r^3)\bar{e}_r + \left(\frac{z}{\theta}\right)\bar{e}_\theta + (\sqrt{r})\bar{e}_z$

$Flux(F, Sphere(\langle 0, 0, 0 \rangle, R)) = \frac{32\, R^5\, \pi}{15}$

$simplify(Laplacian(F))\; \frac{2\left(4\, r^3\, \theta^2 + z\right)}{r^2\, \theta^2}\bar{e}_r - \frac{z\left(\theta^2 - 2\right)}{r^2\, \theta^3}\bar{e}_\theta + \frac{1}{4\, r^{3/2}}\bar{e}_z$

由於本章節著重於 Maple 在線性代數上的應用，有關座標系統的轉換與分析並不多做著墨，故以下的篇幅將以矩陣的操作為主。

10.3　矩陣元素的操作

向量與矩陣可視為一陣列，使用者可透過與陣列相同的方式，呼叫向量與矩陣中的單元：

$$V := Vector(\langle 1, 2, 3, 4, 5 \rangle) = \begin{bmatrix} 1 \\ 2 \\ 3 \\ 4 \\ 5 \end{bmatrix}$$

Chapter 10　線性代數的應用

$$M := Matrix(\langle 1, 2, 3; 4, 5, 6; 7, 8, 9 \rangle) = \begin{bmatrix} 1 & 2 & 3 \\ 4 & 5 & 6 \\ 7 & 8 & 9 \end{bmatrix}$$

$V[2] = 2$

$$V[2..4] = \begin{bmatrix} 2 \\ 3 \\ 4 \end{bmatrix}$$

$$A[1..2] = \begin{bmatrix} 1 & 2 & 3 \\ 4 & 5 & 6 \end{bmatrix}$$

$$A[1..2][2] = \begin{bmatrix} 4 & 5 & 6 \end{bmatrix}$$

若讀者對第七章不陌生，甚至可透過第七章中的方法，以函式庫 ***ArrayTools*** 中的指令操控矩陣中的單元：

$with(ArrayTools)$：

$$A := \langle a, b, c, d; 1, 2, 3, 4 \rangle = \begin{bmatrix} a & b & c & d \\ 1 & 2 & 3 & 4 \end{bmatrix}$$

$$B := Replicate(A[1], 2) = \begin{bmatrix} a & b & c & d & a & b & c & d \end{bmatrix}$$

$$C := Vector[row](8) = \begin{bmatrix} 0 & 0 & 0 & 0 & 0 & 0 & 0 & 0 \end{bmatrix}$$

$Copy(B, C)$

$$C = \begin{bmatrix} a & b & c & d & a & b & c & d \end{bmatrix}$$

透過 ***ArrayTools*** 函式庫當然可實現各種陣列運算，不過若要實現線性代數中的行列式操作，仍有些困難。Maple 在 ***LinearAlgebra*** 函式庫中提供了便捷的指令，供使用者進行行列式的運算：

指令	說明
$RowOperation(A,n,x)$	將矩陣 A 中第 n 列乘上 x
$RowOperation(A,[n,m])$	將矩陣 A 中的第 n 列與第 m 列互換
$RowOperation(A,[n,m],x)$	將矩陣 A 中的第 m 列乘於 x，加到第 m 列

$with(LinearAlgebra):$

$$A := \langle 1,2,3,4; 5,6,7,8; 9,0,1,2 \rangle = \begin{bmatrix} 1 & 2 & 3 & 4 \\ 5 & 6 & 7 & 8 \\ 9 & 0 & 1 & 2 \end{bmatrix}$$

$$RowOperation(A, 1, x) = \begin{bmatrix} x & 2x & 3x & 4x \\ 5 & 6 & 7 & 8 \\ 9 & 0 & 1 & 2 \end{bmatrix}$$

$$RowOperation(A, [1, 3]) = \begin{bmatrix} 9 & 0 & 1 & 2 \\ 5 & 6 & 7 & 8 \\ 1 & 2 & 3 & 4 \end{bmatrix}$$

$$RowOperation(A, [3, 1], x) = \begin{bmatrix} 1 & 2 & 3 & 4 \\ 5 & 6 & 7 & 8 \\ 9+x & 2x & 1+3x & 2+4x \end{bmatrix}$$

$RowOperation$ 指令可進行線性代數中最基本的列運算，若使用者想進行矩陣的行運算，則可透過另一個指令 $ColumnOperation$：

指令	說明
$ColumnOperation(A,n,x)$	將矩陣 A 中第 n 行乘上 x
$ColumnOperation(A,[n,m])$	將矩陣 A 中的第 n 行與第 m 行互換
$ColumnOperation(A,[n,m],x)$	將矩陣 A 中的第 m 行乘於 x，加到第 m 行

$with(LinearAlgebra):$

$$A := \langle 1,2,3,4; 5,6,7,8; 9,0,1,2 \rangle = \begin{bmatrix} 1 & 2 & 3 & 4 \\ 5 & 6 & 7 & 8 \\ 9 & 0 & 1 & 2 \end{bmatrix}$$

$$ColumnOperation(A, 1, x) = \begin{bmatrix} x & 2 & 3 & 4 \\ 5x & 6 & 7 & 8 \\ 9x & 0 & 1 & 2 \end{bmatrix}$$

Chapter 10　線性代數的應用

$$ColumnOperation(A, [1, 4]) = \begin{bmatrix} 4 & 2 & 3 & 1 \\ 8 & 6 & 7 & 5 \\ 2 & 0 & 1 & 9 \end{bmatrix}$$

$$ColumnOperation(A, [4, 1], x) = \begin{bmatrix} 1 & 2 & 3 & 4+x \\ 5 & 6 & 7 & 8+5x \\ 9 & 0 & 1 & 2+9x \end{bmatrix}$$

除此之外，*LinearAlgebra* 函式庫也提供了指令供使用者進行矩陣的分解。指令 *row* 與 *Column* 可提取矩陣的列向量與行向量：

指令	說明
Row(A,m)	提取矩陣 A 中第 *m* 列的列向量
Column(A,m)	提取矩陣 A 中第 *m* 行的行向量

$with(LinearAlgebra):$

$$A := \langle 1, 2, 3, 4; 5, 6, 7, 8; 9, 0, 1, 2 \rangle = \begin{bmatrix} 1 & 2 & 3 & 4 \\ 5 & 6 & 7 & 8 \\ 9 & 0 & 1 & 2 \end{bmatrix}$$

$Row(A, 3) = \begin{bmatrix} 9 & 0 & 1 & 2 \end{bmatrix}$

$Row(A, 3)[1] + Row(A, 3)[3] = 10$

$$Column(A, 1) = \begin{bmatrix} 1 \\ 5 \\ 9 \end{bmatrix}$$

$Column(A, 1)[2] = 5$

$seq(Column(A, 1)[i], i = 1..3) = 1, 5, 9$

或者使用者可直接以 *SubMatrix* 指令萃取行列式中的子矩陣：

指令	說明
$SubMatrix(A, m..n, u..v)$	提取矩陣 A 中第 m 列至第 n 列與第 u 行至第 v 行中的子矩陣
$SubMatrix(A, [m, n], [u, v])$	提取矩陣 A 中第 m 列、第 n 列與第 u 行、第 v 行構成的子矩陣

$with(LinearAlgebra):$

$$A := \langle 1,2,3,4; 5,6,7,8; 9,0,1,2 \rangle = \begin{bmatrix} 1 & 2 & 3 & 4 \\ 5 & 6 & 7 & 8 \\ 9 & 0 & 1 & 2 \end{bmatrix}$$

$$SubMatrix(A, 1..2, 1..3) = \begin{bmatrix} 1 & 2 & 3 \\ 5 & 6 & 7 \end{bmatrix}$$

$$SubMatrix(A, [1, 2], [1, 2, 3]) = \begin{bmatrix} 1 & 2 & 3 \\ 5 & 6 & 7 \end{bmatrix}$$

SubMatrix 指令提供使用者選擇所需的列向量與行向量組成矩陣，相反的，***LinearAlgebra*** 函式庫也提供了指令供使用者移除不需要的列向量與行向量組成矩陣：

指令	說明
$DeleteRow(A,m)$	刪除矩陣 A 中的第 m 列
$DeleteColumn(A,m)$	刪除矩陣 A 中的第 m 行

$with(LinearAlgebra):$

$$A := \langle 1,2,3,4; 5,6,7,8; 9,0,1,2 \rangle = \begin{bmatrix} 1 & 2 & 3 & 4 \\ 5 & 6 & 7 & 8 \\ 9 & 0 & 1 & 2 \end{bmatrix}$$

$$DeleteRow(A, 3) = \begin{bmatrix} 1 & 2 & 3 & 4 \\ 5 & 6 & 7 & 8 \end{bmatrix}$$

Chapter 10 線性代數的應用

$$DeleteColumn(A, 4) = \begin{bmatrix} 1 & 2 & 3 \\ 5 & 6 & 7 \\ 9 & 0 & 1 \end{bmatrix}$$

LinearAlgebra 中的指令 *Minor* 可移除特定的列向量與行向量，計算一個矩陣的餘因式 (Minor) 與其相應的行列式值：

指令	說明
Minor(A,m,n,opts)	將矩陣 A 中第 m 列與第 n 行移除，並計算餘因式的行列式值

with(*LinearAlgebra*) :

$$A := \langle 0, 1, 0; a, 0, b; c, 0, d \rangle = \begin{bmatrix} 0 & 1 & 0 \\ a & 0 & b \\ c & 0 & d \end{bmatrix}$$

$Minor(A, 1, 2) = a\,d - b\,c$

$$Minor(A, 1, 2, output = matrix) = \begin{bmatrix} a & b \\ c & d \end{bmatrix}$$

10.4　線性系統與矩陣代數的運算

在第三章中我們已經介紹過如何透過 *solve* 與 *fsolve* 求解聯立方程式組：

$a_1 := 5\,x - y + 3\,z = 1:$
$a_2 := -\,x + 2\,y - 2z = 1:$
$a_3 := 3\,x - 2\,y + 3\,z = 1:$
$solve(\,[\,seq(a_i,\,i = 1\,..3\,)\,]\,) = \{x = -5,\,y = 10,\,z = 12\}$

在線性代數中，m 個包含 n 個變數的線性方程組，可視為一個 $m \times n$ 階的線性系統：

381

$$a_{11}x_1 + a_{12}x_2 + ... + a_{1n}x_n = b_1$$
$$a_{21}x_1 + a_{22}x_2 + ... + a_{2n}x_n = b_2$$
$$\vdots \qquad \vdots \qquad \qquad \vdots$$
$$a_{m1}x_1 + a_{m2}x_2 + ... + a_{mn}x_n = b_m$$

若我們將其改寫成 $AX=B$ 的形式,其中

$$A = \begin{bmatrix} a_{11} & a_{12} & ... & a_{1n} \\ a_{21} & a_{22} & ... & a_{2n} \\ \vdots & \vdots & ... & \vdots \\ \vdots & \vdots & ... & \vdots \\ a_{m1} & a_{m2} & ... & a_{mn} \end{bmatrix}, \quad X = \begin{bmatrix} x_1 \\ x_2 \\ \vdots \\ \vdots \\ x_n \end{bmatrix}, \quad B = \begin{bmatrix} b_1 \\ b_2 \\ \vdots \\ \vdots \\ b_n \end{bmatrix}$$

則可透過行列式的方式化簡增廣矩陣 $<A|B>$,來求解方程組的解。上節中我們介紹了許多用於行列式操作的指令,透過這些指令我們可將矩陣進行化簡,此節我們將介紹如何以 ***LinearAlgebra*** 函式庫進行方程組與矩陣的變換,並求解方程組的未知數:

指令	說明
GenerateMatrix([$eq_1,eq_2,...$], [$x, y,...$])	以變數 x、y、…將 eq_1、eq_2、…組成的聯立方程組,轉換成行列式
GenerateEquation(M, [$x, y,...$])	以變數 x、y、…將矩陣 M 轉換成相應的聯立方程組

$with(LinearAlgebra):$
$eq_1 := 5x - y + 3z = 1:$
$eq_2 := -x + 2y - 2z = 1:$
$eq_3 := 3x - 2y + 3z = 1:$
$A, b := GenerateMatrix\left([eq_1, eq_2, eq_3], [x, y, z] \right)$

$$\begin{bmatrix} 5 & -1 & 3 \\ -1 & 2 & -2 \\ 3 & -2 & 3 \end{bmatrix}, \begin{bmatrix} 1 \\ 1 \\ 1 \end{bmatrix}$$

Chapter 10 　線性代數的應用

　　此例中我們將 x、y 與 z 設為變數，藉由 *GenerateMatrix* 將聯立方程組轉換成矩陣，並利用上節介紹的指令，將矩陣化簡求解方程組的未知數：

$$C := \langle A|b \rangle = \begin{bmatrix} 5 & -1 & 3 & 1 \\ -1 & 2 & -2 & 1 \\ 3 & -2 & 3 & 1 \end{bmatrix}$$

$$C2 := RowOperation\left(C, [2, 1], \frac{1}{5}\right) = \begin{bmatrix} 5 & -1 & 3 & 1 \\ 0 & \frac{9}{5} & -\frac{7}{5} & \frac{6}{5} \\ 3 & -2 & 3 & 1 \end{bmatrix}$$

$$C3 := RowOperation\left(C2, [3, 1], -\frac{3}{5}\right) = \begin{bmatrix} 5 & -1 & 3 & 1 \\ 0 & \frac{9}{5} & -\frac{7}{5} & \frac{6}{5} \\ 0 & -\frac{7}{5} & \frac{6}{5} & \frac{2}{5} \end{bmatrix}$$

$$C4 := RowOperation\left(C3, [3, 2], \frac{\frac{7}{5}}{\frac{9}{5}}\right) = \begin{bmatrix} 5 & -1 & 3 & 1 \\ 0 & \frac{9}{5} & -\frac{7}{5} & \frac{6}{5} \\ 0 & 0 & \frac{1}{9} & \frac{4}{3} \end{bmatrix}$$

　　首先，我們將矩陣 A 與向量 b 化為增廣矩陣 <A|b>，並將其進行列運算化為上三角矩陣。接著，我們將對角值化為 1：

$$C5 := RowOperation\left(C4, 1, \frac{1}{5}\right) = \begin{bmatrix} 1 & -\frac{1}{5} & \frac{3}{5} & \frac{1}{5} \\ 0 & \frac{9}{5} & -\frac{7}{5} & \frac{6}{5} \\ 0 & 0 & \frac{1}{9} & \frac{4}{3} \end{bmatrix}$$

$$C6 := RowOperation\left(C5, 2, \frac{5}{9}\right) = \begin{bmatrix} 1 & -\frac{1}{5} & \frac{3}{5} & \frac{1}{5} \\ 0 & 1 & -\frac{7}{9} & \frac{2}{3} \\ 0 & 0 & \frac{1}{9} & \frac{4}{3} \end{bmatrix}$$

$$C7 := RowOperation(C6, 3, 9) = \begin{bmatrix} 1 & -\frac{1}{5} & \frac{3}{5} & \frac{1}{5} \\ 0 & 1 & -\frac{7}{9} & \frac{2}{3} \\ 0 & 0 & 1 & 12 \end{bmatrix}$$

最後將其化為對角矩陣，並將增廣矩陣重新分解成 A、B 矩陣，以 AX=B 求解方程組中變數的解：

$$C8 := RowOperation\left(C7, [1, 2], \frac{1}{5}\right) = \begin{bmatrix} 1 & 0 & \frac{4}{9} & \frac{1}{3} \\ 0 & 1 & -\frac{7}{9} & \frac{2}{3} \\ 0 & 0 & 1 & 12 \end{bmatrix}$$

$$C9 := RowOperation\left(C8, [1, 3], \frac{-4}{9}\right) = \begin{bmatrix} 1 & 0 & 0 & -5 \\ 0 & 1 & -\frac{7}{9} & \frac{2}{3} \\ 0 & 0 & 1 & 12 \end{bmatrix}$$

$$C10 := RowOperation\left(C9, [2, 3], \frac{7}{9}\right) = \begin{bmatrix} 1 & 0 & 0 & -5 \\ 0 & 1 & 0 & 10 \\ 0 & 0 & 1 & 12 \end{bmatrix}$$

$$SubMatrix(C10, 1..3, 1..3) \cdot \langle x, y, z \rangle = SubMatrix(C10, 1..3, 4) \Rightarrow \begin{bmatrix} x \\ y \\ z \end{bmatrix} = \begin{bmatrix} -5 \\ 10 \\ 12 \end{bmatrix}$$

此種行列式化簡的步驟稱為高斯-喬丹消去法。高斯消去法與高斯-喬登消去法是線性代數中，化簡矩陣最常用的兩種方法。事實上，Maple 的 *LinearAlgebra* 函式庫

Chapter 10 線性代數的應用

提供了指令可直接將矩陣 A 以高斯消去法或高斯-喬登消去法化簡：

指令	說明
$GaussianElimination(A)$	以高斯消去法將矩陣 A 化簡為列-梯形矩陣
$ReducedRowEchelonForm(A)$	以高斯-喬登消去法將矩陣 A 化簡為列-梯形矩陣

$with(LinearAlgebra):$
$eq_1 := 5x - y + 3z = 1:$
$eq_2 := -x + 2y - 2z = 1:$
$eq_3 := 3x - 2y + 3z = 1:$
$A, b := GenerateMatrix([eq_1, eq_2, eq_3], [x, y, z])$

$$\begin{bmatrix} 5 & -1 & 3 \\ -1 & 2 & -2 \\ 3 & -2 & 3 \end{bmatrix}, \begin{bmatrix} 1 \\ 1 \\ 1 \end{bmatrix}$$

$$GaussianElimination(\langle A|b\rangle) = \begin{bmatrix} 5 & -1 & 3 & 1 \\ 0 & \frac{9}{5} & -\frac{7}{5} & \frac{6}{5} \\ 0 & 0 & \frac{1}{9} & \frac{4}{3} \end{bmatrix}$$

$$ReducedRowEchelonForm(\langle A|b\rangle) = \begin{bmatrix} 1 & 0 & 0 & -5 \\ 0 & 1 & 0 & 10 \\ 0 & 0 & 1 & 12 \end{bmatrix}$$

上例是透過 $GaussianElimination$ 與 $ReducedRowEchelonForm$ 化簡聯立方程組的範例，高斯消去法可將一矩陣化為列-梯形矩陣 (Row-echelon Form)，高斯-喬登消去法則可將一矩陣化為簡約列-梯形矩陣 (Reduced Row-echelon Form)。若要求解此方程組的解，可使用 $BackwardSubstitute$ 來進行倒回消去法 (Back Substution)：

指令	說明
$BackwardSubstitute(A)$	以倒回代入法計算矩陣 A 的解

$with(LinearAlgebra):$
$eq_1 := 5x - y + 3z = 1:$
$eq_2 := -x + 2y - 2z = 1:$
$eq_3 := 3x - 2y + 3z = 1:$
$A, b := GenerateMatrix([eq_1, eq_2, eq_3], [x, y, z])$

$$BackwardSubstitute(GaussianElimination(\langle A|b \rangle)) = \begin{bmatrix} -5 \\ 10 \\ 12 \end{bmatrix}$$

$$BackwardSubstitute(ReducedRowEchelonForm(\langle A|b \rangle)) = \begin{bmatrix} -5 \\ 10 \\ 12 \end{bmatrix}$$

PLU 分解法 (PLU Decomposition) 也是線性代數中重要的矩陣分解法之一。PLU 分解法可以將矩陣分解成一個**置換矩陣** (Permutation Matrix) **P**、一個下三角矩陣 **L** 與一個上三角矩陣 U，並滿足 PLU=A，主要應用在數值分析當中：

指令	說明
$LUDecompostion(A)$	以 PLU 分解法將矩陣 A 分解為上、下三角矩陣與置換矩陣

$$P, L, U := LUDecomposition(\langle A|b \rangle) = \begin{bmatrix} 1 & 0 & 0 \\ 0 & 1 & 0 \\ 0 & 0 & 1 \end{bmatrix}, \begin{bmatrix} 1 & 0 & 0 \\ -\frac{1}{5} & 1 & 0 \\ \frac{3}{5} & -\frac{7}{9} & 1 \end{bmatrix}, \begin{bmatrix} 5 & -1 & 3 & 1 \\ 0 & \frac{9}{5} & -\frac{7}{5} & \frac{6}{5} \\ 0 & 0 & \frac{1}{9} & \frac{4}{3} \end{bmatrix}$$

$$P.L.U = \begin{bmatrix} 5 & -1 & 3 & 1 \\ -1 & 2 & -2 & 1 \\ 3 & -2 & 3 & 1 \end{bmatrix}$$

$$\langle A|b \rangle = \begin{bmatrix} 5 & -1 & 3 & 1 \\ -1 & 2 & -2 & 1 \\ 3 & -2 & 3 & 1 \end{bmatrix}$$

除了上述的方法，針對線性系統的求解，也可使用 ***LinearAlgebra*** 函式庫中的

Chapter 10　線性代數的應用

LinearSolve 指令。*LinearSolve* 指令提供了各種不同的求解方法，供使用者求解線性系統的解：

指令	說明
LinearSolve(A, b, method = `subs`)	以代入消去法求解增廣矩陣 A|b
LinearSolve(A, b, method = `LU`)	以 LU 分解法求解增廣矩陣 A|b
LinearSolve(A, b, method = `Cholesky`)	以 Cholesky 分解法求解增廣矩陣 A|b
LinearSolve(A, b, method = `QR`)	以 QR 法求解增廣矩陣 A|b
LinearSolve(A, b, method = `SparseIterative`)	以共軛梯度法求解增廣矩陣 A|b

$with(LinearAlgebra):$
$eq_1 := 5x - y + 3z = 1:$
$eq_2 := -x + 2y - 2z = 1:$
$eq_3 := 3x - 2y + 3z = 1:$
$A, b := GenerateMatrix([eq_1, eq_2, eq_3], [x, y, z])$

$$LinearSolve(\%, method = `subs`) = \begin{bmatrix} -5 \\ 10 \\ 12 \end{bmatrix}$$

$$LinearSolve(A, b, method = `LU`) = \begin{bmatrix} -5 \\ 10 \\ 12 \end{bmatrix}$$

$$LinearSolve(A, b, method = `Cholesky`) = \begin{bmatrix} -5 \\ 10 \\ 12 \end{bmatrix}$$

$$LinearSolve(A, b, method = `QR`) = \begin{bmatrix} -5 \\ 10 \\ 12 \end{bmatrix}$$

然而，並不是所有的線性系統都有解。當聯立方程組無解，上述的指令將會顯示錯誤：

$c_1 := x + y + z = 3:$
$c_2 := x + y + z = 4:$
$c_3 := 2x + y - z = 2:$
$A, b := GenerateMatrix(\,[c_1, c_2, c_3],\,[x, y, z]\,)$

$$\begin{bmatrix} 1 & 1 & 1 \\ 1 & 1 & 1 \\ 2 & 1 & -1 \end{bmatrix}, \begin{bmatrix} 3 \\ 4 \\ 2 \end{bmatrix}$$

$LinearSolve(A, b, method = `LU`)$
Error, (in LinearAlgebra:-BackwardSubstitute) inconsistent system

在上例中，我們設計一組無解的線性方程組，並以指令 *LinearSolve* 求解，故執行後將會顯示錯誤。

在線性代數中，若要驗證一個線性系統是否存在唯一解、無限多組解或無解，我們可計算此系統對應矩陣的**行列式值** (Determinant)。由於上例中的矩陣代表一非齊次的線性方程組，若其行列式值為零，則說明其對應的線性方程組中，並不存在足夠的線性獨立方程式，故此系統將無解或擁有無限多組解：

$with(LinearAlgebra):$

$$A := \begin{bmatrix} 1 & 1 & 1 \\ 1 & 1 & 1 \\ 2 & 1 & -1 \end{bmatrix}:$$

$Determinant(A) = 0$

然而，只有列數與行數相同的方陣可計算行列式值，若不為方陣，則須透過計算矩陣的**秩** (Rank)、**基底** (Basis) 等方式，分析線性系統的特性。有關線性系統的特性分析將在下節中詳細介紹。

10.5 線性系統的特性分析

基底向量 (Basis) 是描述向量空間的基本單位，向量空間中的向量均可視為其基底向量的線性組合。在線性代數當中，若將一個線性方程式視為一個向量，則一個線性方程組可視為一個向量空間，故此方程組可透過此向量空間的基底線性組合而成：

Chapter 10　線性代數的應用

指令	說明
RowSpace(*M*)	計算矩陣 M 的列基底
ColumnSpace(*M*)	計算矩陣 M 的行基底

$with(LinearAlgebra):$
$Eq_1 := x + y + z = 0:$
$Eq_2 := 2x + 2y + 2z = 0:$
$Eq_3 := x - y - z = 0:$
$A, b := GenerateMatrix([Eq_1, Eq_2, Eq_3], [x, y, z]):$
$RS := RowSpace(A)$
$$[[1\ 0\ 0], [0\ 1\ 1]]$$
$RS[1] + RS[2] = [1\ 1\ 1]$
$2 \cdot RS[1] + 2 \cdot RS[2] = [2\ 2\ 2]$
$RS[1] - RS[2] = [1\ -1\ -1]$

RowSpace 與 *ColumnSpace* 是 **LinearAlgebra** 函式庫中用來求解列基底與行基底的指令，在上例中，我們將一個齊次線性方程組化為矩陣，並以 *RowSpace* 計算其列基底，透過將基底線性組合，可分別得到代表方程式 Eq_1、Eq_2 與 Eq_3 的向量。

一個包含 *n* 個變數的線性系統，若包含 *n* 個線性獨立的基底，則代表此線性系統包含 *n* 個互相線性獨立的方程式且擁有唯一解。**ArrayTools** 中的 *NumElems* 指令可計算陣列中單元的數量，透過 *NumElems* 指令我們可進一步計算基底的數量來判斷線性系統是否擁有唯一解：

指令	說明
NumElems(*M*)	計算陣列 M 中單元的數量

$with(LinearAlgebra):$
$Eq_1 := x + y + z = 0:$
$Eq_2 := 2x + 2y + 2z = 0:$
$Eq_3 := x - y - z = 0:$
$A, b := GenerateMatrix([Eq_1, Eq_2, Eq_3], [x, y, z]):$

$Dimension(A) = 3, 3$
$RS := RowSpace(A) = \left[\begin{bmatrix} 1 & 0 & 0 \end{bmatrix}, \begin{bmatrix} 0 & 1 & 1 \end{bmatrix}\right]$

$with(ArrayTools):$
$NumElems(RS) = 2$

此處我們先以 **LinearAlgebra** 中的 *GenerateMatrix* 與 *Dimension*，將方程組轉換成矩陣，並計算其維度，列數為 3 代表此方程組包含 3 個方程式，而行數為 3 則說明此系統包含 3 個變數。接著，透過指令 *RowSpace* 求解此矩陣的基底，並以 *NumElems* 指令計算基底的數量。我們可以發現基底的數量為 2，故此系統並不存在唯一解。

我們可以透過 *solve* 求解此方程組來驗證上述的推論：

$Eq_1 := x + y + z = 0:$
$Eq_2 := 2x + 2y + 2z = 0:$
$Eq_3 := x - y - z = 0:$
$solve(\{Eq_1, Eq_2, Eq_3\}) = \{x = 0, y = -z, z = z\}$

結果顯示，當 $x = 0$ 且 $y = -z$ 時，其解將滿足上述的方程式，故此系統擁有無限多組解：

$subs(x = 0, y = -1, z = 1, [Eq_1, Eq_2, Eq_3]) = [0 = 0, 0 = 0, 0 = 0]$
$subs(x = 0, y = \sqrt{2}, z = -\sqrt{2}, [Eq_1, Eq_2, Eq_3]) = [0 = 0, 0 = 0, 0 = 0]$
$subs(x = 0, y = 0, z = 0, [Eq_1, Eq_2, Eq_3]) = [0 = 0, 0 = 0, 0 = 0]$

在線性代數中，矩陣的秩代表此系統中線性獨立向量的維度，亦可視為線性獨立方程式的數目，使用者也可以透過 **LinearAlgebra** 中的 *Rank* 判斷方程組是否有唯一解：

指令	說明
$Rank(M)$	計算矩陣 M 的秩

$with(LinearAlgebra):$
$Eq_1 := x + y + z = 3:$
$Eq_2 := 2x + 2y + 2z = 6:$

Chapter 10　線性代數的應用

$Eq_3 := x - y - z = 2:$
$A, b := GenerateMatrix(\left[Eq_1, Eq_2, Eq_3\right], [x, y, z]):$

$$A = \begin{bmatrix} 1 & 1 & 1 \\ 2 & 2 & 2 \\ 1 & -1 & -1 \end{bmatrix}$$

$$B := Matrix(3, 4, [A, b]) = \begin{bmatrix} 1 & 1 & 1 & 3 \\ 2 & 2 & 2 & 6 \\ 1 & -1 & -1 & 2 \end{bmatrix}$$

$Rank(A) = 2$
$Rank(B) = 2$
$solve(\{Eq_1, Eq_2, Eq_3\}) = \left\{x = \dfrac{5}{2}, y = \dfrac{1}{2} - z, z = z\right\}$

在上例中，由於 Eq_1 與 Eq_2 在空間中為互相平行的兩平面，故此方程組不存在唯一解，然而，此係數矩陣的秩與增廣矩陣的秩相等，此方程組至少有一解，故我們可推得此方程組包含無限多組解。透過 solve 我們可以進一步驗證方程組擁有無限多組解。

同樣的，當**滿秩** (Full Rank) 時，由於方程組中線性獨立的方程式數目等於變數的數目，故方程組有唯一解：

$Eq_1 := 5x + y + 3z = 1:$
$Eq_2 := -x + 2y - 2z = 1:$
$Eq_3 := 3x - 2y - 3z = 1:$
$A, b := GenerateMatrix(\left[Eq_1, Eq_2, Eq_3\right], [x, y, z]):$
$Dimension(A) = 3, 3$
$Rank(A) = 3$
$solve(\{Eq_1, Eq_2, Eq_3\}) = \{x = -5, y = 10, z = 12\}$

由於線性代數基本定理指出，矩陣的行秩與列秩會相等，故若將矩陣進行轉置，儘管基底可能會有所不同，基底的數量卻不會改變：

$with(LinearAlgebra):$

$$A := \begin{bmatrix} -2 & -4 & 4 \\ 2 & -8 & 0 \\ 6 & 0 & -8 \end{bmatrix}:$$

$$RowSpace(A) = \left[\left[\begin{array}{ccc} 1 & 0 & -\frac{4}{3} \end{array}\right], \left[\begin{array}{ccc} 0 & 1 & -\frac{1}{3} \end{array}\right]\right]$$

$$RowSpace\left(A^{\%T}\right) = \left[\left[\begin{array}{ccc} 1 & 0 & -2 \end{array}\right], \left[\begin{array}{ccc} 0 & 1 & 1 \end{array}\right]\right]$$

$$Rank(A) = 3$$

$$Rank\left(A^{\%T}\right) = 3$$

除了透過矩陣的基底與秩計算矩陣中線性獨立的向量數目，Maple 也可以反過來計算矩陣的核空間 (Kernel Space) 基底與零化度。零空間包含了所有可令矩陣內積爲零的向量，零化度則爲零空間的維度，根據秩-零化度定理 (Rank-Nullity Theorem)，任何矩陣的秩與零化度的合等於此矩陣的維度：

矩陣的維度 = 矩陣的秩 + 零化度

LinearAlgebra 亦包含計算零空間基底與零化度的指令，使用者也可透過這些指令判斷方程組是否存在唯一解：

指令	說明
NullSpace(M)	計算矩陣 M 的零空間

$$with(LinearAlgebra):$$

$$A := \left[\begin{array}{ccc} -2 & -4 & 4 \\ 2 & -8 & 0 \\ 6 & 0 & -8 \end{array}\right]:$$

$$Rank(A) = 2$$

$$NS := NullSpace(A) = \left\{\left[\begin{array}{c} \frac{4}{3} \\ \frac{1}{3} \\ 1 \end{array}\right]\right\}$$

$$with(ArrayTools):$$

$$NumElems(NS) = 1$$

在上例中，矩陣的秩爲 2，而透過 *NullSpace* 可算出零空間的行基底數爲 1，滿足線性代數基本定理。

Chapter 10 線性代數的應用

> **🔍 Key**
>
> 秩-零化度定理是抽象代數中，同構基本定理 (Isomorphism theorem) 的第一定理在線性空間上的表現形式，定義了矩陣的秩和其零化度之間的關係。有興趣的讀者可自行參閱相關書籍，此處不多做贅述。

10.6 特徵值與特徵向量

特徵值 (Eigenvalue) 與特徵向量 (Eigenvector) 可用於描述一個線性系統的變換，在線性代數中扮演了非常重要的角色。然而，特徵值與特徵向量的求解過程非常繁瑣，『*Student*』函式庫中的 ***LinearAlgebra*** 子函式庫提供了相關的指令，可一步一步的求解特徵值與特徵向量，供使用者了解求解的過程：

$with(Student[LinearAlgebra]):$

$$M := \langle\langle 1, 2, 0\rangle | \langle 2, 3, 2\rangle | \langle 0, 2, 1\rangle\rangle = \begin{bmatrix} 1 & 2 & 0 \\ 2 & 3 & 2 \\ 0 & 2 & 1 \end{bmatrix}$$

$EigenvectorsTutor(M)$

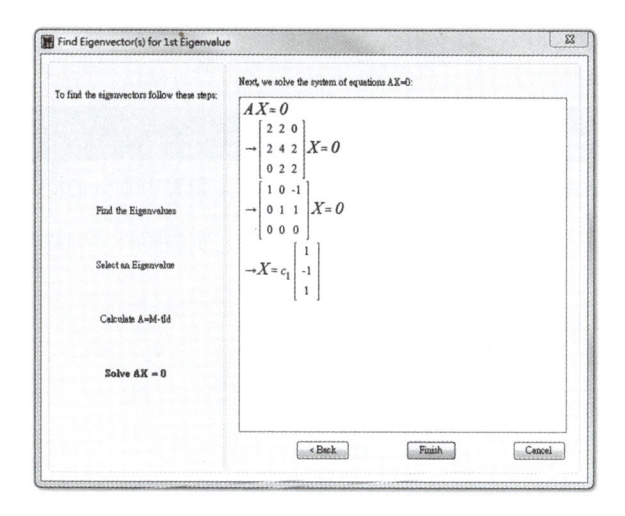

若要直接求解矩陣的特徵值與特徵向量，則可透過 ***LinearAlgebra*** 函式庫中的 *Eigenvalues* 與 *Eigenvectors* 指令：

指令	說明
$Eigenvalues(M)$	計算矩陣 M 的特徵值
$Eigenvecctors(M)$	計算矩陣 M 的特徵向量

$with(LinearAlgebra):$

$$M := \langle\langle 1, 2, 0\rangle|\langle 2, 3, 2\rangle|\langle 0, 2, 1\rangle\rangle = \begin{bmatrix} 1 & 2 & 0 \\ 2 & 3 & 2 \\ 0 & 2 & 1 \end{bmatrix}$$

$$Eigenvalues(M) = \begin{bmatrix} 5 \\ 1 \\ -1 \end{bmatrix}$$

$$Eigenvectors(M) = \begin{bmatrix} 5 \\ 1 \\ -1 \end{bmatrix}, \begin{bmatrix} 1 & -1 & 1 \\ 2 & 0 & -1 \\ 1 & 1 & 1 \end{bmatrix}$$

除此之外，若對求解特徵值與特徵向量過程中的 特徵矩陣 (Characteristic Matrix) 與 特徵多項式 (Characteristic Polynomial) 感興趣，**LinearAlgebra** 函式庫也提供了指令供使用者求解特徵矩陣與特徵多項式：

指令	說明
$CharacteristicMatrix(M,\lambda)$	以 λ 計算矩陣 M 的特徵矩陣
$CharacteristicPolynomial(M,\lambda)$	以 λ 計算矩陣 M 的特徵多項式

$with(LinearAlgebra):$

$$M := \langle\langle 1, 2, 0\rangle|\langle 2, 3, 2\rangle|\langle 0, 2, 1\rangle\rangle = \begin{bmatrix} 1 & 2 & 0 \\ 2 & 3 & 2 \\ 0 & 2 & 1 \end{bmatrix}$$

$$CM := CharacteristicMatrix(M, \lambda) = \begin{bmatrix} \lambda - 1 & -2 & 0 \\ -2 & \lambda - 3 & -2 \\ 0 & -2 & \lambda - 1 \end{bmatrix}$$

Chapter 10 線性代數的應用

$Determinant(CM) = \lambda^3 - 5\lambda^2 - \lambda + 5$

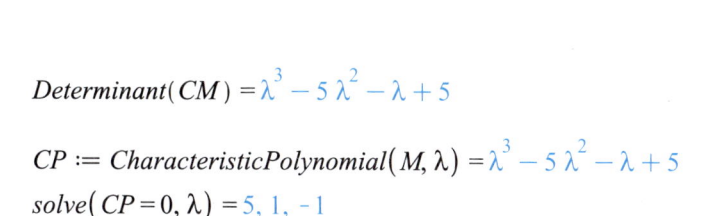

$CP := CharacteristicPolynomial(M, \lambda) = \lambda^3 - 5\lambda^2 - \lambda + 5$
$solve(CP = 0, \lambda) = 5, 1, -1$

上例我們透過了指令 *CharacteristicMatrix* 與 *CharacteristicPolynomial* 分別求解矩陣 *M* 的特徵矩陣與特徵多項式。由於特徵矩陣的行列式值即為特徵多項式，而特徵多項式的根為矩陣的特徵值，若我們進一步以 *Determinant* 與 *solve* 分別求解特徵矩陣 *CM* 的行列式值與特徵多項式 *Cp* 的根，則可以得到與 *Characteristic Polynomial(M,λ)* 指令以及 *Eigenvalues(M)* 指令相同的結果。

特徵值在線性代數中的一個重要的應用是喬登矩陣 (Jordan Form Matrix)。喬登矩陣可實現矩陣的上三角化，在矩陣運算時大幅減少資料的處理量，尤其適用在稀疏矩陣 (Sparse Matrix) 的運算之中：

指令	說明
JordanForm(A)	將矩陣 A 化簡成喬登矩陣

$with(LinearAlgebra):$

$M := \langle\langle 1, 2, 0\rangle|\langle 2, 3, 2\rangle|\langle 0, 2, 1\rangle\rangle = \begin{bmatrix} 1 & 2 & 0 \\ 2 & 3 & 2 \\ 0 & 2 & 1 \end{bmatrix}$

$JordanForm(M) = \begin{bmatrix} -1 & 0 & 0 \\ 0 & 1 & 0 \\ 0 & 0 & 5 \end{bmatrix}$

除了求解喬登矩陣外，*JordanForm* 指令還包含了額外的指令選項，可供使用者求解化簡過程中的轉換矩陣 Q：

指令	說明
JordanForm(A,output='Q')	求解化簡矩陣 A 的轉換矩陣 Q

$with(LinearAlgebra):$

$$A := \langle\langle 0, -2, -2, -2\rangle | \langle -3, 1, 1, -3\rangle | \langle 1, -1, -1, 1\rangle | \langle 2, 2, 2, 4\rangle\rangle = \begin{bmatrix} 0 & -3 & 1 & 2 \\ -2 & 1 & -1 & 2 \\ -2 & 1 & -1 & 2 \\ -2 & -3 & 1 & 4 \end{bmatrix}$$

$$Q := JordanForm(A, output = 'Q') = \begin{bmatrix} -1 & -\frac{3}{2} & 2 & 1 \\ -1 & -\frac{1}{2} & \frac{1}{2} & 0 \\ -1 & \frac{1}{2} & \frac{1}{2} & 0 \\ -1 & -\frac{3}{2} & \frac{5}{2} & 1 \end{bmatrix}$$

$$Q^{-1}.A.Q = \begin{bmatrix} 0 & 1 & 0 & 0 \\ 0 & 0 & 0 & 0 \\ 0 & 0 & 2 & 0 \\ 0 & 0 & 0 & 2 \end{bmatrix}$$

$$J := JordanForm(A) = \begin{bmatrix} 0 & 1 & 0 & 0 \\ 0 & 0 & 0 & 0 \\ 0 & 0 & 2 & 0 \\ 0 & 0 & 0 & 2 \end{bmatrix}$$

若矩陣 A 為實數矩陣且包含實數特徵值，則必定存在轉換矩陣 Q 滿足 $Q^{-1}AQ = J$，其中 J 即為喬登矩陣。在上例中，我們可以 JordanForm 指令計算矩陣 A 的轉換矩陣 Q，並透過 $Q^{-1}AQ$ 驗證其結果將等於喬登矩陣 J。

這種矩陣相似變化的技巧，可用於求解聯立方程組的解，以常係數齊次方程組為例，一個包含三個自變數的常係數齊次微分方程組，若以矩陣 X 表示，可描述如下：

Chapter 10　線性代數的應用

$$\begin{bmatrix} \dfrac{d}{dt} x1(t) \\ \dfrac{d}{dt} x2(t) \\ \dfrac{d}{dt} x3(t) \end{bmatrix} = \begin{bmatrix} a_{11} & a_{12} & a_{13} \\ a_{21} & a_{22} & a_{23} \\ a_{31} & a_{32} & a_{33} \end{bmatrix} \begin{bmatrix} x1(t) \\ x2(t) \\ x3(t) \end{bmatrix}$$

或

$$\dfrac{d}{dt} X = AX$$

其中，A 為 n×n 的矩陣，X 為 n 階行向量。令 $X = PY$，則上述的方程組可改寫如下：

$$P\dfrac{d}{dt} Y = APY$$

$$\dfrac{d}{dt} Y = (P^{-1}AP) Y = DY$$

此處利用了矩陣的對角化過程來簡化微分方程組，D 即為對角矩陣，P 為對角化轉換矩陣，根據此定義，則矩陣 Y 可輕鬆的如下求解：

$$\dfrac{d}{dt} \begin{bmatrix} y1(t) \\ y2(t) \\ y3(t) \end{bmatrix} = \begin{bmatrix} \lambda_1 & 0 & 0 \\ 0 & \lambda_2 & 0 \\ 0 & 0 & \lambda_3 \end{bmatrix} \begin{bmatrix} y1(t) \\ y2(t) \\ y3(t) \end{bmatrix}, \begin{bmatrix} y1(t) \\ y2(t) \\ y3(t) \end{bmatrix} = \begin{bmatrix} C1\, e^{\lambda_1 t} \\ C2\, e^{\lambda_2 t} \\ C3\, e^{\lambda_3 t} \end{bmatrix}$$

最後再將 Y 之結果代回 X，此即為微分方程組之解：

$$\begin{bmatrix} x1 \\ x2 \\ x3 \end{bmatrix} = [P] \begin{bmatrix} y1(t) \\ y2(t) \\ y3(t) \end{bmatrix} = \begin{bmatrix} a11\, e^{\lambda_1 t} + a12\, e^{\lambda_2 t} + a13\, e^{\lambda_3 t} \\ a21\, e^{\lambda_1 t} + a22\, e^{\lambda_2 t} + a23\, e^{\lambda_3 t} \\ a31\, e^{\lambda_1 t} + a32\, e^{\lambda_2 t} + a33\, e^{\lambda_3 t} \end{bmatrix}$$

以下為一個簡單的範例：

$$\frac{d}{dt} x(t) = 4\,x(t) + y(t) + 3\,z(t)$$

$$\frac{d}{dt} y(t) = x(t) - z(t)$$

$$\frac{d}{dt} z(t) = 3\,x(t) - y(t) + 4\,z(t)$$

透過本章的「10.5 線性系統的特性分析」，我們可以將此線性系統快速轉換成矩陣來描述：

$eq1 := \frac{d}{dt} x(t) = 4\,x(t) + y(t) + 3\,z(t) :$

$eq2 := \frac{d}{dt} y(t) = x(t) - z(t) :$

$eq3 := \frac{d}{dt} z(t) = 3\,x(t) - y(t) + 4\,z(t) :$

$with(LinearAlgebra) :$
$A, b := GenerateMatrix([eq1, eq2, eq3], [x(t), y(t), z(t)]) :$
A

$$\begin{bmatrix} -4 & -1 & -3 \\ -1 & 0 & 1 \\ -3 & 1 & -4 \end{bmatrix}$$

令 $X = \begin{bmatrix} x(t) \\ y(t) \\ z(t) \end{bmatrix} = PY$，且 $Y = \begin{bmatrix} x\_y(t) \\ y\_y(t) \\ z\_y(t) \end{bmatrix}$，則上述線性系統可改寫成：

$$\frac{d}{dt} Y = P^{-1} A P Y$$

$X := \begin{bmatrix} x(t) \\ y(t) \\ z(t) \end{bmatrix} : Y := \begin{bmatrix} x\_y(t) \\ y\_y(t) \\ z\_y(t) \end{bmatrix} :$

$P := Eigenvectors(A)$

$$\begin{bmatrix} -2 \\ -7 \\ 1 \end{bmatrix}, \begin{bmatrix} -1 & 1 & -1 \\ -1 & 0 & 2 \\ 1 & 1 & 1 \end{bmatrix}$$

$M\_P := Matrix(3, \{(1, 1) = P[1][1], (2, 2) = P[1][2], (3, 3) = P[1][3]\})$

Chapter 10　線性代數的應用

$$\begin{bmatrix} -2 & 0 & 0 \\ 0 & -7 & 0 \\ 0 & 0 & 1 \end{bmatrix}$$

並且可得到，$\begin{bmatrix} \frac{d}{dx} x\_y(t) \\ \frac{d}{dt} y\_y(t) \\ \frac{d}{dt} z\_y(t) \end{bmatrix} = \begin{bmatrix} 1 & 0 & 0 \\ 0 & -2 & 0 \\ 0 & 0 & -7 \end{bmatrix} \begin{bmatrix} x\_y(t) \\ y\_y(t) \\ z\_y(t) \end{bmatrix} = \begin{bmatrix} -2x\_y(t) \\ -7y\_y(t) \\ z\_y(t) \end{bmatrix}$ 的結果：

$f := x \rightarrow \text{diff}(x, t) :$
$d\_Y := \text{map}(f, Y) = M\_P.Y$

$$\begin{bmatrix} \frac{d}{dt} x\_y(t) \\ \frac{d}{dt} y\_y(t) \\ \frac{d}{dt} z\_y(t) \end{bmatrix} = \begin{bmatrix} -2\, x\_y(t) \\ -7\, y\_y(t) \\ z\_y(t) \end{bmatrix}$$

接著以第九章中介紹過的 *dsolve* 指令求解此關係式，可得 Y 之值如下：

$sol\_y := \text{dsolve}(d\_Y)$

$\{x\_y(t) = \_C3\, e^{-2t},\, y\_y(t) = \_C2\, e^{-7t},\, z\_y(t) = \_C1\, e^{t}\}$

$sol\_Y := \text{Matrix}(3, 1, \{\,(1,1) = rhs(sol\_y[1]),\, (2,1) = rhs(sol\_y[2]),\, (3,1)$
　　$= rhs(sol\_y[3])\,\})$

$$\begin{bmatrix} \_C3\, e^{-2t} \\ \_C2\, e^{-7t} \\ \_C1\, e^{t} \end{bmatrix}$$

再以 X=PY 代回原式，即可得到 X 之解：

$eq\_X := X = P[2].sol\_Y$

$$\begin{bmatrix} x(t) \\ y(t) \\ z(t) \end{bmatrix} = \begin{bmatrix} -\_C3\, e^{-2t} + \_C2\, e^{-7t} - \_C1\, e^{t} \\ -\_C3\, e^{-2t} + 2\, \_C1\, e^{t} \\ \_C3\, e^{-2t} + \_C2\, e^{-7t} + \_C1\, e^{t} \end{bmatrix}$$

當然,並不是每個矩陣均可被對角化,若方程組之係數矩陣為一不可對角化的矩陣,則可使用高斯喬登方法,求解微分方程組。此處以一非齊次的微分方程組為例,若已知 $\frac{d}{dt}X=AX+f(t)$,令 $X=QY$,且 $Q^{-1}AQ=J$,J 為喬登矩陣,Q 為喬登轉換矩陣。則方程組可改寫如下:

$$P\frac{d}{dt}Y=AQY+f(t)$$

$$\frac{d}{dt}Y=JY+Q^{-1}f(t)$$

意即

$$\frac{d}{dt}\begin{bmatrix}Y1\\Y2\\Y3\end{bmatrix}=\begin{bmatrix}\lambda 1 & 1 & 0\\0 & \lambda 2 & 1\\0 & 0 & \lambda 3\end{bmatrix}\begin{bmatrix}Y1\\Y2\\Y3\end{bmatrix}+P^{-1}f(t)$$

求解矩陣 Y 後,再將 X=QY 代回即可求解 X。以下為一不可對角化的微分方程組求解範例:

$$\frac{d}{dt}x_1(t)+\frac{d}{dt}x_2(t)=2x_1(t)+3x_2(t)+11x_3(t)+1+t$$

$$\frac{d}{dt}x_2(t)+\frac{d}{dt}x_3(t)=2x_2(t)+7x_3(t)+t+e^t$$

$$\frac{d}{dt}x_1(t)+\frac{d}{dt}x_3(t)=2x_1(t)+1x_2(t)+8x_3(t)+1+e^t$$

由於此方程組較為複雜,首先,我們先以 *solve* 指令進行化簡,將其化為:

$eq1:=\frac{d}{dt}x_1(t)+\frac{d}{dt}x_2(t)=2x_1(t)+3x_2(t)+11x_3(t)+1+t:$

$eq2:=\frac{d}{dt}x_2(t)+\frac{d}{dt}x_3(t)=2x_2(t)+7x_3(t)+t+e^t:$

$eq3:=\frac{d}{dt}x_1(t)+\frac{d}{dt}x_3(t)=2x_1(t)+1x_2(t)+8x_3(t)+1+e^t:$

$sol:=solve\left(\{eq1,eq2,eq3\},\left[\frac{d}{dt}x_1(t),\frac{d}{dt}x_2(t),\frac{d}{dt}x_3(t)\right]\right)$

Chapter 10　線性代數的應用

$$\left[\left[\frac{d}{dt}x_1(t) = 1 + 6x_3(t) + x_2(t) + 2x_1(t), \frac{d}{dt}x_2(t) = 5x_3(t) + 2x_2(t) + t, \frac{d}{dt}x_3(t) = 2x_3(t) + e^t\right]\right]$$

上述的結果可整理如下：

$Eq1 := rhs(sol[1][1]) = 0:$
$Eq2 := rhs(sol[1][2]) = 0:$
$Eq3 := rhs(sol[1][3]) = 0:$

$with(LinearAlgebra):$
$A, F := GenerateMatrix([Eq1, Eq2, Eq3], [x_1(t), x_2(t), x_3(t)]):$
A

$$\begin{bmatrix} 2 & 1 & 6 \\ 0 & 2 & 5 \\ 0 & 0 & 2 \end{bmatrix}$$

F

$$\begin{bmatrix} -1 \\ -t \\ -e^t \end{bmatrix}$$

令 $X = \begin{bmatrix} x_1(t) \\ x_2(t) \\ x_3(t) \end{bmatrix} = PY$，且 $Y = \begin{bmatrix} \_x_1(t) \\ \_x_2(t) \\ \_x_3(t) \end{bmatrix}$，首先，我們可嘗試以 $\frac{d}{dt}Y =$

$= P^{-1}AP - P^{-1}F$

$X := \begin{bmatrix} x_1(t) \\ x_2(t) \\ x_3(t) \end{bmatrix} : Y := \begin{bmatrix} \_x_1(t) \\ \_x_2(t) \\ \_x_3(t) \end{bmatrix} :$

$P := Eigenvectors(A)$

$$\begin{bmatrix} 2 \\ 2 \\ 2 \end{bmatrix}, \begin{bmatrix} 1 & 0 & 0 \\ 0 & 0 & 0 \\ 0 & 0 & 0 \end{bmatrix}$$

第一本入門 Maple 的必讀寶典 —
現在，數學可以這樣算！

🔍 Key

特別注意的是，以 *GenerateMatrix* 將線性系統化為矩陣時，會將變數項與常數項分置等號兩側，致使常數項多一負號，故此處以 $-P^{-1}F$ 修正此負號。

然而此係數矩陣 A 之特徵值為三重根，矩陣 A 無法進行對角化，故需以高斯喬登矩陣改寫此系統，此處透過 *JordanForm* 指令計算喬登矩陣與喬登轉換矩陣：

$J := JordanForm(A)$

$$\begin{bmatrix} 2 & 1 & 0 \\ 0 & 2 & 1 \\ 0 & 0 & 2 \end{bmatrix}$$

$Q := JordanForm(A, output = 'Q')$

$$\begin{bmatrix} 5 & 0 & 0 \\ 0 & 5 & -6 \\ 0 & 0 & 1 \end{bmatrix}$$

我們可驗證喬登矩陣與喬登轉換矩陣的關係，意即矩陣 Q 與矩陣 J 滿足 $Q^{-1}AQ = J$：

$Q^{-1}.A.Q$

$$\begin{bmatrix} 2 & 1 & 0 \\ 0 & 2 & 1 \\ 0 & 0 & 2 \end{bmatrix}$$

以同樣的方法，透過 $\dfrac{d}{dt} Y = Q^{-1}AQ + Q^{-1}F$ 改寫上述線性系統，並以 *dsolve* 指令求解：

$f := x \to diff(x, t):$
$d\_Y := map(f, Y) = J.Y + Q^{-1}.F$

Chapter 10 線性代數的應用

$$\begin{bmatrix} \dfrac{\mathrm{d}}{\mathrm{d}t}\_x_1(t) \\ \dfrac{\mathrm{d}}{\mathrm{d}t}\_x_2(t) \\ \dfrac{\mathrm{d}}{\mathrm{d}t}\_x_3(t) \end{bmatrix} = \begin{bmatrix} 2\_x_1(t) + \_x_2(t) - \dfrac{1}{5} \\ 2\_x_2(t) + \_x_3(t) - \dfrac{1}{5}t - \dfrac{6}{5}e^t \\ 2\_x_3(t) - e^t \end{bmatrix}$$

$sol\_y := dsolve(d\_Y) :$
$sol\_Y := Matrix(3, \{ (1,1) = rhs(sol\_y[1]), (2,2) = rhs(sol\_y[2]),$
$\quad (3,3) = rhs(sol\_y[3]) \})$

$$\left[\left[\dfrac{1}{2}e^{2t}\_C3\,t^2 + e^{2t}\_C2\,t + \_C1\,e^{2t} - \dfrac{1}{5}e^t - \dfrac{1}{20}t + \dfrac{1}{20},\, 0,\, 0\right],\right.$$
$$\left[0,\, \dfrac{1}{10}t + e^{2t}\_C3\,t + \dfrac{1}{5}e^t + \dfrac{1}{20} + e^{2t}\_C2,\, 0\right],$$
$$\left.\left[0,\, 0,\, e^t + e^{2t}\_C3\right]\right]$$

最後再以 X=QY 代回原式，求解 X：

$$X := \begin{bmatrix} x_1(t) \\ x_2(t) \\ x_3(t) \end{bmatrix} :$$

$eq\_X := X = Q.sol\_Y$

$$\begin{bmatrix} x_1(t) \\ x_2(t) \\ x_3(t) \end{bmatrix} = \left[\left[\dfrac{5}{2}e^{2t}\_C3\,t^2 + 5\,e^{2t}\_C2\,t + 5\_C1\,e^{2t} - e^t - \dfrac{1}{4}t + \dfrac{1}{4},\, 0,\, 0\right],\right.$$
$$\left[0,\, \dfrac{1}{2}t + 5\,e^{2t}\_C3\,t + e^t + \dfrac{1}{4} + 5\,e^{2t}\_C2,\, -6\,e^t - 6\,e^{2t}\_C3\right],$$
$$\left.\left[0,\, 0,\, e^t + e^{2t}\_C3\right]\right]$$

由於在計算機數學當中，矩陣的對角化、特徵向量與喬登變換等方法，均擁有一制式的求解過程，編程上十分容易，故此方法被廣泛應用於求解大型複雜的聯立微分方程組。

Chapter 11

複變數運算

　　複變函數興起於十九世紀,當時的數學家公認複變函數為數學中最富饒的分支,並且稱讚它是抽象科學中最和諧的理論之一。其最早是誕生於達朗貝爾一篇關於流體力學的論文當中,隨其演進,至今除工程科學外,在物理學中亦扮演著舉足輕重的角色。

　　複變函數主要的核心價值在於解析函數理論、黎曼曲面與柯西積分定理等。在本章中,我們將帶您認識如何透過 Maple 處理複變函數中的各種問題。

本章學習目標

- ◆ 複數的基本指令
- ◆ 複變函數與黎曼曲面
- ◆ 複變函數的微分
- ◆ 複變函數的積分
- ◆ 級數解與留數定理

11.1 複數代數的運算

11.1.1 基本的複數指令

Maple 中表示虛數 i 的是符號是 I，不需要特別進行任何宣告或定義，當使用者在 Maple 的工作視窗中輸入 I 時，就會被自動視為是虛數 i，以下為一個簡單的範例：

$$\sqrt{-1} = I$$
$$I^2 = -1$$

當我們對 –1 取根號時，Maple 即會計算出虛數 I。同樣的，若我們計算 I 平方的值，將會得到 –1 的結果。

根據複數的定義，Maple 提供了一系列的指令，用以計算一複數中的實部、虛部、絕對值、共軛複數與幅角主值：

指令	說明
$Re(x)$	計算複數 x 的實部
$Im(x)$	計算複數 x 的虛部
$abs(x)$	計算複數 x 的模數 (Modulus)
$conjugate(x)$	計算複數 x 的共軛複數
$argument(z)$	計算複數 z 的幅角主值

$$C := -2 + 2I:$$
$$Re(C) = -2$$
$$Im(C) = 2$$
$$abs(C) = 2\sqrt{2}$$
$$conjugate(C) = -2 - 2I$$
$$argument(C) = \frac{3}{4}\pi$$

11.1.2 複數平面與保角映射

複數平面 (Complex Plane) 以笛卡兒平面為基礎，定義了複數的幾何樣貌，其中，橫軸為實數軸，縱軸為虛數軸。*complexplot* 與 *complexplot3d* 指令，可以分別在二維複數平面與三維複數平面上繪製包含虛數的函數圖形，其存放在函式庫 ***plots*** 中，使用前需先行呼叫。

指令	說明
complexplot(C(t), t=a..b,opts)	在二維複數平面上繪製 t 介於 a 與 b 之間的函數 $C(t)$
complexplot3d(C(t), t=a+bI..c+dI,opts)	在三維複數平面上繪製 t 介於 $a+bI$ 與 $c+dI$ 之間的函數 $C(t)$

$with(plots):$
$C := 2\,t + t \cdot I:$
$complexplot(C, t=-1..1)$

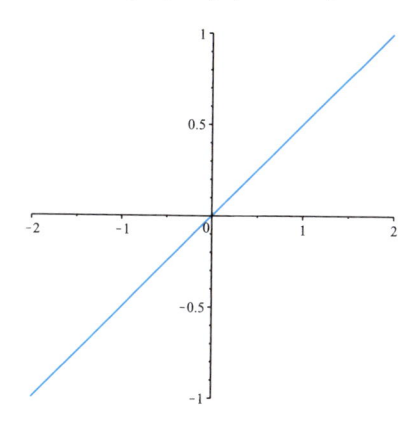

上例是一個包含虛數項的函數 $2t+tI$，描繪其 t 介於 -1 與 1 之間時，在複數平面上之軌跡。

與指令 *plot* 類似，*complexplot* 也可以直接透過數據資料點繪製圖形，譬如：

```
with(plots):
seq_C := seq(2 t + t· I, t=-1..1, 0.1):
complexplot([seq_C], style=point)
```

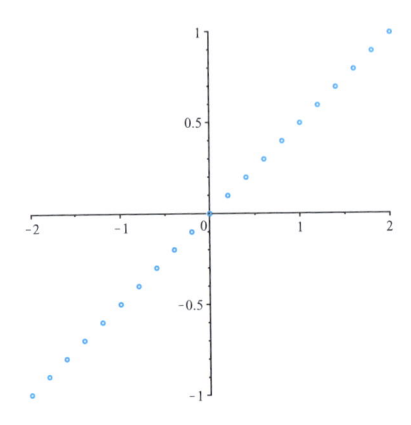

此處我們使用 seq 指令，將上例中的函數以間隔 0.1 進行數據點取樣並定義為串列 seq_C，再將其以中括號定義為陣列並透過 complexplot 進行繪製。讀者可將此處的圖形結果與前例中的斜直線進行比較。

complexplot3d 會以函數的絕對值作為 Z 軸，於三維的複數平面上繪製三維圖形：

```
with(plots):
complexplot3d(C², C=-1 - I..1 + I)
```

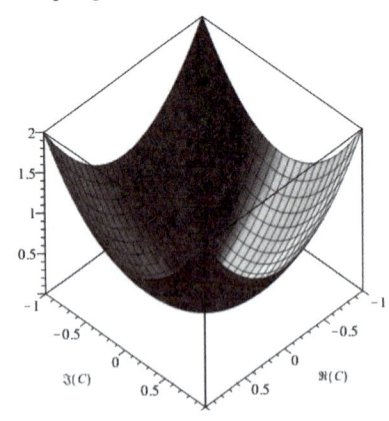

與單純在複數平面上描繪包含複數的函數 complexplot 及 complexplot3d 不同，保角映射可允許使用者在笛卡兒座標上描繪複數函數的幾何特性。

Chapter 11 複變數運算

若對於每一個複數自變數 z，皆有一個以上的複數應變數 w，滿足 w = f(z)，則稱 w 為複數函數。以 w = z^2 為例，若 z = x + yI，且 x、y 為實數，則根據不同的複變自變數 z，可計算出不同的複數應變數 w：

z := 2 + 2·I:
w := z^2 = 8 I
z := 1 − 3·I:
w := z^2 = -8 − 6 I

使用 **plots** 函式庫中的 conformal，可透過 z = x + yi，將複數函數 F(z) 由 a+bI 變化到 c+dI 的過程，保角映射到二維平面 a ≤ x ≤ b 與 c ≤ y ≤ d 上。

指令	說明
conformal(F(z), z=a+bI..c+dI)	將複數函數 F(z)，在 a+bI 變化到 c+dI 的實部與虛部，保角映射到二維平面的橫軸與縱軸上。

with(plots):
conformal(z^2, z = -1 − I..1 + I)

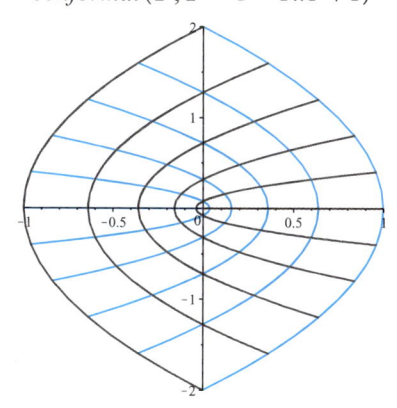

我們也可將此複數函數 w 的實部、虛部與絕對值，分別定為 X、Y 與 Z，映射至直角坐標系，然後以 plot3d 繪製同樣的圖形：

$assume(x, real, y, real):$
$z := x + I \cdot y:$
$w := z^2:$
$\operatorname{Re}(w) = x\mathord{\sim}^2 - y\mathord{\sim}^2$
$\operatorname{Im}(w) = 2\, x\mathord{\sim} y\mathord{\sim}$
$|w| = x\mathord{\sim}^2 + y\mathord{\sim}^2$
$plot3d([\operatorname{Re}(w), \operatorname{Im}(w), |w|], x = -1 ..1, y = -1 ..1, labels = ["X", "Y", "Z"])$

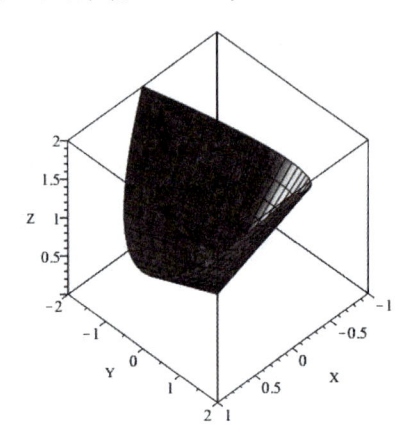

若我們將此圖形投影在 X-Y 平面，將會得到跟 conformal 一樣的結果：

$plot3d([\operatorname{Re}(w), \operatorname{Im}(w), |w|], x = -1 ..1, y = -1 ..1, labels = ["X", "Y", "Z"], orientation = [90, 0, 0])$

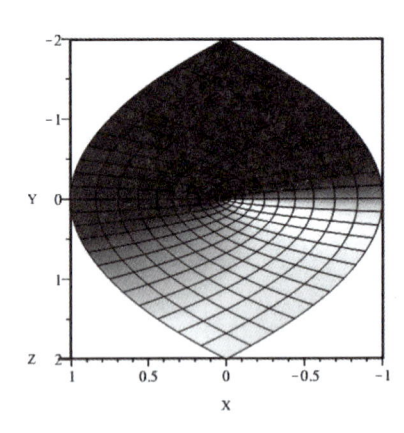

黎曼曲面 (Riemann Surface) 是一種將複數平面加上一個無窮遠點的擴充複平面 (Extended Complex Plane)，此定義使得 $\frac{1}{0} = \infty$ 在某些情況下有意義。其在量子力學、弦論與天文學中應用十分廣泛。

410

conformal3d 與 *conformal* 指令大抵相同，只不過 *conformal3d* 係將複數函數 *F(z)* 保角映射 (Conformal Mapping) 至黎曼曲面上，我們可透過 *conformal3d* 重新計算上例中的複數函數，其在 *x-y* 平面上的投影將會與 *conformal* 繪製之圖形結果非常相似：

指令	說明
conformal3d(F(z),w=a+bI..c+dI)	將複數函數 *F(z)*，在 *a+bI* 變化到 *c+dI* 的實部與虛部，保角映射至黎曼曲面上。

$conformal3d(z^2, z=-1-I..1+I, orientation=[-90, 0, 180])$

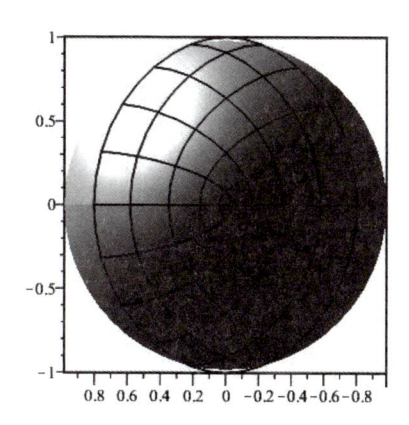

11.2 複數的表示式

11.2.1 極座標

複數平面上的任一點 $Z(x, y)$，若以極座標描述，則此點之座標如下：

$x = r \cdot \cos(\theta)$
$y = r \cdot \sin(\theta)$

其中，$r = \sqrt{x^2 + y^2}$，$\theta = \tan^{-1}\left(\dfrac{y}{x}\right)$

故 Z 點之值可被改寫如下：

$$Z = r \cdot (\cos(\theta) + I \cdot \sin(\theta))$$

此處之 r 為複數 Z 之模數，而 θ 為複數 Z 之幅角主值。透過 *convert*，我們可將 Z 轉換成極式，驗證模數、幅角主值與座標點 x、y 之間的關係：

$C := x + I \cdot y:$
$Z := convert(C, \text{polar}) = \text{polar}(|x + Iy|, \text{argument}(x + Iy))$
$op(C) = |x + Iy|, \text{argument}(x + Iy)$

$changecoords(Z, [x, y], \text{polar}, [r, \theta]) = r\cos(\theta) + I r\sin(\theta)$
$changecoords(Z, [x, y], \text{polar}, [op(C)[1], op(C)[2]]) =$
$|x + Iy|\cos(\text{argument}(x + Iy)) + I|x + Iy|\sin(\text{argument}(x + Iy))$

若我們將 11.2.1 節中的範例 $C = t + tI$ 以模數與三角函數化為極式，並繪製圖形，結果將會與 11.1.2 節中一致：

$with(plots):$
$C := t + tI:$
$Z := |C|(\cos(\text{argument}(C)) + I\sin(\text{argument}(C)))$
$|t + It|(\cos(\text{argument}(t + It)) + I\sin(\text{argument}(t + It)))$
$complexplot(Z, t = -1..1)$

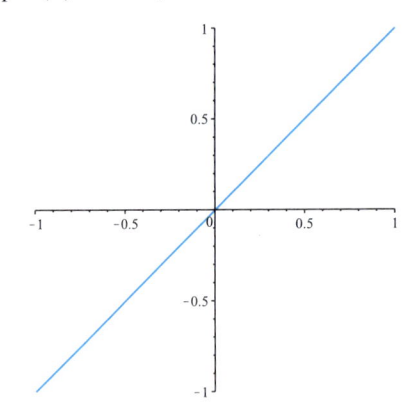

以極式為基礎的複數係由三角函數所描述，在此前提下，隸美弗定理定義了複數在進行次方運算時，三角函數與複數的關係：

$z = r(\cos(\theta) + I \cdot \sin(\theta))$
$z^n = r^n \cdot (\cos(n\theta) + I \cdot \sin(n\theta))$

以下為一個簡單的範例，此處我們嘗試以 Maple 計算複數 $Z = -32$ 的 5 次方根：

Chapter 11 複變數運算

$Z := -32:$
$a := |Z| = 32$
$b := \text{argument}(Z) = \pi$
$S := seq\left(a^{\frac{1}{5}} \cdot \left(\cos\left(\frac{2k\pi}{5}\right) + I \cdot \sin\left(\frac{2k\pi}{5}\right)\right), k = 1..5\right)$

$32^{1/5}\left(\cos\left(\frac{2}{5}\pi\right) + I\sin\left(\frac{2}{5}\pi\right)\right), 32^{1/5}\left(-\cos\left(\frac{1}{5}\pi\right)\right.$
$\left. + I\sin\left(\frac{1}{5}\pi\right)\right), 32^{1/5}\left(-\cos\left(\frac{1}{5}\pi\right) - I\sin\left(\frac{1}{5}\pi\right)\right),$
$32^{1/5}\left(\cos\left(\frac{2}{5}\pi\right) - I\sin\left(\frac{2}{5}\pi\right)\right), 32^{1/5}$

若我們將這五個點繪製在複數平面上,則由於三角函數的週期性,當整數 k 的值大於 5 時,Z^n 之值將會重複出現:

$Z^6 = Z^1 = a^{\frac{1}{5}} \cdot subs\left(k = 6, \cos\left(\frac{2k\pi}{5}\right) + I \cdot \sin\left(\frac{2k\pi}{5}\right)\right)$

$$32^{1/5}\left(\cos\left(\frac{12}{5}\pi\right) + I\sin\left(\frac{12}{5}\pi\right)\right)$$

$Z^7 = Z^2 = a^{\frac{1}{5}} \cdot subs\left(k = 7, \cos\left(\frac{2k\pi}{5}\right) + I \cdot \sin\left(\frac{2k\pi}{5}\right)\right)$

$$32^{1/5}\left(\cos\left(\frac{14}{5}\pi\right) + I\sin\left(\frac{14}{5}\pi\right)\right)$$

$Z^8 = Z^3 = a^{\frac{1}{5}} \cdot subs\left(k = 8, \cos\left(\frac{2k\pi}{5}\right) + I \cdot \sin\left(\frac{2k\pi}{5}\right)\right)$

$$32^{1/5}\left(\cos\left(\frac{16}{5}\pi\right) + I\sin\left(\frac{16}{5}\pi\right)\right)$$

且這些點將彼此等距,並位於圓心為 0、半徑為 $|\sqrt[5]{Z}|$ 的圓之圓周上:

$Z := -32$
$C := convert(Z, polar) = polar(32, \pi)$
$Plot\_A := complexplot(\{S\}, style = point, symbolsize = 20, color = \text{"Blue"}):$
$Plot\_B := complexplot\left(\left\{a^{\frac{1}{5}} \cdot \left(\cos\left(\frac{2k\pi}{5}\right) + I \cdot \sin\left(\frac{2k\pi}{5}\right)\right)\right\}, k = -\pi..\pi\right):$
$display(Plot\_A, Plot\_B)$

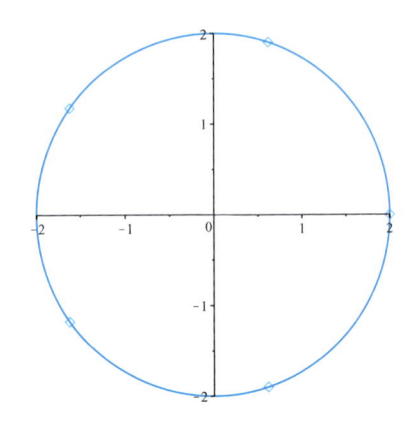

11.2.2 複數尤拉式

除了以三角函數將複數以極式的方式呈現外,以自然指數 (Exponential) 描述複數的尤拉式也是複變函數中常見的表示式之一。

若我們透過 convert 改寫三角函數,可發現三角函數與自然指數間存在下列關係:

$$convert(\cos(\theta), \exp) = \frac{1}{2} e^{I\theta} + \frac{1}{2} e^{-I\theta}$$

$$convert(\sin(\theta), \exp) = -\frac{1}{2} I \left(e^{I\theta} - e^{-I\theta} \right)$$

故複數的極式可以改寫成:

$$Z := r \cdot (\cos(\theta) + I \cdot \sin(\theta)) :$$

$$Z\_E := subs\left(\cos(\theta) = \frac{e^{I \cdot \theta} + e^{-I \cdot \theta}}{2}, \sin(\theta) = \frac{e^{I \cdot \theta} - e^{-I \cdot \theta}}{2 \cdot I}, Z\right) = r\, e^{I\theta}$$

上式即為尤拉式 (Euler),其中 r 為此複數之模數、θ 為此複數之幅角主值。同樣的,若我們以模數與幅角主值計算 11.1.2 節中的範例,結果也會完全相同:

$$C := 2\,t + t\,I :$$
$$Z := abs(C)\, e^{I\,argument(C)} :$$
$$complexplot(Z, t = -1..1)$$

Chapter 11　複變數運算

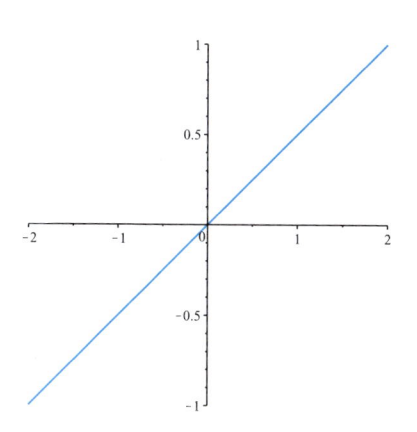

尤拉式以自然指數定義了三角函數。下例是一個三角函數組成之等式，現在，透過尤拉式我們可證明此關係式成立：

$$\frac{3}{4}\sin(\theta) - \frac{1}{4}\sin(3\theta) = \sin^3(\theta)$$

首先，透過尤拉式，以自然指數改寫 $\sin(\theta)$：

$$\frac{3}{4}\sin(\theta) - \frac{1}{4}\sin(3\theta) = \frac{3}{4}\cdot\left(\frac{e^{I\cdot\theta}-e^{-I\cdot\theta}}{2\cdot I}\right) - \frac{1}{4}\cdot\left(\frac{e^{I\cdot 3\cdot\theta}-e^{-I\cdot 3\cdot\theta}}{2\cdot I}\right)$$

接著將 $\dfrac{3}{4}\cdot\left(\dfrac{e^{I\cdot\theta}-e^{-I\cdot\theta}}{2\cdot I}\right) - \dfrac{1}{4}\cdot\left(\dfrac{e^{I\cdot 3\cdot\theta}-e^{-I\cdot 3\cdot\theta}}{2\cdot I}\right)$ 展開：

$$f := \mathit{expand}\left(\frac{3}{4}\cdot\left(\frac{e^{I\cdot\theta}-e^{-I\cdot\theta}}{2\cdot I}\right) - \frac{1}{4}\cdot\left(\frac{e^{I\cdot 3\cdot\theta}-e^{-I\cdot 3\cdot\theta}}{2\cdot I}\right)\right)$$

$$\frac{1}{8}I\left(e^{I\theta}\right)^3 - \frac{3}{8}Ie^{I\theta} + \frac{\frac{3}{8}I}{e^{I\theta}} - \frac{\frac{1}{8}I}{\left(e^{I\theta}\right)^3}$$

再將此函數透過 *convert* 轉換成三角函數

$t := \mathit{convert}(f,\mathit{trig}) =$

$$\frac{1}{8}I\left(\cos(\theta) + I\sin(\theta)\right)^3 - \frac{3}{8}I\left(\cos(\theta) + I\sin(\theta)\right) + \frac{\frac{3}{8}I}{\cos(\theta) + I\sin(\theta)}$$

$$-\frac{\frac{1}{8}I}{\left(\cos(\theta) + I\sin(\theta)\right)^3}$$

415

化簡後即可得到 $\sin(\theta)^3$ 的結果：

$simplify(t) = \sin(\theta)^3$

11.3　複數函數的極限與微分

計算複數值的極值，與計算實數值十分相似，以第八章中介紹的 *limit*，即可計算複數值的極值：

$limit\left(\left(\dfrac{1+I}{2}\right)^n, n = infinity\right) = 0$

若欲以 *limit* 計算複數函數的極值，需以 *complex* 定義一變數為複數。以下為一個簡單的範例：

$limit\left(\dfrac{1}{x}, x = 0\right) = undefined$

$limit\left(\dfrac{1}{x}, x = 0, complex\right) = \infty - \infty\, I$

上例中，在 x 趨近於 0 時，實數函數 $\dfrac{1}{x}$ 的極值沒有定義，故會得到 *undefined* 的結果。若我們將 x 定義為複數函數，則由於黎曼曲面上定義了無窮遠點，使得 $\dfrac{1}{0}$ 有意義，故當 x 值趨近於 0 時，$\dfrac{1}{x}$ 趨近於 $\infty + \infty \cdot I$。

以 Maple 計算複數的微分時較為複雜。由於廣義的複數函數亦包含了實數函數，而實數函數的共軛函數依然為實數，故有些不可解析的複數函數亦可能存在其導數。以下是一個有趣的範例：

$f := z \rightarrow conjugate(z) :$

$diff(f(z), z) = -\dfrac{\overline{z}}{z} + \dfrac{2\,abs(1, z)}{signum(z)}$

我們知道複數函數 $f(z) = \overline{z}$ 是不可解析的，然而 Maple 卻計算出 $f(z)$ 的導數，這是在計算複數函數微分時常遇到的問題。

Chapter 11 複變數運算

在 Maple 中，|z| 的導數定義為 abs(1,z)，而 signum(z) 則為 z 的**符號函數** (Sign Function)，符號函數 signum(z) 在 $z>1$、$z<1$ 與 $z=1$ 時，分別輸出 1、–1 與 0 的結果。若我們將 z 以 *assume* 函數定義為實數，將可得到答案 1：

$f := z \rightarrow conjugate(z) :$
$diff(f(z), z) \text{ assuming } z :: real = 1$

除了 Maple 中由於變數定義所造成的計算差異外，在數學上，依據複數函數定義的不同，複數函數的導數也可能有迥異的結果。

在傳統的複數函數計算中，**柯西 - 黎曼方程式** (Cauchy-Riemann Equations) 對一個複數函數是否可微分，給出了一個明確的判斷方法。若複數函數為 $f(z) = u(x, y) + I \cdot v(x, y)$，則此函數從 x 軸與 y 軸方向逼近點 (x_0, y_0) 處的極限，將可計算如下：

$f := (x, y) \rightarrow u(x, y) + I \cdot v(x, y) :$

$$\lim_{x_0 \to 0} \frac{f(x+x_0, y) - f(x, y)}{x_0} = D_1(u)(x, y) + I\, D_1(v)(x, y)$$

$$\lim_{y_0 \to 0} \frac{f(x, y+y_0) - f(x, y)}{I \cdot y_0} = -I\left(D_2(u)(x, y) + I\, D_2(v)(x, y)\right)$$

當兩極值相等時，極限存在，且此函數可微分。亦即複數函數 f(z) 可解析的充要條件為：

$$\frac{\partial}{\partial x} u(x, y) = \frac{\partial}{\partial y} v(x, y)$$

$$\frac{\partial}{\partial x} v(x, y) = -\frac{\partial}{\partial y} u(x, y)$$

然而，柯西 - 黎曼方程式的定義，並不能處理**反全純函數** (Nonholomorphic Function) 的微分問題。**Wirtinger 導數運算子** (Wirtinger Derivatives) 定義了六種反全純函數 $|z|$, $\arg(z)$, $\bar{z}$, $\Re(z)$, $\Im(z)$, $signum(z)$，對複數函數的微分做出了另一個詮釋。

若複數平面 C 定義為實數 x、y 所構築之二維平面，則根據 Wirtinger 導數運算子，z 的導數可定義如下：

$$\frac{\partial}{\partial z} = \frac{1}{2}\left(\frac{\partial}{\partial x} - I \cdot \frac{\partial}{\partial y}\right)$$

$$\frac{d}{d\bar{z}} = \frac{1}{2}\left(\frac{d}{dx} - I \cdot \frac{d}{dy}\right)$$

故，此時複數函數 $f(z)=\bar{z}$ 的導數可重新計算如下：

$f := (x, y) \rightarrow conjugate(x + I \cdot y) :$
$\frac{1}{2} \cdot \left(\frac{\partial}{\partial x} evalc(f(x,y)) - I \cdot \frac{\partial}{\partial y} evalc(f(x,y)) \right) = 0$

Maple 18 版之後，使用者也可透過 **Physics** 函式庫定義 Wirtinger 導數運算子，而當使用者進行反全純函數的微分運算時，將會得到與傳統不同之結果：

$with(Physics, diff) : Physics\text{:-}Setup(usewirtingerderivatives = true) :$
$diff(conjugate(z), z) = 0$

🔍 Key

對 Wirtinger 導數運算子有興趣的讀者，可在 Maple 協助中搜尋「Physics, Setup」來了解其在 Maple 中的定義。本章節仍以柯西黎曼定義之複數函數為主進行討論。

11.4 複數函數的積分

11.4.1 路徑積分

一複數函數 $f(z)$ 包含實數項與虛數項，其函數值將隨著複數平面上的位置而改變，故屬於路徑積分，不能直接以 *int* 進行計算。

若 $f(z)$ 在複數平面上的有限長曲線 C 的每一點均連續，則複數函數 $f(z)$ 在曲線 C 的複數路徑積分可定義如下：

$$\oint f(z)dz = \int_a^b f(z(t)) \cdot z'(t) \, dt$$

其中，$z(t)$ 為曲線 C 的參數式，$z(a)$ 與 $z(b)$ 為曲線線段 C 的兩端點。

以下為透過 *int* 進行複數路徑積分的一個簡單範例，首先，我們先定義一不可解析之複數函數 $f(z) = \sqrt{z}$：

$f := x \rightarrow conjugate(x) :$
$f(z) = \bar{z}$

Chapter 11　複變數運算

若一曲線線段 $t^2+t\cdot I$ 的兩端點分別為 0 與 9+3I，則線積分可計算如下。首先，計算此積分的積分界線：

$z := t \to t^2 + t\cdot I:$
$solve(z(a) = 0) = 0, -I$
$solve(z(b) = 9 + 3\cdot I) = 3, -3 - I$
$int\left(f(z(t))\cdot \dfrac{d}{dt}z(t), t = 0..3\right) = 45 - 9\,I$

由於曲線兩端點所對應的 a 與 b 值為實數，故此處以 a = 0 與 b = 3 作為積分界線進行線積分。

不同的積分路徑可能會得到不同的積分結果。

我們可以將上例中沿著 $t^2+t\cdot I$ 線段的線積分，改為由 z = 0 積分至 z = 9 之線積分，與由 z = 9 積分至 z = 9+3I 之線積分的和，並重新計算其結果：

$f := x \to conjugate(x):$
$f(z) = \overline{z}$
$z1 := t \to t:$
$solve(z1(a1) = 0) = 0$
$solve(z1(b1) = 9) = 9$
$I1 := int\left(f(z1(t))\cdot \dfrac{d}{dt}z1(t), t = 0..9\right) = \dfrac{81}{2}$
$z2 := t \to 9 + t\cdot I:$
$solve(z2(a2) = 9) = 0$
$solve(z2(b2) = 9 + 3\cdot I) = 3$
$I2 := int\left(f(z2(t))\cdot \dfrac{d}{dt}z2(t), t = 0..3\right) = \dfrac{9}{2} + 27\,I$
$I1 + I2 = 45 + 27\,I$

由結果可知，雖然複數函數均為 $f(z) = \overline{z}$，但是不同的路徑，其線積分所得到之結果可能會不同。

11.4.2　柯西積分定理

因積分與微分互為反函數，故而當一複數函數 f(z) 在封閉區域內的任一封閉路徑 C 上均可解析 (Analytic)，且其微分為連續時，則其線積分 $\oint_C f(z)\,dz$ 之結果均為零，且積分之結果與積分路徑無關。我們可透過第八章中介紹的積分指令，直接計算此函數的積分：

$$\int_C (z^2)\,dz = int(z^2, z) = \frac{1}{3}z^3$$

此即為**柯西積分定理** (Cauchy's Integral Theorem)。我們可透過線積分計算一可解析函數 f(z) 的積分值，並驗證無論積分路徑為何，均不影響積分結果：

$f := x \rightarrow x^2 :$
$f(z) = z^2$
$z := t \rightarrow t^2 + I \cdot t :$
$solve(z(a) = 0) = 0, -I$
$solve(z(b) = 9 + 3 \cdot I) = 3, -3 - I$
$int\left(f(z(t)) \cdot \dfrac{d}{dt} z(t), t = 0..3 \right) = 162 + 234\,I$

上述為複數函數 $f(z) = z^2$ 在曲線 $z(t) = t^2 + t \cdot I$ 上，從 $t=0$ 積分至 $t=3$ 的結果。接著，我們以第二條路線計算其路徑積分的結果：

$f := x \rightarrow x^2 :$
$f(z) = z^2$
$z1 := t \rightarrow t :$
$solve(z1(a1) = 0) = 0$
$solve(z1(b1) = 9) = 9$
$I1 := int\left(f(z1(t)) \cdot \dfrac{d}{dt} z1(t), t = 0..9 \right) = 243$
$z2 := t \rightarrow 9 + t \cdot I :$
$solve(z2(a2) = 9) = 0$
$solve(z2(b2) = 9 + 3 \cdot I) = 3$
$I2 := int\left(f(z2(t)) \cdot \dfrac{d}{dt} z2(t), t = 0..3 \right) = -81 + 234\,I$
$I1 + I2 = 162 + 234\,I$

第二條路徑為由 $z=0$ 積分至 $z=9$ 之線積分，與由 $z=9$ 積分至 $z=9+3I$ 之線積分的和。儘管路徑不同，我們可以觀察到兩者擁有相同的積分值。事實上，根據柯西積分定理，上述的路徑積分可以直接以 *int* 簡化計算如下：

$int(z^2, z = 0..9 + 3 \cdot I) = 162 + 234\,I$

11.5 級數解與留數定理

11.5.1 數列與級數

數列 (Sequence) 係指一段有序的數字，而級數 (Series) 為一數列之和。在數學中，有時一方程式之解並不能透過一有限項的多項式所描述，而僅能透過一數列的級數進行近似，此稱為級數解。根據應用的不同，數學家設計了不同的級數來滿足各式各樣的數學過程，像是馬克勞林級數、勞倫級數等。

指令	說明
$sum(f, k=m..n)$	計算數列 f 第 m 項至第 n 項的級數函數
$add(f, k=m..n)$	計算數列 f 第 m 項至第 n 項的級數值

相信大家對 seq 這個指令並不陌生，透過 seq，我們可創造一段數列：

$seq(n, n = 1..5) = 1, 2, 3, 4, 5$

而 add 可計算一數列之級數：

$add(n, n = 1..5) = 15$

然而，add 僅適用於有限項數列的運算，若數列中的項數包含未知數或無窮值，則 add 將會輸出錯誤：

$add(n, n = 1..m)$
Error, unable to execute add

$add(n, n = 1..\infty)$
Error, unable to execute add

sum 函數亦可用於計算一個數列的級數，譬如：

$sum(n, n = 1..5) = 15$

並且，除了計算具有實際項數的數列外，對於項數中包含未知數或無窮值的數列，sum 也能計算出一個關係式，由此關係式來描述此級數與項數間之關係：

$sum(n, n = 1..m) = \dfrac{1}{2}(m+1)^2 - \dfrac{1}{2}m - \dfrac{1}{2}$

大寫的 Sum 指令可以輸出數學表達式，故使用者也可以先輸出表達式，再以 value 計算表達式之值：

$$Sum(n, n = 1 ..m) = \sum_{n=1}^{m} n$$

$$value(\%) = \frac{1}{2}(m+1)^2 - \frac{1}{2}m - \frac{1}{2}$$

除了透過指令的方式建立數學式，使用者也可透過工作頁左側『數學式』元件庫下的 Sum 元件建立方程式：

$$\sum_{n=1}^{m} n = \frac{1}{2}(m+1)^2 - \frac{1}{2}m - \frac{1}{2}$$

🔍 Key

一般來説，sum 主要用於求解數列級數的公式，在計算一具有具體數值的數列之和時則使用 add。add 在數值運算上擁有比 sum 更強健的計算能力。

11.5.2 數列級數與泰勒展開式

泰勒級數是近似函數最常見的級數解，其定義如下：

$$\sum_{n=0}^{\infty} \frac{(x-a)^n f^{(n)}(a)}{n!}$$

透過 add 函數，我們可依照此定義對一函數在某特定點進行有限項的泰勒展開：

$$f := a \rightarrow \sin(a)$$

$$add\left(subs\left(a = \pi, \left(\frac{(x-a)^n \cdot diff(f(a), a\$n)}{n!}\right)\right), n = 1 ..5\right)$$

$$(x-\pi)\cos(\pi) - \frac{1}{2}(x-\pi)^2 \sin(\pi) - \frac{1}{6}(x-\pi)^3 \cos(\pi)$$
$$+ \frac{1}{24}(x-\pi)^4 \sin(\pi) + \frac{1}{120}(x-\pi)^5 \cos(\pi)$$

在上例中，我們依照泰勒展開式的定義，以第八章介紹過的微分函數 diff，建立泰勒級數中的數列函數。接著透過指令 subs 將 a 的值代入 π，選擇在 x = π 點

Chapter 11 複變數運算

處展開。最後再以 *add* 指令,計算 5 項的數列級數。

透過 *sum* 函數,我們可將前例的式子稍作修改,並驗證當項數趨近於無窮項時,此級數將會近似於函數 sin(*x*):

$f := a \rightarrow \sin(a)$
$sum\left(subs\left(a=\pi, \left(\dfrac{(x-a)^n \cdot \mathit{diff}(f(a), a\$n)}{n!}\right)\right), n=0..\infty\right) = \sin(x)$

由於函數 sin(*x*) 為一連續函數,且在實數域中均可解析,故在任意實數點處展開,並使項數趨近於無限項時,均可得到 sin(*x*) 的結果:

$f := a \rightarrow \sin(a)$
$sum\left(subs\left(a=0, \left(\dfrac{(x-a)^n \cdot \mathit{diff}(f(a), a\$n)}{n!}\right)\right), n=0..\infty\right) = \sin(x)$
$sum\left(subs\left(a=\dfrac{\pi}{2}, \left(\dfrac{(x-a)^n \cdot \mathit{diff}(f(a), a\$n)}{n!}\right)\right), n=0..\infty\right) = \sin(x)$
$sum\left(subs\left(a=\dfrac{3\pi}{2}, \left(\dfrac{(x-a)^n \cdot \mathit{diff}(f(a), a\$n)}{n!}\right)\right), n=0..\infty\right) = \sin(x)$
$sum\left(subs\left(a=2\pi, \left(\dfrac{(x-a)^n \cdot \mathit{diff}(f(a), a\$n)}{n!}\right)\right), n=0..\infty\right) = \sin(x)$

泰勒級數在近似各種非線性函數時非常實用,故而除了透過 *add* 或 *sum* 來計算一函數的泰勒級數外,Maple 也提供了專門的指令供使用者將函數近似為泰勒級數。

指令	說明
taylor(f(x), x=a,n)	在 *x*=*a* 處將函數 *f*(*x*) 展開為 *n* 階泰勒級數

taylor 指令可針對一特定點計算近似於一函數的泰勒級數,譬如:

$taylor(\sin(x), x=\pi)$

$-(x-\pi) + \dfrac{1}{6}(x-\pi)^3 - \dfrac{1}{120}(x-\pi)^5 + O\left((x-\pi)^7\right)$

上述計算了函數 sin(*x*) 在 *x*=π 處的泰勒級數,*taylor* 指令自動列出前三項的結果,其中,$O((x-\pi)^7)$ 代表此級數仍有餘式未表示,且下一項為 $(x-\pi)^7$。讀者不妨將 taylor 計算的結果與前處 add 計算的結果進行比較，除了餘式以外，若我們將 add 計算出之數列中的 $\sin(\pi)$、$\cos(\pi)$ 函數換算成 0 與 –1，其結果將與 taylor 計算之數列完全一致。

convert 可將一函數轉換為多項式，藉此我們可將 taylor 計算之級數的餘式剔除，並繪製此級數的圖形與 $\sin(x)$ 函數作比較：

$$p\_tay := convert(taylor(\sin(x), x=\pi), polynom) =$$

$$-x + \pi + \frac{1}{6}(x-\pi)^3 - \frac{1}{120}(x-\pi)^5$$

$$plot(\{\sin(x), p\_tay\}, x=-10..10, view=[-10..10, -5..5])$$

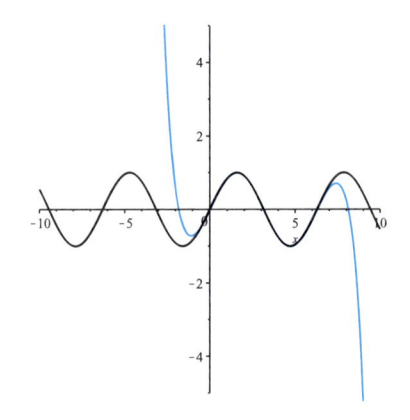

由於此處是對 $x=\pi$ 展開，故在 $x=\pi$ 附近，泰勒級數函數將與 $\sin(x)$ 函數的結果十分接近。

使用者也可以定義此級數計算的階數：

$$taylor(\sin(x), x=\pi, 11)$$

$$-(x-\pi) + \frac{1}{6}(x-\pi)^3 - \frac{1}{120}(x-\pi)^5 + \frac{1}{5040}(x-\pi)^7$$

$$-\frac{1}{362880}(x-\pi)^9 + O((x-\pi)^{11})$$

在上例中，我們指定第三個引數的值為 11，您可以看到此時 taylor 將會列出所有次方項小於 11 的項目。當展開的階數越高時，級數函數的近似值在展開點附近將會與原函數越接近：

Chapter 11　複變數運算

$p\_tay := convert(taylor(\sin(x), x = \pi, 11), polynom)$

$$-x + \pi + \frac{1}{6}(x-\pi)^3 - \frac{1}{120}(x-\pi)^5 + \frac{1}{5040}(x-\pi)^7 - \frac{1}{362880}(x-\pi)^9$$

$plot(\{\sin(x), p\_tay\}, x = -10..10, view = [-10..10, -5..5])$

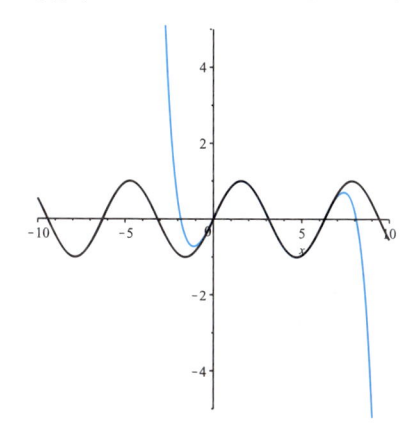

Maple 預設的級數展開階數為 6，若使用者欲進行大量的級數運算，也可以直接修改 Maple 環境預設的階數，如同定義精度 *Digits* 一般。

$Order := 10:$

由於 sin(x) 在 $x = \pi$ 處展開之數列，x 的偶次方項為 0，故若將階數定義為 10，*taylor* 將會顯示 $(x-\pi)^1$ 至 $(x-\pi)^9$ 階之間的結果：

$taylor(\sin(x), x = \pi)$

$$-(x-\pi) + \frac{1}{6}(x-\pi)^3 - \frac{1}{120}(x-\pi)^5 + \frac{1}{5040}(x-\pi)^7 - \frac{1}{362880}(x-\pi)^9 + O((x-\pi)^{11})$$

若將泰勒級數在 *x* = 0 處展開函數，則即為馬克勞林級數：

$taylor(\sin(x), x = 0)$

$$x - \frac{1}{6}x^3 + \frac{1}{120}x^5 - \frac{1}{5040}x^7 + \frac{1}{362880}x^9 + O(x^{11})$$

Key

Maple 中用於求解級數問題的指令包羅萬象，譬如，mtaylor 或 poisson 可用於展開包含多個變數的函數之泰勒級數：

$mtaylor(\sin(x^2+y^2), [x,y], 8)$

$$x^2 + y^2 - \frac{1}{6}x^6 - \frac{1}{2}y^2x^4 - \frac{1}{2}y^4x^2 - \frac{1}{6}y^6$$

$poisson(\sin(x^2+y^2), [x,y], 8)$

$$x^2 + y^2 - \frac{1}{6}x^6 - \frac{1}{2}y^2x^4 - \frac{1}{2}y^4x^2 - \frac{1}{6}y^6$$

除了常見的泰勒級數外，Maple 亦對於 Bessel、Legendre 等特殊函數進行定義，詳細可參考第九章中之說明，此處僅對較常見的指令進行介紹，有興趣的讀者可前往 Maple 的協助系統查詢相關指令的定義。

11.5.3 勞倫級數與留數定理

根據泰勒級數的定義，若函數在某一點上不存在導數，則將無法透過泰勒級數近似：

$$\lim_{x \to 2^+} \frac{1}{(x+1)\cdot(x-2)} = \infty$$

$$\lim_{x \to 2^-} \frac{1}{(x+1)\cdot(x-2)} = -\infty$$

$taylor\left(\dfrac{1}{(x+1)\cdot(x-2)}, x=2\right)$

Error, does not have a taylor expansion, try series()

上例中，我們可透過 *limit* 指令瞭解函數 $\dfrac{1}{(x+1)\cdot(x-2)}$ 在 $x=0$ 處並不可微，故將無法以泰勒級數展開。欲近似此類函數，則可透過冪級數中的勞倫級數 (Laurent Series)。

勞倫級數是冪級數的一種，其數列中不僅包含了正數次方項，亦包含負數次方項，可在不可解析點處近似一複變函數。一函數 $f(z)$ 在 $z=c$ 點處勞倫級數定義如下：

Chapter 11　複變數運算

$$f(z) = \sum_{n=-\infty}^{\infty} a_n(z-c)^n$$

其中，$a_n = \dfrac{1}{a\pi I} \oint_\gamma \dfrac{f(z)}{(z-c)^{n+1}}\, dz$。

numapprox 函式庫提供了許多以數值方法逼近函數值的指令，在 Maple 中若要以勞倫級數展開數列，除了使用前述提及的 *add* 與 *sum* 指令，亦可使用 ***numapprox*** 函式庫中的 *Laurent* 指令：

指令	說明
laurent(f(z), z=c, n)	在 $z=c$ 處將函數 $f(z)$ 展開為 n 階勞倫級數

$with(numapprox):$

$laurent\left(\dfrac{1}{(x+1)\cdot(x-2)}, x=2\right)$

$\dfrac{1}{3}(x-2)^{-1} - \dfrac{1}{9} + \dfrac{1}{27}(x-2) - \dfrac{1}{81}(x-2)^2 + \dfrac{1}{243}(x-2)^3 - \dfrac{1}{729}(x-2)^4 + \mathrm{O}\!\left((x-2)^5\right)$

其指令語法與泰勒級數相似，使用者可指定其欲展開之階數：

$numapprox\text{:-}laurent\left(\dfrac{e^z}{z}, z=0, 6\right)$

$z^{-1} + 1 + \dfrac{1}{2}z + \dfrac{1}{6}z^2 + \dfrac{1}{24}z^3 + \dfrac{1}{120}z^4 + \mathrm{O}(z^5)$

$numapprox\text{:-}laurent\left(\dfrac{e^z}{z}, z=0, 7\right)$

$z^{-1} + 1 + \dfrac{1}{2}z + \dfrac{1}{6}z^2 + \dfrac{1}{24}z^3 + \dfrac{1}{120}z^4 + \dfrac{1}{720}z^5 + \mathrm{O}(z^6)$

$numapprox\text{:-}laurent\left(\dfrac{e^z}{z}, z=0, 8\right)$

$z^{-1} + 1 + \dfrac{1}{2}z + \dfrac{1}{6}z^2 + \dfrac{1}{24}z^3 + \dfrac{1}{120}z^4 + \dfrac{1}{720}z^5 + \dfrac{1}{5040}z^6 + \mathrm{O}(z^7)$

> **🔍 Key**
>
> 由於勞倫級數的定義域為一個不包含 c 點的同心圓環，而封閉路徑積分 γ 定義為此同心圓環中一逆時針包圍 c 點的任意路徑。因此若函數中不存在不可解析點，則收斂區域將與泰勒級數一致，故 Laurent 與 taylor 將計算出相同之級數。
>
> $taylor(\sin(x), x=0) = x - \frac{1}{6}x^3 + \frac{1}{120}x^5 + O(x^7)$
>
> $numapprox\text{:-}laurent(\sin(x), x=0) = x - \frac{1}{6}x^3 + \frac{1}{120}x^5 + O(x^7)$
>
> 對級數有興趣的讀者，亦可參考相關的書籍查閱這些級數的定義。

柯西積分定理可大幅簡化積分的過程，無視積分路徑直接進行複數函數的積分。

若一複數函數所在的封閉區域，除了少數的不可解析點外，其餘點均可解析且微分仍為連續，則為了少數的不可解析點而進行路徑積分，未免顯得十分不便。

因此，留數定理 (Residue Theorem) 便針對這種案例提出了一個解決方案。當一複數函數 f(z) 在一封閉路徑 C 內，擁有 $z_1, z_2, ..., z_k$ 有限個不可解析點，則複數函數 f(z) 在此路徑上的線積分可計算如下：

$$\oint_C f(z)\,dz = 2\pi I \sum_{k=1}^{n} Resf(z_k)$$

其中，$Resf(z_k)$ 為 $f(z_k)$ 在 z_k 處以勞倫級數 (Laurent Series) 展開時，$(z-z_k)^{-1}$ 項的係數，亦稱為留數 (Residue)。

在 Maple 中，使用者可直接以 residue 指令，計算一函數之留數。以下為一簡單的範例：

$$residue\left(\frac{3}{\sin(x)}, x=0\right) = 3$$

由於函數 $\frac{3}{\sin(x)}$ 在 $x=0$ 處分母為零，故 $x=0$ 為此函數之奇點 (Singular Point)，亦即此點上不可解析。上例即計算了函數 $\frac{3}{\sin(x)}$ 在 $x=0$ 處展開之勞倫數列中 x^{-1} 項的係數值。而透過 Laurent 指令在 $x=0$ 處展開函數 $\frac{3}{\sin(x)}$ 的勞倫級數，我們可發現其 x^{-1} 項的係數值與 residue 計算之結果一致：

$numapprox\text{:-}laurent\left(\dfrac{3}{\sin(x)}, x=0\right)$

$3\,x^{-1} + \dfrac{1}{2}\,x + \dfrac{7}{120}\,x^3 + \mathrm{O}(x^5)$

故函數 $\dfrac{3}{\sin(x)}$ 在包含點 $x=0$ 的封閉路徑 C 中,其積分值可計算如下:

$\displaystyle\oint_C \dfrac{3}{\sin(x)}\,dx = 2\,\pi\,I\;residue\left(\dfrac{3}{\sin(x)}, x=0\right) = 6\,I\,\pi$

Chapter 12

程式設計

　　早期，工程師以 0 與 1 來控制機械的行為。近幾年，高階程式語言的發展，使得工程師得以使用與人類慣用語法較接近的高階語言來設計程式。程式語言一直在不停的演進，為因應現代科學中複雜的數學關係，Maplesoft 發展了 Maple 來處理各領域的數學問題。 Maple 除了包含各式各樣求解數學問題的指令外，亦可實現各式資料結構並進行程序設計與控制。本章將教導您如何在 Maple 中設計一個程序，循序漸進的處理您的數學問題。

本章學習目標

- 認識布林邏輯
- 學習 *if* 條件敘述的撰寫
- 學習迴圈的撰寫
- 變數的特性與宣告
- 學習以 *proc* 指令設計程式
- 程式設計技巧
- 與外部的連結

12.1 選擇性結構

Maple 的程式係由敘述所組成。到目前為止,我們所學的均為簡單的循序性敘述,雖然已經可以求解一個數學問題,但若我們想要設計一判斷式,依照不同的條件執行不同的結果,則需要透過選擇性結構來敘述。

12.1.1 布林表示式

布林表示式 (Boolean Expression) 係指含有邏輯運算子 (Logical Operator) 或關係運算子的數學式。這類的表示式與一般的數學式不同,其計算的結果僅有『成立』與『不成立』兩種。在程式語言中,通常會以『1』或者『 true 』表示『成立』,以『0』或『 false 』表示『不成立』。

透過指令 *evalb*,我們可以求解一布林表示式的結果,當數學式成立時輸出 true,否則輸出 false。

指令	說明
evalb(expr)	求解布林表示式 expr 是否成立

$1 < 2 = 1 < 2$
evalb$(1 < 2) = $ *true*
$1 > 2 = 2 < 1$
evalb$(1 > 2) = $ *false*

上例是一個由關係運算子組成的布林表示式,由於 1 < 2 的關係是成立的,故透過 *evalb* 將會得到 true,而 1 > 2 的關係並不成立,故以 *evalb* 計算將會得到 false。

同樣的,我們可以透過邏輯運算子來建立布林表示式。常見的邏輯運算子包含 or、xor、and 與 not,邏輯元件不但可以單獨使用,也可以跟其他元件組合,來描述更複雜的邏輯敘述:

指令	說明
A **or** B	A 或者 B 成立時,則輸出成立
A **xor** B	A 與 B 互斥時,則輸出成立
A **and** B	A 與 B 同時成立時,則輸出成立
not A	當 A 不成立時,則輸出成立

$a := \text{true} : b := \text{false} : c := \text{true} :$
$evalb(a \textbf{ or } b) = \text{true}$
$evalb(a \textbf{ and } b) = \text{false}$
$evalb(\textbf{not } a) = \text{false}$
$evalb(a \textbf{ and not } b) = \text{true}$
$evalb(a \textbf{ and not } b \textbf{ and } c) = \text{true}$
$evalb(a \textbf{ xor } b) = \text{true}$
$evalb(a \textbf{ xor } c) = \text{false}$

真值表是用於邏輯運算的數學表格，列出了邏輯運算式在每種邏輯變數組合後的輸出結果。表 12-1 為上述四個邏輯運算子的真值表：

表 12-1　邏輯運算子的真值表

and	true	false		or	true	false		xor	true	false		not	
true	true	false		true	true	true		true	false	true		true	false
false	false	false		false	true	false		false	true	false		false	true

以 xor 運算子為例，由於 A 與 B 要互斥時，evalb 才會輸出 true 的結果，故可知當 A 與 B 均為 true 或 false 時，將會得到 false 的結果。

除了邏輯運算子與關係運算子外，Maple 還定義了非常多的資料結構，若要驗證一個物件是否符合我們詢問的資料結構，則可透過 type 指令：

指令	說明
$type(\text{expr}, \text{stru})$	驗證表達式 expr 是否為 stru 的資料結構

驗證一表達式是否為質數：

$type(3, \text{'prime'}) = \text{true}$
$type(4, \text{'prime'}) = \text{false}$

驗證一個表達式是否為陣列：

$A := Array([[1, 2, 3], [4, 5, 6], [7, 8, 9]]) :$
$B := Vector([1, 2, 3]) :$
$type(A, Array) = \text{true}$
$type(B, Array) = \text{false}$

有些資料結構，甚至可以更進一步指定結構的內容，並進行驗證，譬如，下例中我們透過 polynom 選項，來驗證表達式是否為多項式，由於 $\sin(x)+\cos(y)$ 並不是一個多項式，故 type 輸出 false，而 $x^2+\frac{1}{2}$ 為一個多項式，故輸出 true：

$type\left(x^2 + \frac{1}{2}, polynom\right) = true$

$type(\sin(x) + \cos(y), polynom) = false$

值得一提的是，polynom 選項允許使用者進一步檢查結構的內容，譬如說，我們可透過括弧 polynom 後面加上 integer，來驗證此表達式是否為一個係數均為整數的多項式：

$type\left(x^2 + \frac{1}{2}, polynom(integer)\right) = false$

$type(\sqrt{x} + 1, polynom(integer)) = false$

$type(x + 2x^2 - 3, polynom(integer)) = true$

上例中，第一式的常數項為 $\frac{1}{2}$，而第二式的 $\sqrt{x}$ 為 $x^{\frac{1}{2}}$ 項，故 type 均會輸出 false 的結果。

type 亦可直接驗證一算式的計算結果，這使得我們在編程更彈性，舉例說明：

$type(solve(x - 16 = 0, x), 'prime') = false$

$type(solve(x - 16 = 0, x), 'even') = true$

以 solve 求解 $x-16=0$ 的結果將會輸出「16」，故若以 prime 驗證其是否為質數會得到 false 的結果，然而 16 是一個偶數，故以 even 驗證將會得到 true。

除了 type 指令，與上述的邏輯、關係運算子，Maple 中也有一些指令會輸出 true 與 false 的結果，譬如「第九章 微分方程式」中提到的 iscont，即是測試函數的連續性：

$iscont(\tan(x), x = 0 .. \pi) = false$

$iscont\left(\tan(x), x = -\frac{\pi}{2} .. \frac{\pi}{2}\right) = true$

或者像是我們在第七章中提到的 **ArrayTools** 函式庫中之指令 *IsZero*：

$ArrayTools\text{:-}IsZero(Array([0, 1, 2, 3])) = false$

$ArrayTools\text{:-}IsZero(Array([1, 2, 3, 4])) = false$

434

isprime 指令提供使用者另一個選擇，測試一數是否為質數：

isprime(3) = *true*
isprime(4) = *false*

這些指令各自擁有不同的語法與指令規範，當輸入的引述不合理時，有時會出現錯誤的訊息，而不是輸出 false：

isprime(4.4)
Error, (in isprime) argument must be an integer

🔍 Key

若想知道 *type* 可驗證哪些資料結構，可在協助系統中搜尋 *type* 指令查看。

12.1.2　if 條件敘述

條件敘述是一種重要的功能，可以協助電腦判斷條件並執行不同的指令。在上一節中我們學習了如何定義布林表示式，透過布林表示式與 *if* 指令，我們可在 Maple 中實現條件敘述：

指令	說明
if expr 　**then** stat **end** if	若表示式 expr 成立，則執行敘述式 stat

$a := 3 : b := 7 :$
if $type(a - b, \text{'positive'})$ **then** $a - b$ **end if**
if $type(a - b, \text{'negative'})$ **then** $b - a$ **end if**

　　4

上例中，我們將變數 a 定義為 3，變數 b 定義為 7，並以 *if* 判斷布林表示式 a-b 是否為正值或負值。若表示式成立，則此兩個 *if* 敘述將會分別計算 a-b 或 b-a 的結果，否則不輸出任何值。

事實上，*if* 指令會自動計算表示式的結果，若表示式較簡單的時候，我們可直

接在 *if* 與 then 後加入布林表示式，設計一條件敘述：

    if $a > b$ **then** $a - b$ **end if**
    if $a < b$ **then** $b - a$ **end if**
    4

上述的指令僅可在表示式成立的時候，執行敘述式的結果。那若想要定義當表示式不成立的時候執行敘述式，該如何做呢？當然，我們可使用 not 邏輯運算子設計條件敘述：

    $a := 3 : b := 7 :$
    if not $type(a - b, 'positive')$
     then $b - a$
    end if
    4

透過邏輯運算子 not，我們可定義當 a-b 不為正值時的動作，由於 a 與 b 分別為 3 與 7，故將會執行敘述式 b-a 並得到 4。

不過 Maple 的 *if* 指令還包含了選擇性的 else 選項，可供使用者在一個敘述中，額外定義當條件式不成立時所要執行的動作：

指令	說明
if expr **then** stat1 **else** stat2 **end** if	若表示式 expr 成立，則執行敘述式 stat1，否則執行敘述式 stat2

    $a := 3 : b := 7 :$
    if $type(a - b, 'positive')$
     then $a - b$
     else $b - a$
    end if
    4

透過 else 選項，則我們可以分別定義敘述式成立與否時的動作，故此處我們不但可以定義 a-b 為正值時要執行的敘述式 a-b，更可以定義 a-b 不為正值時的敘述式 b-a。

Chapter 12 程式設計

> **Q Key**
>
> 特別注意的是,由於此處 *if* 指令中包含較多的敘述式,為了增加撰寫上的易讀性,此處我們將這些敘述式分行顯示。由於在數學模式下,按下 <Enter> 即會進行數學式的計算,若要換行需透過 <Shift>+<Enter> 來進行。

除了 else 外,熟悉程式語言的讀者,應該不難猜出 *if* 指令還包含 elif 選項。 elif 選項可同時判斷多個表示式,並執行相對應的敘述式:

指令	說明
if expr **then** stat1 **elif** expr2 **then** stat2 **elif** expr3 **then** stat3 ... **end** if	若表示式 expr 成立,則執行敘述式 stat1,若不成立則驗證表示式 expr2,若 expr2 成立則執行敘述式 stat2,否則繼續驗證下一個 elif 中的表示式 expr3,以此類推

    $a := -1$:
    if $a > 0$ **then** *printf* ("%g為正值", a)
     elif $a = 0$ **then** *printf* ("%g為0", a)
     elif $a < 0$ **then** *printf* ("%g為負值", a)
    end if
    -1為負值

使用者可將 elif 選項與 else 選項組合使用,以擴大條件敘述的判斷能力:

    $a := 2I$:
    if $a > 0$ **then** *printf* ("%g為正值", a)
     elif $a = 0$ **then** *printf* ("%g為0", a)
     elif $a < 0$ **then** *printf* ("%g為負值", a)
     else *false*
    end if
    false

此處我們將 a 的值改為虛數 2i,由於虛數值並不能比較大小,故其計算結果將輸出 else 中的敘述式 false。

特別注意的是,若一條件敘述中,同時有數個表示式均成立,*if* 將會執行最先成立的條件式所定義的敘述式:

$a := -1$:
if $a > 0$ **then** $a > 0$
 elif $a = 0$ **then** $a = 0$
 elif $a \leq 0$ **then** $print($"test"$)$
 elif $a < 0$ **then** $a < 0$
 else *false*
 end if
"test"

此處我們將前例略做修改，插入一個 elif 選項判斷表示式 a≤0。雖然變數 a 均滿足 a≤0 與 a<0，但由於表示式 a≤0 先成立，故將會執行敘述式 *printf*("test") 並輸出 "test" 的結果。

12.2 迴圈結構

有時候，我們需要讓電腦重複執行某些指令，直到某個條件成立為止，這種語法稱為迴圈敘述。在 Maple 中的迴圈敘述有兩種，分別是 while 迴圈與 for 迴圈，我們先來看看 while 迴圈的語法：

指令	說明
while expr **do** stat **end do**	當表示式 expr 成立時，執行敘述式 stat，並重複此動作直到 expr 不成立為止。

$i := 0$:
 while $i < 5$ **do**
$i := i + 1$
 end do
1
2
3
4
5

上例中，當表示式 i<5 成立時，while 迴圈會連續執行敘述式 i:=i+1，將 i 的值定義為 i 的值再加上 1，由於 i 的初始值為 0，故迴圈會連續計算 5 次，直到 i

Chapter 12　程式設計

值為 5 時，由於表示式 i < 5 不成立，故終止迴圈運算。

> **🔍 Key**
>
> 以 while 建立迴圈時，會以表示式不成立作為終止迴圈的條件，若表示式恆成立，則迴圈將會一直計算，直到您中斷 Maple 的運算為止。

另一個迴圈敘述是 for 迴圈，for 迴圈以起始點與終點的方式定義了迴圈的次數，並重複計算敘述式：

指令	說明
for var **to** expr **do** stat **end do**	當表示式 expr 成立時，執行敘述式 stat，並重複此動作直到 expr 不成立為止。

for *i* **to** 3
do *print*("Maple")
end do
"Maple"
"Maple"
"Maple"

上例中，我們將變數 i 從 1 開始，每次增加 1 並計算敘述式 *print*("Maple") 的結果，由於我們終點之敘述式定義為 3，故迴圈將會計算到 i 等於 3 為止，共 3 次。

然而，for 迴圈最大的特色即是，我們可以將計次的變數引用到我們的敘述當中進行計算，譬如：

for *i* **to** 3
　do *i·x*
end do
x
2 *x*
3 *x*

由於並非每個計算都是從 1 開始以及每次增量 1，在這種情形下，for 迴圈提供使用者定義迴圈的起始值與增量，以不同的迴圈結構計算敘述式：

指令	說明
for var from expr1 by n to expr2 do stat end do	變數 var 從 expr1 開始，每次增加 n 並執行敘述式 stat 直到 var 的值到 expr2 為止。

    for *i* **from** 4 **by** 2 **to** 8
     do *i·x*
    end do
    4 *x*
    6 *x*
    8 *x*

甚至，使用者可以更進一步以自定義的串列作爲迴圈的引數，計算迴圈中的敘述式：

指令	說明
for var in expr do stat end do	以表達式 expr 作爲引數，當 var 等於 expr 中各項單元時，執行敘述式 stat 的結果。

    for *i* **in** *a, c, e*
    do i^2
    end do
    a^2
    c^2
    e^2

此處，我們以 in 將串列 a , c, e 作爲引數，計算 i^2 的結果，由於串列總共有 3 個引數，故將會計算三次。

Chapter 12 程式設計

🔍 Key

in 中的引數可以是一個值、字串、串列、矩陣等等,端看使用者如何定義,譬如:

Matrix([[1, 2, 3], [0, 0, 0]])

$$\begin{bmatrix} 1 & 2 & 3 \\ 0 & 0 & 0 \end{bmatrix}$$

for *i* **in** *Matrix*([[1, 2, 3], [0, 0, 0]])
do i^2
end do
 1
 0
 4
 0
 9
 0

使用者可以試試看以 in 選項,計算各種資料結構所建立的迴圈,可對 in 選項有更深一層的了解。

當使用者不確定需要計算的迴圈次數時,可使用 while 迴圈作為 for 迴圈的終止條件:

k := 3 :
 for *i* **from** 1 **to** k^2
 while $i \neq 2\ k$
 do *print*(*i*)
 end do
 1
 2
 3
 4
 5

上例我們透過 while 作為迴圈的一個選項,當變數 i 不等於 2 乘上變數 k 之值時,從 i 為 1 開始執行 for 迴圈。

in 選項也可以與 while 選項搭配使用,增加了迴圈結構的自由度:

```
for i in 3, 2, 1, 5, 4
 while i < 5
do print(i^2)
end do
```
9
4
1

由於此處以 while 迴圈限制 i<5 時才進行 for 迴圈，然而引數中的第四個單元為 5，故 for 迴圈將會計算到第三個單元為止。

選擇性敘述與迴圈敘述可說是程式語言中最重要的兩種敘述邏輯也不為過，透過組合這兩種敘述，我們可以建立各式有趣的運算：

```
for i from -2 to 2 do
if i ≥ 0 then print(i)
else print(-i)
end if;
end do:
```
2
1
0
1
2

上例是一個簡單的迴圈，首先我們先以 *for* 指令定義一個迴圈，接著以 *if* 指令判斷迴圈中計次的變數值，當變數值大於 0 或等於 0 時，輸出變數之值，否則將變數值乘上負號輸出。

12.3 程式設計

程式係指將一運算過程指定成一函數，使用者可透過代入不同的變數進入此函數中，呼叫運算過程進行計算並得到相對應的答案。

12.3.1 *proc* 指令

在 Maple 中，發展程式可透過 *proc* 指令，讓我們以一個經典的範例來了解 *proc* 的用法：

Chapter 12 程式設計

指令	說明
proc(pars) stats **end proc**	以 pars 作為引數,代入 stats 中進行計算。

    $f :=$ **proc**( )
    print("Hello World!");
     end proc:

上例我們以 *proc* 指令將變數 f 定義成一程式,當我們執行此程式時將會在螢幕傳回字串 "Hello World!",由於此程式不需要任何引數,故 proc() 中的 pars 不放入任何值。當我們輸入 f() 即可呼叫此程式並計算其結果:

    $f( )$
    "Hello World!"

接著我們嘗試將此程式加上引數。我們希望將上述程式中的『World』換成任意我們輸入的字串,則程式 f 可以修改如下:

    $f :=$ **proc**(*Name*)
    printf("Hello %s!", *Name*);
     end proc:

    f("Maple")
    Hello Maple!

一個最簡單的『Hello World』程式就這樣完成了!

    利用前幾節介紹的選擇性敘述與迴圈,接著讓我們嘗試設計一些較複雜的程序:

    $f :=$ **proc**(*a*)
    if $a > 0$ **then** *printf*("%g為正值", *a*)
    elif $a = 0$ **then** *printf*("%g為0", *a*)
    elif $a < 0$ **then** *printf*("%g為負值", *a*)
    end if
    end proc:

此處改寫了 12.2 節中的範例,將 a 的值定義為程式 f 的引數,當我們以不同的值代入程式 f 時,將可對應得到不同的結果:

443

$f(-1) = -1$ 為負值
$f(2) = 2$ 為正值

同樣的，我們也可以用此方法在程式中加入迴圈敘述。以 12.3 節中的迴圈為例：

$f :=$ **proc**(k)
　local i;
　for i **from** 1 **to** k^2
　while $i \neq 2k$
　do $print(i)$
　end do
　end proc:

由於此程式中迴圈終點的值為此程式引數的平方，故當我們以不同的值代入時，將會計算不同次數的迴圈：

$f(2)$
1
2
3
$f(3)$
1
2
3
4
5

值得一提的是，此段程式中多加了一行『 local i ; 』的敘述，此敘述是用來進行變數的宣告。由於此段程式碼中包含了一個未知的變數 i，變數 i 在先前並沒有被定義成任何數值或方程式，我們必須在計算 i 之前先定義其性質，以利 Maple 辨識。

有關變數的性質與宣告將在下節中介紹。

12.3.2　程式中的變數與引數

上節中，我們介紹了如何透過 *proc* 指令建立一個程式，並代入不同的輸入值來得到相對應的輸出結果。經由這種程式的方式進行編程，我們可以將需要重複計算的運算式建立成一個程式，當我們想要進行這種運算時再呼叫來處理問題。

在編程時，我們不免會需要定義一些變數來設計程式，若每執行一次程式，這

Chapter 12　程式設計

些變數的內容就更新一次，非常容易造成變數的混亂。故在以 *proc* 設計程式時，使用者需透過關鍵字 local 與 global 來定義變數的特性，譬如：

指令	說明
proc(pars) **local** a1, a2, ...; **global** b1, b2, ...; stats **end proc**	以 pars 作為程式的引數，將 a1、a2、... 定義為區域變數，b1、b2、... 定義為全域變數，計算敘述式 stats。

$f := \mathbf{proc}(k)$
　local $p1$;
　global $p2$;
　$p1 := plot(\sin(k\,x), x = -\pi..\pi)$;
　$p2 := plot(\cos(k\,x), x = -\pi..\pi, color = \text{"Blue"})$;
　$plots\text{:-}\,display(p1, p2)$
　end proc:
$f(1)$

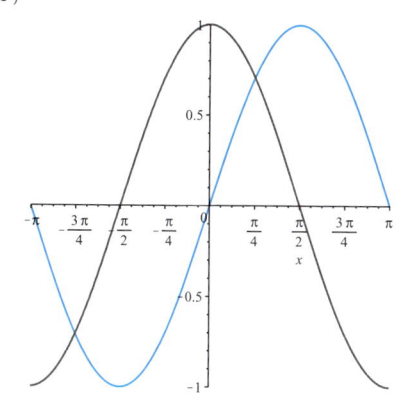

上例是一個簡單的繪圖程式，我們以 k 作為引數，在程式當中繪製 sin(*kx*) 與 cos(*kx*)，並分別將兩過程定義成變數 p1 與 p2，以 ***plots*** 函式庫中的 display 選項將圖形呈現在同一個圖上 (有關 display 指令的詳細用法可參考「第五章　三維圖形繪製與進階繪圖應用」。

由於變數 p1 與 p2 在先前並沒有被定義成任何數值或方程式，故我們必須定義它們的特性。關鍵字 local 可以定義一個符號為<u>區域變數</u> (Local Variable)，區域變數僅能在定義的區域內呼叫使用，故在上例中，當我們在程式外呼叫變數 p1 時，計算的結果依然是 p1：

$p1 = p1$

相反的，關鍵字 global 會將一個符號定義為全域變數 (Global Variable)，全域變數的結果在每一個程序中都可以被呼叫使用，由於我們在上例中已計算過 $f(1)$ 的結果，故若我們在 Maple 中輸入 p2，將會繪製我們在程序 $f(1)$ 中定義的圖形：

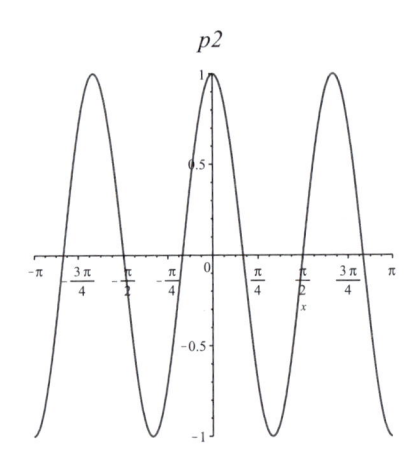

除了定義變數的區域性與全域性，我們也可以定義變數的資料型態。在許多程式語言中，使用者可事先宣告變數的資料型態，來告訴編譯器須預留多少記憶體空間給此變數，並讓編譯器更容易檢查變數的資料型態，並判斷所進行的運算是否媒合，當資料型態與運算並不匹配時，中斷運算或輸出錯誤。

proc 建立程式亦允許使用者宣告變數與引數的資料型態，增加程式的穩定性，下例為一個簡單的程式範例，由於我們將引數 a 定義為正值，當我們代入 –1 時，將會輸出錯誤：

指令	說明
proc(x1::xprop1, x2::xprop2, ...) stats **end proc**	定義一程式，並分別將引數 x1 的資料型態定義為 prop1、引數 a2 的資料型態定義為 prop2 等。

$f := \mathbf{proc}(a :: positive, b)$
 $a + b$
 end proc:
$f(1, 2) = 3$
$f(-1, 2)$
Error, invalid input: f expects its 1st argument, a, to be of type positive, but received -1

透過同樣的方法，下例示範了如何宣告程式中變數的特性：

指令	說明
proc(x1, x2, ...) **local** a1::aprop1, a2::aprop1, ...,; **global** b1::bprop1, b2::bprop1, ...,; stats **end proc**	定義一程式，並分別定義區域變數與全域變數的資料型態。

$kernelopts(assertlevel = 2):$

$f := \mathbf{proc}(a)$
 local $b :: positive;$
  $b := a;$
 end proc:
$f(1) = 1$
$f(-1)$
Error, (in f) assertion failed in assignment, expected positive, got -1

特別注意的是，變數值特性的檢查預設是關閉的，需透過 *kernelopts* 指令設置 Maple 核心的變數才可開啟。

使用者甚至可以定義輸出值的資料型態，當輸出值的結果與定義的型態不符時，將中斷計算並輸出錯誤。不過此動作亦需先以 *kernelopts* 指令設置 Maple 核心的變數：

指令	說明
proc(x1, x2, ...)::prop stats **end proc**	定義一程式，並將輸出值的資料型態定為 prop。

$kernelopts(assertlevel = 2)$:

$f := \mathbf{proc}(a) :: positive;$
 a
 end proc:
$f(1) = 1$
$f(-2)$
Error, (in f) assertion failed, f expects its return value to be of type positive, but computed -2

kernelopts 指令可供使用者設置或查詢各種影響 Maple 核心運算的變數，有興趣的讀者可至 Maple Help 中查詢。

Key

Maple 協助中的『property』記錄了 Maple 中可用於定義變數性質的各種指令選項，使用者可用這些指令選項組合所需的變數特性。有些常用的特性，諸如自然數、正整數等，由於十分常用，Maple 甚至整理了代名詞 (Alias)，使用者可直接以這些代名詞指定變數的特性。除了數值運算的性質外，Maple 還可定義一變數為矩陣、方程式等，有興趣的讀者可自己查詢。

變數的宣告並不僅限在 *proc* 中使用，*assume* 指令可供使用者直接於 Maple 環境中定義一變數的特性，來簡化方程式：

指令	說明
assume(x1::prop1, x2::prop2, ...)	定義變數 x1 的特性為 prop1、變數 x2 的特性為 prop2，以此類推。

Chapter 12　程式設計

$assume(x :: RealRange(-\infty, 0))$
$x = x\sim$
$|x| = -x\sim$
$\sqrt{x^2} = -x\sim$
$\ln(e^x) = x\sim$

在上例中，我們以 RealRange 關鍵字，將 x 定義為定義域在負無窮大至 0 之間的實數。當我們以絕對值、根號或自然指數與對數計算 x 時，由於 x 值恆負，Maple 會自動化簡方程式。

🔍 Key

為了方便識別，當一變數被定義特性之後，Maple 會自動在這個變數結尾加上～符號。若您不希望 Maple 在變數之後加上～符號，可至工具列的『工具』=>『選項』中的『顯示』內，將假設變數的『結尾符號』改成『無註解』。

特別的是，除了直接定義一變數的特性，Maple 也可以以一個關係式定義變數的特性，譬如：

$assume(a + 2b < 0)$
$|a + 2b| = -a\sim - 2b\sim$
$|a| = |a\sim|$
$|b| = |b\sim|$

🔍 Key

以 assume 指令定義變數的特性是全域性的，儘管是在 $proc$ 中，只要一經定義就會影響 Maple 中全部涉及此變數的運算式，使用上須特別小心，以下是一個 assume 的範例：

$f := \mathbf{proc}(\ )$
　$assume(a < 0);$
　$|a|$
　$\mathbf{end\ proc}:$

$f(\ ) = -a\sim$

上例中，我們先以 restart 將 Maple 中全部的記憶資料清除。接著定義一個不需要引數的程式 f，當程式 f 執行時，將會先以 *assume* 定義 a<0，並執行運算式 |a| 之結果。

因為 a 之值恆負，故 f() 的結果將輸出 -a~，其中變數 a 結尾之~符號代表變數 a 被賦予了特性。然而，若我們在程式外部呼叫變數 a 或進行與變數 a 相關的計算時，我們將發現變數 a 後也將出現~符號，並擁有相同的特性：

```
restart
f := proc( )
assume(a < 0);
 |a|
 end proc:
```

$|a| = -a$~

為了讓使用者可以更容易的設置或查詢變數的性質，Maple 中設計了一系列的指令，下例我們以 assume 定義變數 a 的特性，並分別以 *about*、*additionally* 與 *is* 指令設置或查詢變數的性質：

指令	說明
about(x1)	查詢變數 x1 的性質 prop1
additionally(x1::prop)	額外附加性質 prop1 給變數 x1
is(x1::prop1)	驗證變數 x1 是否具有性質 prop1

```
restart
assume(a :: natural)
```
$|a| = a$~

about(a)
```
Originally a, renamed a~:
  is assumed to be: AndProp(integer,RealRange(1,infinity))
```

additionally(a < 10)
$|a - 11| = 11 - a$~

is(a,'negative') = *false*
is(a − 11,'negative') = *true*

Chapter 12　程式設計

　　由於變數 a 定義為自然數，當我們對此數取絕對值時，由於變數 a 恆正，Maple 將會直接展開。

　　about 指令詳細敘述了變數 a 的特性，『AndProp(integer,RealRange(1,infinity))』代表此變數的特性是由整數與實數範圍介於 1 至正無窮大的性質組合而成。

　　若要保留一物件的特性，並於其上附加另一特性可透過 *additionally* 指令，此處我們以 *additionally* 將其額外賦予一性質 a < 10，則當我們計算 a-11 的絕對值時，由於 a 小於 10，故 Maple 將會以 –a 展開絕對值。

　　最後我們可透過 *is* 指令，分別驗證變數 a 與運算是 a-11 的特性，結果顯示變數 a 不為負值，而運算式 a-11 為負值。

　　想了解這些指令的相關用法，可參考 Maple 協助中的 *assume* 指令。

12.3.3　程序的控制

　　在了解了 *proc* 指令的用法以及物件的介紹後，我們可以開始學習如何控制程式的程序。

傳回值選項 return

　　Maple 可視為一個直譯式的程式語言，工作頁中的每一行運算式個別獨立，每執行一行即輸出一行指令的結果。然而，當使用者透過 *proc* 指令建立程式時，在一般的情形下，*proc* 僅會輸出最後一個運算式的結果：

$f := \mathbf{proc}(i, j)$
　$\mathbf{local}\ num1, num2;$
　$num1 := i + j:$
　$num2 := i - j:$
　$\mathbf{end\ proc}:$
$f(1, 2)$
　-1

　　由於上例中，我們並沒有特別指定哪一個變數為傳回值時，故而 *proc* 將程式中最後一個計算式 i-j 的結果輸出，作為程式運算的結果，並在運算完後清除記憶體空間。

　　然而，一個程式中時常包含許多敘述式，這些敘述式之間相互影響，很難改變其計算順序。若我們想將程式中其中一個敘述式的結果輸出並應用在其他運算之中，我們可透過傳回值選項 return，定義程式計算完後要輸出的哪一個變數的結果，以下是一個 return 的使用範例：

$f := \mathbf{proc}(i, j)$
　$\mathbf{local}\ num1, num2;$
　$num1 := i + j:$
　$num2 := i - j:$
　$\mathbf{return}\ num1;$
　$\mathbf{end\ proc}:$
$f(1, 2)$
　3

上例中，由於我們指定了傳回值為 num1，程式將會將 num1 的值作為傳回值輸出，故將會得到 i+j 的結果。

proc 也可以定義多個傳回值，譬如：

$f := \mathbf{proc}(i, j)$
　$\mathbf{local}\ num1, num2;$
　$num1 := i + j:$
　$num2 := i - j:$
　$\mathbf{return}\ num1, num2;$
　$\mathbf{end\ proc}:$
$f(1, 2)$
　3, -1

上述我們將第一個傳回值指定為變數 num1，第二個傳回值指定為 num2，故程式將會以串列的方式，依序輸出 num1 與 num2 的結果。

變數的層次結構與延遲計算

層次結構係指一變數的內容中包含另一變數所構成的層狀結構。在 Maple 中，若一個變數的內容是另一個變數的話，將會直接計算此一變數的結果，譬如：

$a := b:$
$b := c:$
$c := 10:$
$a = 10$

在上例中，首先我們將變數 a 指定為變數 b，接著再將變數 b 指令為變數 c。此

Chapter 12　程式設計

時，若我們將變數 c 指定成 10，當我們執行 a 時，將會得到「10」的結果而非得到「b」。

eval 指令可計算並輸出不同層次的數據資料。透過 *eval* 指令，我們可輸出不同層次的結果，譬如：

指令	說明
eval(a)	計算變數 a 中每一層的運算式，並輸出最底層的結果
eval(a,i)	計算變數 a 中前 i 層的運算式，並輸出變數 a 第 i 層的結果

$eval(a) = 10$
$eval(a, 1) = b$
$seq(eval(a, i), i = 1..3) = b, c, 10$

然而，並非所有的運算均會直接計算至最底層，譬如在定義運算子時，就僅會計算前一層的結果：

$f := x \rightarrow x^2 :$
$f = f$
$eval(f) = x \rightarrow x^2$

在上例中，雖然我們將變數 f 定義為運算子 $f(x)=x^2$，然而當我們執行 f 時，僅會輸出「f」而非「x^2」。

Maple 也可以延遲變數的計算，來阻止一變數直接計算至最底層。上引號可用於延遲一變數的計算，譬如：

$a := b :$
$b :='"c"':$
$c := 10 :$
$seq(eval(a, i), i = 1..5) = b, "c", 'c', c, 10$

在上面的例子中，我們透過三組上引號延遲變數 c 的計算，與前例相比，我們可以發現此處多了兩層 "c" 與 'c'，且若我們直接計算變數 a 的話，將不會得到 10 的

453

結果：

$a = {'c'}$

透過引數的層次結構，我們可讓程式設計有更多的可能性：

$a := -1 : b := 0 :$
if $a < b$ **then** $a < b$ **end if** $= -1 < 0$
if $a < b$ **then** $'a' < b$ **end if** $= a < 0$

迴圈選項

迴圈的目的是要將一些可重複執行的動作，透過電腦自動完成，透過結合條件式敘述，我們可擴大迴圈的應用範疇。

然而，若只透過條件式敘述，要想如臂使指的操控迴圈仍然並不容易。break 選項可用於中斷迴圈的計算，當 Maple 計算時到 break 時，會中斷運算並跳離程式：

for i **from** 1 **to** 5 **do**
 if $i = 3$ **then break**
 else $print(i)$
 end if
end do
1
2

上面的範例中，我們令 i 從 1 開始，連續以 print 函數列出 i 的結果，直到 i 等於 5，但在 i=3 的時候，以 break 終止迴圈計算。我們會發現，由於 i 計算到 3 時遇到了 break 選項，故結果將只會輸出 1 與 2。

另一個與 break 選項相似的是 next 選項，next 選項可以忽略迴圈中的一特定計算，譬如：

for i **from** 1 **to** 5 **do**
 if $i = 3$ **then next**
 else $print(i)$
 end if
end do
1
2
4
5

Chapter 12 程式設計

與 break 不同，next 選項僅會跳過運算式，不會跳離迴圈。

12.4 程式的設計與技巧

在 Maple 當中，*proc* 並不只是一個用以設計程式的指令，很多方程式都可以結合 *proc* 進行計算，增加了數學運算的可能性，譬如我們可以將一個程式作為微分方程中的自定義函數並求解：

$fun := \textbf{proc}(t)$
 $\textbf{local } x;$
 $\textbf{if not } type(evalf(t), 'numeric') \textbf{ then}$
   $'fun(t)';$
  $\textbf{else}$
 $int(e^{-x^2} \cdot \ln(x), x = 0..t, numeric = true);$
 $\textbf{end if};$
 $\textbf{end proc}:$

$fun(t) = fun(t)$
$fun(10) = -0.8700577267$

透過選擇性敘述，當輸入值數值時，上例中的程序將輸出積分式 $\int_0^t e^{-x^2} \cdot \ln(x) \, dx$ 的結果，否則將輸出 fun(t)。

接著我們將其指定為一微分方程的非齊次項，並透過數值方法將其求解：

$de\_f := \left\{ \dfrac{d^2}{dt^2} y(t) + 2\, y(t) + 1 = fun(t), y(0) = 0, D(y)(0) = 0 \right\}:$
$sol := dsolve(de\_f, numeric, known = fun)$
$\textbf{proc}(x\_rkf45) \ldots \textbf{end proc}$
$sol(1) = \left[t = 1., y(t) = -0.680362175810451, \dfrac{d}{dt} y(t) = -1.24942439115507 \right]$
$sol(2) = \left[t = 2., y(t) = -1.77787772102595, \dfrac{d}{dt} y(t) = -0.560537653351072 \right]$

數列運算也是程式設計中重要的一個項目。當一序列中的每一個項目均為前一項目的函數時，則稱這類型的函數為遞迴函數 (Recurrence Function)，或為差分方程 (Difference Equation)。簡單的遞迴函數可直接以 assign 運算子實現，譬如，我們可以建立一個序列，其中每一個項目均為前一個項目的兩倍：

$S := n \rightarrow 2 \cdot S(n-1) : S(1) := 1:$
for i **from** 1 **to** 5 **do**
 $S(i)$;
 end do;
 1
 2
 4
 8
 16

費氏數列 (Fibonacci Sequence) 是遞迴函數中最典型的範例。從 0 跟 1 開始，費式數列的每一項均等於前兩項的合，依序為 0、1、2、3、5、...。現在透過條件式敘述，我們可以設計出一個遞迴函數來輸出這樣的數列：

$f\_if := \mathbf{proc}(i)$
 if $i = -1$ **then** $0:$
 elif $i = 0$ **then** $1:$
 else
  return $f\_if(i-2) + f\_if(i-1):$
 end if:
 end proc:

$seq(f\_if(i), i = 1..5) = 1, 2, 3, 5, 8$

上例中，我們透過 *if* 與 elif 將 i 為 -1 時定義為第一項，i 為 0 時定義為第二項，並以 return 傳回第 i-2 項函數與第 i-1 項函數的和。最後，透過 *seq* 我們可以看到結果與費氏數列的結果相符合。

雖然透過遞迴函數可以很快地幫我們解決問題，但它並不是一個有效率的程式，在上例中，f_if(n) 會呼叫 f_if(n-1) 及 f_if(n-2)，而 f_if(n-1) 又會呼叫 f_if(n-2) 及 f_if(n-3)，如此一來，f_if(n-2) 就會被重複呼叫。因此當 n 非常大時，由於程式 f_if 會被重複呼叫非常多次，運算上非常耗時。

Chapter 12 程式設計

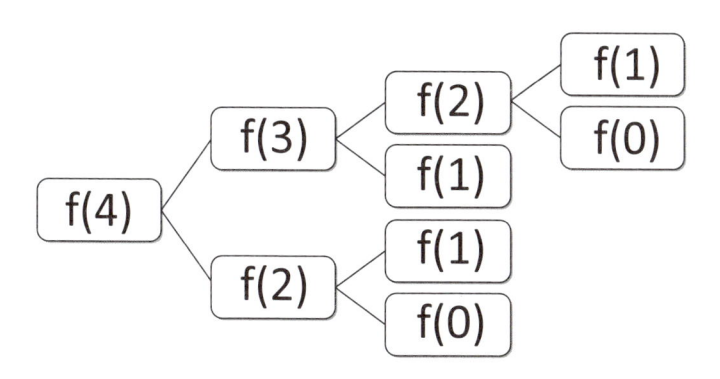

▶ 圖 12.1 遞迴函數中重複呼叫函數的情形

事實上，大部分的程式，都可以透過迴圈計算，由於迴圈並不設計程式的呼叫，計算速度將會快上許多，以下為透過迴圈計算費式數列的範例：

$f\_loop := \mathbf{proc}(i)$
　$\mathbf{local}\ a1, a2, a3, k:$
　$a1 := 0 : a2 := 1 : a3 := 1 :$
　$\mathbf{for}\ k\ \mathbf{from}\ 2\ \mathbf{to}\ i\ \mathbf{do}$
　$a1 := a2 :$
　$a2 := a3 :$
　$a3 := a1 + a2 :$
　$\mathbf{end\ do}:$
　$\mathbf{return}\ a3;$
　$\mathbf{end\ proc}:$

$seq(f\_loop(i), i = 1..5) = 1, 2, 3, 5, 8$

上例以三個變數 a1、a2、a3 分別記錄 f_loop(n-2)、f_loop(n-1)、f_loop(n) 的值，每經過一次迴圈，就把這三個的值往後一項累計一次，再計算 a3 的值。

透過第三章中介紹的 $time$ 指令，我們可比較這兩個程式的效率：

$tt := time(\ ) : f\_if(35) : time(\ ) - tt$
27.49
$tt := time(\ ) : f\_loop(10^5) : time(\ ) - tt$
0.55

結果顯示，以遞迴函數計算費式數列的第 35 項，就花費了 27.49 秒，但透過迴圈，計算費式數列的 10^5 項，只要一瞬間就可以完成。

🔍 Key

事實上，Maple 有工具可以直接產生費氏數列：

$with(StringTools):$
$seq(length(Fibonacci(i)), i=1..5) = 1, 2, 3, 5, 8$

Maple 中有許多指令均含有迴圈的結構，譬如 seq、add 與 mul 等。若能善用這些指令，其計算上都會比使用者透過迴圈或條件敘述自行定義程式來得快上許多。

Maple 索引

45 階 Cash-Karp 法　Cash-Karp Fourth-Fifth Order Runge-Kutta Method　319
45 階 Runge-Kutta 法　Fehlberg Fourth-Fifth Order Runge-Kutta Method　319
Maplet 產生器　Maplet Builder　177
Maple 協助系統　Help　2
n 階 Bessel 函數　n-Order Bessel Function　298
n 階 Legendre 函數　n-Order Legendre Function　298
n 階修正 Bessel 函數　n-Order Modefied Bessel Function　300-301
PLU 分解法　PLU Decomposition　386
Wirtinger 導數運算子　Wirtinger Derivatives　417

一劃

一維數學　1-D Math　28

二劃

二維數學　2-D Math　28
入門指南　Getting Started　2, 3

三劃

子類　Subtype　205
小老師　Tutor　19, 59
小幫手　Assistant　19
工作頁模式　Worksheet Mode　29

四劃

元件　Element　172
分部積分　Integration by Parts　275
反全純函數　Nonholomorphic Function　417
尤拉式　Euler　414
尺度不變性　Scale Invariance Property　310
文件區塊　Document Block　30
文件模式　Document Mode　29
文字編輯欄位　Textfield　179
方向場　Direction Field　336
片段函數　Piecewise Function　253, 304

五劃

代數運算　Algebraic Manipulation　46
功能選單　Palette Pane　178
卡姆克　Kamke　283
可點擊式數學　Clickable Math　18
布林表示式　Boolean Expression　432
弗里德霍姆積分方程　Fredholm Integral Equation　357
弗羅貝尼烏斯　Ferdinand Georg Frobenius　294
弗羅貝尼烏斯法　Method of Frobenius　294
正合微分方程式　Exact Differential Equations　334
正規奇異點　Regular Singular Point　295
目標　Target　181

六劃

全域變數　Global Variable　446

共軛轉置矩陣　Hermitian Transpose Matrix		指標方程式　Indicial Equation	296
	371-372	柯西主值　Cauchy Principal Value	256
列-梯形矩陣　Row-echelon Form	385	柯西-黎曼方程式　Cauchy-Riemann Equations	
同構　Isomorphic	205		417
同構基本定理　Isomorphism theorem	393	柯西積分定理　Cauchy's Integral Theorem	420
字串　String	192	重複運算子　Ditto Operator	54
曲面圖形模式　Patchcontour	148		
自然指數　Exponential	414	**十劃**	
行列式值　Determinant	388	倒回消去法　Back Substution	385
		原位置操作　n-place Operation	375
七劃		差分方程　Difference Equation	455
串列　List	192	核空間　Kernel	392
佔位符　Placeholder	240	格局類型　Layout Type	178
克萊姆法則　Cramer's Rule	317	浮點數　Float	192
希爾伯特空間　Hilbert Space	131	特徵向量　Eigenvector	393
批次處理　Batch Processing	33	特徵多項式　Characteristic Polynomial	394
李氏代數　Lie Algebra	53	特徵值　Eigenvalue	393
求和函數　Summation, Σ	278	特徵矩陣　Characteristic Matrix	394
沃爾泰拉積分方程　Volterra Integral Equation	358	留數　Residue	428
		留數定理　Residue Theorem	428
八劃		秩　Rank	388
函式庫　Package	24	秩-零化度定理　Rank-Nullity Theorem	392
命令列模式　Command-line	33	級數　Series	421
命令動作　Command Pane	178	索引　Index	365
奇異點　Singular Point	322	陣列　Array	192
奇點　Singular Point	428	高斯-克朗羅德法　Gauss-Kronrod Method	257
奈氏圖　Nyquist	131		
拉氏轉換　Laplace Transform	307	**十一劃**	
近似解　Numerical Solution	46	偏微分方程式　Partial Differential Equation	342
金融　Finance	2	動作　Action	172
表達式　Expression	181	區域變數　Local Variable	445
		執行群組　Execution Group	30
九劃		基底　Basis	388
保角映射　Conformal Mapping	411	基底向量　Basis	388
指令串　Plist	152	常微分方程式　Ordinary Differential Equation	284

索引

常點 Ordinary Point	294
張量 Tensor	53
控制設計 Control Design	2
斜率場 Slope Field	336
梅林變換 Mellin Transform	310
符號函數 Sign Function	416-417
符號運算 Symbolic Manipulation	46
設計面板 Layout Pane	178
連鎖率 Chain Rule	273

十二劃

傅立葉轉換 Fourier Transform	303
勞倫級數 Laurent Series	426, 428
喬登矩陣 Jordan Form Matrix	395
單位步階函數 Unit Step Function	263
單位脈衝函數 Unit Impulse Function	263
嵌入式元件 Embedded Component	182
稀疏矩陣 Sparse Matrix	395
程序 Proc	107
程序 Procedure	318, 352
等高線模式 Patchaontour	161
視窗 Window	172
費氏數列 Fibonacci Sequence	456

十三劃

傳址呼叫 Call by Add	207-208
傳值呼叫 Call by Value	201
傳統工作頁 Classic Worksheet	32
勢流分析 Potential Flow	131
圓柱 Cylindrical	117
《微分方程》 Differentialgleichungen	283
微分方程式 Differential Equation	284
微積分 Calculus	2
新增工作頁 New Worksheet	2
新增文件 New Document	2

滑塊元件 Slider	179
置換矩陣 Permutation Matrix	386
解析 Analytic	419
解析解 Analytic Solution	46
資料型態 Datatype	204
資料排序方法 Order	204
跡數 Trace	372
雷建德函數 Legendre Function	72

十四劃

圖形化介面 Graphic User Interface, GUI	171
圖形物件 Graph Object	157
圖形產生器 Plot Builder	20
滿秩 Full Rank	391
漢克爾變換 Hankel Transform	310
蒙地卡羅法 Monte-Carlo Method	258
遞迴函數 Recurrence Function	455

十五劃

數列 Sequence	421
數學嚮導 Assistant & Tutor	18
標準工作頁 Standard Worksheet	29
標籤元件 Label	179
模組 Module	352
模數 Modulus	406
複數平面 Complex Plane	407
餘因式 Minor	381
黎曼曲面 Riemann Surface	410

十六劃

積分常數 Integration Constant	250
積分第一均值定理 First Mean Value Theorem for Integration	281
積分通式 Generic Form	253
積分變換 Integral Transform	303

十七劃

儲存模式	Storage	204
應用元件	Dialog	172
檔案選取對話框	FileDialog	174

十八劃

擴充複平面	Extended Complex Plane	410
簡約列-梯形矩陣	Reduced Row-echelon Form	385
翻轉	Flip	274
顏色選取對話框	ColorDialog	174

十九劃

繪圖元件	Plotter	179
羅必達法則	L'Hospital's Rule	271

二十一劃

屬性	Property	172
屬性選項	Properties Pane	178

二十三劃

變數變換	Integration by Substitution	275
邏輯運算子	Logical Operator	432

什麼是符號運算　Maplesoft
Mathematics • Modeling • Simulation

數學式以符號運算、代數計算處理，直接使用電腦來計算結果。因此符號運算與數值運算的差異是，數值運算求解合理誤差範圍內的近似解，而符號運算是直接進行數學式解析求解精確解。符號運算減少公式展開與推導演算法的過程，解析結果精確度較高。

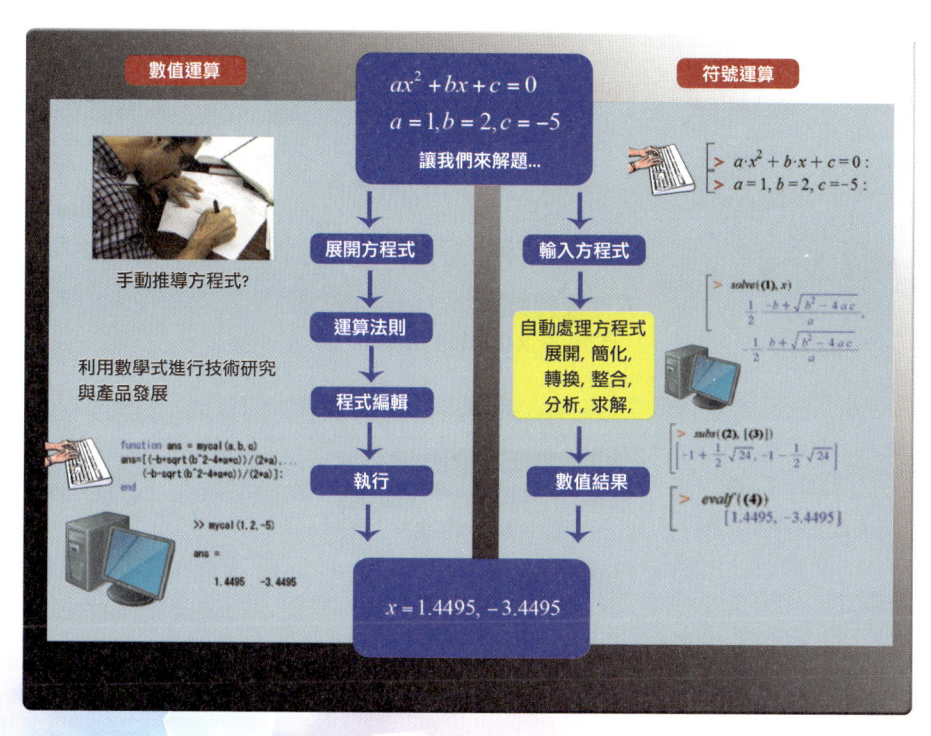

符號運算的優勢

- 符號運算可以避免數值運算的捨入誤差問題

- 有效管理符號數學式以預測模型
  ▸ 利用數學式簡化基本物理現象
  ▸ 可應用到實際的問題中
  ▸ 利用模擬確認設計初期的設計參數
  ▸ 產生高精度且模擬速度快的數學模型

系統模型 以數學式表示 → **數學式** ← 以數學式表示 **控制演算法**

符號運算處理 →

利用符號解處理
線性分析、穩定區域、最佳化

系統與控制器設計
熱傳、控制、電氣機械、機械

實驗驗證
HILS、快速原型、嵌入式

Maple

Maple 擁有最人性化的運算操作介面，經過超過 30 年以上的研發與領先的研究經驗並集合來自全球的專業領域研究者對數學的熱情與貢獻，Maple 擁有超過 5000 個功能可廣泛且深入的從各性能面高效率求解各種 ODE, PDE, DAE 以及多項式等數學問題。

Maple 產品家族

MAPLE 附加工具
- Global Optimization Powered by Optimus® （全域最佳化工具庫）
- Maple IDE Powered by DIGIAREA （分散式運算工具庫）
- BLOCKImporter （Simulink 模型轉換工具庫）

MAPLE 互動式電子書
- Advanced Engineering Mathematics with Maple （工程數學電子書）
- The Mathematics Survival Kit Maple Edition
- Calculus [study guide] （微積分電子書）
- Precalculus Interactive Study Guide （互動式初等微積分）

MapleNet

Maple T.A.

欲瞭解更多Maple產品資訊，請聯絡

CYBERNET 思渤科技
CYBERNET SYSTEMS TAIWAN

Tel：+886-3-6118668
地址：新竹市公道五路二段 178 號 5 樓
general@cybernet-ap.com.tw